北京工业大学研究生创新教育系列教材

Quantum Statistical Physics

量子统计物理学

孙宝玺　编著

科学出版社

北京

内 容 简 介

本书具体内容包括希尔伯特空间、二次量子化、密度矩阵和量子系综理论、理想量子系统、密度泛函理论、超导的 BCS 理论、相变的统计理论、相变的重整化群理论、相对论平均场理论、超子-超子相互作用对中子星性质的影响、核物质内粒子的运动、有限温度的核物质内粒子的性质、朗道费米液体理论等。

本书可以作为高等院校物理专业研究生"量子统计物理"课程的教材，也可以供统计物理学和原子核物理领域的科研工作者参考。

图书在版编目(CIP)数据

量子统计物理学/孙宝玺编著. —北京：科学出版社, 2020.5
北京工业大学研究生创新教育系列教材

ISBN 978-7-03-064937-9

Ⅰ.①量… Ⅱ.①孙… Ⅲ.①量子统计物理学-研究生-教材 Ⅳ.①O414.2

中国版本图书馆 CIP 数据核字 (2020) 第 068157 号

责任编辑: 钱 俊 陈艳峰 / 责任校对: 彭珍珍
责任印制: 赵 博 / 封面设计: 无极书装

科学出版社出版
北京东黄城根北街 16 号
邮政编码: 100717
http://www.sciencep.com
北京富资园科技发展有限公司印刷
科学出版社发行 各地新华书店经销
*
2020 年 5 月第 一 版 开本: 720 × 1000 1/16
2024 年 5 月第四次印刷 印张: 17
字数: 340 000

定价: 98.00 元

(如有印装质量问题, 我社负责调换)

前　　言

我是 2004 年来到北京工业大学工作的，几乎每年担任物理专业研究生“量子统计物理”课程的教学工作。另外，还曾经为 2005 级和 2006 级全校物理类研究生讲授过“高等量子力学”课程。在讲课过程中一直探索如何更新教学内容，改进教学方式，促进学生创新思维的建立和创新能力的提高等问题。2014 年，在北京工业大学和科学出版社的支持下，我开始整理以前的讲稿，着手编写《量子统计物理学》。突然间，才发现写书并非想象得那么简单。

首先，必须考虑到读者的感受，更确切地说，是要考虑到学生阅读本书时的感受。我们假定读者以前并没有学习过“量子统计物理学”，希望通过阅读本书获得相关的知识，因此，从每一章的第一句话开始，就要带领他一步一步地建立相关知识的概念、逻辑，引导他一边读书一边思考，最终学习到相关知识，并掌握运用这些知识解决实际问题的方法。写书不同于讲课，讲课时没有说清楚的问题可以再解释一番，甚至再讲一遍，但是写书不同，要使读者第一遍阅读时就能够弄清楚所要讲的问题。考虑到这些因素，在编写本书的时候，我总是把自己想象成一名读者，想象他会如何思考，可能会提出什么样的问题，如何在书中解答他的问题和疑惑等。

写书遇到的第二个问题就是科研工作占用了大量的时间和精力。尽管这几年我并没有承担国家的科研项目，科研工作上也没有太大的进展，但是，对于我来说，科研就是生活的意义，就像吃饭和睡觉一样已经变成了生活的一部分。直到 2015 年，我开始和北京大学的郑汉青教授合作，在他的指导和帮助下，我才逐渐走出困境。然而，生活似乎变得更加忙碌了。

曾经有几位研究生表示愿意帮助我用计算机录入文稿，可是，我的手写稿非常繁杂潦草，很多字迹难以辨认，最终还是我自己用 Latex 录入了全部文稿。有些公式的推证并不太详细，这次重新验算了一遍。另外，教材中所有的数据图都是我用 Fortran 语言编程计算，然后用 Origin 软件作图完成的。所有的费曼图和示意图都是我用 Axodraw 软件绘制的。在此，向这些软件的开发者致敬。

本书共十三章，第一章“希尔伯特空间”和第二章“二次量子化”原本属于“高等量子力学”课程的范畴，考虑到以前很多“量子统计物理”的教材偏重于应用、基础理论较少的特点，本书添加了这两章。其中第一章“希尔伯特空间”的知识是第三章“密度矩阵和量子系综理论”的基础。在第六章“超导的 BCS 理论”和第十三章“朗道费米液体理论”中，都用到了“二次量子化”的知识。除此以外，其他的章节基本上还是按照量子统计物理的“基础理论”“相变理论”“多粒子理论”三个部分编写的。

“基础理论”部分包括第三章“密度矩阵和量子系综理论”和第四章“理想量子系统”。在第三章中，通过引进密度矩阵的知识，阐述了统计物理学中系综的概念，指出系综是同一宏观条件下处于平衡态的物理系统的所有量子态的集合，强调了系综理论的提出在统计物理学的发展过程中具有里程碑式的意义。因为应用系综理论的知识，人们不仅可以研究大量粒子组成的物理系统的性质，还可以解决少量粒子组成的物理系统的问题。本书中还列举了“磁场中的电子”和“自由粒子”两个实际应用的例子。当然，在热力学极限下，对于大量粒子组成的物理系统，所有系综都将给出完全相同的计算结果。因此，对于大量粒子组成的处于平衡态的物理系统，系综的宏观条件和配分函数的形式都不再重要。第四章包括理想玻色气体和理想费米气体两部分。这两部分内容可以看成应用量子系综理论研究无相互作用的量子系统的例子。对于玻色系统来说，玻色–爱因斯坦凝聚是一个重要的内容，在 20 世纪末和 21 世纪初，是一个前沿研究的热点。可是，我并不熟悉这一领域内最新的实验和理论进展，只能把最基本的物理原理讲清楚。对于这部分内容感兴趣的读者可以参阅杨展如教授编著的《量子统计物理学》的相关内容[1]，或者参考讨论玻色–爱因斯坦凝聚的专门书籍[2]。

“相变理论”部分包括第七章“相变的统计理论”和第八章“相变的重整化群理论”。其中第七章重点讨论了 Ising 模型的近似解和严格解。第八章从讨论相变的临界指数开始，按照历史发现的次序讨论了相变的标度理论、标度变换以及重整化群理论的基本思想。我曾经为北京工业大学物理专业 2004 级和 2005 级研究生讲授过实空间的重整化群方法，由于课时有限，从 2006 级开始，在“相变的重整化群理论”部分不再讲授实空间的重整化群方法。况且，我从来没有用重整化群方法完成过一个具体的科研工作，对这一理论理解得不够深刻，很难讲出特色来。因此，本书没有涉及实空间和动量空间重整化群方法的内容，对此感兴趣的读者可以学习其他量子统计物理学教材的相关章节。

量子相变是凝聚态物理学和统计物理学研究的一个热点领域。在量子相变中，物理系统的相变与温度没有直接关系，而是受到其他物理参量的影响。我曾经学习了一些这方面的知识，原本想在书中编入“量子相变”的内容，可是，量子相变的内容很丰富，而我掌握的知识很有限，因此，最终没有加入。对此感兴趣的读者可以参阅相关文献[3]。

[1] 杨展如. 量子统计物理学. 北京：高等教育出版社，2007.

[2] Pethick C J, Smith H. Bose-Einstein Condensation in Dilute Gases. Cambridge University Press, 2002.

[3] Sachdev S. Quantum Phase Transition. 2nd edition. Cambridge University Press, 2011.

在大多数统计物理学教材中，多粒子理论部分一般讲授虚时格林函数方法。虚时格林函数方法又称为松原格林函数方法，就是把处于平衡态的物理系统的温度的倒数 $\beta=\frac{1}{k_{\mathrm{B}}T}$ 看成虚数的时间 $\mathrm{i}t$，于是，密度算符就和量子力学中的时间演化算符成正比。利用这一性质，就可以引进一个具有虚时间的格林函数，来讨论处于平衡态的物理系统的各种性质。

虽然虚时格林函数方法简单易学，但是，用物理系统的温度代替时间变量，所有与时间有关的过程都没有办法研究了。另外，虚时格林函数理论与我们学习过的量子场论的知识和方法似乎并不一致，因此，在最开始的“量子统计物理”课程中，我决定讲授闭路格林函数方法。闭路格林函数方法是一种实时格林函数方法，能够用来研究处于平衡态和非平衡态的物理系统的性质。但是，由于我从来没有运用闭路格林函数方法研究过一个具体的物理问题，对这一理论方法理解得不够深刻，并且学生们普遍反映比较难以理解，于是，从 2006 级开始，就不再讲授闭路格林函数理论了。感兴趣的读者可以参考讨论这一理论方法的专门文献[4, 5, 6]。

“多粒子理论”部分主要讲授“相对论平均场理论及其在中子星结构研究中的应用”“零温度的格林函数方法”“由散射矩阵元的微扰展开来研究粒子在零温度或者有限温度核物质内的自能”等内容。在“由散射矩阵元的微扰展开求粒子在核物质内的自能”中，通过把粒子与核子之间的相互作用与核子的分布函数区分开来的方式，比较容易地引进了核物质的密度和温度对于粒子自能的影响。这一部分内容主要源自于我在博士研究生时期对于原子核多体问题的一些理解[7, 8, 9, 10]。因此，使学生掌握计算粒子自能的方法也是很重要的。

20 世纪 60 年代中期，W. Kohn 及其合作者提出了研究多电子系统性质的密度泛函理论。这一理论在凝聚态物理领域、量子化学领域取得了巨大的成功。1998 年，W. Kohn 因其在密度泛函理论的研究中的开创性工作而获得诺贝尔化学奖。随后，在核物理研究领域兴起了一股学习密度泛函理论、改进原子核多体方法的热潮。我也学习了这一理论，并且试图建立一个描述原子核性质的密度泛函方法。但是，结果发现所有的努力都是没有意义的。核子之间的相互作用不同于电磁相互作用，在原子核多体方法中，人们只能通过拟合原子核物质的饱和性质来确定核子的耦合系数的值。在相对论 Hartree-Fock 近似中，尽管考虑了核子之间交换相互作用

---

[4] 郝柏林，于渌. 统计物理学进展. 北京：科学出版社，1981: 268.
[5] Chou K C, Su Z B, Hao B L, Yu L. Phys. Rept., 1985, 118: 1.
[6] 徐宏华. 实时统计场论. 上海：上海交通大学出版社，1999.
[7] Sun B X, Lu X F, Shen P N, Zhao E G. Mod. Phys. Lett. A, 2003, 18: 1485.
[8] Sun B X, Lu X F, Shen P N, Zhao E G. Int. J. Mod. Phys. E, 2003, 12: 543.
[9] Sun B X, Lu X F, Shen P N, Zhao E G. Chin. Phys. C, 2007, 31: 913.
[10] Sun B X, Lu X F, Li L, Ning P Z, Shen P N, Zhao E G. Commun. Theor. Phys., 2006, 45: 527.

的贡献，但是，最终还得重新拟合核子的耦合系数的值，所得计算结果也未必比相对论平均场方法好。同样，即便能够建立一套描述原子核的密度泛函理论，在这一理论中包含核子之间的所有的交换能、关联能的贡献，最终还是要根据核物质的饱和性质重新调参数，从而得出新的结论，但未必能够改善计算结果。本书中我们只讨论描述多电子系统的密度泛函理论的基本思想，详见第五章的内容。

准粒子方法，又称为元激发方法，是凝聚态物理学和统计物理学的重要组成部分。为了描述多体系统的低能激发态的性质，针对不同的物理系统，人们提出了各式各样的准粒子模型。比如，描述晶格振动的声子理论，描述铁磁体和反铁磁体中相互作用的自旋体系的集体运动的自旋波理论等。本书中我们只讨论描述超导体的 BCS 理论和描述相互作用费米系统的集体激发的朗道的费米液体理论，详见第六章和第十三章。在朗道费米液体理论中，重点讨论文小刚教授提出的玻色化的费米液体的流体力学理论，并且把这一理论方法推广到原子核物质集体激发的研究中去。

本书的所有内容，都在不同的学期针对不同的研究生讲授过。但是，现在看来，内容还不够丰富，在物理的理解上，很可能也存在着不妥之处，希望读者批评指正。

感谢北京工业大学的乔俊飞老师和纪登梅老师对于本书出版给予的支持。感谢科学出版社的钱俊编辑对本书出版给予的帮助。

孙宝玺

2019 年 9 月于北京

目　录

第一章　希尔伯特空间

本章中我们将会讨论希尔伯特空间内矢量的性质和运算。这些知识是量子力学和量子统计物理学的数学基础。

1.1　希尔伯特空间——量子力学的数学基础

希尔伯特空间是具有正定度规的无限维线性矢量空间。希尔伯特空间 $\mathscr{H}$ 具有如下特征。

1. 希尔伯特空间 $\mathscr{H}$ 是定义在复数域上的线性矢量空间

希尔伯特空间中的矢量具有如下性质:

(1) 如果矢量 $|a\rangle, |b\rangle \in \mathscr{H}$，那么 $|a\rangle + |b\rangle = |c\rangle$，并且矢量 $|c\rangle \in \mathscr{H}$。

(2) 如果矢量 $|a\rangle, |b\rangle \in \mathscr{H}$，那么矢量 $|a\rangle$ 和矢量 $|b\rangle$ 满足交换律，即 $|a\rangle + |b\rangle = |b\rangle + |a\rangle$。

(3) 如果矢量 $|a\rangle, |b\rangle, |c\rangle \in \mathscr{H}$，那么矢量 $|a\rangle$，$|b\rangle$ 和 $|c\rangle$ 满足结合律，即 $(|a\rangle + |b\rangle) + |c\rangle = |a\rangle + (|b\rangle + |c\rangle)$。

(4) 希尔伯特空间 $\mathscr{H}$ 存在零矢量 $|0\rangle$，并且 $|a\rangle + |0\rangle = |a\rangle$。

(5) 希尔伯特空间 $\mathscr{H}$ 内的每一个矢量 $|a\rangle$ 都存在一个反矢量 $|-a\rangle$，矢量 $|a\rangle$ 和反矢量 $|-a\rangle$ 之间满足关系 $|a\rangle + |-a\rangle = |0\rangle$。

(6) 如果矢量 $|a\rangle \in \mathscr{H}$，$\lambda$ 是任意复数，那么 $\lambda|a\rangle = |b\rangle$，$|b\rangle \in \mathscr{H}$。

(7) 如果矢量 $|a\rangle, |b\rangle \in \mathscr{H}$，那么对于任意复数 μ 和 ν，都满足如下关系:

$$\mu\left(|a\rangle + |b\rangle\right) = \mu|a\rangle + \mu|b\rangle,$$

$$(\mu + \nu)\,|a\rangle = \mu|a\rangle + \nu|a\rangle,$$

$$\mu\nu|a\rangle = \mu\left(\nu|a\rangle\right),$$

$$1|a\rangle = |a\rangle,$$

$$0|a\rangle = |0\rangle.$$

2. 希尔伯特空间的标积

希尔伯特空间 $\mathscr{H}$ 中的矢量之间的标积用 $(|a\rangle, |b\rangle)$ 或者 $\langle a|b\rangle$ 表示。一般来说，两个矢量的标积是一个复数。我们规定希尔伯特空间内的每一个矢量与其自身的

标积 $\langle a|a\rangle$ 都是实数，并且 $\langle a|a\rangle \geqslant 0$。

如果 λ 是一个复数，且矢量 $|a\rangle, |b\rangle, |c\rangle \in \mathscr{H}$，那么矢量之间的标积满足以下运算关系：

$$\langle a|(\lambda|b\rangle) = \lambda\langle a|b\rangle,$$

$$\langle a|(|b\rangle + |c\rangle) = \langle a|b\rangle + \langle a|c\rangle,$$

$$(\langle a| + \langle b|)|c\rangle = \langle a|c\rangle + \langle b|c\rangle,$$

$$\langle a|b\rangle = \langle b|a\rangle^*.$$

3. 希尔伯特空间中的矢量 $|a\rangle$ 的模的定义是 $\|\,|a\rangle\| = \sqrt{\langle a|a\rangle}(\langle a|a\rangle \geqslant 0)$

对于任意两个矢量 $|a\rangle$ 和 $|b\rangle$，均有

$$|\langle a|b\rangle| \leqslant \|\,|a\rangle\| \cdot \|\,|b\rangle\|, \tag{1.1}$$

或者写成

$$|\langle a|b\rangle|^2 \leqslant |\langle a|a\rangle| \cdot |\langle b|b\rangle|. \tag{1.2}$$

式 (1.1) 和式 (1.2) 称为施瓦茨 (Schwarz) 不等式。

证明　对于给定的矢量 $|a\rangle$ 和 $|b\rangle$，可以构造一个矢量 $|\chi\rangle$，

$$|\chi\rangle = |a\rangle - \frac{\langle b|a\rangle}{\langle b|b\rangle}|b\rangle. \tag{1.3}$$

$|\chi\rangle$ 的共轭矢量可以写作

$$\langle\chi| = \langle a| - \frac{\langle b|a\rangle^*}{\langle b|b\rangle}\langle b|. \tag{1.4}$$

$$\begin{aligned}\langle\chi|\chi\rangle &= \langle a|a\rangle - \frac{\langle b|a\rangle}{\langle b|b\rangle}\langle a|b\rangle - \frac{\langle b|a\rangle^*}{\langle b|b\rangle}\langle b|a\rangle + \frac{\langle b|a\rangle\ \langle b|a\rangle^*}{\langle b|b\rangle^2}\langle b|b\rangle \\ &= \langle a|a\rangle - \frac{\langle b|a\rangle}{\langle b|b\rangle}\langle a|b\rangle.\end{aligned} \tag{1.5}$$

由于 $\langle\chi|\chi\rangle \geqslant 0$, 所以

$$\langle a|a\rangle \geqslant \frac{\langle b|a\rangle}{\langle b|b\rangle}\langle a|b\rangle, \tag{1.6}$$

即

$$\langle a|a\rangle\ \langle b|b\rangle \geqslant \langle b|a\rangle\ \langle a|b\rangle, \tag{1.7}$$

施瓦茨不等式得证。

如果 λ 是一个任意的复数，那么只有当 $|b\rangle = \lambda|a\rangle$ 时，施瓦茨不等式的等号才成立。

满足以上加法、数乘、内积等性质的定义在复数域上的线性矢量空间称为有限维的希尔伯特空间。

在量子力学中，经常用到无限维希尔伯特空间。从有限维希尔伯特空间推广到无限维希尔伯特空间，在数学上需要进行紧致性 (compact) 和完备性 (complete) 的证明，即要求当希尔伯特空间推广到无限维时仍然是紧致的和完备的。对此感兴趣的读者可以参考相关文献[1,2]。在本书中，我们认为这一推广是自然的，不再加以证明。

作业

证明：对于任意矢量 $|a\rangle$ 和 $|b\rangle$，均有

$$\||a\rangle+|b\rangle\| \leqslant \||a\rangle\|+\||b\rangle\|. \tag{1.8}$$

1.2 希尔伯特空间中矢量的性质

1. 矢量的正交性

如果矢量 $|f\rangle$ 和矢量 $|g\rangle$ 正交，等价于它们的标积为零，即 $\langle f|g\rangle=0$。

2. 正交归一系

在希尔伯特空间中存在一组矢量 $\{|f_n\rangle\}$，如果 $\langle f_n|f_m\rangle=\delta_{n,m}$，那么这一组矢量 $\{|f_n\rangle\}$ 构成正交归一系。

3. 完备的正交归一系

在希尔伯特空间中，有一组矢量 $\{|f_n\rangle\}$ 构成正交归一系。如果希尔伯特空间中任意的一个矢量 $|f\rangle$ 均可以写成

$$|f\rangle=\sum_n \alpha_n|f_n\rangle, \tag{1.9}$$

其中 α_n 为复数，那么这一组矢量 $\{|f_n\rangle\}$ 构成完备的正交归一系。由于 $\alpha_n=\langle f_n|f\rangle$，所以

$$|f\rangle=\sum_n |f_n\rangle\langle f_n|f\rangle. \tag{1.10}$$

$\sum\limits_n |f_n\rangle\langle f_n|=\hat{I}$ 称为完备性条件，其中 $\hat{I}$ 为单位算符，$\{\alpha_n\}$ 为矢量 $|f\rangle$ 的 f_n 表示。

如果式 (1.9) 中的求和展开包括无穷多项，那么希尔伯特空间是无穷维的。在量子力学中经常遇到这种无穷维的希尔伯特空间。

1 喀兴林. 高等量子力学. 第二版. 北京：高等教育出版社，2001.

2 Greiner W. Quantum Mechanics: An Introduction. 3rd edition. Berlin: Springer-Verlag, 1994.

1.3 线性算符

1. 线性算符的定义

算符代表矢量之间的某种特定的对应关系。如果 $|a\rangle \in \mathscr{H}$，$|f\rangle \in \mathscr{H}$，$\hat{A}|a\rangle = |f\rangle$，那么 $\hat{A}$ 称为希尔伯特空间中的一个算符。

1) 线性算符

如果 $\hat{A}(|a\rangle + |b\rangle) = \hat{A}|a\rangle + \hat{A}|b\rangle$，并且 $\hat{A}(\lambda|a\rangle) = \lambda\left(\hat{A}|a\rangle\right)$，其中 λ 是任意的复数，那么 $\hat{A}$ 称为线性算符。

2) 反线性算符

如果 $\hat{A}(|a\rangle + |b\rangle) = \hat{A}|a\rangle + \hat{A}|b\rangle$，并且 $\hat{A}(\lambda|a\rangle) = \lambda^*\left(\hat{A}|a\rangle\right)$，其中 λ 是任意的复数，那么 $\hat{A}$ 称为反线性算符。

2. 线性算符的运算

1) 相等

对于任意的矢量 $|a\rangle$，如果 $\hat{P}|a\rangle = \hat{Q}|a\rangle$，那么 $\hat{P} = \hat{Q}$。

2) 加法

对于任意的矢量 $|a\rangle$，如果 $\hat{C}|a\rangle = \hat{A}|a\rangle + \hat{B}|a\rangle$，那么 $\hat{C} = \hat{A} + \hat{B}$。

3) 分配律

对于任意的矢量 $|a\rangle$，线性算符 $\hat{A}$ 和 $\hat{B}$ 满足关系 $\left(\hat{A} + \hat{B}\right)|a\rangle = \hat{A}|a\rangle + \hat{B}|a\rangle$。对于任意的矢量 $|a\rangle$ 和 $|b\rangle$，都有 $\hat{A}(|a\rangle + |b\rangle) = \hat{A}|a\rangle + \hat{A}|b\rangle$。

4) 乘法

对于任意的矢量 $|a\rangle$，如果 $\hat{C}|a\rangle = \hat{A}\hat{B}|a\rangle$，那么 $\hat{C} = \hat{A}\hat{B}$。

5) 结合律

对于任意的矢量 $|a\rangle$，线性算符 $\hat{A}$ 和 $\hat{B}$ 满足关系 $\left(\hat{A}\hat{B}\right)|a\rangle = \hat{A}\left(\hat{B}|a\rangle\right)$。

6) 算符的对易关系

一般说来，$\hat{A}\hat{B}|a\rangle \neq \hat{B}\hat{A}|a\rangle$，即 $\hat{A}\hat{B} \neq \hat{B}\hat{A}$。乘法交换律并不成立。如果 $\hat{A}\hat{B} = \hat{B}\hat{A}$，那么算符 $\hat{A}$ 和算符 $\hat{B}$ 对易，记作 $\left[\hat{A}, \hat{B}\right] = \hat{A}\hat{B} - \hat{B}\hat{A}$。

7) 单位算符

单位算符 $\hat{I}$ 作用到任意矢量 $|a\rangle$ 上，所得矢量与矢量 $|a\rangle$ 相等，即 $\hat{I}|a\rangle = |a\rangle$。

8) 零算符

如果一个算符 $\hat{O}$ 作用到任意矢量 $|a\rangle$ 上结果都为零，即 $\hat{O}|a\rangle = 0$，那么算符 $\hat{O}$ 为零算符。

9) 算符的逆运算

如果 $|b\rangle = \hat{A}|a\rangle$，$|a\rangle = \hat{B}|b\rangle$，那么 $|b\rangle = \hat{A}\hat{B}|b\rangle = \hat{I}|b\rangle$，$|a\rangle = \hat{B}\hat{A}|a\rangle = \hat{I}|a\rangle$，即

$\hat{A}\hat{B}=\hat{I}$，$\hat{B}\hat{A}=\hat{I}$，算符 $\hat{A}$ 和 $\hat{B}$ 互为逆算符，记作 $\hat{B}=\hat{A}^{-1}$。

如果算符 $\hat{A}$ 和算符 $\hat{B}$ 的逆算符 $\hat{A}^{-1}$ 和 $\hat{B}^{-1}$ 都存在，那么

(1) 如果 $\hat{A}|x\rangle=\hat{A}|y\rangle$，那么 $|x\rangle=|y\rangle$。

(2) 对于任意矢量 $|b\rangle$，都存在着一个矢量 $|a\rangle$，满足 $|b\rangle=\hat{A}|a\rangle$，$|a\rangle=\hat{A}^{-1}|b\rangle$。

(3) $\left(\hat{A}\hat{B}\right)^{-1}=\hat{B}^{-1}\hat{A}^{-1}$，$\left(\hat{A}^{-}\right)^{-}=\hat{A}$。

10) 转置算符

$|f\rangle$ 和 $|g\rangle$ 是希尔伯特空间内的任意两个矢量，如果存在算符 $\hat{F}$ 和 $\tilde{\hat{F}}$，满足 $\langle f|\tilde{\hat{F}}|g\rangle=\langle g|\hat{F}|f\rangle$，那么算符 $\hat{F}$ 和 $\tilde{\hat{F}}$ 互为转置算符。

11) 对称算符

如果算符 $\hat{S}$ 与其转置算符 $\tilde{\hat{S}}$ 相等，即 $\tilde{\hat{S}}=\hat{S}$，那么算符 $\hat{S}$ 是对称算符。

12) 反对称算符

如果算符 $\hat{A}$ 与其转置算符 $\tilde{\hat{A}}$ 满足关系 $\tilde{\hat{A}}=-\hat{A}$，那么算符 $\hat{A}$ 是反对称算符。

13) 伴随算符 (转置共轭算符)

对于希尔伯特空间内的任意矢量 $|f\rangle$ 和 $|g\rangle$，如果存在算符 $\hat{A}$ 和 $\hat{A}^{\dagger}$，满足 $\langle g|\hat{A}|f\rangle=\langle f|\hat{A}^{\dagger}|g\rangle^{*}$，那么算符 $\hat{A}^{\dagger}$ 是算符 $\hat{A}$ 的伴随算符，也称为转置共轭算符。

伴随算符具有如下性质：

(1) $\left(\alpha\hat{A}\right)^{\dagger}=\alpha^{*}\hat{A}^{\dagger}$，其中 α 是任意复数。

(2) $\left(\hat{A}+\hat{B}\right)^{\dagger}=\hat{A}^{\dagger}+\hat{B}^{\dagger}$。

(3) $\left(\hat{A}\hat{B}\right)^{\dagger}=\hat{B}^{\dagger}\hat{A}^{\dagger}$。

(4) $\left(\hat{A}^{\dagger}\right)^{\dagger}=\hat{A}$。

14) 厄米算符

如果算符 $\hat{A}$ 与其伴随算符 $\hat{A}^{\dagger}$ 相等，即 $\hat{A}=\hat{A}^{\dagger}$，那么算符 $\hat{A}$ 是厄米算符。显然，对于希尔伯特空间内的任意矢量 $|f\rangle$，厄米算符 $\hat{A}$ 的期待值均为实数，即 $\langle f|\hat{A}|f\rangle=\langle f|\hat{A}^{\dagger}|f\rangle^{*}=\langle f|\hat{A}|f\rangle^{*}$。

15) 幺正算符

如果 $\hat{A}\hat{A}^{\dagger}=\hat{I}$，可以证明，$\hat{A}^{\dagger}\hat{A}=\hat{I}$，即 $\hat{A}^{\dagger}=\hat{A}^{-1}$，那么算符 $\hat{A}$ 是幺正算符。

16) 有界算符

对于希尔伯特空间内的任意非零矢量 $|f\rangle$，$|f\rangle\neq|0\rangle$，如果 $\langle f|\hat{F}^{\dagger}\hat{F}|f\rangle\leqslant C^{2}\langle f|f\rangle$，即 $||\hat{F}|f\rangle||\leqslant C|||f\rangle||$，其中 C 为实数，那么算符 $\hat{F}$ 是有界算符。

当一个有界算符作用到希尔伯特空间中的非零矢量上，所得结果仍然是一个模为有限值的希尔伯特空间中的矢量，所有的力学量算符必须都是有界算符。

1.4 左矢量和右矢量

在希尔伯特空间中，右矢量用符号 $|\ \rangle$ 表示，所有的右矢量构成一种矢量集，我们可以建立这种矢量集的对偶矢量集。

由标积的定义可知，矢量之间的标积是一个复数，标积满足以下性质：

$$\langle a|\left(|b\rangle + |c\rangle\right) = \langle a|b\rangle + \langle a|c\rangle,$$

$$\langle a|\left(\lambda|b\rangle\right) = \lambda\langle a|b\rangle.$$

显然，标积是右矢量的线性函数，同时，标积是右矢量和左矢量之间的运算，用括弧式 $\langle\ |\ \rangle$ 表示。左矢量用符号 $\langle\ |$ 表示，是右矢量的对偶矢量。任意一个完整的括弧式 $\langle\ |\ \rangle$ 代表一个复数，而任意一个不完整的括弧式代表一个矢量。$|\ \rangle$ 代表右矢量，$\langle\ |$ 代表左矢量。

左矢量满足以下运算：

1. *零左矢量*

如果对于希尔伯特空间内的所有右矢量 $|a\rangle$，都有 $\langle p|a\rangle = 0$，那么左矢量 $\langle p|$ 是左矢量空间中的零矢量，记作 $\langle p| = \langle 0|$。

2. *左矢量的加法*

$|a\rangle$ 是希尔伯特空间内的任意一个右矢量，如果 $\langle c|a\rangle = \langle b|a\rangle + \langle b'|a\rangle$，那么 $\langle c| = \langle b| + \langle b'|$，即 $\left(\langle b| + \langle b'|\right)|a\rangle = \langle b|a\rangle + \langle b'|a\rangle$。显然，矢量之间的标积满足分配律。

3. *左矢量的数乘*

$|a\rangle$ 是希尔伯特空间内的任意一个右矢量，如果 $\langle c|a\rangle = \lambda\langle b|a\rangle$，那么 $\langle c| = \lambda\langle b|$，即 $\left(\lambda\langle b|\right)|a\rangle = \lambda\langle b|a\rangle$。

假定在左矢量和右矢量之间存在着一一对应关系，使得相应于 $|a\rangle + |a'\rangle$ 的左矢量是相应于 $|a\rangle$ 的左矢量与相应于 $|a'\rangle$ 的左矢量的和；相应于 $\lambda|a\rangle$ 的左矢量是相应于 $|a\rangle$ 的左矢量乘以 λ^*，λ^* 是 λ 的共轭复数；算符 $\hat{U}$ 作用到右矢量 $|a\rangle$ 上，对应于 $\hat{U}$ 的转置共轭算符作用到左矢量 $\langle a|$ 上，即

$$|a\rangle \Leftrightarrow \langle a|,$$

$$|a\rangle + |a'\rangle \Leftrightarrow \langle a| + \langle a'|,$$

$$\lambda|a\rangle \Leftrightarrow \langle a|\lambda^*,$$

$$\hat{U}|a\rangle \Leftrightarrow \langle a|\hat{U}^\dagger.$$

在量子力学里，物理系统的状态既可以用右矢量表示，也可以用左矢量表示，整个理论体系在左矢量空间和右矢量空间中是对称的。

$\langle b|a\rangle$ 和 $\langle a|b\rangle$ 互为共轭复数，$\langle b|a\rangle = \langle a|b\rangle^*$。显然，$\langle a|a\rangle$ 是实数，称为矢量 $|a\rangle$ 的模的平方。除了零矢量以外，所有矢量的模均大于零，即

$$\langle a|a\rangle \ > 0, \quad |a\rangle \neq |0\rangle.$$

1.5 本征值和本征矢量

如果

$$\hat{A}|a\rangle = a|a\rangle, \tag{1.11}$$

那么 a 是算符 $\hat{A}$ 的本征值，$|a\rangle$ 是对应本征值 a 的本征矢量。式 (1.11) 是算符 $\hat{A}$ 的本征方程。

厄米算符的本征值和本征矢量满足以下性质：

(1) 厄米算符的本征值是实数。

(2) 算符 $\hat{A}$ 是厄米算符，$\hat{A}^\dagger = \hat{A}$，$\hat{A}|a\rangle = a|a\rangle$，$\hat{A}|a'\rangle = a'|a'\rangle$，如果 $a \neq a'$，那么本征矢量 $|a\rangle$ 和 $|a'\rangle$ 正交，即 $\langle a|a'\rangle = 0$。

(3) 如果厄米算符 $\hat{A}$ 具有分立的本征值和数目有限的正交归一化本征矢量，$\hat{A}|a\rangle = a|a\rangle$，那么这些本征矢量作为希尔伯特空间中的基矢量构成正交完备系，且任意矢量 $|\psi\rangle$ 可以按本征矢量 $|a\rangle$ 展开，

$$|\psi\rangle = \sum_a |a\rangle\langle a|\psi\rangle, \tag{1.12}$$

其中 $\langle a|\psi\rangle$ 是展开系数，也是矢量 $|\psi\rangle$ 在算符 $\hat{A}$ 的自身表象 ($\hat{A}$ 表象) 中的分量形式。

两个矢量 $|\psi\rangle$ 和 $|\phi\rangle$ 的标积也可以表示成 $\hat{A}$ 表象中分量相乘的形式，

$$\langle\phi|\psi\rangle = \sum_a \langle a|\phi\rangle^*\langle a|\psi\rangle = \sum_a \langle\phi|a\rangle\langle a|\psi\rangle. \tag{1.13}$$

由 $\langle\psi|\psi\rangle = 1$ 可知，$\sum\limits_a |\langle a|\psi\rangle|^2 = 1$。

如果引入单位算符

$$\hat{I} = \sum_a |a\rangle\langle a|, \tag{1.14}$$

那么只需要在适当的位置加入式 (1.14) 中的单位算符 $\hat{I}$，就可以得到矢量的展开式 (1.12)，也可以得到 $\hat{A}$ 表象中矢量之间的标积式 (1.13)。希尔伯特空间中矢量的运算会变得更加方便。

由

$$\langle a'|\hat{B}|\psi\rangle = \langle a'|\hat{B}\hat{I}|\psi\rangle = \sum_a \langle a'|\hat{B}|a\rangle\langle a|\psi\rangle \tag{1.15}$$

可知，算符 $\hat{B}$ 在 $\hat{A}$ 表象中的矩阵元为 $\langle a'|\hat{B}|a\rangle$，矢量 $|\psi\rangle$ 在 $\hat{A}$ 表象中的矩阵元为 $\langle a|\psi\rangle$。所以，在 $\hat{A}$ 表象中，算符 $\hat{B}$ 的矩阵形式是

$$B = \begin{pmatrix} \langle a_1|\hat{B}|a_1\rangle & \langle a_1|\hat{B}|a_2\rangle & \cdots & \langle a_1|\hat{B}|a_j\rangle \\ \langle a_2|\hat{B}|a_1\rangle & \langle a_2|\hat{B}|a_2\rangle & \cdots & \langle a_2|\hat{B}|a_j\rangle \\ \vdots & \vdots & & \vdots \\ \langle a_i|\hat{B}|a_1\rangle & \langle a_i|\hat{B}|a_2\rangle & \cdots & \langle a_i|\hat{B}|a_j\rangle \end{pmatrix}. \tag{1.16}$$

矢量 $|\psi\rangle$ 的矩阵形式是

$$\psi = \begin{pmatrix} \langle a_1|\psi\rangle \\ \langle a_2|\psi\rangle \\ \vdots \\ \langle a_n|\psi\rangle \end{pmatrix}. \tag{1.17}$$

算符 $\hat{A}$ 在其自身表象中写成对角矩阵的形式，矩阵元为

$$\langle a'|\hat{A}|a\rangle = a\delta_{a',a}, \tag{1.18}$$

其中对角元素是算符 $\hat{A}$ 的本征值。

在量子力学的运算中，有时候可以把任意算符 $\hat{B}$ 写成 $\hat{A}$ 表象中的形式

$$\hat{B} = \hat{I}\hat{B}\hat{I} = \sum_{a,a'} |a\rangle\langle a|\hat{B}|a'\rangle\langle a'|. \tag{1.19}$$

1.6 表象变换

如果算符 $\hat{A}$ 和算符 $\hat{B}$ 的本征方程分别为

$$\hat{A}|a\rangle = a|a\rangle, \quad \hat{B}|b\rangle = b|b\rangle,$$

那么，在各自的自身表象中，算符 $\hat{A}$ 和算符 $\hat{B}$ 都表示为对角矩阵的形式，其中矩阵元分别为

$$\langle a|\hat{A}|a'\rangle = a\delta_{a,a'}, \quad \langle b|\hat{B}|b'\rangle = b\delta_{b,b'}.$$

单位算符 $\hat{I}$ 可以表示为

$$\hat{I}=\sum_a |a\rangle\langle a|=\sum_b |b\rangle\langle b|, \tag{1.20}$$

那么，任意矢量 $|\psi\rangle$ 在 $\hat{B}$ 表象中的矩阵元 $\langle b|\psi\rangle$ 可以写成对这一矢量在 $\hat{A}$ 表象中的矩阵元 $\langle a|\psi\rangle$ 展开的形式

$$\langle b|\psi\rangle=\langle b|\hat{I}\psi\rangle=\sum_a\langle b|a\rangle\langle a|\psi\rangle, \tag{1.21}$$

反之亦然

$$\langle a|\psi\rangle=\langle a|\hat{I}\psi\rangle=\sum_b\langle a|b\rangle\langle b|\psi\rangle. \tag{1.22}$$

式 (1.21) 和式 (1.22) 反映了希尔伯特空间中的矢量在不同表象中的矩阵元之间的变换关系。

利用式 (1.20)，可以得到任意算符在不同表象中的矩阵元之间的变换关系。任意算符 $\hat{C}$ 在 $\hat{B}$ 表象中的矩阵元 $\langle b|\hat{C}|b'\rangle$ 可以写成

$$\langle b|\hat{C}|b'\rangle=\langle b|\hat{I}\hat{C}\hat{I}|b'\rangle=\sum_{a,a'}\langle b|a\rangle\langle a|\hat{C}|a'\rangle\langle a'|b'\rangle. \tag{1.23}$$

在式 (1.21)~ 式 (1.23) 中，不同表象之间的变换矩阵元 $\langle a|b\rangle$ 发挥了重要的作用。

在 $\hat{A}$ 表象中，算符 $\hat{B}$ 和算符 $\hat{C}$ 的乘积的矩阵元可以写成

$$\langle a|\hat{B}\hat{C}|a'\rangle=\langle a|\hat{B}\hat{I}\hat{C}|a'\rangle=\sum_{a''}\langle a|\hat{B}|a''\rangle\langle a''|\hat{C}|a'\rangle. \tag{1.24}$$

显然，在量子力学中，算符可以在具体的表象中表示成矩阵的形式。两个算符的乘积和线性代数中两个矩阵的乘法完全相同。

作业

1. 证明算符的迹和表象无关。
2. 证明 $\mathrm{Tr}[\hat{C}\hat{C}^\dagger]=\sum\limits_{a,a'}|\langle a|\hat{C}|a'\rangle|^2$。

1.7 分立谱和连续谱

在量子力学中，很多算符既有分立的本征值，又有连续的本征值。比如，氢原子内部核外电子的哈密顿算符，其分立的、负能量的本征值对应核外电子的束缚态，连续的、能量取正值的本征值对应电子的非束缚态。其实，所有的原子的哈密顿算符都既有连续谱也有分立谱。

1. 算符的连续本征态

如果算符 $\hat{A}$ 的本征方程是 $\hat{A}|a\rangle = a|a\rangle$，其中本征值 a 是连续分布的，那么称算符 $\hat{A}$ 具有连续谱，$|a\rangle$ 称为连续本征态，满足归一化条件

$$\langle a|a'\rangle = \delta(a-a').$$

假定 $|\psi\rangle$ 是任意矢量，那么 $|\psi\rangle$ 可以按 $|a\rangle$ 展开

$$|\psi\rangle = \int |a\rangle\langle a|\psi\rangle \mathrm{d}a = \int |a\rangle \mathrm{d}a\langle a|\psi\rangle,$$

其中 $\langle a|\psi\rangle$ 是 $|\psi\rangle$ 在 $\hat{A}$ 表象中的矩阵元。显然，对应连续本征态的完备性条件是

$$\int |a\rangle \mathrm{d}a\langle a| = \hat{I}.$$

矢量 $|\psi\rangle$ 和 $|\phi\rangle$ 的内积可以写成

$$\langle\phi|\psi\rangle = \int \langle\phi|a\rangle \mathrm{d}a\langle a|\psi\rangle = \int \phi^*(a)\psi(a)\mathrm{d}a,$$

其中 $\psi(a)$ 和 $\phi(a)$ 分别是矢量 $|\psi\rangle$ 和 $|\phi\rangle$ 在 $\hat{A}$ 表象中的波函数，

$$\psi(a) = \langle a|\psi\rangle, \quad \phi^*(a) = \langle\phi|a\rangle.$$

2. 混合谱

如果算符 $\hat{A}$ 既有分立的本征值，又有连续的本征值，其本征方程为 $\hat{A}|a\rangle = a|a\rangle$，那么任意矢量 $|\psi\rangle$ 可以表示成

$$|\psi\rangle = \sum_a |a\rangle\langle a|\psi\rangle + \int |a\rangle \mathrm{d}a\langle a|\psi\rangle.$$

此时，完备性条件为

$$\sum_a |a\rangle\langle a| + \int |a\rangle \mathrm{d}a\langle a| = \hat{I}.$$

1.8　算符的函数

如果函数 $f(x)$ 可以展开为

$$f(x) = \sum_0^\infty c_n x^n, \tag{1.25}$$

那么算符 $\hat{A}$ 的函数 $f(\hat{A})$ 定义为

$$f(\hat{A}) = \sum_{0}^{\infty} c_n \hat{A}^n. \tag{1.26}$$

显然，算符的函数仍然是算符。例如，$\exp \hat{A}$、$\cos \hat{A}$ 是算符 $\hat{A}$ 的函数，可以分别展开为算符 $\hat{A}$ 的幂级数的形式

$$\exp \hat{A} = \sum_{0}^{\infty} \frac{1}{n!} \hat{A}^n, \tag{1.27}$$

$$\cos \hat{A} = \sum_{0}^{\infty} (-1)^n \frac{1}{(2n)!} \hat{A}^{2n}. \tag{1.28}$$

如果

$$\hat{A}|a\rangle = a|a\rangle, \tag{1.29}$$

那么

$$f(\hat{A})|a\rangle = f(a)|a\rangle, \tag{1.30}$$

可以认为式 (1.29) 和式 (1.30) 是算符的函数的另一种定义方式。

可以认为逆算符是算符的函数。根据式 (1.29) 和式 (1.30)，如果 $\hat{A}|a\rangle = a|a\rangle$，$\hat{B}|a\rangle = \frac{1}{a}|a\rangle$，那么算符 $\hat{B}$ 是算符 $\hat{A}$ 的逆算符，记作 $\hat{B} = \hat{A}^{-1}$。显然，$\hat{A}\hat{B} = \hat{B}\hat{A} = \hat{I}$。如果算符 $\hat{A}$ 存在数值为零的本征值，那么逆算符 $\hat{A}^{-1}$ 不存在。

作业

证明 $\langle b|f(\hat{A})|b'\rangle = \sum_a \langle b|a\rangle f(a) \langle a|b'\rangle$。

1.9 幺正变换

如果算符 $\hat{U}$ 是幺正算符，即 $\hat{U}^{-1} = \hat{U}^\dagger$，那么右矢量的幺正变换为

$$|a_{\text{new}}\rangle = \hat{U}|a_{\text{old}}\rangle, \tag{1.31}$$

左矢量的幺正变换为

$$\langle a_{\text{new}}| = \langle a_{\text{old}}|\hat{U}^\dagger. \tag{1.32}$$

在幺正变换下，算符 $\hat{A}$ 的矩阵元保持不变，即

$$\begin{aligned}\langle a_{\text{new}}|\hat{A}_{\text{new}}|a_{\text{new}}\rangle &= \langle a_{\text{old}}|\hat{U}^\dagger \hat{A}_{\text{new}} \hat{U}|a_{\text{old}}\rangle \\ &= \langle a_{\text{old}}|\hat{A}_{\text{old}}|a_{\text{old}}\rangle,\end{aligned} \tag{1.33}$$

所以算符的幺正变换为

$$\hat{A}_{\text{old}} = \hat{U}^\dagger \hat{A}_{\text{new}} \hat{U}, \tag{1.34}$$

或者

$$\hat{A}_{\text{new}} = \hat{U} \hat{A}_{\text{old}} \hat{U}^\dagger. \tag{1.35}$$

幺正变换具有以下特点：

(1) 在幺正变换下，矢量之间的标积保持不变，即

$$\begin{aligned} \langle b_{\text{new}} | a_{\text{new}} \rangle &= \langle b_{\text{old}} | \hat{U}^\dagger \hat{U} | a_{\text{old}} \rangle \\ &= \langle b_{\text{old}} | a_{\text{old}} \rangle. \end{aligned} \tag{1.36}$$

(2) 在幺正变换下，算符的本征值保持不变，即

$$\begin{aligned} \hat{A}_{\text{new}} | a_{\text{new}} \rangle &= \hat{U} \hat{A}_{\text{old}} \hat{U}^\dagger \hat{U} | a_{\text{old}} \rangle \\ &= \hat{U} \hat{A}_{\text{old}} | a_{\text{old}} \rangle \\ &= \hat{U} a_{\text{old}} | a_{\text{old}} \rangle \\ &= a_{\text{old}} | a_{\text{new}} \rangle. \end{aligned} \tag{1.37}$$

(3) 如果 $\hat{C}_{\text{old}} = \hat{A}_{\text{old}} \hat{B}_{\text{old}}$，那么 $\hat{C}_{\text{new}} = \hat{A}_{\text{new}} \hat{B}_{\text{new}}$；如果 $\hat{D}_{\text{old}} = \hat{A}_{\text{old}} + \hat{B}_{\text{old}}$，那么 $\hat{D}_{\text{new}} = \hat{A}_{\text{new}} + \hat{B}_{\text{new}}$。在幺正变换下，算符之间的代数运算关系保持不变。

1.10 直积空间

1.10.1 自旋空间

质子和中子统称核子，核子的自旋是 $\dfrac{\hbar}{2}$，在任意方向的分量是 $\pm\dfrac{\hbar}{2}$。即自旋角量子数 $s = \dfrac{1}{2}$，自旋角动量在 z 轴方向的投影对应的量子数 $s_z = \pm\dfrac{1}{2}$。

在核子的自旋角动量算符的 z 轴分量算符 $\hat{S}_z$ 的表象中，核子的自旋波函数可以表示为

$$|\uparrow\rangle = \begin{pmatrix} 1 \\ 0 \end{pmatrix}_{\text{spin}}, \quad |\downarrow\rangle = \begin{pmatrix} 0 \\ 1 \end{pmatrix}_{\text{spin}}, \tag{1.38}$$

其中 $|\uparrow\rangle$ 和 $|\downarrow\rangle$ 分别表示自旋沿着 z 轴正方向的自旋态和自旋沿着 z 轴负方向的自旋态。

核子的自旋角动量算符 $\hat{\boldsymbol{S}} = \dfrac{\hbar}{2}\hat{\boldsymbol{\sigma}}$，其中 $\hat{\boldsymbol{\sigma}}$ 是泡利 (Pauli) 算符。在 $\hat{S}_z$ 表象中，泡利算符可以表示为矩阵的形式

$$\hat{\sigma}_x = \begin{pmatrix} 0 & 1 \\ 1 & 0 \end{pmatrix}, \quad \hat{\sigma}_y = \begin{pmatrix} 0 & -\mathrm{i} \\ \mathrm{i} & 0 \end{pmatrix}, \quad \hat{\sigma}_z = \begin{pmatrix} 1 & 0 \\ 0 & -1 \end{pmatrix}. \tag{1.39}$$

1.10.2 同位旋空间

可以引入一个新的内禀自由度——同位旋 (isospin)。假定核子的同位旋量子数是 $I=\dfrac{1}{2}$，在同位旋空间内，核子的同位旋在任意方向的分量为 $\pm\dfrac{1}{2}$，那么可以把质子和中子看成对应核子的两种不同同位旋分量的状态。如果同位旋在 z 轴方向的投影对应的量子数为 $I_z=\pm\dfrac{1}{2}$，那么质子对应 $I_z=+\dfrac{1}{2}$，中子对应 $I_z=-\dfrac{1}{2}$。与自旋空间类似，在同位旋空间内，质子和中子可以表示为列矩阵的形式

$$|p\rangle=\begin{pmatrix}1\\0\end{pmatrix}_{\text{isospin}},\quad |n\rangle=\begin{pmatrix}0\\1\end{pmatrix}_{\text{isospin}}. \tag{1.40}$$

相应的同位旋算符是 $\dfrac{1}{2}\hat{\boldsymbol{\rho}}$，其中

$$\hat{\rho}_x=\begin{pmatrix}0&1\\1&0\end{pmatrix},\quad \hat{\rho}_y=\begin{pmatrix}0&-\mathrm{i}\\\mathrm{i}&0\end{pmatrix},\quad \hat{\rho}_z=\begin{pmatrix}1&0\\0&-1\end{pmatrix}. \tag{1.41}$$

1.10.3 态矢量的直乘积

如果希望用一个态矢量同时描述核子的自旋取向和同位旋取向，那么可以采用态矢量的直乘积的形式。

自旋向上的质子可以表示为

$$|p,\uparrow\rangle=\begin{pmatrix}1\\0\end{pmatrix}_{\text{isospin}}\bigotimes\begin{pmatrix}1\\0\end{pmatrix}_{\text{spin}}=\begin{pmatrix}\begin{pmatrix}1\\0\end{pmatrix}\\ \\ \begin{pmatrix}0\\0\end{pmatrix}\end{pmatrix}=\begin{pmatrix}1\\0\\0\\0\end{pmatrix}, \tag{1.42}$$

自旋向下的质子可以表示为

$$|p,\downarrow\rangle=\begin{pmatrix}1\\0\end{pmatrix}_{\text{isospin}}\bigotimes\begin{pmatrix}0\\1\end{pmatrix}_{\text{spin}}=\begin{pmatrix}\begin{pmatrix}0\\1\end{pmatrix}\\ \\ \begin{pmatrix}0\\0\end{pmatrix}\end{pmatrix}=\begin{pmatrix}0\\1\\0\\0\end{pmatrix}, \tag{1.43}$$

自旋向上的中子可以表示为

$$|n,\uparrow\rangle = \begin{pmatrix} 0 \\ 1 \end{pmatrix}_{\text{isospin}} \bigotimes \begin{pmatrix} 1 \\ 0 \end{pmatrix}_{\text{spin}} = \begin{pmatrix} \begin{pmatrix} 0 \\ 0 \end{pmatrix} \\ \\ \begin{pmatrix} 1 \\ 0 \end{pmatrix} \end{pmatrix} = \begin{pmatrix} 0 \\ 0 \\ 1 \\ 0 \end{pmatrix}, \tag{1.44}$$

自旋向下的中子可以表示为

$$|n,\downarrow\rangle = \begin{pmatrix} 0 \\ 1 \end{pmatrix}_{\text{isospin}} \bigotimes \begin{pmatrix} 0 \\ 1 \end{pmatrix}_{\text{spin}} = \begin{pmatrix} \begin{pmatrix} 0 \\ 0 \end{pmatrix} \\ \\ \begin{pmatrix} 0 \\ 1 \end{pmatrix} \end{pmatrix} = \begin{pmatrix} 0 \\ 0 \\ 0 \\ 1 \end{pmatrix}. \tag{1.45}$$

1.10.4 算符的直乘积

在直乘积空间中，算符的直乘积采用和态矢量的直乘积类似的方式，例如，同位旋算符的分量 $\hat{\rho}_1$ 和自旋算符的分量 $\hat{\sigma}_1$ 的直乘积可以表示为

$$\hat{\rho}_1 \bigotimes \hat{\sigma}_1 = \begin{pmatrix} 0 & \hat{\sigma}_1 \\ \hat{\sigma}_1 & 0 \end{pmatrix} = \begin{pmatrix} 0 & 0 & 0 & 1 \\ 0 & 0 & 1 & 0 \\ 0 & 1 & 0 & 0 \\ 1 & 0 & 0 & 0 \end{pmatrix}. \tag{1.46}$$

如果算符 $\hat{A}$ 可以表示为 n 阶方阵，算符 $\hat{B}$ 可以表示为 m 阶方阵，那么它们的直乘积应该是 $n \times m$ 阶方阵。

算符的直乘积满足以下性质：

(1) $\left(\hat{A}+\hat{B}\right) \bigotimes \hat{C} = \hat{A} \bigotimes \hat{C} + \hat{B} \bigotimes \hat{C}$。

(2) $\mathrm{Tr}[\hat{A} \bigotimes \hat{B}] = \mathrm{Tr}[\hat{A}] \cdot \mathrm{Tr}[\hat{B}]$。

(3) 如果 $\hat{A}$ 和 $\hat{B}$ 均为幺正矩阵，那么 $\hat{A} \bigotimes \hat{B}$ 是幺正矩阵。

1.10.5 直乘积空间

当人们发现粒子运动的新的内禀自由度时，必须扩展原来的希尔伯特空间。以上关于自旋空间和同位旋空间的例子，表明态矢量和算符的直乘积形式是扩展希尔伯特空间的一种方式。

粒子的总波函数可以写成空间波函数 $\psi(x,y,z)$ 和自旋波函数 $\chi(\sigma)$ 乘积的形式

$$\psi(x,y,z)\chi(\sigma),$$

也是通过直乘积形式扩展希尔伯特空间的一个例子。

如果又有新的内禀自由度被发现，那么可以继续通过直乘积的方式扩展希尔伯特空间。在相对论量子力学部分，当反粒子概念引入以后，自旋为 1/2 的费米子的自旋空间将会扩展为四维空间的形式。

1.11 量子力学的基本原理

量子力学中的物理量可以和希尔伯特空间中的数学量之间建立以下对应关系：

(1) 物理系统的状态可以由希尔伯特空间中的矢量描述，其中 $|\psi\rangle$ 和 $\lambda|\psi\rangle$ 表示同一物理状态。一般来说，态矢量应该是归一化的，此时，$|\langle \boldsymbol{r}|\psi\rangle|^2$ 表示在 $\boldsymbol{r}$ 处发现粒子的概率密度。

(2) 物理系统的观测量由希尔伯特空间中的算符描述，描述物理观察量的算符必须是厄米算符。厄米算符的本征矢量形成希尔伯特空间中的一组基矢量，希尔伯特空间中的任意一个矢量都可以按照这组基矢量展开。

另外，以上对应关系还应由以下原理来补充。

原理 1：当测量一个物理可观测量时，只有对应物理可观测量的算符的本征值可能被测量到。测量以后，物理系统占有的状态对应被测量到的本征值相应的本征态。

原理 2：如果物理系统的可观测量由算符 $\hat{B}$ 描述，算符 $\hat{B}$ 的本征方程为 $\hat{B}|b\rangle = b|b\rangle$，那么，当物理系统处于状态 $|a\rangle$ 时，测量可观测量 $\hat{B}$ 的值为其本征值 b 的概率是

$$W = |\langle a|b\rangle|^2.$$

如果 $\hat{B}$ 有连续分布的本征值，那么

$$\mathrm{d}W = |\langle a|b\rangle|^2 \mathrm{d}b$$

表示在 b 和 $b + \mathrm{d}b$ 之间发现 $\hat{B}$ 的概率。

原理 3：在量子力学中，如果算符 $\hat{A}$ 和算符 $\hat{B}$ 对应经典力学中的物理量 A 和 B，那么算符 $\hat{A}$ 和算符 $\hat{B}$ 之间的对易关系可以由经典力学中的泊松括号求得。

$$\left[\hat{A}, \hat{B}\right] = \hat{A}\hat{B} - \hat{B}\hat{A} = \mathrm{i}\hbar\{A, B\}_{\mathrm{op}},$$

其中 $\{A, B\}_{\mathrm{op}}$ 表示经典力学中的泊松括号，$\{A, B\}_{\mathrm{op}} = \sum\limits_i \left(\dfrac{\partial A}{\partial q_i}\dfrac{\partial B}{\partial p_i} - \dfrac{\partial A}{\partial p_i}\dfrac{\partial B}{\partial q_i}\right)$，$q_i$ 和 p_i 分别表示坐标和动量。

显然，$[\hat{q}_i, \hat{q}_j] = [\hat{p}_i, \hat{p}_j] = 0$，$[\hat{q}_i, \hat{p}_j] = \mathrm{i}\hbar\delta_{ij}\hat{I}$.

轨道角动量算符是 $\hat{\boldsymbol{L}}=\hat{\boldsymbol{r}}\times\hat{\boldsymbol{p}}=(y\hat{p}_z-z\hat{p}_y,z\hat{p}_x-x\hat{p}_z,x\hat{p}_y-y\hat{p}_x)$，轨道角动量算符的分量 $\hat{L}_x$ 和 $\hat{L}_y$ 之间的对易关系为

$$\begin{aligned}\left[\hat{L}_x,\hat{L}_y\right]&=\mathrm{i}\hbar\sum_i\left(\frac{\partial L_x}{\partial q_i}\frac{\partial L_y}{\partial p_i}-\frac{\partial L_x}{\partial p_i}\frac{\partial L_y}{\partial q_i}\right)\\&=\mathrm{i}\hbar\left(x\hat{p}_y-y\hat{p}_x\right)\\&=\mathrm{i}\hbar\hat{L}_z.\end{aligned}\tag{1.47}$$

类似地可以得到轨道角动量算符的其他分量之间的对易关系。归纳这些对易关系，可得 $\hat{\boldsymbol{L}}\times\hat{\boldsymbol{L}}=\mathrm{i}\hbar\hat{\boldsymbol{L}}$。

以上原理归纳了在瞬时情况下，量子力学中物理状态和观测量之间的关系。

1.12 自由粒子

本节中我们研究自由粒子的运动，并且归纳相应的希尔伯特空间中算符的性质。

1.12.1 一维空间内自由粒子的运动

1. 动量算符在位置表象内的矩阵元

在一维空间内，与自由粒子的运动相关的动力学变量有位置算符 $\hat{x}$、动量算符 $\hat{p}$ 和哈密顿算符 $\hat{H}=\dfrac{\hat{p}^2}{2m}$。位置算符 $\hat{x}$ 和动量算符 $\hat{p}$ 的本征方程分别为

$$\hat{x}|x'\rangle=x'|x'\rangle\tag{1.48}$$

和

$$\hat{p}|p'\rangle=p'|p'\rangle.\tag{1.49}$$

显然，式 (1.48) 和式 (1.49) 中的本征值 x' 和 p' 都是连续的。位置算符 $\hat{x}$ 和动量算符 $\hat{p}$ 的本征函数满足正交归一化条件

$$\langle x'|x''\rangle=\delta(x'-x'')\tag{1.50}$$

和

$$\langle p'|p''\rangle=\delta(p'-p'').\tag{1.51}$$

由对易关系 $[\hat{x},\hat{p}]=\hat{x}\hat{p}-\hat{p}\hat{x}=\mathrm{i}\hbar\hat{I}$ 可得

$$\begin{aligned}
&\langle x'|\left(\hat{x}\hat{p}-\hat{p}\hat{x}\right)|x''\rangle \\
=&\langle x'|\left(\hat{x}\hat{I}\hat{p}-\hat{p}\hat{I}\hat{x}\right)|x''\rangle \\
=&\int \mathrm{d}x'''\left[\langle x'|\hat{x}|x'''\rangle\langle x'''|\hat{p}|x''\rangle-\langle x'|\hat{p}|x'''\rangle\langle x'''|\hat{x}|x''\rangle\right] \\
=&\int \mathrm{d}x'''\left[x'''\delta\left(x'-x'''\right)\langle x'''|\hat{p}|x''\rangle-\langle x'|\hat{p}|x'''\rangle x''\delta\left(x''-x'''\right)\right] \\
=&x'\langle x'|\hat{p}|x''\rangle-x''\langle x'|\hat{p}|x''\rangle \\
=&\left(x'-x''\right)\langle x'|\hat{p}|x''\rangle.
\end{aligned} \tag{1.52}$$

另外，由对易关系可以直接得到

$$\langle x'|\left(\hat{x}\hat{p}-\hat{p}\hat{x}\right)|x''\rangle=\mathrm{i}\hbar\delta\left(x'-x''\right), \tag{1.53}$$

所以

$$\left(x'-x''\right)\langle x'|\hat{p}|x''\rangle=\mathrm{i}\hbar\delta\left(x'-x''\right). \tag{1.54}$$

由恒等式

$$x\frac{\mathrm{d}}{\mathrm{d}x}\delta\left(x\right)=-\delta\left(x\right), \tag{1.55}$$

可得

$$\mathrm{i}\hbar\delta\left(x'-x''\right)=-\mathrm{i}\hbar\left(x'-x''\right)\frac{\mathrm{d}\delta\left(x'-x''\right)}{d\left(x'-x''\right)}=-\mathrm{i}\hbar\left(x'-x''\right)\frac{\mathrm{d}\delta\left(x'-x''\right)}{\mathrm{d}x'}. \tag{1.56}$$

由式 (1.54) 和式 (1.56) 可得，动量算符在位置表象中可以表示为

$$\langle x'|\hat{p}|x''\rangle=-\mathrm{i}\hbar\frac{\mathrm{d}}{\mathrm{d}x'}\delta\left(x'-x''\right). \tag{1.57}$$

由式 (1.57) 可以得到动量算符的平方 $\hat{p}^2$ 在位置表象中的矩阵元

$$\begin{aligned}
&\langle x'|\hat{p}^2|x''\rangle \\
=&\langle x'|\hat{p}\hat{I}\hat{p}|x''\rangle \\
=&\int \mathrm{d}x'''\langle x'|\hat{p}|x'''\rangle\langle x'''|\hat{p}|x''\rangle \\
=&\int \mathrm{d}x'''\left\{\left[-\mathrm{i}\hbar\frac{\mathrm{d}}{\mathrm{d}x'}\delta(x'-x''')\right]\left[-\mathrm{i}\hbar\frac{\mathrm{d}}{\mathrm{d}x'''}\delta(x'''-x'')\right]\right\} \\
=&-\mathrm{i}\hbar\frac{\mathrm{d}}{\mathrm{d}x'}\int \mathrm{d}x'''\delta(x'-x''')\left[-\mathrm{i}\hbar\frac{\mathrm{d}}{\mathrm{d}x'''}\delta(x'''-x'')\right] \\
=&\left(-\mathrm{i}\hbar\frac{\mathrm{d}}{\mathrm{d}x'}\right)^2\delta(x'-x'').
\end{aligned} \tag{1.58}$$

类似地可以证明，

$$\langle x'|\hat{p}^n|x''\rangle = \left(-\mathrm{i}\hbar\frac{\mathrm{d}}{\mathrm{d}x'}\right)^n \delta(x'-x''). \tag{1.59}$$

2. 位置表象内动量算符的本征方程

式 (1.49) 表示动量算符的本征方程

$$\hat{p}|p'\rangle = p'|p'\rangle,$$

在位置表象内，

$$\langle x'|\hat{p}|p'\rangle = p'\langle x'|p'\rangle, \tag{1.60}$$

另外，

$$\begin{aligned}\langle x'|\hat{p}|p'\rangle &= \int \mathrm{d}x''\langle x'|\hat{p}|x''\rangle\langle x''|p'\rangle \\ &= \int \mathrm{d}x''\left[-\mathrm{i}\hbar\frac{\mathrm{d}}{\mathrm{d}x'}\delta\left(x'-x''\right)\right]\langle x''|p'\rangle \\ &= -\mathrm{i}\hbar\frac{\mathrm{d}}{\mathrm{d}x'}\langle x'|p'\rangle,\end{aligned} \tag{1.61}$$

所以，在位置表象中，动量算符的本征方程为

$$-\mathrm{i}\hbar\frac{\mathrm{d}}{\mathrm{d}x'}\langle x'|p'\rangle = p'\langle x'|p'\rangle, \tag{1.62}$$

其中本征态矢量为

$$\langle x'|p'\rangle = \psi_{p'}(x') = \frac{1}{\sqrt{2\pi\hbar}}\exp\left(\frac{\mathrm{i}}{\hbar}p'\cdot x'\right). \tag{1.63}$$

动量算符 $\hat{p}$ 的本征态满足的正交归一化条件可以表示为

$$\begin{aligned}\langle p''|p'\rangle &= \int \mathrm{d}x'\langle p''|x'\rangle\langle x'|p'\rangle \\ &= \int \mathrm{d}x'\psi^*_{p''}(x')\psi_{p'}(x') \\ &= \delta(p'-p'').\end{aligned} \tag{1.64}$$

作业

证明：

(1) 位置算符在动量表象内的矩阵元可以表示为

$$\langle p'|\hat{x}|p''\rangle = \mathrm{i}\hbar\frac{\mathrm{d}}{\mathrm{d}p'}\delta\left(p'-p''\right).$$

(2)
$$\langle p'|\hat{x}^n|p''\rangle = \left(\mathrm{i}\hbar\frac{\mathrm{d}}{\mathrm{d}p'}\right)^n\delta\left(p'-p''\right).$$

1.12.2 三维空间内自由粒子的运动

位置算符 $\hat{q}_i$ 和动量算符 $\hat{p}_i$ 之间的对易关系是量子力学的基本对易关系，

$$[\hat{q}_i, \hat{q}_j] = 0,\ [\hat{p}_i, \hat{p}_j] = 0,\ [\hat{q}_i, \hat{p}_j] = \mathrm{i}\hbar\delta_{ij}, \tag{1.65}$$

其中，$\hat{q}_i, \hat{q}_j = \hat{x}, \hat{y}, \hat{z}$，$\hat{p}_i, \hat{p}_j = \hat{p}_x, \hat{p}_y, \hat{p}_z$。由于位置算符 $\hat{x}$、$\hat{y}$ 和 $\hat{z}$ 之间两两对易，它们有共同的本征态。可以用它们的本征值的集合表示三维空间内位置算符 $\hat{x}$、$\hat{y}$ 和 $\hat{z}$ 的共同本征态，即

$$|\boldsymbol{r}'\rangle = |x', y', z'\rangle.$$

显然，

$$\begin{aligned} \hat{x}|\boldsymbol{r}'\rangle &= x'|\boldsymbol{r}'\rangle, \\ \hat{y}|\boldsymbol{r}'\rangle &= y'|\boldsymbol{r}'\rangle, \\ \hat{z}|\boldsymbol{r}'\rangle &= z'|\boldsymbol{r}'\rangle, \end{aligned} \tag{1.66}$$

或者简写为

$$\hat{\boldsymbol{r}}|\boldsymbol{r}'\rangle = \boldsymbol{r}'|\boldsymbol{r}'\rangle. \tag{1.67}$$

由于位置算符的本征值连续分布，所以位置算符的本征波函数之间的正交归一化条件可以写成

$$\begin{aligned} \langle\boldsymbol{r}''|\boldsymbol{r}'\rangle &= \delta(\boldsymbol{r}' - \boldsymbol{r}'') \\ &= \delta(x' - x'')\,\delta(y' - y'')\,\delta(z' - z''). \end{aligned} \tag{1.68}$$

由于动量算符 $\hat{p}_x$、$\hat{p}_y$ 和 $\hat{p}_z$ 之间两两对易，可以类似地得到三维空间内动量算符的本征方程和本征态之间满足的正交归一化条件

$$\hat{\boldsymbol{p}}|\boldsymbol{p}'\rangle = \boldsymbol{p}'|\boldsymbol{p}'\rangle, \tag{1.69}$$

$$\begin{aligned} \langle\boldsymbol{p}''|\boldsymbol{p}'\rangle &= \delta(\boldsymbol{p}' - \boldsymbol{p}'') \\ &= \delta(p_x' - p_x'')\,\delta\left(p_y' - p_y''\right)\delta(p_z' - p_z''). \end{aligned} \tag{1.70}$$

和一维空间的情况类似，动量算符在位置空间内的矩阵元可以写为

$$\langle\boldsymbol{r}'|\hat{p}_x|\boldsymbol{r}''\rangle = -\mathrm{i}\hbar\frac{\partial}{\partial x'}\delta(\boldsymbol{r}' - \boldsymbol{r}''), \tag{1.71}$$

$$\langle\boldsymbol{r}'|\hat{p}_y|\boldsymbol{r}''\rangle = -\mathrm{i}\hbar\frac{\partial}{\partial y'}\delta(\boldsymbol{r}' - \boldsymbol{r}''), \tag{1.72}$$

$$\langle \boldsymbol{r}'|\hat{p}_z|\boldsymbol{r}''\rangle = -\mathrm{i}\hbar\frac{\partial}{\partial z'}\delta\left(\boldsymbol{r}'-\boldsymbol{r}''\right), \tag{1.73}$$

所以

$$\langle \boldsymbol{r}'|\hat{\boldsymbol{p}}|\boldsymbol{r}''\rangle = -\mathrm{i}\hbar\boldsymbol{\nabla}_{\boldsymbol{r}'}\delta\left(\boldsymbol{r}'-\boldsymbol{r}''\right). \tag{1.74}$$

用类似的方法还可以得到位置算符 $\hat{\boldsymbol{r}}$ 在动量表象内的矩阵元

$$\langle \boldsymbol{p}'|\hat{\boldsymbol{r}}|\boldsymbol{p}''\rangle = \mathrm{i}\hbar\boldsymbol{\nabla}_{\boldsymbol{p}'}\delta\left(\boldsymbol{p}'-\boldsymbol{p}''\right). \tag{1.75}$$

位置表象内动量算符 $\hat{\boldsymbol{p}}$ 的本征方程可以写成

$$-\mathrm{i}\hbar\boldsymbol{\nabla}_{\boldsymbol{r}'}\langle \boldsymbol{r}'|\boldsymbol{p}'\rangle = \boldsymbol{p}'\langle \boldsymbol{r}'|\boldsymbol{p}'\rangle, \tag{1.76}$$

其中本征波函数为

$$\langle \boldsymbol{r}'|\boldsymbol{p}'\rangle = \psi_{\boldsymbol{p}'}(\boldsymbol{r}') = \frac{1}{(2\pi\hbar)^{3/2}}\exp\left(\frac{\mathrm{i}}{\hbar}\boldsymbol{p}'\cdot\boldsymbol{r}'\right). \tag{1.77}$$

在三维空间内，自由粒子的哈密顿算符 $\hat{H}=\dfrac{\hat{\boldsymbol{p}}^2}{2m}$ 在位置表象内的矩阵元为

$$\langle \boldsymbol{r}'|\hat{H}|\boldsymbol{r}''\rangle = -\frac{\hbar^2}{2m}\boldsymbol{\nabla}_{\boldsymbol{r}'}\delta\left(\boldsymbol{r}'-\boldsymbol{r}''\right).$$

在动量表象内，其矩阵元为

$$\langle \boldsymbol{p}'|\hat{H}|\boldsymbol{p}''\rangle = \frac{\boldsymbol{p}'^2}{2m}\delta\left(\boldsymbol{p}'-\boldsymbol{p}''\right).$$

1.13　一维谐振子

一维谐振子系统的哈密顿算符可以写为

$$\hat{H}(\hat{x},\hat{p}) = \frac{\hat{p}^2}{2m}+\frac{1}{2}m\omega^2\hat{x}^2, \tag{1.78}$$

本征方程为

$$\hat{H}|E\rangle = E|E\rangle. \tag{1.79}$$

我们将分别在位置表象和动量表象内求解一维谐振子的本征能量和相应的本征态。

1.13.1 位置表象内一维谐振子的本征能量和本征态

在位置表象内，一维谐振子的哈密顿算符的矩阵元可以写为

$$\begin{aligned}\langle x'|\hat{H}|x''\rangle &= \hat{H}\left(x',\hat{p}'\right)\delta\left(x'-x''\right)\\ &= \hat{H}\left(x',\frac{\hbar}{\mathrm{i}}\frac{\partial}{\partial x'}\right)\delta\left(x'-x''\right),\end{aligned} \tag{1.80}$$

其中，$\hat{H}\left(x',\frac{\hbar}{\mathrm{i}}\frac{\partial}{\partial x'}\right)=-\frac{\hbar^2}{2m}\frac{\partial^2}{\partial x'^2}+\frac{1}{2}m\omega^2x'^2$.

哈密顿算符的本征方程为

$$\begin{aligned}\langle x'|\hat{H}|E\rangle &= \int \mathrm{d}x''\langle x'|\hat{H}|x''\rangle\langle x''|E\rangle\\ &= \int \mathrm{d}x''\hat{H}\left(x',\frac{\hbar}{\mathrm{i}}\frac{\partial}{\partial x'}\right)\delta\left(x'-x''\right)\langle x''|E\rangle\\ &= \hat{H}\left(x',\frac{\hbar}{\mathrm{i}}\frac{\partial}{\partial x'}\right)\langle x'|E\rangle\\ &= E\langle x'|E\rangle.\end{aligned} \tag{1.81}$$

设 $\psi_{\mathrm{E}}(x')=\langle x'|E\rangle$，式 (1.81) 可以写成

$$\hat{H}\left(x',\frac{\hbar}{\mathrm{i}}\frac{\partial}{\partial x'}\right)\psi_{\mathrm{E}}(x')=E\psi_{\mathrm{E}}(x'), \tag{1.82}$$

在式 (1.82) 中，一维谐振子的能量本征值为

$$E=\left(n+\frac{1}{2}\right)\hbar\omega,\quad n=0,1,2,\cdots \tag{1.83}$$

能量本征函数为

$$\psi_{\mathrm{E}}(x'=\left(\frac{m\omega}{\pi\hbar}\right)^{1/4}\frac{1}{\sqrt{2^n n!}}H_n(\xi)\exp\left(-\frac{\xi^2}{2}\right), \tag{1.84}$$

其中 $\xi=\sqrt{\frac{m\omega}{\hbar}}x'$，$H_n(\xi)$ 是厄米多项式。

1.13.2 动量表象内一维谐振子的本征能量和本征态

在动量表象内，一维谐振子的哈密顿算符的矩阵元可以写为

$$\begin{aligned}\langle p'|\hat{H}|p''\rangle &= \hat{H}\left(\hat{x}',p'\right)\delta\left(p'-p''\right)\\ &= \hat{H}\left(-\frac{\hbar}{\mathrm{i}}\frac{\partial}{\partial p'},p'\right)\delta\left(p'-p''\right),\end{aligned} \tag{1.85}$$

其中 $\hat{H}\left(-\frac{\hbar}{\mathrm{i}}\frac{\partial}{\partial p'},p'\right)=\frac{p'^2}{2m}-\frac{1}{2}m\omega^2\hbar^2\frac{\partial^2}{\partial p'^2}$.

哈密顿算符 $\hat{H}$ 的本征方程可以写为

$$\begin{aligned}\langle p'|\hat{H}|E\rangle &= \int \mathrm{d}p''\langle p'|\hat{H}|p''\rangle\langle p''|E\rangle \\ &= \int \mathrm{d}p''\hat{H}\left(-\frac{\hbar}{\mathrm{i}}\frac{\partial}{\partial p'},p'\right)\delta\left(p'-p''\right)\langle p''|E\rangle \\ &= \hat{H}\left(-\frac{\hbar}{\mathrm{i}}\frac{\partial}{\partial p'},p'\right)\langle p'|E\rangle \\ &= E\langle p'|E\rangle. \end{aligned} \tag{1.86}$$

设 $\psi_{\mathrm{E}}(p')=\langle p'|E\rangle$，式 (1.86) 写为

$$\hat{H}\left(-\frac{\hbar}{\mathrm{i}}\frac{\partial}{\partial p'},p'\right)\psi_{\mathrm{E}}(p')=E\psi_{\mathrm{E}}(p'), \tag{1.87}$$

即

$$\left(-\frac{1}{2}m\omega^2\hbar^2\frac{\partial^2}{\partial p'^2}+\frac{1}{2m}p'^2\right)\psi_{\mathrm{E}}(p')=E\psi_{\mathrm{E}}(p'). \tag{1.88}$$

类似于位置表象内的本征方程的求解过程，可以得到动量表象内的一维谐振子的本征能量 E 和本征函数 $\psi_{\mathrm{E}}(p')$

$$E=\left(n+\frac{1}{2}\right)\hbar\omega,\quad n=0,1,2,\cdots \tag{1.89}$$

和

$$\psi_{\mathrm{E}}(p')=\left(\frac{m\bar{\omega}}{\pi\hbar}\right)^{1/2}\frac{1}{2^n n!}H_n(\eta)\exp\left(-\frac{\eta^2}{2}\right), \tag{1.90}$$

其中 $\eta=\sqrt{\frac{m\bar{\omega}}{\hbar}}p'$，$\bar{\omega}^2=\frac{1}{m^4\omega^2}$，$H_n(\eta)$ 是厄米多项式。

1.13.3 表象变换

位置表象内的能量本征态 $\psi_{\mathrm{E}}(x')$ 可以表示为

$$\begin{aligned}\psi_{\mathrm{E}}(x')=\langle x'|E\rangle &= \int \mathrm{d}p'\langle x'|p'\rangle\langle p'|E\rangle \\ &= \int\frac{\mathrm{d}p'}{\sqrt{2\pi\hbar}}\exp\left(\frac{\mathrm{i}}{\hbar}p'x'\right)\psi_{\mathrm{E}}(p'), \end{aligned} \tag{1.91}$$

动量表象内的能量本征态 $\psi_{\mathrm{E}}(p')$ 可以表示为

$$\begin{aligned}\psi_{\mathrm{E}}(p') = \langle p'|E\rangle &= \int \mathrm{d}x' \langle p'|x'\rangle\langle x'|E\rangle \\ &= \int \frac{\mathrm{d}x'}{\sqrt{2\pi\hbar}} \exp\left(-\frac{\mathrm{i}}{\hbar}p'x'\right)\psi_{\mathrm{E}}(x').\end{aligned} \tag{1.92}$$

显然，式 (1.91) 和式 (1.92) 反映了一维谐振子在位置表象和动量表象内的能量本征态之间是傅里叶变换和逆变换的关系。

第二章　二次量子化

量子力学是研究微观领域内粒子运动规律的一门科学。在量子力学建立的最初阶段，人们用波函数描述单个粒子的运动状态，认为波函数的模的平方与在这一位置发现粒子的概率成正比。同时，把经典物理学中的力学量算符化，即把力学量看成算符，建立了算符之间的对易关系，并且对描述粒子运动状态的波函数进行运算和操作，从而实现了量子力学的“第一次量子化”过程，创立了描述单个粒子运动的量子力学理论。

由多个全同粒子组成的物理系统满足全同性原理的要求，即任意交换两个全同粒子，并不改变全同粒子系统的状态。当人们研究全同粒子系统的性质的时候，用一个考虑粒子交换对称性 (反对称性) 的波函数描述玻色子系统 (费米子系统) 的状态并不方便。于是，人们进一步把单个粒子的波函数量子化，把粒子的波函数及其共轭波函数分别看成粒子的湮灭算符和产生算符，把粒子的产生和湮灭看成湮灭算符和产生算符对于微扰真空态作用的结果，从而实现了量子力学的“第二次量子化”过程。

二次量子化方法，是描述多个全同粒子组成的物理系统的完善的量子力学理论。这一方法也为量子场论的建立奠定了基础。

2.1　全同粒子系统的希尔伯特空间

2.1.1　全同粒子系统

在一个多粒子系统中，如果任意交换两个粒子并不改变多粒子系统的状态，或者说，任意两个粒子的置换都不会产生一个新的量子态，那么，这种粒子是一种全同粒子，多粒子系统是全同粒子系统。自旋是 $\hbar$ 的整数倍的全同粒子被称为玻色子，如光子、π 介子等；自旋是 $\hbar$ 的半整数倍的全同粒子被称为费米子，如质子、电子等。

由两个玻色子组成的系统的状态波函数可以由单个玻色子在希尔伯特空间内的态矢量表示

$$|q^{\alpha}, q^{\beta}\rangle_{+} = \sqrt{\frac{\prod\limits_{\lambda} n_{\lambda}!}{2!}}\left(|q^{\alpha}\rangle_1|q^{\beta}\rangle_2 + |q^{\beta}\rangle_1|q^{\alpha}\rangle_2\right), \tag{2.1}$$

其中，q^α 和 q^β 分别表示两个玻色子的广义坐标 (在位置表象内，包含粒子的位置坐标和自旋取向；在动量表象内，包含粒子的动量和自旋取向)；n_λ 表示同一个单粒子状态上包含的玻色子数目。

由两个费米子组成的系统的状态波函数可以由单个费米子在希尔伯特空间内的态矢量表示

$$|q^\alpha, q^\beta\rangle_- = \sqrt{\frac{1}{2!}}\left(|q^\alpha\rangle_1|q^\beta\rangle_2 - |q^\beta\rangle_1|q^\alpha\rangle_2\right). \tag{2.2}$$

由式 (2.1) 可以看出，交换两个玻色子的状态，整个玻色子系统的状态波函数保持不变。可见，玻色子系统的波函数具有交换对称性；由式 (2.2) 可知，交换两个费米子的状态，整个费米子系统的状态波函数变为原来波函数的负值。可见，费米子系统的波函数具有交换反对称性。于是，我们可以得到量子力学的又一个基本原理，即原理 4：描述全同粒子系统的态矢量，要么满足交换对称性 (玻色子系统)，要么满足交换反对称性 (费米子系统)。

原理 4 是量子力学由描述单个粒子的运动状态推广到描述多个全同粒子组成的物理系统的状态以后，得到的又一个量子力学的基本原理，是对第 1.11 节中“量子力学的基本原理”的补充。

2.1.2 对称化基矢量

全同粒子系统最主要的特点是粒子的不可分辨性，即全同粒子不可区分，不可以编号，但是，为了用数学的方式描述全同粒子系统的状态，必须对系统中的全同粒子进行编号。

原理 4 对于全同粒子系统态矢量的对称性要求，恰好解决了这一矛盾。考虑交换对称性 (玻色子系统) 或者交换反对称性 (费米子系统) 以后的全同粒子系统态矢量中，具有不同编号的粒子处于完全相同的地位。虽然对粒子编了号码，但是全同粒子系统的态矢量在数学形式上满足了全同性原理的要求。

1. 全同粒子系统的希尔伯特空间

单粒子的状态可以用希尔伯特空间中的矢量描述，同样，全同粒子系统的状态也可以用相应的希尔伯特空间内的一个矢量来描述。

设有一个全同粒子系统，由 N 个粒子组成，假定可以把这些粒子从 1 至 N 分别编号。如果第 i 个粒子对应的希尔伯特空间为 $\mathscr{H}^{(i)}$，那么，由 N 个全同粒子组成的系统的希尔伯特空间 $\mathscr{H}_N$ 是 N 个单粒子希尔伯特空间的直乘积空间。

2. 单粒子系统

令 $\hat{Q}$ 表示单粒子系统的力学量完全集，也就是说，$\hat{Q}$ 可以是一个力学量算符，也可以表示一组力学量算符。$|q^\alpha\rangle_i$ 表示第 i 个粒子的单粒子状态，即 $|q^\alpha\rangle_i$ 是第 i

个粒子的希尔伯特空间 $\mathscr{H}^{(i)}$ 中的一个矢量，$|q^\alpha\rangle_i \in \mathscr{H}^{(i)}$，则

$$\hat{Q}|q^\alpha\rangle_i = q^\alpha|q^\alpha\rangle_i, \quad \alpha = 1,2,3,\cdots \tag{2.3}$$

正交归一化条件为

$$_i\langle q^\alpha|q^\beta\rangle_i = \delta^{\alpha\beta}. \tag{2.4}$$

完备性条件为

$$\sum_\alpha |q^\alpha\rangle_{ii}\langle q^\alpha| = \hat{I}. \tag{2.5}$$

显然，这些本征矢量的集合

$$\{|q^\alpha\rangle_i\}, \quad \alpha = 1,2,3,\cdots \tag{2.6}$$

构成第 i 个粒子的希尔伯特空间 $\mathscr{H}^{(i)}$ 中的一组基矢量。

3. N 个相互可区分的粒子组成的系统

N 个相互可区分的粒子组成的系统的希尔伯特空间 $\mathscr{H}$ 的基矢量是各个单粒子希尔伯特空间基矢量的直乘积，

$$|q_1^\alpha, q_2^\beta, q_2^\delta, \cdots, q_i^\eta, \cdots, q_N^\gamma\Big) = |q^\alpha\rangle_1\ |q^\beta\rangle_2\ |q^\delta\rangle_3\ \cdots|q^\eta\rangle_i\cdots|q^\gamma\rangle_N, \tag{2.7}$$

其中，$|q^\eta\rangle_i$ 表示第 i 个粒子的希尔伯特空间 $\mathscr{H}^{(i)}$ 中的基矢量。式 (2.7) 中的基矢量的总数是单粒子空间基矢量数目的 N 次方，这些基矢量满足完备性条件

$$\sum_{\alpha,\beta,\cdots,\gamma} |q_1^\alpha, q_2^\beta, q_2^\delta, \cdots, q_i^\eta, \cdots, q_N^\gamma\Big)\Big(q_1^\alpha, q_2^\beta, q_2^\delta, \cdots, q_i^\eta, \cdots, q_N^\gamma| = \hat{I}. \tag{2.8}$$

N 个相互可区分的粒子组成的系统的任意状态可以按式 (2.7) 中的基矢量展开。

4. N 个全同粒子组成的系统

由于全同粒子是不可区分的，N 个全同粒子组成的系统满足原理 4 的要求，即对于全同粒子的置换，描述系统状态的希尔伯特空间矢量必须是对称的或者是反对称的。为了得到 N 个全同粒子的希尔伯特空间中的对称化的基矢量 (玻色子系统) 和反对称化的基矢量 (费米子系统)，必须重新组合式 (2.7) 中的多粒子系统的基矢量。

首先讨论两个全同粒子组成的系统。

由单个粒子的态矢量可以构造两个全同粒子组成的系统的交换对称的态矢量

$$|q^\alpha, q^\beta\rangle_+ \ = \ \frac{1}{\sqrt{2}}\left(|q^\alpha\rangle_1|q^\beta\rangle_2 + |q^\beta\rangle_1|q^\alpha\rangle_2\right). \tag{2.9}$$

两个全同粒子组成的系统的交换反对称的态矢量可以写为

$$|q^{\alpha},q^{\beta}\rangle_{-} \;=\; \frac{1}{\sqrt{2}}\left(|q^{\alpha}\rangle_1|q^{\beta}\rangle_2-|q^{\beta}\rangle_1|q^{\alpha}\rangle_2\right). \tag{2.10}$$

显然，式 (2.9) 中的 $|q^{\alpha},q^{\beta}\rangle_{+}$ 是两个玻色子的对称化的态矢量，式 (2.10) 中的 $|q^{\alpha},q^{\beta}\rangle_{-}$ 是两个费米子的反对称化的态矢量。如果 $|q^{\alpha}\rangle=|q^{\beta}\rangle$，那么

$$|q^{\alpha},q^{\beta}\rangle_{-} \;=\; 0, \tag{2.11}$$

也就是说，两个费米子不能处在相同的单粒子状态上。式 (2.11) 是泡利不相容原理的体现。

两个玻色子或者两个费米子的态矢量还可以写为

$$\begin{aligned}|q^{\alpha},q^{\beta}\rangle_{\pm}&=\frac{1}{\sqrt{2}}\begin{vmatrix}|q^{\alpha}\rangle_1 & |q^{\alpha}\rangle_2\\ |q^{\beta}\rangle_1 & |q^{\beta}\rangle_2\end{vmatrix}_{\pm}\\&=\frac{1}{\sqrt{2}}\sum_{p}\varepsilon^{p}\hat{p}\left(|q^{\alpha}\rangle_1|q^{\beta}\rangle_2\right),\end{aligned} \tag{2.12}$$

其中，算符 $\hat{p}$ 表示对两个全同粒子的状态的交换操作；p 为状态交换的次数。对于玻色子，$\varepsilon=+1$；对于费米子，$\varepsilon=-1$。

两个全同粒子组成的系统的态矢量满足的正交归一化条件可以写为

$$\begin{aligned}&{}_{\pm}\langle q^{\alpha'},q^{\beta'}|q^{\alpha},q^{\beta}\rangle_{\pm}\\=&\begin{vmatrix}\delta^{\alpha'\alpha} & \delta^{\beta'\alpha}\\ \delta^{\alpha'\beta} & \delta^{\beta'\beta}\end{vmatrix}_{\pm}\\=&\,\delta^{\alpha'\alpha}\delta^{\beta'\beta}\pm\delta^{\alpha'\beta}\delta^{\beta'\alpha},\end{aligned} \tag{2.13}$$

完备性条件为

$$\sum_{\alpha,\beta}|q^{\alpha},q^{\beta}\rangle_{\pm\pm}\langle q^{\alpha'},q^{\beta'}|=1. \tag{2.14}$$

两个玻色子的波函数 $|q^{\alpha},q^{\beta}\rangle_{+}$ 是对称化的希尔伯特空间 $\mathscr{H}_{\mathrm{B}}^{(2)}$ 中的基矢量，$|q^{\alpha},q^{\beta}\rangle_{+}\in\mathscr{H}_{\mathrm{B}}^{(2)}$，两个玻色子的任意状态波函数可以按照对称化希尔伯特空间中的基矢量 $|q^{\alpha},q^{\beta}\rangle_{+}$ 展开；$|q^{\alpha},q^{\beta}\rangle_{-}$ 是反对称化的希尔伯特空间 $\mathscr{H}_{\mathrm{F}}^{(2)}$ 中的基矢量，$|q^{\alpha},q^{\beta}\rangle_{-}\in\mathscr{H}_{\mathrm{F}}^{(2)}$，两个费米子的任意状态波函数可以按照反对称化希尔伯特空间中的基矢量 $|q^{\alpha},q^{\beta}\rangle_{-}$ 展开。显然，对称化空间 $\mathscr{H}_{\mathrm{B}}^{(2)}$ 和反对称化空间 $\mathscr{H}_{\mathrm{F}}^{(2)}$ 都是两个全同粒子的希尔伯特空间 $\mathscr{H}^{(2)}$ 的子空间。

N 个全同粒子组成的系统在希尔伯特空间 $\mathscr{H}^{(N)}$ 中的对称化基矢量可以写为

$$
\begin{aligned}
|q^\alpha, q^\beta, \cdots, q^\gamma\rangle_\pm &= \sqrt{\frac{\prod_\lambda n_\lambda!}{N!}} \sum_p \varepsilon^p \hat{p} \left(|q^\alpha\rangle_1 |q^\beta\rangle_2 \cdots |q^\gamma\rangle_N\right) \\
&= \sqrt{\frac{\prod_\lambda n_\lambda!}{N!}} \begin{vmatrix} |q^\alpha\rangle_1 & |q^\alpha\rangle_2 & \cdots & |q^\alpha\rangle_N \\ |q^\beta\rangle_1 & |q^\beta\rangle_2 & \cdots & |q^\beta\rangle_N \\ \vdots & \vdots & & \vdots \\ |q^\gamma\rangle_1 & |q^\gamma\rangle_2 & \cdots & |q^\gamma\rangle_N \end{vmatrix}_\pm ,
\end{aligned} \tag{2.15}
$$

其中，$q^\alpha \leqslant q^\beta \leqslant \cdots \leqslant q^\gamma$；$n_\lambda$ 表示同一单粒子状态上容纳的粒子数目；“+”表示玻色子,“−”表示费米子。

N 个玻色子的态矢量 $|q^\alpha, q^\beta, \cdots, q^\gamma\rangle_+$ 是对称化的希尔伯特空间 $\mathscr{H}_{\mathrm{B}}^{(N)}$ 中的基矢量，$|q^\alpha, q^\beta, \cdots, q^\gamma\rangle_+ \in \mathscr{H}_{\mathrm{B}}^{(N)}$，$N$ 个玻色子的任意状态波函数可以按照对称化希尔伯特空间中的基矢量 $|q^\alpha, q^\beta, \cdots, q^\gamma\rangle_+$ 展开；$|q^\alpha, q^\beta, \cdots, q^\gamma\rangle_-$ 是反对称化的希尔伯特空间 $\mathscr{H}_{\mathrm{F}}^{(N)}$ 中的基矢量，$|q^\alpha, q^\beta, \cdots, q^\gamma\rangle_- \in \mathscr{H}_{\mathrm{F}}^{(N)}$，$N$ 个费米子的任意状态波函数可以按照反对称化希尔伯特空间中的基矢量 $|q^\alpha, q^\beta, \cdots, q^\gamma\rangle_-$ 展开。对称化空间 $\mathscr{H}_{\mathrm{B}}^{(N)}$ 和反对称化空间 $\mathscr{H}_{\mathrm{F}}^{(N)}$ 都是 N 个全同粒子的希尔伯特空间 $\mathscr{H}^{(N)}$ 的子空间。

N 个全同粒子组成的系统的态矢量满足的正交归一化条件为

$$
\begin{aligned}
&{}_\pm\langle q^{\alpha'}, q^{\beta'}, \cdots, q^{\gamma'} | q^\alpha, q^\beta, \cdots, q^\gamma\rangle_\pm \\
&= \frac{\sqrt{\prod_{\lambda'} n_{\lambda'}!}\sqrt{\prod_\lambda n_\lambda!}}{N!} \begin{vmatrix} \delta^{\alpha'\alpha} & \delta^{\beta'\alpha} & \dots & \delta^{\gamma'\alpha} \\ \delta^{\alpha'\beta} & \delta^{\beta'\beta} & \dots & \delta^{\gamma'\beta} \\ \vdots & \vdots & & \vdots \\ \delta^{\alpha'\gamma} & \delta^{\beta'\gamma} & \dots & \delta^{\gamma'\gamma} \end{vmatrix}_\pm \\
&= \frac{\sqrt{\prod_{\lambda'} n_{\lambda'}!}\sqrt{\prod_\lambda n_\lambda!}}{N!} \sum_p \varepsilon^p \hat{p} \left(\delta^{\alpha'\alpha} \delta^{\beta'\beta} \dots \delta^{\gamma'\gamma}\right),
\end{aligned} \tag{2.16}
$$

完备性条件为

$$
\sum_{\alpha,\beta,\cdots,\gamma} |q^\alpha, q^\beta, \cdots, q^\gamma\rangle_{\pm\pm}\langle q^{\alpha'}, q^{\beta'}, \cdots, q^{\gamma'}| = \hat{I}. \tag{2.17}
$$

2.2 占有数表象

如果用 $|q^\alpha, q^\beta, \cdots, q^\gamma\rangle_+$ 表示 N 个玻色子组成的系统的一个状态，其中 $q^\alpha \leqslant q^\beta \leqslant \cdots \leqslant q^\gamma$，原则上说，有多少个玻色子，就表明有多少个单粒子状态。当系统中的粒子数目很大时，这种表示方式很不方便。通常，如果能够知道每一个单粒子状态上全同粒子的占有数目，那么，系统的状态就确定了。比如

$$|q^1, q^1, q^1, q^2, q^2, q^4, q^6\rangle_+ = |3, 2, 0, 1, 0, 1\rangle_+. \tag{2.18}$$

对于费米子系统，也可以用所有单粒子状态上费米子的数目来表示系统的状态。由于泡利不相容原理的限制，不可能有两个或者两个以上费米子占据同一单粒子状态，所以每一个单粒子状态上费米子的数目只能是 0 或者 1。比如

$$|q^1, q^2, q^4, q^6\rangle_- = |1, 1, 0, 1, 0, 1\rangle_-. \tag{2.19}$$

显然，$|q^\alpha, q^\beta, \cdots, q^\gamma\rangle$ $q^\alpha \leqslant q^\beta \leqslant \cdots \leqslant q^\gamma$ 和 $|n_1, n_2, \cdots, n_l\rangle$ 描述全同粒子系统的同一状态，即

$$|q^\alpha, q^\beta, \cdots, q^\gamma\rangle \equiv |n_1, n_2, \cdots, n_l\rangle. \tag{2.20}$$

此时，正交归一化条件写为

$$\langle n'_r, n'_s, \cdots | n_r, n_s, \cdots\rangle = \delta_{n'_r n_r}\delta_{n'_s n_s}\cdots, \tag{2.21}$$

完备性条件可以写为

$$\sum_{n_r}\sum_{n_s}\cdots|n_r, n_s, \cdots\rangle\langle n_r, n_s, \cdots| = \hat{I}. \tag{2.22}$$

对于玻色子系统，单粒子状态上玻色子数目 n_s 可以是零或者任意正整数；对于费米子系统，单粒子状态上费米子数目 n_s 只能是 0 或者 1。

以 $|n_r, n_s, \cdots\rangle$ 为基矢量的表象，称为粒子占有数表象。全同粒子系统的任意状态波函数 $|\psi\rangle$ 可以在占有数表象内展开

$$|\psi\rangle = \sum_{n_r}\sum_{n_s}\cdots|n_r, n_s, \cdots\rangle\langle n_r, n_s, \cdots|\psi\rangle. \tag{2.23}$$

力学量算符可以写为

$$\hat{G} = \sum_{n'_r}\sum_{n'_s}\cdots\sum_{n_r}\sum_{n_s}\cdots|n'_r, n'_s, \cdots\rangle\langle n'_r, n'_s, \cdots|\hat{G}|n_r, n_s, \cdots\rangle\langle n_r, n_s, \cdots|. \tag{2.24}$$

在量子力学中，一般来说，只考虑粒子数守恒的情况，即

$$\sum_{\lambda=1}^{l} n_\lambda = N. \tag{2.25}$$

在二次量子化的框架内，如果粒子数不守恒，即考虑粒子的产生和湮灭，那么式 (2.25) 表示的约束条件可以解除。粒子数不守恒的情景，属于量子场论的范畴。

2.3　产生算符和湮灭算符

2.3.1　产生算符

单个粒子的力学量算符 $\hat{B}$ 的本征方程为

$$\hat{B}|b_i\rangle = b_i|b_i\rangle, \quad i = 1, 2, 3, \cdots \tag{2.26}$$

力学量算符 $\hat{B}$ 的本征态 $|b_i\rangle$ 构成希尔伯特空间的完备系。如果 $\hat{B}$ 表示描述单个粒子的状态的力学量完全集合，那么，$\{|b_i\rangle\}$ 是这一组力学量算符的共同本征函数。

假定 $|0\rangle$ 表示希尔伯特空间中的真空态，在真空态 $|0\rangle$ 内没有任何粒子，粒子占有数 $n = 0$。如果存在算符 $a_l^\dagger$，满足

$$a_l^\dagger|0\rangle = |b_l\rangle, \tag{2.27}$$

那么，算符 $a_l^\dagger$ 称为粒子的产生算符。

可以由粒子的产生算符 $a_l^\dagger$ 构造多个全同粒子组成的系统的波函数。首先，我们讨论两个全同粒子组成的系统。如果两个全同粒子处于不同的单粒子状态，那么，两个全同粒子组成的系统的波函数可以表示为

$$a_l^\dagger a_m^\dagger|0\rangle = |b_l, b_m\rangle, \quad l \neq m, \tag{2.28}$$

其中

$$|b_l, b_m\rangle = \frac{1}{\sqrt{2!}} \sum_P \varepsilon^P \hat{P}\left[|b_l\rangle|b_m\rangle\right]. \tag{2.29}$$

式 (2.29) 中的算符 $\hat{P}$ 表示一对全同粒子的置换算符，P 表示置换次数。对于玻色子系统，$\varepsilon = 1$；对于费米子系统，$\varepsilon = -1$。如果两个全同粒子处于相同的单粒子状态，即 $l = m$，或者 $|b_l\rangle = |b_m\rangle$，那么，不用考虑两个全同粒子之间的置换。此时，如果两个全同粒子组成的系统的波函数仍然表示为式 (2.29) 的形式，那么两个全同粒子之间的置换次数为零，即 $P = 0$，

$$|b_l\rangle|b_m\rangle = \sqrt{2!}|b_l, b_m\rangle, \quad l = m.$$

如果用粒子的产生算符表示，处于相同单粒子状态的两个全同粒子组成的系统的波函数可以写为

$$a_l^{\dagger}a_m^{\dagger}|0\rangle = \sqrt{2!}|b_l, b_m\rangle, \quad l = m. \tag{2.30}$$

以此类推，可以得到三个全同粒子组成的系统的波函数。

$$a_l^{\dagger}a_m^{\dagger}a_n^{\dagger}|0\rangle = \begin{cases} |b_l, b_m, b_n\rangle, & l \neq m \neq n, \\ \sqrt{2!}|b_l, b_m, b_n\rangle, & l = m, l \neq n, \\ \sqrt{3!}|b_l, b_m, b_n\rangle, & l = m = n. \end{cases} \tag{2.31}$$

可以用产生算符表示 N 个全同粒子组成的系统的波函数

$$a_l^{\dagger}a_m^{\dagger}\cdots a_t^{\dagger}|0\rangle = \sqrt{\prod_s n_s!}|b_l, b_m, \cdots, b_t\rangle, \tag{2.32}$$

其中 n_s 表示第 s 个单粒子状态上的粒子数目，

$$\sum_s n_s = N. \tag{2.33}$$

在粒子数表象内，式 (2.32) 可写为

$$a_l^{\dagger}a_m^{\dagger}\cdots a_t^{\dagger}|0\rangle = \sqrt{\prod_s n_s!}|n_1, n_2, \cdots, n_l, \cdots\rangle. \tag{2.34}$$

显然，波函数 $|n_1, n_2, \cdots, n_l, \cdots\rangle$ 是 N 个全同粒子组成的系统的希尔伯特空间中的基矢量。

下面证明一个有用的公式

$$a_l^{\dagger}|n_1, n_2, \cdots, n_l, \cdots\rangle = \varepsilon_l\sqrt{n_l + 1}|n_1, n_2, \cdots, n_l + 1, \cdots\rangle, \tag{2.35}$$

其中 $\varepsilon_l = \varepsilon^{n_1+n_2+\cdots+n_{l-1}}$，对于玻色子，$\varepsilon = 1$；对于费米子，$\varepsilon = -1$。在式 (2.35) 中，$|n_1, n_2, \cdots, n_l, \cdots\rangle$ 是 N 个全同粒子的希尔伯特空间 $\mathscr{H}^{(N)}$ 中的基矢量；$|n_1, n_2, \cdots, n_l + 1, \cdots\rangle$ 是 $N + 1$ 个全同粒子的希尔伯特空间 $\mathscr{H}^{(N+1)}$ 中的基矢量。

首先证明

$$a_1^{\dagger}|n_1, n_2, \cdots, n_l, \cdots\rangle = \sqrt{n_1 + 1}|n_1 + 1, n_2, \cdots, n_l, \cdots\rangle. \tag{2.36}$$

由于

$$a_1^{\dagger}\cdots a_l^{\dagger}\cdots a_t^{\dagger}|0\rangle = \sqrt{n_1!\prod_s{}' n_s!}|n_1, n_2, \cdots, n_l, \cdots\rangle, \tag{2.37}$$

$$a_1^\dagger\left(a_1^\dagger\cdots a_l^\dagger\cdots a_t^\dagger|0\rangle\right)=\sqrt{(n_1+1)!\prod_s{}' n_s!}\left|n_1+1,n_2,\cdots,n_l,\cdots\right\rangle, \tag{2.38}$$

其中符号“′”表示连乘中 $s\neq 1$。所以

$$a_1^\dagger|n_1,n_2,\cdots,n_l,\cdots\rangle=\sqrt{n_1+1}|n_1+1,n_2,\cdots,n_l,\cdots\rangle. \tag{2.39}$$

如果 $l\neq 1$，那么

$$a_l^\dagger|n_1,n_2,\cdots,n_l,\cdots\rangle=a_l^\dagger|\underbrace{b_1,\cdots,b_1}_{n_1},\underbrace{b_2,\cdots,b_2}_{n_2},\cdots,\underbrace{b_l,\cdots,b_l}_{n_l},\cdots\rangle. \tag{2.40}$$

由于产生算符 $a_l^\dagger$ 在单粒子态 $|b_l\rangle$ 上增加了一个粒子，为了利用式 (2.39)，我们必须把式 (2.40) 右边态矢量 $|\underbrace{b_1,\cdots,b_1}_{n_1},\underbrace{b_2,\cdots,b_2}_{n_2},\cdots,\underbrace{b_l\cdots b_l}_{n_l},\cdots\rangle$ 中的 n_l 个单粒子态 $|b_l\rangle$ 全部移动到单粒子态 $|b_1\rangle$ 的左边，相当于发生了 $(n_1+n_2+\cdots+n_{l-1})\,n_l$ 次粒子置换。根据全同粒子系统波函数的交换对称性，必须增加一个因子 $\varepsilon^{(n_1+n_2+\cdots+n_{l-1})n_l}$，对于玻色子，$\varepsilon=+1$; 对于费米子，$\varepsilon=-1$。所以

$$\begin{aligned}&a_l^\dagger|n_1,n_2,\cdots,n_l,\cdots\rangle\\=&a_l^\dagger|b_1,\cdots,b_1,b_2,\cdots,b_2,\cdots,b_l,\cdots,b_l,\cdots\rangle\\=&\varepsilon^{(n_1+n_2+\cdots+n_{l-1})n_l}a_l^\dagger|\underbrace{b_l,\cdots,b_l}_{n_l},b_1,\cdots,b_1,b_2,\cdots,b_2,\cdots\rangle\\=&\varepsilon^{(n_1+n_2+\cdots+n_{l-1})n_l}\sqrt{n_l+1}|\underbrace{b_l,b_l,\cdots,b_l}_{n_l+1},b_1,\cdots,b_1,b_2,\cdots,b_2,\cdots\rangle.\end{aligned} \tag{2.41}$$

然后，把式 (2.41) 等号右边的波矢量 $|\underbrace{b_l,b_l,\cdots,b_l}_{n_l+1},b_1,\cdots,b_1,b_2,\cdots,b_2,\cdots\rangle$ 中的 n_l+1 个单粒子状态 $|b_l\rangle$ 全部置换回到原来的位置，即回到所有的单粒子状态 $|b_{l-1}\rangle$ 的右边，其间共发生 $(n_1+n_2+\cdots+n_{l-1})\,(n_l+1)$ 次粒子置换，增加一个因子 $\varepsilon^{(n_1+n_2+\cdots+n_{l-1})(n_l+1)}$，所以

$$a_l^\dagger|n_1,n_2,\cdots,n_l,\cdots\rangle=\varepsilon_l\sqrt{n_l+1}|n_1,n_2,\cdots,n_l+1,\cdots\rangle, \tag{2.42}$$

其中 $\varepsilon_l=\varepsilon^{n_1+n_2+\cdots+n_{l-1}}$。

可以用粒子的产生算符作用到真空态 $|0\rangle$ 上得到 N 个全同粒子组成的系统的波函数。在希尔伯特空间 $\mathscr{H}^{(N)}$ 中，

$$\begin{aligned}|n_1,n_2,\cdots,n_l,\cdots\rangle&=\frac{{a_1^\dagger}^{n_1}}{\sqrt{n_1!}}\frac{{a_2^\dagger}^{n_2}}{\sqrt{n_2!}}\cdots\frac{{a_l^\dagger}^{n_l}}{\sqrt{n_l!}}\cdots|0\rangle\\&=\prod_{s=1}\frac{{a_s^\dagger}^{n_s}}{\sqrt{n_s!}}|0\rangle,\end{aligned} \tag{2.43}$$

产生算符 $a_l^\dagger$ 作用到真空态上，产生一个处于单粒子状态 $|b_l\rangle$ 粒子，即

$$a_l^\dagger|0\rangle = |b_l\rangle. \tag{2.44}$$

对于玻色子系统，$n_l = 0, 1, 2, \cdots$；费米子受到泡利不相容原理的限制，对于费米子系统，$n_l = 0, 1$，所以，费米子系统的波函数可以写为

$$|1_\alpha, \cdots, 1_\beta, \cdots\rangle = |a_\alpha^\dagger \cdots a_\beta^\dagger \cdots |0\rangle. \tag{2.45}$$

2.3.2 湮灭算符

湮灭算符 a_l 是产生算符 $a_l^\dagger$ 的伴随算符。可以证明

$$a_l|n_1, n_2, \cdots, n_l, \cdots\rangle = \varepsilon_l\sqrt{n_l}|n_1, n_2, \cdots, n_l - 1, \cdots\rangle. \tag{2.46}$$

证明如下：

式 (2.35) 的共轭方程写为

$$\langle n_1, n_2, \cdots, n_l, \cdots|a_l = \varepsilon_l\sqrt{n_l + 1}\langle n_1, n_2, \cdots, n_l + 1, \cdots|. \tag{2.47}$$

由式 (2.22) 表示的 N 个全同粒子组成的系统的完备性条件可得

$$\begin{aligned}
&a_l|n_1, n_2, \cdots, n_l, \cdots\rangle \\
=&\sum_{n_1', n_2', \cdots} |n_1', n_2', \cdots, n_l', \cdots\rangle\langle n_1', n_2', \cdots, n_l', \cdots|a_l|n_1, n_2, \cdots, n_l, \cdots\rangle \\
=&\sum_{n_1', n_2', \cdots} |n_1', n_2', \cdots, n_l', \cdots\rangle\varepsilon_{l'}\sqrt{n_{l'} + 1}\langle n_1', n_2', \cdots, n_l' + 1, \cdots|n_1, n_2, \cdots, n_l, \cdots\rangle \\
=&\sum_{n_1', n_2', \cdots} |n_1', n_2', \cdots, n_l', \cdots\rangle\varepsilon_{l'}\sqrt{n_{l'} + 1}\delta_{n_1', n_1}\delta_{n_2', n_2}\cdots\delta_{n_l'+1, n_l}\cdots \\
=&\varepsilon_l\sqrt{n_l}|n_1, n_2, \cdots, n_l - 1, \cdots\rangle,
\end{aligned} \tag{2.48}$$

式 (2.46) 得证。

显然，

$$a_l|n_l\rangle = \sqrt{n_l}|n_l - 1\rangle. \tag{2.49}$$

在式 (2.49) 中，对于玻色子，$n_l \geqslant 1$；对于费米子，$n_l = 1$。

粒子的湮灭算符作用到真空态上结果为零，即

$$a_l|0\rangle = 0. \tag{2.50}$$

产生算符 $a_l^\dagger$ 作用到多粒子系统的波函数上产生一个处于单粒子状态 $|b_l\rangle$ 的全同粒子；湮灭算符 a_l 作用到多粒子系统的波函数上湮灭一个处于单粒子状态 $|b_l\rangle$ 的全

同粒子。它们建立了不同粒子数的希尔伯特空间中基矢量之间的联系。对于粒子数守恒的系统，通常把产生算符和湮灭算符作为处理全同粒子系统的数学工具来运用。

2.3.3 玻色子的产生算符和湮灭算符之间的对易关系

由于玻色子系统的波函数满足交换对称性，即交换一对玻色子所处的单粒子状态，系统的波函数形式不变。因此，对于玻色子系统，式 (2.35) 和式 (2.46) 中的因子 $\varepsilon_l = 1$。此时

$$a_l|n_1, n_2, \cdots, n_l, \cdots\rangle = \sqrt{n_l}|n_1, n_2, \cdots, n_l - 1, \cdots\rangle, \tag{2.51}$$

$$a_l^\dagger|n_1, n_2, \cdots, n_l, \cdots\rangle = \sqrt{n_l + 1}|n_1, n_2, \cdots, n_l + 1, \cdots\rangle. \tag{2.52}$$

如果用 $[\quad]_-$ 表示算符之间的对易括号，$[A, B]_- = AB - BA$，可以证明

$$\left[a_m, a_l^\dagger\right]_- = \delta_{ml}. \tag{2.53}$$

证明如下：

$|n_1, n_2, \cdots, n_l, \cdots, n_m, \cdots\rangle$ 是 N 个玻色子组成的系统的希尔伯特空间 $\mathscr{H}^{(N)}$ 中的任意的对称化基矢量，如果 $l \neq m$，那么

$$\begin{aligned}
&\left[a_m a_l^\dagger - a_l^\dagger a_m\right]|n_1, n_2, \cdots, n_l, \cdots, n_m, \cdots\rangle \\
=&a_m\sqrt{n_l + 1}|n_1, n_2, \cdots, n_l + 1, \cdots, n_m, \cdots\rangle \\
&- a_l^\dagger\sqrt{n_m}|n_1, n_2, \cdots, n_l, \cdots, n_m - 1, \cdots\rangle \\
=&\sqrt{n_l + 1}\sqrt{n_m}|n_1, n_2, \cdots, n_l + 1, \cdots, n_m - 1, \cdots\rangle \\
&- \sqrt{n_m}\sqrt{n_l + 1}|n_1, n_2, \cdots, n_l + 1, \cdots, n_m - 1, \cdots\rangle \\
=&0,
\end{aligned} \tag{2.54}$$

如果 $l = m$，那么

$$\begin{aligned}
&\left[a_l a_l^\dagger - a_l^\dagger a_l\right]|n_1, n_2, \cdots, n_l, \cdots\rangle \\
=&a_l\sqrt{n_l + 1}|n_1, n_2, \cdots, n_l + 1, \cdots\rangle - a_l^\dagger\sqrt{n_l}|n_1, n_2, \cdots, n_l - 1, \cdots\rangle \\
=&\sqrt{n_l + 1}\sqrt{n_l + 1}|n_1, n_2, \cdots, n_l, \cdots\rangle - \sqrt{n_l}\sqrt{n_l}|n_1, n_2, \cdots, n_l, \cdots\rangle \\
=&1|n_1, n_2, \cdots, n_l, \cdots\rangle.
\end{aligned} \tag{2.55}$$

N 个玻色子组成的系统的任意态矢量 $|\psi\rangle$ 可以对希尔伯特空间 $\mathscr{H}^{(N)}$ 中的对称化基矢量 $|n_1, n_2, \cdots, n_l, \cdots\rangle$ 展开，

$$|\psi\rangle = \sum_{n_1, n_2, \cdots, n_l, \cdots} C(n_1, n_2, \cdots, n_l, \cdots)|n_1, n_2, \cdots, n_l, \cdots\rangle, \tag{2.56}$$

式 (2.56) 中各项都满足粒子数守恒条件 $\sum_i n_i = N$。

如果 $|\psi\rangle$ 和 $|n_1, n_2, \cdots, n_l, \cdots\rangle$ 都是归一化的波函数，那么

$$\sum_{n_1,n_2,\cdots,n_l,\cdots} |C(n_1, n_2, \cdots, n_l, \cdots)|^2 = 1. \tag{2.57}$$

容易证明，对于希尔伯特空间 $\mathscr{H}^{(N)}$ 中的任意态矢量 $|\psi\rangle$，式 (2.53) 中玻色子的产生算符和湮灭算符之间的对易关系都成立。还可以证明，玻色子系统中对应单粒子状态的产生算符或者湮灭算符相互对易，即

$$[a_m, a_l]_- = 0, \quad \left[a_m^\dagger, a_l^\dagger\right]_- = 0. \tag{2.58}$$

2.3.4　费米子的产生算符和湮灭算符之间的反对易关系

费米子系统的波函数满足交换反对称性，即交换一对费米子所处的单粒子状态，整个费米子系统的波函数变为原来的波函数的负值。由于新的费米子系统波函数与原来的波函数只相差一个常数因子 -1，在量子力学中，它们描述费米子系统的同一状态。对于费米子系统，式 (2.35) 和式 (2.46) 中的因子 $\varepsilon_l = (-1)^{n_1+n_2+\cdots+n_{l-1}}$。此时

$$a_l|n_1, n_2, \cdots, n_l, \cdots\rangle = \varepsilon_l|n_1, n_2, \cdots, 0_l, \cdots\rangle\delta_{n_l,1}, \tag{2.59}$$

$$a_l^\dagger|n_1, n_2, \cdots, n_l, \cdots\rangle = \varepsilon_l|n_1, n_2, \cdots, 1_l, \cdots\rangle\delta_{n_l,0}. \tag{2.60}$$

如果用 $[\quad]_+$ 表示算符之间的反对易括号，$[A, B]_+ = AB + BA$，那么可以证明，费米子的产生算符和湮灭算符之间满足反对易关系，

$$\left[a_m, a_l^\dagger\right]_+ = \delta_{ml}, \quad [a_m, a_l]_+ = 0, \quad \left[a_m^\dagger, a_l^\dagger\right]_+ = 0. \tag{2.61}$$

由于费米子的产生算符之间满足反对易关系，所以 $\left[a_l^\dagger, a_l^\dagger\right]_+ = 0$，对于 N 个费米子组成的系统的任意状态 $|\varPsi_A\rangle$，都存在

$$\left(a_l^\dagger a_l^\dagger + a_l^\dagger a_l^\dagger\right)|\varPsi_A\rangle = 0, \tag{2.62}$$

可见，不可能有两个费米子同时处于同一个单粒子状态上。式 (2.62) 是泡利不相容原理的数学形式。

由粒子的产生算符和湮灭算符之间的对易关系或者反对易关系出发，可以推导出二次量子化框架内玻色子系统和费米子系统的全部代数性质。

2.3.5 粒子占有数算符

令 $\hat{n}_l = a_l^\dagger a_l$，那么

$$\hat{n}_l|n_1, n_2, \cdots, n_l, \cdots\rangle = n_l|n_1, n_2, \cdots, n_l, \cdots\rangle, \tag{2.63}$$

无论玻色子系统，还是费米子系统，式 (2.63) 都成立。

显然，式 (2.63) 是算符 $\hat{n}_l = a_l^\dagger a_l$ 的本征方程，本征值 n_l 表示单粒子状态 $|b_l\rangle$ 上的全同粒子数目，对于玻色子系统，$n_l = 0, 1, 2, \cdots$；对于费米子系统，$n_l = 0, 1$。算符 $\hat{n}_l = a_l^\dagger a_l$ 称为粒子占有数算符。

可以证明

$$\left[\hat{n}_l, a_m^\dagger\right]_\pm = a_m^\dagger \delta_{lm}, \quad [\hat{n}_l, a_m]_\pm = -a_m \delta_{lm}, \tag{2.64}$$

其中下标“$-$”表示玻色子占有数算符与产生算符、湮灭算符的对易关系；下标“$+$”表示费米子占有数算符与产生算符、湮灭算符的反对易关系。

全同粒子系统总的粒子占有数算符是

$$\hat{N} = \sum_l \hat{n}_l = \sum_l a_l^\dagger a_l, \tag{2.65}$$

显然，

$$\hat{N}|n_1, n_2, \cdots, n_l, \cdots\rangle = N|n_1, n_2, \cdots, n_l, \cdots\rangle, \tag{2.66}$$

其中 $N = \sum\limits_l n_l$。

2.4 力学量算符用产生算符和湮灭算符表示

一般来说，在全同粒子系统中，一个力学量算符可以分解为以下各项的和

$$\hat{G} = \sum_{i=1}^N \hat{g}_i^{(1)} + \frac{1}{2!} \sum_{i,j=1;i\neq j}^N \hat{g}_{ij}^{(2)} + \frac{1}{3!} \sum_{i,j,k=1;i\neq j,i\neq k,j\neq k}^N \hat{g}_{ijk}^{(3)} + \cdots, \tag{2.67}$$

其中，$\hat{g}_i^{(1)}$ 表示第 i 个全同粒子的单体算符；$\hat{g}_{ij}^{(2)}$ 表示第 i 个全同粒子和第 j 个全同粒子之间的二体相互作用算符；$\hat{g}_{ijk}^{(3)}$ 表示与第 i 个、第 j 个、第 k 个全同粒子相关的三体相互作用算符，以此类推。我们将以玻色子系统为例，讨论怎样用粒子的产生算符和湮灭算符表示力学量算符 $\hat{G}$。

N 个全同粒子组成的系统的波函数可以写为

$$
\begin{aligned}
&|n_\alpha, n_\beta, \cdots, n_\lambda\rangle \\
=&|b_\alpha, \cdots, b_\alpha, b_\beta, \cdots, b_\beta, \cdots, b_\lambda, \cdots, b_\lambda\rangle \\
=&\sqrt{\frac{\prod\limits_\delta n_\delta!}{N!}}\sum_P \hat{P}\Big[|b_\alpha\rangle_1, \cdots, |b_\alpha\rangle_{n_\alpha}, |b_\beta\rangle_{n_\alpha+1}, \cdots, |b_\beta\rangle_{n_\alpha+n_\beta}, \cdots \\
&|b_\lambda\rangle_{N-n_\lambda+1}, \cdots, |b_\lambda\rangle_N\Big],
\end{aligned}
\tag{2.68}
$$

其中，$\hat{P}$ 表示两个全同粒子的交换算符；n_δ 表示单粒子状态 $|b_\delta\rangle$ 上的全同粒子数目；P 表示对于所有处于不同单粒子状态的粒子之间的交换求和。

可以证明，在玻色子系统中，力学量算符 $\hat{G}$ 的单体算符部分可以写为

$$
\sum_{i=1}^N g_i^{(1)} = \sum_{\lambda',\lambda}\langle b_{\lambda'}|g^{(1)}|b_\lambda\rangle a_{\lambda'}^\dagger a_\lambda. \tag{2.69}
$$

证明如下：

由式 (2.22) 表示的 N 个全同粒子组成的系统的完备性条件可得

$$
\begin{aligned}
\sum_{i=1}^N g_i^{(1)} =& \sum_{i=1}^N \sum_{(n'),(n)} |n_{\alpha'}, n_{\beta'}, \cdots, n_{\lambda'}, \cdots\rangle\langle n_{\alpha'}, n_{\beta'}, \cdots, n_{\lambda'}, \cdots| \\
& g_i^{(1)}|n_\alpha, n_\beta, \cdots, n_\lambda, \cdots\rangle\langle n_\alpha, n_\beta, \cdots, n_\lambda, \cdots|,
\end{aligned}
\tag{2.70}
$$

其中

$$
\begin{aligned}
&\langle n_{\alpha'}, n_{\beta'}, \cdots, n_{\lambda'}, \cdots|g_i^{(1)}|n_\alpha, n_\beta, \cdots, n_\lambda, \cdots\rangle \\
=&\sqrt{\frac{\prod\limits_{\delta'} n_{\delta'}!}{N!}}\sqrt{\frac{\prod\limits_\delta n_\delta!}{N!}}\sum_{P',P}\hat{P}\hat{P}'\Big[\langle b_{\lambda'}|, \cdots, \langle b_{\beta'}|, \cdots, \langle b_{\alpha'}|g_i^{(1)} \\
&|b_\alpha\rangle, \cdots, |b_\beta\rangle, \cdots, |b_\lambda\rangle\Big].
\end{aligned}
\tag{2.71}
$$

由于第 i 个全同粒子的单体算符 $\hat{g}_i^{(1)}$ 只与第 i 个全同粒子所处的单粒子状态 $|\ \rangle_i$ 有关，所以式 (2.71) 中的矩阵元可以写为

$$
\begin{aligned}
&\langle n_{\alpha'}, n_{\beta'}, \cdots, n_{\lambda'}, \cdots|g_i^{(1)}|n_\alpha, n_\beta, \cdots, n_\lambda, \cdots\rangle \\
=&\sqrt{\frac{\prod\limits_{\delta'} n_{\delta'}!}{N!}}\sqrt{\frac{\prod\limits_\delta n_\delta!}{N!}}\sum_{\lambda,\lambda'}{}_i\langle b_{\lambda'}|g_i^{(1)}|b_\lambda\rangle_i \sum_{P_{\lambda'},P_\lambda}\hat{P}_\lambda\hat{P}_{\lambda'} \\
&[\langle b_{\lambda'}|, \cdots, \langle b_{\beta'}|, \cdots, \langle b_{\alpha'}|b_\alpha\rangle, \cdots, |b_\beta\rangle, \cdots, |b_\lambda\rangle]',
\end{aligned}
\tag{2.72}
$$

其中算符 $\hat{P}_\lambda$ 和 $\hat{P}_{\lambda'}$ 分别表示去掉一个单粒子状态 $|b_\lambda\rangle$ 和 $\langle b_{\lambda'}|$ 之后的粒子交换算符。

由于

$$|n_\alpha, n_\beta, \cdots, n_\lambda - 1, \cdots, n_\nu\rangle = \sqrt{\frac{\prod_\delta n_\delta!}{(N-1)!}} \frac{1}{\sqrt{n_\lambda}} \sum_{P_\lambda} \hat{P}_\lambda \left[|b_\alpha\rangle_1 \cdots |b_\nu\rangle_N\right]', \tag{2.73}$$

并且

$$\langle n_{\alpha'}, n_{\beta'}, \cdots, n_{\lambda'} - 1, \cdots, n_{\nu'}| = \sqrt{\frac{\prod_{\delta'} n_{\delta'}!}{(N-1)!}} \frac{1}{\sqrt{n_{\lambda'}}} \sum_{P_{\lambda'}} \hat{P}_{\lambda'} \left[{}_1\langle b_{\alpha'}| \cdots {}_N\langle b_{\nu'}|\right]', \tag{2.74}$$

所以

$$\begin{aligned}
&\langle n_{\alpha'}, n_{\beta'}, \cdots, n_{\lambda'}, \cdots |g_i^{(1)}|n_\alpha, n_\beta, \cdots, n_\lambda, \cdots\rangle \\
=&\frac{1}{N}\sum_{\lambda,\lambda'} {}_i\langle b_{\lambda'}|g_i^{(1)}|b_\lambda\rangle_i \sqrt{n_{\lambda'}}\sqrt{n_\lambda}\langle n_{\alpha'}, n_{\beta'}, \cdots, n_{\lambda'} - 1, \cdots, n_{\nu'}| \\
&|n_\alpha, n_\beta, \cdots, n_\lambda - 1, \cdots, n_\nu\rangle \\
=&\frac{1}{N}\sum_{\lambda,\lambda'} {}_i\langle b_{\lambda'}|g_i^{(1)}|b_\lambda\rangle_i \langle n_{\alpha'}, n_{\beta'}, \cdots, n_{\lambda'}, \cdots, n_{\nu'}|a_{\lambda'}^\dagger a_\lambda \\
&|n_\alpha, n_\beta, \cdots, n_\lambda, \cdots, n_\nu\rangle.
\end{aligned} \tag{2.75}$$

把式 (2.75) 中的矩阵元代入式 (2.70) 可得

$$\begin{aligned}
\sum_{i=1}^N g_i^{(1)} =& \frac{1}{N}\sum_{i=1}^N \sum_{(n'),(n)} \sum_{\lambda,\lambda'} {}_i\langle b_{\lambda'}|g_i^{(1)}|b_\lambda\rangle_i |n_{\alpha'}, n_{\beta'}, \cdots, n_{\lambda'}, \cdots, n_{\nu'}\rangle \\
&\langle n_{\alpha'}, n_{\beta'}, \cdots, n_{\lambda'}, \cdots, n_{\nu'}| \\
&a_{\lambda'}^\dagger a_\lambda |n_\alpha, n_\beta, \cdots, n_\lambda, \cdots, n_\nu\rangle\langle n_\alpha, n_\beta, \cdots, n_\lambda, \cdots, n_\nu| \\
=& \sum_{\lambda,\lambda'} \langle b_{\lambda'}|g_i^{(1)}|b_\lambda\rangle a_{\lambda'}^\dagger a_\lambda,
\end{aligned} \tag{2.76}$$

式 (2.69) 得证。

在玻色子系统中，式 (2.67) 中力学量算符 $\hat{G}$ 的二体相互作用部分可以写为

$$\frac{1}{2!}\sum_{i,j=1;i\neq j}^N \hat{g}_{ij}^{(2)} = \frac{1}{2!}\sum_{\lambda',\lambda,\eta',\eta} \langle\, b_{\eta'}|\langle b_{\lambda'}|g^{(2)}|b_\lambda\rangle\, |b_\eta\rangle a_{\lambda'}^\dagger\, a_{\eta'}^\dagger\, a_\eta a_\lambda. \tag{2.77}$$

为了证明式 (2.77)，先计算在玻色子系统的粒子占有数表象中的二体相互作用算符的矩阵元：

$$
\begin{aligned}
&\langle n_{\alpha'}, n_{\beta'}, \cdots, n_{\lambda'}, \cdots | g_{ij}^{(2)} | n_\alpha, n_\beta, \cdots, n_\lambda, \cdots \rangle \\
&= \sqrt{\frac{\prod\limits_{\delta'} n_{\delta'}!}{N!}} \sqrt{\frac{\prod\limits_{\delta} n_{\delta}!}{N!}} \sum_{P', P} \hat{P} \hat{P}' \\
&\quad \left[\langle b_{\lambda'}|, \cdots, \langle b_{\beta'}|, \cdots, \langle b_{\alpha'}| g_{ij}^{(2)} |b_\alpha\rangle, \cdots, |b_\beta\rangle, \cdots, |b_\lambda\rangle \right].
\end{aligned} \tag{2.78}
$$

由于算符 $g_{ij}^{(2)}$ 只与第 i 个、第 j 个粒子有关，所以 $g_{ij}^{(2)}$ 只作用到第 i 个、第 j 个粒子所处的单粒子状态上，即

$$
\begin{aligned}
&\langle n_{\alpha'}, n_{\beta'}, \cdots, n_{\lambda'}, \cdots | g_{ij}^{(2)} | n_\alpha, n_\beta, \cdots, n_\lambda, \cdots \rangle \\
&= \sqrt{\frac{\prod\limits_{\delta'} n_{\delta'}!}{N!}} \sqrt{\frac{\prod\limits_{\delta} n_{\delta}!}{N!}} \sum_{\lambda', \lambda, \eta', \eta} {}_j\langle b_{\eta'}|_i \langle b_{\lambda'}| g^{(2)} |b_\lambda\rangle_i |b_\eta\rangle_j \\
&\quad \sum_{P_{\lambda'\eta'}, P_{\lambda\eta}} \hat{P}_{\lambda'\eta'} \hat{P}_{\lambda\eta} \left[\langle b_{\lambda'}|, \cdots, \langle b_{\beta'}|, \cdots, \langle b_{\alpha'}|b_\alpha\rangle, \cdots, |b_\beta\rangle, \cdots, |b_\lambda\rangle \right]'',
\end{aligned} \tag{2.79}
$$

其中，$\hat{P}_{\lambda\eta}$ 表示在右矢量空间中去掉两个单粒子状态 $|b_\lambda\rangle$ 和 $|b_\eta\rangle$ 以后的粒子交换算符；$\hat{P}_{\lambda'\eta'}$ 表示在左矢量空间中去掉两个单粒子状态 $\langle b_{\lambda'}|$ 和 $\langle b_{\eta'}|$ 以后的粒子交换算符。

在粒子的占有数表象中，$N-2$ 个玻色子的基矢量可以写为

$$
\begin{aligned}
&|n_\alpha, n_\beta, \cdots, n_\lambda - 1, \cdots, n_\eta - 1, \cdots, n_\nu\rangle \\
&= \sqrt{\frac{\prod\limits_{\delta} n_{\delta}!}{(N-2)!}} \frac{1}{\sqrt{n_\lambda}} \frac{1}{\sqrt{n_\eta}} \sum_{P_{\lambda\eta}} \hat{P}_{\lambda\eta} \left[|b_\alpha\rangle_1 \cdots |b_\nu\rangle_N \right]'',
\end{aligned} \tag{2.80}
$$

并且

$$
\begin{aligned}
&\langle n_{\alpha'}, n_{\beta'}, \cdots, n_{\lambda'} - 1, \cdots, n_{\eta'} - 1, \cdots, n_{\nu'}| \\
&= \sqrt{\frac{\prod\limits_{\delta'} n_{\delta'}!}{(N-2)!}} \frac{1}{\sqrt{n_{\lambda'}}} \frac{1}{\sqrt{n_{\eta'}}} \sum_{P_{\lambda'\eta'}} \hat{P}_{\lambda'\eta'} \left[{}_1\langle b_{\alpha'}| \cdots {}_N\langle b_{\nu'}| \right]'',
\end{aligned} \tag{2.81}
$$

所以，式 (2.79) 中的矩阵元可以写为

$$
\begin{aligned}
&\langle n_{\alpha'}, n_{\beta'}, \cdots, n_{\lambda'}, \cdots |g_{ij}^{(2)}| n_\alpha, n_\beta, \cdots, n_\lambda, \cdots\rangle \\
=&\frac{1}{N(N-1)}\sqrt{n_{\lambda'}}\sqrt{n_{\eta'}}\sqrt{n_\lambda}\sqrt{n_\eta}\sum_{\lambda',\lambda,\eta',\eta} {}_j\langle b_{\eta'}|_i\langle b_{\lambda'}|g^{(2)}|b_\lambda\rangle_i|b_\eta\rangle_j \\
&\langle n_{\alpha'}, n_{\beta'}, \cdots, n_{\lambda'}-1, \cdots, n_{\eta'}-1, \cdots, n_{\nu'}|n_\alpha, n_\beta, \cdots, n_\lambda-1, \\
&\cdots, n_\eta-1, \cdots, n_\nu\rangle \\
=&\frac{1}{N(N-1)}\sum_{\lambda',\lambda,\eta',\eta} {}_j\langle b_{\eta'}|_i\langle b_{\lambda'}|g^{(2)}|b_\lambda\rangle_i|b_\eta\rangle_j \\
&\langle n_{\alpha'}, n_{\beta'}, \cdots, n_{\lambda'}, \cdots, n_{\eta'}, \cdots, n_{\nu'}| \\
&a_{\lambda'}^\dagger a_{\eta'}^\dagger a_\lambda a_\eta|n_\alpha, n_\beta, \cdots, n_\lambda, \cdots, n_\eta, \cdots, n_\nu\rangle,
\end{aligned}
\tag{2.82}
$$

由式 (2.22) 和式 (2.82)，可以得到力学量算符 $\hat{G}$ 的展开式中二体相互作用算符用产生算符和湮灭算符表示的形式

$$
\begin{aligned}
&\frac{1}{2!}\sum_{i,j=1;i\neq j}^{N}\hat{g}_{ij}^{(2)} \\
=&\frac{1}{2!}\sum_{i,j=1;i\neq j}^{N}\sum_{(n'),(n)}|n_{\alpha'}, n_{\beta'}, \cdots, n_{\lambda'}, \cdots, n_{\eta'}, \cdots, n_{\nu'}\rangle \\
&\langle n_{\alpha'}, n_{\beta'}, \cdots, n_{\lambda'}, \cdots, n_{\eta'}, \cdots, n_{\nu'}|\hat{g}_{ij}^{(2)} \\
&|n_\alpha, n_\beta, \cdots, n_\lambda, \cdots, n_\eta, \cdots, n_\nu\rangle\langle n_\alpha, n_\beta, \cdots, n_\lambda, \cdots, n_\eta, \cdots, n_\nu| \\
=&\frac{1}{2!}\sum_{(n'),(n)}\sum_{\lambda',\lambda,\eta',\eta}\langle b_{\eta'}|\langle b_{\lambda'}|g^{(2)}|b_\lambda\rangle|b_\eta\rangle|n_{\alpha'}, n_{\beta'}, \cdots, n_{\lambda'}, \cdots, n_{\eta'}, \cdots, n_{\nu'}\rangle \\
&\langle n_{\alpha'}, n_{\beta'}, \cdots, n_{\lambda'}, \cdots, n_{\eta'}, \cdots, n_{\nu'}|a_{\lambda'}^\dagger a_{\eta'}^\dagger a_\lambda a_\eta \\
&|n_\alpha, n_\beta, \cdots, n_\lambda, \cdots, n_\eta, \cdots, n_\nu\rangle\langle n_\alpha, n_\beta, \cdots, n_\lambda, \cdots, n_\eta, \cdots, n_\nu| \\
=&\frac{1}{2!}\sum_{\lambda',\lambda,\eta',\eta}\langle b_{\eta'}|\langle b_{\lambda'}|g^{(2)}|b_\lambda\rangle|b_\eta\rangle a_{\lambda'}^\dagger a_{\eta'}^\dagger a_\lambda a_\eta,
\end{aligned}
\tag{2.83}
$$

式 (2.77) 得证。

用类似的方法还可以得到力学量算符 $\hat{G}$ 的展开式 (2.67) 中三体相互作用算符和四体相互作用算符用产生算符和湮灭算符表示的形式。因此，在粒子的占有数表象中，力学量算符 $\hat{G}$ 可以写为

$$
\begin{aligned}
\hat{G}=&\sum_{\lambda',\lambda}\langle b_{\lambda'}|g^{(1)}|b_\lambda\rangle a_{\lambda'}^\dagger a_\lambda \\
&+\frac{1}{2!}\sum_{\lambda',\lambda,\eta',\eta}a_{\lambda'}^\dagger a_{\eta'}^\dagger\langle b_{\lambda'}|\langle b_{\eta'}|g^{(2)}|b_\lambda\rangle|b_\eta\rangle a_\eta a_\lambda
\end{aligned}
$$

$$+\frac{1}{3!}\sum_{\lambda',\lambda,\eta',\eta,\xi',\xi} a^\dagger_{\lambda'}a^\dagger_{\eta'}a^\dagger_{\xi'}\langle b_{\lambda'}|\langle b_{\eta'}|\langle b_{\xi'}|g^{(2)}|b_\lambda\rangle|b_\eta\rangle|b_\xi\rangle a_\xi a_\eta a_\lambda+\cdots \tag{2.84}$$

可以证明，式 (2.84) 中力学量算符的表示形式同样适用于描述费米子系统，但是，相应的产生算符和湮灭算符必须满足反对易关系，如式 (2.61) 所示，

$$\left[a_m,a_l^\dagger\right]_+=\delta_{ml},\quad [a_m,a_l]_+=0,\quad \left[a_m^\dagger,a_l^\dagger\right]_+=0.$$

2.5 场量子化和二次量子化

2.5.1 粒子的占有数表象中的演化方程

如果 N 个全同粒子组成的系统的任意状态都可以用希尔伯特空间 $\mathscr{H}^{(N)}$ 中的一个矢量 $|\psi(t)\rangle$ 来表示，即

$$|\psi(t)\rangle\in\mathscr{H}^{(N)}, \tag{2.85}$$

那么，矢量 $|\psi(t)\rangle$ 可以对希尔伯特空间 $\mathscr{H}^{(N)}$ 中的基矢量 $|n_1,n_2,\cdots,n_l,\cdots\rangle$ 展开。由式 (2.22) 表示的完备性条件可得

$$\begin{aligned}|\psi(t)\rangle&=\sum_{n_1,n_2,\cdots,n_l,\cdots}|n_1,n_2,\cdots,n_l,\cdots\rangle\langle n_1,n_2,\cdots,n_l,\cdots|\psi(t)\rangle\\&=\sum_{n_1,n_2,\cdots,n_l,\cdots}\psi(n_1,n_2,\cdots,n_l,\cdots;t)|n_1,n_2,\cdots,n_l,\cdots\rangle,\end{aligned} \tag{2.86}$$

其中展开系数

$$\psi(n_1,n_2,\cdots,n_l,\cdots;t)=\langle n_1,n_2,\cdots,n_l,\cdots|\psi(t)\rangle \tag{2.87}$$

表示占有数表象中 N 个全同粒子组成的系统的波函数，可以用列矩阵表示。

N 个全同粒子组成的系统随时间变化的方程是

$$\mathrm{i}\hbar\frac{\partial}{\partial t}|\psi(t)\rangle=\hat{H}|\psi(t)\rangle, \tag{2.88}$$

其中，$\hat{H}$ 表示整个全同粒子系统的哈密顿算符。式 (2.88) 和薛定谔方程形式相同。

在粒子的占有数表象中，式 (2.88) 可以写为

$$\begin{aligned}&\mathrm{i}\hbar\frac{\partial}{\partial t}\langle n_1',n_2',\cdots,n_l',\cdots|\psi(t)\rangle\\&=\sum_{n_1,n_2,\cdots,n_l,\cdots}\langle n_1',n_2',\cdots,n_l',\cdots|\hat{H}|n_1,n_2,\cdots,n_l,\cdots\rangle\\&\quad\langle n_1,n_2,\cdots,n_l,\cdots|\psi(t)\rangle,\end{aligned} \tag{2.89}$$

或者写为

$$
\begin{aligned}
& \mathrm{i}\hbar\frac{\partial}{\partial t}\psi(n_1',n_2',\cdots,n_l',\cdots;t) \\
= & \sum_{n_1,n_2,\cdots,n_l,\cdots}\langle n_1',n_2',\cdots,n_l',\cdots|\hat{H} \\
& |n_1,n_2,\cdots,n_l,\cdots\rangle\psi(n_1,n_2,\cdots,n_l,\cdots;t),
\end{aligned}
\tag{2.90}
$$

其中，$\langle n_1',n_2',\cdots,n_l',\cdots|\hat{H}|n_1,n_2,\cdots,n_l,\cdots\rangle$ 表示全同粒子系统的哈密顿算符在占有数表象中的矩阵元。

2.5.2 产生算符和湮灭算符对任意态矢量的作用

由式 (2.35) 和式 (2.46) 可知，粒子的产生算符和湮灭算符对占有数表象中基矢量的作用，

$$
a_l^\dagger|n_1,n_2,\cdots,n_l,\cdots\rangle=\varepsilon_l\sqrt{n_l+1}|n_1,n_2,\cdots,n_l+1,\cdots\rangle
$$

和

$$
a_l|n_1,n_2,\cdots,n_l,\cdots\rangle=\varepsilon_l\sqrt{n_l}|n_1,n_2,\cdots,n_l-1,\cdots\rangle,
$$

其中，$\varepsilon_l=\varepsilon^{n_1+n_2+\cdots+n_{l-1}}$。对于玻色子，$\varepsilon=1$；对于费米子，$\varepsilon=-1$。

如果 $|\varPsi\rangle$ 表示玻色子系统或者费米子系统的任意状态，那么

$$
\begin{aligned}
|\varPsi+\rangle &= a_l^\dagger|\varPsi\rangle \\
&= \sum_{(n)}a_l^\dagger|n_1,n_2,\cdots,n_l,\cdots\rangle\langle n_1,n_2,\cdots,n_l,\cdots|\varPsi\rangle \\
&= \sum_{(n)}\varepsilon_l\sqrt{n_l+1}|n_1,n_2,\cdots,n_l+1,\cdots\rangle\langle n_1,n_2,\cdots,n_l,\cdots|\varPsi\rangle.
\end{aligned}
\tag{2.91}
$$

在占有数表象中，产生算符作用于全同粒子系统的任意状态 $|\varPsi\rangle$ 得到的态矢量 $|\varPsi+\rangle$ 的矩阵元可以写为

$$
\begin{aligned}
\langle n_1',n_2',\cdots,n_l',\cdots|\varPsi+\rangle &= \langle n_1',n_2',\cdots,n_l',\cdots|a_l^\dagger|\varPsi\rangle \\
&= \sum_{(n)}\varepsilon_l\sqrt{n_l+1}\cdot\delta_{n_1',n_1} \\
&\quad \cdot\delta_{n_2',n_2}\cdots\delta_{n_l',n_l+1}\cdots\langle n_1,n_2,\cdots,n_l,\cdots|\varPsi\rangle \\
&= \varepsilon_l'\sqrt{n_l'}\langle n_1',n_2',\cdots,n_l'-1,\cdots|\varPsi\rangle,
\end{aligned}
\tag{2.92}
$$

即

$$
\langle n_1,n_2,\cdots,n_l,\cdots|\varPsi+\rangle=\varepsilon_l\sqrt{n_l}\langle n_1,n_2,\cdots,n_l-1,\cdots|\varPsi\rangle,
\tag{2.93}
$$

或者

$$\langle n_1, n_2, \cdots, n_l+1, \cdots|\Psi+\rangle = \varepsilon_l\sqrt{n_l+1}\langle n_1, n_2, \cdots, n_l, \cdots|\Psi\rangle. \tag{2.94}$$

假定湮灭算符作用于全同粒子系统的任意状态 $|\Psi\rangle$ 得到态矢量 $|\Psi-\rangle$，即

$$|\Psi-\rangle = a_l|\Psi\rangle, \tag{2.95}$$

用类似的方法，我们还可以证明

$$\langle n_1, n_2, \cdots, n_l, \cdots|\Psi-\rangle = \varepsilon_l\sqrt{n_l+1}\langle n_1, n_2, \cdots, n_l+1, \cdots|\Psi\rangle, \tag{2.96}$$

或者

$$\langle n_1, n_2, \cdots, n_l-1, \cdots|\Psi-\rangle = \varepsilon_l\sqrt{n_l}\langle n_1, n_2, \cdots, n_l, \cdots|\Psi\rangle. \tag{2.97}$$

2.5.3　二次量子化

由第 2.3.1 节的知识可知，如果 $\hat{B}$ 表示作用于单个粒子状态的一个力学量算符或者构成完全集合的一组力学量算符，$\hat{B}$ 的本征方程为

$$\hat{B}|b_i\rangle = b_i|b_i\rangle, \quad i=1,2,3,\cdots \tag{2.98}$$

那么 $\hat{B}$ 的本征态 $|b_i\rangle$ 构成单个粒子的希尔伯特空间的完备系。

如果 $\hat{B}$ 表示单个粒子的位置算符 $\hat{\boldsymbol{r}}$ 和自旋 (分量) 算符 $\hat{\sigma}$ 的集合，即 $\hat{B}=\{\hat{\boldsymbol{r}}, \hat{\sigma}\}$，那么它们的本征方程分别为

$$\hat{\boldsymbol{r}}|\boldsymbol{r}', \sigma'\rangle = \boldsymbol{r}'|\boldsymbol{r}', \sigma'\rangle \tag{2.99}$$

和

$$\hat{\sigma}|\boldsymbol{r}', \sigma'\rangle = \sigma'|\boldsymbol{r}', \sigma'\rangle. \tag{2.100}$$

$|\boldsymbol{r}', \sigma'\rangle$ 是位置算符 $\hat{\boldsymbol{r}}$ 和自旋 (分量) 算符 $\hat{\sigma}$ 的共同本征矢量，满足正交归一化条件

$$\langle \boldsymbol{r}', \sigma'|\boldsymbol{r}'', \sigma''\rangle = \delta(\boldsymbol{r}'-\boldsymbol{r}'')\delta_{\sigma',\sigma''}. \tag{2.101}$$

显然，位置算符和自旋 (分量) 算符的共同本征矢量构成了单个粒子希尔伯特空间中的一组完备基矢量，完备性条件为

$$\sum_{\sigma'}\int \mathrm{d}\boldsymbol{r}'|\boldsymbol{r}', \sigma'\rangle\langle\boldsymbol{r}', \sigma'| = \hat{I}. \tag{2.102}$$

在位置表象中，任意力学量算符 $\hat{B}$ 的本征态 $|b_i\rangle$ 的矩阵元可以写为

$$\phi_i(\boldsymbol{r})_\sigma = \langle\boldsymbol{r}, \sigma|b_i\rangle. \tag{2.103}$$

下面我们先讨论没有自旋的情景，即假定

$$\phi_i(\boldsymbol{r}) = \langle \boldsymbol{r}|b_i\rangle. \tag{2.104}$$

如果矢量 $|\psi\rangle$ 表示单个粒子的任意状态，那么，

$$\begin{aligned}|\psi\rangle &= \sum_i |b_i\rangle\langle b_i|\psi\rangle \\ &= \sum_i a_i|b_i\rangle,\end{aligned} \tag{2.105}$$

其中

$$a_i = \langle b_i|\psi\rangle \tag{2.106}$$

是矢量 $|\psi\rangle$ 在算符 $\hat{B}$ 的表象内的矩阵元。在位置表象内，矢量 $|\psi\rangle$ 的矩阵元可以写为

$$\begin{aligned}\psi(\boldsymbol{r}) &= \langle \boldsymbol{r}|\psi\rangle \\ &= \sum_i \langle \boldsymbol{r}|b_i\rangle\langle b_i|\psi\rangle \\ &= \sum_i \phi_i(\boldsymbol{r})a_i.\end{aligned} \tag{2.107}$$

其共轭波函数可以写为

$$\psi^*(\boldsymbol{r}) = \sum_j \phi_j^*(\boldsymbol{r})a_j^*. \tag{2.108}$$

显然，式 (2.107) 和式 (2.108) 反映了单个粒子的状态波函数在位置表象和算符 $\hat{B}$ 的表象之间的变换关系。

如果把式 (2.107) 和式 (2.108) 中的 a_i 和 a_j^* 看成算符，即

$$a_i \to \hat{a}_i, \quad a_j^* \to \hat{a}_j^\dagger,$$

并且假定 $\hat{a}_i$ 和 $\hat{a}_j^\dagger$ 之间满足关系

$$\left[\hat{a}_i, \hat{a}_j^\dagger\right]_\pm = \delta_{ij}, \quad [\hat{a}_i, \hat{a}_j]_\pm = 0, \quad \left[\hat{a}_i^\dagger, \hat{a}_j^\dagger\right]_\pm = 0, \tag{2.109}$$

其中，负号“$-$”表示玻色子的对易关系；正号“$+$”表示费米子的反对易关系。由式 (2.109) 可知，$\hat{a}_i$ 和 $\hat{a}_j^\dagger$ 分别表示粒子的湮灭算符和产生算符。

当 a_i 和 a_j^* 量子化以后，单个粒子的波函数 $\psi(\boldsymbol{r})$ 及其共轭波函数 $\psi^*(\boldsymbol{r})$ 也变为算符，即

$$\psi(\boldsymbol{r}) \to \hat{\psi}(\boldsymbol{r}), \quad \psi^*(\boldsymbol{r}) \to \hat{\psi}^\dagger(\boldsymbol{r}),$$

此时，$\hat{\psi}(\boldsymbol{r})$ 和 $\hat{\psi}^\dagger(\boldsymbol{r})$ 称为场算符。

如果考虑粒子的自旋，那么相应的场算符可以定义为

$$\hat{\psi}_\sigma(\boldsymbol{r}) = \sum_i \phi_i(\boldsymbol{r})_\sigma \hat{a}_i \tag{2.110}$$

和

$$\hat{\psi}_\sigma^\dagger(\boldsymbol{r}) = \sum_i \phi_i^*(\boldsymbol{r})_\sigma \hat{a}_i^\dagger. \tag{2.111}$$

2.5.4 场算符的物理意义

如果把式 (2.111) 定义的场算符作用到真空态 $|0\rangle$ 上，

$$\begin{aligned} &\hat{\psi}_\sigma^\dagger(\boldsymbol{r}_0)|0\rangle \\ =&\sum_i \phi_i^*(\boldsymbol{r}_0)_\sigma \hat{a}_i^\dagger|0\rangle \\ =&\sum_i \phi_i^*(\boldsymbol{r}_0)_\sigma |b_i\rangle, \end{aligned} \tag{2.112}$$

在式 (2.112) 的等号两边同时左乘矢量 $\langle\boldsymbol{r},\beta|$，可得

$$\begin{aligned} &\langle\boldsymbol{r},\beta|\hat{\psi}_\sigma^\dagger(\boldsymbol{r}_0)|0\rangle \\ =&\sum_i \phi_i^*(\boldsymbol{r}_0)_\sigma \langle\boldsymbol{r},\beta|b_i\rangle \\ =&\sum_i \langle\boldsymbol{r}_0,\sigma|b_i\rangle^* \langle\boldsymbol{r},\beta|b_i\rangle \\ =&\sum_i \langle\boldsymbol{r},\beta|b_i\rangle\langle b_i|\boldsymbol{r}_0,\sigma\rangle \\ =&\langle\boldsymbol{r},\beta|\boldsymbol{r}_0,\sigma\rangle \\ =&\delta(\boldsymbol{r}-\boldsymbol{r}_0)\delta_{\sigma\beta}. \end{aligned} \tag{2.113}$$

可见，

$$\hat{\psi}_\sigma^\dagger(\boldsymbol{r}_0)|0\rangle = |\boldsymbol{r}_0,\sigma\rangle, \tag{2.114}$$

当 $\boldsymbol{r} \neq \boldsymbol{r}_0$ 或者 $\beta \neq \sigma$ 时，$|\boldsymbol{r},\beta\rangle$ 与 $|\boldsymbol{r}_0,\sigma\rangle$ 正交。场算符 $\hat{\psi}_\sigma^\dagger(\boldsymbol{r}_0)$ 作用到真空态上相当于在位置 $\boldsymbol{r}_0$ 处产生一个自旋 (分量) 为 σ 的粒子。还可以证明，场算符 $\hat{\psi}_\sigma(\boldsymbol{r}_0)$ 表示在位置 $\boldsymbol{r}_0$ 处湮灭一个自旋 (分量) 为 σ 的粒子。总之，场算符 $\hat{\psi}_\sigma^\dagger(\boldsymbol{r})$ 和 $\hat{\psi}_\sigma(\boldsymbol{r})$ 分别表示位置表象内的产生算符和湮灭算符，式 (2.110) 和式 (2.111) 反映了它们和算符 $\hat{B}$ 的表象中的产生算符和湮灭算符之间的变换关系。

2.5.5　动量表象和位置表象中的产生算符和湮灭算符之间的变换关系

动量算符的本征方程为

$$\hat{\boldsymbol{p}}|\boldsymbol{p}\rangle = \boldsymbol{p}|\boldsymbol{p}\rangle, \tag{2.115}$$

其中本征值 $\boldsymbol{p}$ 可以是任意实数。

在位置表象内，动量算符 $\hat{\boldsymbol{p}}$ 的本征函数可以写为

$$\psi_{\boldsymbol{p}}(\boldsymbol{r}) = \langle \boldsymbol{r}|\boldsymbol{p}\rangle = \frac{1}{(2\pi\hbar)^{3/2}} \exp\left(\frac{\mathrm{i}}{\hbar}\boldsymbol{p}\cdot\boldsymbol{r}\right), \tag{2.116}$$

相应的共轭波函数为

$$\psi_{\boldsymbol{p}}^{*}(\boldsymbol{r}) = \langle \boldsymbol{p}|\boldsymbol{r}\rangle = \frac{1}{(2\pi\hbar)^{3/2}} \exp\left(-\frac{\mathrm{i}}{\hbar}\boldsymbol{p}\cdot\boldsymbol{r}\right). \tag{2.117}$$

由于动量算符的本征值 $\boldsymbol{p}$ 连续分布，为了得到动量表象和位置表象的产生算符和湮灭算符之间的变换关系，需要把式 (2.110) 和式 (2.111) 中的求和符号替换为对动量的积分，即

$$\sum_i \to \int \mathrm{d}^3 p,$$

从而可得

$$\hat{\psi}(\boldsymbol{r}) = \frac{1}{(2\pi\hbar)^{3/2}} \int \mathrm{d}^3 p \exp\left(\frac{\mathrm{i}}{\hbar}\boldsymbol{p}\cdot\boldsymbol{r}\right) \hat{a}(\boldsymbol{p}) \tag{2.118}$$

和

$$\hat{\psi}^{\dagger}(\boldsymbol{r}) = \frac{1}{(2\pi\hbar)^{3/2}} \int \mathrm{d}^3 p \exp\left(-\frac{\mathrm{i}}{\hbar}\boldsymbol{p}\cdot\boldsymbol{r}\right) \hat{a}^{\dagger}(\boldsymbol{p}). \tag{2.119}$$

由式 (2.118) 和式 (2.119) 可知，位置表象内的产生算符 $\hat{\psi}^{\dagger}(\boldsymbol{r})$ 和湮灭算符 $\hat{\psi}(\boldsymbol{r})$ 与动量表象内的产生算符 $\hat{a}^{\dagger}(\boldsymbol{p})$ 和湮灭算符 $\hat{a}(\boldsymbol{p})$ 之间是傅里叶变换的关系。

相应于式 (2.109)，动量表象内的产生算符 $\hat{a}^{\dagger}(\boldsymbol{p})$ 和湮灭算符 $\hat{a}(\boldsymbol{p})$ 之间满足如下关系：

$$\left[\hat{a}_{\boldsymbol{p}}, \hat{a}_{\boldsymbol{p}'}^{\dagger}\right]_{\pm} = \delta(\boldsymbol{p}-\boldsymbol{p}'), \quad \left[\hat{a}_{\boldsymbol{p}}, \hat{a}_{\boldsymbol{p}'}\right]_{\pm} = 0, \quad \left[\hat{a}_{\boldsymbol{p}}^{\dagger}, \hat{a}_{\boldsymbol{p}'}^{\dagger}\right]_{\pm} = 0, \tag{2.120}$$

其中，负号“$-$”表示玻色子的对易关系，正号“$+$”表示费米子的反对易关系。

2.5.6　场算符之间的对易关系或者反对易关系

玻色子的场算符之间满足对易关系，费米子的场算符之间满足反对易关系，即

$$\left[\hat{\psi}_{\alpha}(\boldsymbol{r}), \hat{\psi}_{\beta}^{\dagger}(\boldsymbol{r}')\right]_{\pm} = \delta_{\alpha\beta}\delta(\boldsymbol{r}-\boldsymbol{r}'). \tag{2.121}$$

证明如下：

$$\begin{aligned}\left[\hat{\psi}_\alpha(\boldsymbol{r}),\hat{\psi}_\beta^\dagger(\boldsymbol{r}')\right]_\pm &= \left[\sum_i \phi_i(\boldsymbol{r})_\alpha \hat{a}_i, \sum_j \phi_j^*(\boldsymbol{r}')_\beta \hat{a}_j^\dagger\right]_\pm \\ &= \sum_i\sum_j \phi_i(\boldsymbol{r})_\alpha \phi_j^*(\boldsymbol{r}')_\beta \left[\hat{a}_i,\hat{a}_j^\dagger\right]_\pm \\ &= \sum_i\sum_j \phi_i(\boldsymbol{r})_\alpha \phi_j^*(\boldsymbol{r}')_\beta \delta_{ij} \\ &= \sum_i \phi_i(\boldsymbol{r})_\alpha \phi_i^*(\boldsymbol{r}')_\beta \\ &= \sum_i \langle \boldsymbol{r},\alpha|b_i\rangle\langle b_i|\boldsymbol{r}',\beta\rangle \\ &= \langle \boldsymbol{r},\alpha|\boldsymbol{r}',\beta\rangle \\ &= \delta_{\alpha\beta}\delta(\boldsymbol{r}-\boldsymbol{r}'). \end{aligned} \tag{2.122}$$

用类似的方法还可以证明

$$\left[\hat{\psi}_\alpha(\boldsymbol{r}),\hat{\psi}_\beta(\boldsymbol{r}')\right]_\pm = 0 \tag{2.123}$$

和

$$\left[\hat{\psi}_\alpha^\dagger(\boldsymbol{r}),\hat{\psi}_\beta^\dagger(\boldsymbol{r}')\right]_\pm = 0. \tag{2.124}$$

2.5.7 全同粒子系统的哈密顿量的场算符表示形式

由第 2.4 节的知识可知，力学量算符可以用产生算符和湮灭算符表示。全同粒子系统的哈密顿量也可以用占有数表象中的产生算符和湮灭算符表示。

如果全同粒子系统的哈密顿量可以展开为

$$\hat{H} = \sum_{i=1}^N \hat{T}_i + \frac{1}{2}\sum_{i,j=1,i\neq j} \hat{V}_{ij}, \tag{2.125}$$

那么，在粒子的占有数表象中，

$$\hat{H} = \hat{T} + \hat{V}, \tag{2.126}$$

其中动能算符写为

$$\hat{T} = \sum_{\lambda',\lambda} \langle b_{\lambda'}|T|b_\lambda\rangle a_{\lambda'}^\dagger a_\lambda, \tag{2.127}$$

势能算符写为

$$\hat{V} = \frac{1}{2!}\sum_{\lambda',\lambda,\eta',\eta} a_{\lambda'}^\dagger a_{\eta'}^\dagger \langle b_{\lambda'}|\langle b_{\eta'}|V|b_\lambda\rangle|b_\eta\rangle a_\eta a_\lambda. \tag{2.128}$$

如果不考虑粒子的自旋自由度，那么在位置表象内，完备性条件可以写为

$$\int \mathrm{d}^3 r |\boldsymbol{r}\rangle\langle\boldsymbol{r}| = \hat{I}, \tag{2.129}$$

式 (2.127) 中的动能算符 $\hat{T}$ 可以写为

$$\begin{aligned}
\hat{T} =& \sum_{\lambda',\lambda} \int \mathrm{d}^3 r \int \mathrm{d}^3 r' \langle b_{\lambda'}|\boldsymbol{r}\rangle\langle\boldsymbol{r}|T|\boldsymbol{r}'\rangle\langle\boldsymbol{r}'|b_\lambda\rangle a^\dagger_{\lambda'} a_\lambda \\
=& \sum_{\lambda',\lambda} \int \mathrm{d}^3 r \int \mathrm{d}^3 r' \phi^*_{\lambda'}(\boldsymbol{r}) T\left(\frac{\hbar}{\mathrm{i}}\nabla, \boldsymbol{r}\right)\delta(\boldsymbol{r}-\boldsymbol{r}')\phi_\lambda(\boldsymbol{r}') a^\dagger_{\lambda'} a_\lambda \\
=& \int \mathrm{d}^3 r \psi^\dagger(\boldsymbol{r}) T\left(\frac{\hbar}{\mathrm{i}}\nabla, \boldsymbol{r}\right)\psi(\boldsymbol{r}).
\end{aligned} \tag{2.130}$$

式 (2.128) 中的势能算符写为

$$\begin{aligned}
\hat{V} =& \frac{1}{2!} \sum_{\lambda',\lambda,\eta',\eta} \int \mathrm{d}^3 r \int \mathrm{d}^3 r' \int \mathrm{d}^3 r'' \int \mathrm{d}^3 r''' \\
& a^\dagger_{\lambda'} a^\dagger_{\eta'} \langle b_{\lambda'}|\boldsymbol{r}\rangle\langle\boldsymbol{r}|\langle b_{\eta'}|\boldsymbol{r}'\rangle\langle\boldsymbol{r}'|V|\boldsymbol{r}''\rangle\langle\boldsymbol{r}''|b_\lambda\rangle|\boldsymbol{r}'''\rangle\langle\boldsymbol{r}'''|b_\eta\rangle a_\eta a_\lambda \\
=& \frac{1}{2!} \sum_{\lambda',\lambda,\eta',\eta} \int \mathrm{d}^3 r \int \mathrm{d}^3 r' \int \mathrm{d}^3 r'' \int \mathrm{d}^3 r''' \\
& a^\dagger_{\lambda'} a^\dagger_{\eta'} \phi^*_{\lambda'}(\boldsymbol{r}) \phi^*_{\eta'}(\boldsymbol{r}') \langle\boldsymbol{r}|\langle\boldsymbol{r}'|V|\boldsymbol{r}''\rangle|\boldsymbol{r}'''\rangle \phi_\lambda(\boldsymbol{r}'')\phi_\eta(\boldsymbol{r}''') a_\eta a_\lambda \\
=& \frac{1}{2!} \int \mathrm{d}^3 r \int \mathrm{d}^3 r' \int \mathrm{d}^3 r'' \int \mathrm{d}^3 r''' \\
& \psi^\dagger(\boldsymbol{r})\psi^\dagger(\boldsymbol{r}') V(\boldsymbol{r},\boldsymbol{r}';\boldsymbol{r}'',\boldsymbol{r}''')\delta(\boldsymbol{r}'-\boldsymbol{r}'')\delta(\boldsymbol{r}-\boldsymbol{r}''')\psi(\boldsymbol{r}'')\psi(\boldsymbol{r}''') \\
=& \frac{1}{2!} \int \mathrm{d}^3 r \int \mathrm{d}^3 r' \psi^\dagger(\boldsymbol{r})\psi^\dagger(\boldsymbol{r}') V(\boldsymbol{r},\boldsymbol{r}')\psi(\boldsymbol{r}')\psi(\boldsymbol{r}),
\end{aligned} \tag{2.131}$$

其中，$\langle\boldsymbol{r}|\langle\boldsymbol{r}'|V|\boldsymbol{r}''\rangle|\boldsymbol{r}'''\rangle = V(\boldsymbol{r},\boldsymbol{r}';\boldsymbol{r}'',\boldsymbol{r}''')\delta(\boldsymbol{r}'-\boldsymbol{r}'')\delta(\boldsymbol{r}-\boldsymbol{r}''')$。

在位置表象中，任意力学量算符都可以写成场算符的形式

$$\begin{aligned}
\hat{G} =& \int \mathrm{d}^3 r \psi^\dagger(\boldsymbol{r}) g^{(1)}(\boldsymbol{r})\psi(\boldsymbol{r}) \\
&+ \frac{1}{2!}\int \mathrm{d}^3 r \int d^3 r' \psi^\dagger(\boldsymbol{r})\psi^\dagger(\boldsymbol{r}') g^{(2)}(\boldsymbol{r},\boldsymbol{r}')\psi(\boldsymbol{r}')\psi(\boldsymbol{r}) + \cdots
\end{aligned} \tag{2.132}$$

在粒子的占有数表象中，粒子数算符写为

$$\hat{N} = \sum_l a^\dagger_l a_l. \tag{2.133}$$

在位置表象内，粒子数算符 N 可以表示为场算符的形式

$$\begin{aligned}\hat{N}&=\sum_{l}a_l^{\dagger}a_l\\&=\sum_{l,m}a_l^{\dagger}\delta_{lm}a_m\\&=\sum_{l,m}a_l^{\dagger}\langle b_l|b_m\rangle a_m\\&=\sum_{l,m}a_l^{\dagger}\langle b_l|\hat{I}|b_m\rangle a_m\\&=\int \mathrm{d}^3r\psi^{\dagger}(\boldsymbol{r})\psi(\boldsymbol{r}),\end{aligned}\tag{2.134}$$

所以，$\hat{n}=\psi^{\dagger}(\boldsymbol{r})\psi(\boldsymbol{r})$ 是粒子数密度算符。

如果考虑粒子的自旋，那么式 (2.132) 必须重新写为

$$\begin{aligned}\hat{G}=&\sum_{\alpha\beta}\int \mathrm{d}^3r\psi_{\alpha}^{\dagger}(\boldsymbol{r})g_{\alpha\beta}^{(1)}(\boldsymbol{r})\psi_{\beta}(\boldsymbol{r})\\&+\frac{1}{2!}\sum_{\alpha,\alpha',\beta,\beta'}\int \mathrm{d}^3r\int \mathrm{d}^3r'\psi_{\alpha}^{\dagger}(\boldsymbol{r})\psi_{\alpha'}^{\dagger}(\boldsymbol{r}')g_{\alpha\alpha',\beta\beta'}^{(2)}(\boldsymbol{r},\boldsymbol{r}')\psi_{\beta'}(\boldsymbol{r}')\psi_{\beta}(\boldsymbol{r})+\cdots\end{aligned}\tag{2.135}$$

其中，$g_{\alpha\beta}^{(1)}(\boldsymbol{r})=\langle\alpha|g^{(1)}(\boldsymbol{r})|\beta\rangle$，$g_{\alpha\alpha',\beta\beta'}^{(2)}(\boldsymbol{r},\boldsymbol{r}')=\langle\alpha|\langle\alpha'|g^{(2)}(\boldsymbol{r},\boldsymbol{r}')|\beta\rangle|\beta'\rangle$。

通过把位置和动量等力学量看成算符，并且考虑力学量算符之间的对易关系，人们建立了描述单粒子运动的量子力学理论；通过在占有数表象中引入产生算符和湮灭算符，把描述单粒子运动状态的波函数看成场算符，并且考虑场算符之间的对易关系或者反对易关系，建立了描述多个全同粒子系统的量子理论，这一过程被称为“二次量子化”或者“场量子化”。此时，以前关于单粒子波函数的运动方程全部变为关于场算符的方程，为量子场论的建立奠定了基础。

2.6 金属内电子气体的基态

2.6.1 金属的简单模型和单电子态

金属由正离子和电子组成。如果忽略掉正离子的运动，并且忽略掉正离子分布的周期性对于电子运动的影响，那么，可以近似地把金属看成处于均匀分布的正离子背景中的相互作用的电子气体。

首先我们假定金属是边长为 L 的正方体，当计算结束时再取极限 $L\to\infty$。在无限大的均匀介质内，所有的物理性质满足平移不变性。如果忽略电子之间的相

互作用，把电子看成自由电子，那么单电子态是电子动量和电子自旋的共同本征函数，即

$$\hat{\boldsymbol{k}}|\boldsymbol{k},\sigma\rangle=\boldsymbol{k}|\boldsymbol{k},\sigma\rangle,\quad \hat{\sigma}_3|\boldsymbol{k},\sigma\rangle=\sigma|\boldsymbol{k},\sigma\rangle,\quad \sigma=\pm\frac{1}{2}. \tag{2.136}$$

在位置表象中，金属内的单电子态波函数为

$$\langle\boldsymbol{r}|\boldsymbol{k},\sigma\rangle=\psi_{\boldsymbol{k},\sigma}(\boldsymbol{r})=\frac{1}{(2\pi)^{3/2}}\exp \mathrm{i}\boldsymbol{k}\cdot\boldsymbol{r}\cdot\chi_\sigma, \tag{2.137}$$

其中自旋波函数为

$$\chi_{\frac{1}{2}}=\begin{pmatrix}1\\0\end{pmatrix},\quad \chi_{-\frac{1}{2}}=\begin{pmatrix}0\\1\end{pmatrix}. \tag{2.138}$$

单电子态波函数满足正交归一化条件

$$\int\psi^*_{\boldsymbol{k}',\sigma'}(\boldsymbol{r})\psi_{\boldsymbol{k},\sigma}(\boldsymbol{r})\mathrm{d}^3r=\delta(\boldsymbol{k}'-\boldsymbol{k})\delta_{\sigma'\sigma}. \tag{2.139}$$

2.6.2　整个金属系统的哈密顿量

金属系统的总哈密顿量可以写为

$$H=H_\mathrm{b}+H_\mathrm{eb}+H_\mathrm{e} \tag{2.140}$$

其中，H_b 是带正电荷的金属离子背景的哈密顿量，H_e 是电子的哈密顿量，H_eb 表示电子和带正电荷的金属离子背景之间的相互作用能量。

令 $\boldsymbol{r}_i$ 和 $\boldsymbol{r}_j$ 分别表示第 i 个和第 j 个电子的位置，$en(\boldsymbol{x})$ 和 $en(\boldsymbol{x}')$ 分别表示 $\boldsymbol{x}$ 和 $\boldsymbol{x}'$ 处背景正电荷的密度，那么哈密顿量分别写为

$$H_\mathrm{b}=\frac{1}{2}e^2\iint\mathrm{d}^3x\mathrm{d}^3x'\frac{n(\boldsymbol{x})n(\boldsymbol{x}')}{|\boldsymbol{x}-\boldsymbol{x}'|}\exp\left(-\mu|\boldsymbol{x}-\boldsymbol{x}'|\right), \tag{2.141}$$

$$H_\mathrm{e}=\sum_{i=1}^{N}\frac{\boldsymbol{p}_i^2}{2m}+\frac{1}{2}e^2\sum_{i,j=1,i\neq j}^{N}\frac{1}{|\boldsymbol{r}_i-\boldsymbol{r}_j|}\exp\left(-\mu|\boldsymbol{r}_i-\boldsymbol{r}_j|\right) \tag{2.142}$$

和

$$H_\mathrm{eb}=-e^2\sum_{i=1}^{N}\int\mathrm{d}^3x\frac{n(\boldsymbol{x})}{|\boldsymbol{x}-\boldsymbol{r}_i|}\exp\left(-\mu|\boldsymbol{x}-\boldsymbol{r}_i|\right). \tag{2.143}$$

为了使积分收敛，我们加入了一个指数因子，当计算结束时再令 $\mu\to0$。为了研究呈现电中性的大块金属介质的性质，我们先取极限 $L\to\infty$，再取极限 $\mu\to0$，因此，在整个计算过程中，都可以认为 $\mu^{-1}\ll L$。

假定金属内的正电荷均匀分布，即 $n(\boldsymbol{x})=n(\boldsymbol{x}')=\dfrac{N}{V}$，$V=L^3$，那么，金属内

正电荷背景的哈密顿量 H_{b} 和电子与正电荷背景之间的相互作用哈密顿量 H_{eb} 可以求得解析的形式

$$H_{\mathrm{b}}+H_{\mathrm{eb}}=-\frac{2\pi e^2N^2}{\mu^2V}, \tag{2.144}$$

计算过程如下：

$$\begin{aligned}
H_b=&\frac{1}{2}e^2\left(\frac{N}{V}\right)^2\iint \mathrm{d}^3x\mathrm{d}^3x'\frac{1}{|\boldsymbol{x}-\boldsymbol{x}'|}\ \exp\left(-\mu|\boldsymbol{x}-\boldsymbol{x}'|\right)\\
=&\frac{1}{2}e^2\left(\frac{N}{V}\right)^2\int \mathrm{d}^3x\int \mathrm{d}^3z\frac{1}{z}\exp(-\mu z)\\
=&\frac{1}{2}e^2\left(\frac{N}{V}\right)^2\cdot V\cdot\int \mathrm{d}\Omega\int_0^{+\infty}\mathrm{d}z\ z^2\ \frac{1}{z}\exp(-\mu z)\\
=&\frac{1}{2}e^2\left(\frac{N}{V}\right)^2\cdot V\cdot 4\pi\int_0^{+\infty}\mathrm{d}z\ z\exp(-\mu z)\\
=&\frac{2\pi e^2N^2}{\mu^2V},
\end{aligned} \tag{2.145}$$

其中利用了积分

$$\int_0^{+\infty}\mathrm{d}z\ z\exp(-\mu z)=\frac{1}{\mu^2}, \tag{2.146}$$

式 (2.146) 可以由分部积分法求得。

$$\begin{aligned}
H_{\mathrm{eb}}=&-e^2\sum_{i=1}^{N}\int \mathrm{d}^3x\frac{n(\boldsymbol{x})}{|\boldsymbol{x}-\boldsymbol{r}_i|}\ \exp\left(-\mu|\boldsymbol{x}-\boldsymbol{r}_i|\right)\\
=&-e^2\sum_{i=1}^{N}\frac{N}{V}\int \mathrm{d}^3z\frac{1}{z}\exp(-\mu z)\\
=&-\frac{4\pi e^2N^2}{\mu^2V}.
\end{aligned} \tag{2.147}$$

把式 (2.145) 和式 (2.147) 相加，可以得到式 (2.144)。可见，所有有意义的物理效应都包含在电子的哈密顿量 H_{e} 中。

2.6.3 金属内多电子系统的哈密顿量

我们分别计算金属内电子的哈密顿量 $\hat{H}_{\mathrm{e}}$ 的动能算符 $\hat{T}_{\mathrm{e}}$ 和势能算符 $\hat{V}_{\mathrm{e}}$。

1. 动能算符

在电子动量和电子自旋的共同本征函数 $|\boldsymbol{k},\sigma\rangle$ 为基矢量的希尔伯特空间中，金

属内多电子系统的动能算符可以用产生算符和湮灭算符表示，

$$
\begin{aligned}
\hat{T}_{\mathrm{e}} &= \sum_{i=1}^{N} \frac{\hat{\boldsymbol{p}}_i^2}{2m} \\
&= \sum_{\boldsymbol{k},\sigma} \sum_{\boldsymbol{k}',\sigma'} \langle \boldsymbol{k}', \sigma' | \frac{\hbar^2 \hat{\boldsymbol{k}}^2}{2m} | \boldsymbol{k}, \sigma \rangle a_{\boldsymbol{k}',\sigma'}^{\dagger} a_{\boldsymbol{k},\sigma} \\
&= \sum_{\boldsymbol{k},\sigma} \sum_{\boldsymbol{k}',\sigma'} a_{\boldsymbol{k}',\sigma'}^{\dagger} a_{\boldsymbol{k},\sigma} \frac{\hbar^2 \boldsymbol{k}^2}{2m} \delta_{\boldsymbol{k}',\boldsymbol{k}} \delta_{\sigma',\sigma} \\
&= \sum_{\boldsymbol{k},\sigma} \frac{\hbar^2 \boldsymbol{k}^2}{2m} a_{\boldsymbol{k},\sigma}^{\dagger} a_{\boldsymbol{k},\sigma}.
\end{aligned} \tag{2.148}
$$

显然，金属内的电子的动能算符可以表示成单粒子的动能和相应的单粒子态的粒子占有数算符的乘积，然后再对所有的不同动量和不同自旋的单粒子态求和。

2. 势能算符

金属内的电子之间的势能算符可以表示为

$$
\begin{aligned}
\hat{V}_{\mathrm{e}} = &\sum_{\boldsymbol{k}_1,\sigma_1} \sum_{\boldsymbol{k}_2,\sigma_2} \sum_{\boldsymbol{k}_3,\sigma_3} \sum_{\boldsymbol{k}_4,\sigma_4} a_{\boldsymbol{k}_1,\sigma_1}^{\dagger} a_{\boldsymbol{k}_2,\sigma_2}^{\dagger} a_{\boldsymbol{k}_4,\sigma_4} a_{\boldsymbol{k}_3,\sigma_3} \frac{e^2}{2V} \cdot \frac{4\pi}{(\boldsymbol{k}_1 - \boldsymbol{k}_3)^2 + \mu^2} \\
&\delta_{\boldsymbol{k}_1+\boldsymbol{k}_2,\boldsymbol{k}_3+\boldsymbol{k}_4} \delta_{\sigma_1,\sigma_3} \delta_{\sigma_2,\sigma_4}.
\end{aligned} \tag{2.149}
$$

式 (2.149) 的详细推导可以参见文献[1]。

式 (2.149) 中的 $\delta_{\boldsymbol{k}_1+\boldsymbol{k}_2,\boldsymbol{k}_3+\boldsymbol{k}_4}$ 符号表示在电子相互作用过程中初态和末态的动量守恒，即 $\boldsymbol{k}_3+\boldsymbol{k}_4=\boldsymbol{k}_1+\boldsymbol{k}_2$，在 $\boldsymbol{k}_1$、$\boldsymbol{k}_2$、$\boldsymbol{k}_3$ 和 $\boldsymbol{k}_4$ 中，只有三个变量是独立的，设

$$
\begin{aligned}
\boldsymbol{k}_1 &= \boldsymbol{k} + \boldsymbol{q}, \\
\boldsymbol{k}_2 &= \boldsymbol{p} - \boldsymbol{q}, \\
\boldsymbol{k}_3 &= \boldsymbol{k}, \\
\boldsymbol{k}_4 &= \boldsymbol{p},
\end{aligned}
$$

那么，式 (2.149) 用新变量 $\boldsymbol{p}$、$\boldsymbol{k}$ 和 $\boldsymbol{q}$ 表示为

$$
\hat{V}_{\mathrm{e}} = \frac{e^2}{2V} \sum_{\boldsymbol{p},\boldsymbol{k},\boldsymbol{q}} \sum_{\sigma_1,\sigma_2} \frac{4\pi}{\boldsymbol{q}^2 + \mu^2} a_{\boldsymbol{k}+\boldsymbol{q},\sigma_1}^{\dagger} a_{\boldsymbol{p}-\boldsymbol{q},\sigma_2}^{\dagger} a_{\boldsymbol{p},\sigma_2} a_{\boldsymbol{k},\sigma_1}, \tag{2.150}
$$

其中 $\hbar\boldsymbol{q} = \hbar(\boldsymbol{k}_1 - \boldsymbol{k}_3)$ 表示两个电子相互作用中动量的转移。

[1] Fetter A L, Walecka J D. Quantum Theory of Many-Particle System. New York: Dover Publications, Inc. Mineola, 2003.

可以把式 (2.150) 中的电子之间势能算符 $\hat{V}_{\mathrm{e}}$ 表示成两项的和，

$$\hat{V}_{\mathrm{e}} = \hat{V}_{\mathrm{e}}^{(1)} + \hat{V}_{\mathrm{e}}^{(2)}, \tag{2.151}$$

其中

$$\hat{V}_{\mathrm{e}}^{(1)} = \frac{e^2}{2V} \sum_{\boldsymbol{p},\boldsymbol{k},\boldsymbol{q},\boldsymbol{q}\neq 0} \sum_{\sigma_1,\sigma_2} \frac{4\pi}{\boldsymbol{q}^2 + \mu^2} a_{\boldsymbol{k}+\boldsymbol{q},\sigma_1}^{\dagger} a_{\boldsymbol{p}-\boldsymbol{q},\sigma_2}^{\dagger} a_{\boldsymbol{p},\sigma_2} a_{\boldsymbol{k},\sigma_1} \tag{2.152}$$

和

$$\hat{V}_{\mathrm{e}}^{(2)} = \frac{e^2}{2V} \sum_{\boldsymbol{p},\boldsymbol{k}} \sum_{\sigma_1,\sigma_2} \frac{4\pi}{\mu^2} a_{\boldsymbol{k},\sigma_1}^{\dagger} a_{\boldsymbol{p},\sigma_2}^{\dagger} a_{\boldsymbol{p},\sigma_2} a_{\boldsymbol{k},\sigma_1}, \tag{2.153}$$

分别对应 $\boldsymbol{q} \neq 0$ 和 $\boldsymbol{q} = 0$ 的情景。

利用费米子的产生算符和湮灭算符之间的反对易关系

$$\begin{aligned} \left[a_{\boldsymbol{k},\sigma_1} a_{\boldsymbol{p},\sigma_2}^{\dagger}\right]_+ &= \delta_{\boldsymbol{k},\boldsymbol{p}} \delta_{\sigma_1,\sigma_2}, \\ \left[a_{\boldsymbol{k},\sigma_1} a_{\boldsymbol{p},\sigma_2}\right]_+ &= 0, \\ \left[a_{\boldsymbol{k},\sigma_1}^{\dagger} a_{\boldsymbol{p},\sigma_2}^{\dagger}\right]_+ &= 0, \end{aligned} \tag{2.154}$$

$\hat{V}^{(2)}$ 可以写成

$$\begin{aligned} \hat{V}^{(2)} &= \frac{e^2}{2V} \frac{4\pi}{\mu^2} \sum_{\boldsymbol{p},\boldsymbol{k}} \sum_{\sigma_1,\sigma_2} a_{\boldsymbol{k},\sigma_1}^{\dagger} \left(a_{\boldsymbol{k},\sigma_1} a_{\boldsymbol{p},\sigma_2}^{\dagger} - \delta_{\boldsymbol{p},\boldsymbol{k}} \delta_{\sigma_1,\sigma_2}\right) a_{\boldsymbol{p},\sigma_2} \\ &= \frac{e^2}{2V} \frac{4\pi}{\mu^2} \left(\hat{N}^2 - \hat{N}\right), \end{aligned} \tag{2.155}$$

其中

$$\hat{N} = \sum_{\boldsymbol{k},\sigma_1} a_{\boldsymbol{k},\sigma_1}^{\dagger} a_{\boldsymbol{k},\sigma_1}. \tag{2.156}$$

假定金属内电子的总数守恒，粒子数算符 $\hat{N}$ 可以用电子总数 N 代替，所以电子之间交换动量 $\boldsymbol{q} = 0$ 时，电子之间的势能 $\hat{V}^{(2)}$ 为常数，即

$$\hat{V}^{(2)} = \frac{2\pi e^2 N^2}{\mu^2 V} - \frac{2\pi e^2 N}{\mu^2 V}. \tag{2.157}$$

显然，式 (2.157) 中等号右边第一项和式 (2.144)，即

$$H_{\mathrm{b}} + H_{\mathrm{eb}} = -\frac{2\pi e^2 N^2}{\mu^2 V}$$

相互抵消。式 (2.157) 中等号右边第二项对应每个电子拥有平均能量

$$-\frac{2\pi e^2}{\mu^2 V}. \tag{2.158}$$

在先前设定的物理极限下，先令 $L\to\infty$，再令 $\mu\to 0$，并且保证 $\mu^{-1}\ll L$，那么

$$\mu^2 V=\mu^2 L^3=\frac{L^3}{\mu^{-2}}\to\infty,$$

每一个电子对应的能量 $-\dfrac{2\pi e^2}{\mu^2 V}$ 趋向于零。因此，令 $\mu\to 0$，均匀正电荷背景下宏观电子气体的哈密顿量的最终形式为

$$\begin{aligned}\hat{H}=&\hat{T}_{\mathrm{e}}+\hat{V}_{\mathrm{e}}^{(1)}\\=&\sum_{\boldsymbol{k},\sigma}\frac{\hbar^2\boldsymbol{k}^2}{2m}a_{\boldsymbol{k},\sigma}^{\dagger}a_{\boldsymbol{k},\sigma}+\frac{e^2}{2V}\sum_{\boldsymbol{p},\boldsymbol{k},\boldsymbol{q},\boldsymbol{q}\neq 0}\sum_{\sigma_1,\sigma_2}\frac{4\pi}{\boldsymbol{q}^2}a_{\boldsymbol{k}+\boldsymbol{q},\sigma_1}^{\dagger}a_{\boldsymbol{p}-\boldsymbol{q},\sigma_2}^{\dagger}a_{\boldsymbol{p},\sigma_2}a_{\boldsymbol{k},\sigma_1}.\end{aligned}\tag{2.159}$$

2.6.4　无量纲的哈密顿量

在金属内，可以定义与每一个电子占据的平均空间相关的长度 r_0，

$$\frac{V}{N}=\frac{4}{3}\pi r_0^3,\tag{2.160}$$

显然，$2r_0$ 表示电子之间的平均间距。取氢原子内核外电子的第一轨道半径 (玻尔半径) $a_0=\dfrac{\hbar^2}{me^2}$，那么

$$r_s\equiv\frac{r_0}{a_0},\quad r_0\equiv r_s a_0,\tag{2.161}$$

其中 r_s 是无量纲的物理量。

如果取 $\hbar=c=1$，那么用 r_0 作为长度单位，可以定义下列无量纲的物理量

$$\bar{V}=r_0^{-3}V,\quad \bar{\boldsymbol{k}}=r_0\boldsymbol{k},\quad \bar{\boldsymbol{p}}=r_0\boldsymbol{p},\quad \bar{\boldsymbol{q}}=r_0\boldsymbol{q},\tag{2.162}$$

式 (2.159) 中的哈密顿量的无量纲形式为

$$\begin{aligned}\hat{H}=&\frac{e^2}{a_0 r_s^2}\left(\sum_{\bar{\boldsymbol{k}},\sigma}\frac{1}{2}\bar{\boldsymbol{k}}^2 a_{\bar{\boldsymbol{k}},\sigma}^{\dagger}a_{\bar{\boldsymbol{k}},\sigma}\right.\\&\left.+\frac{r_s}{2\bar{V}}\sum_{\bar{\boldsymbol{p}},\bar{\boldsymbol{k}},\bar{\boldsymbol{q}},\bar{\boldsymbol{q}}\neq 0}\sum_{\sigma_1,\sigma_2}\frac{4\pi}{\bar{\boldsymbol{q}}^2}a_{\bar{\boldsymbol{k}}+\bar{\boldsymbol{q}},\sigma_1}^{\dagger}a_{\bar{\boldsymbol{p}}-\bar{\boldsymbol{q}},\sigma_2}^{\dagger}a_{\bar{\boldsymbol{p}},\sigma_2}a_{\bar{\boldsymbol{k}},\sigma_1}\right).\end{aligned}\tag{2.163}$$

在高密度极限下，$r_0\to 0$，$r_s\to 0$，相对于动能部分，金属内电子之间的势能很小，可以视作微扰处理。

2.6.5　金属内电子气体的基态——高密度极限

由式 (2.159) 可知，金属的哈密顿量可以写成金属内的电子动能 $\hat{T}_{\mathrm{e}}$ 和电子之间相互作用势能 $\hat{V}_{\mathrm{e}}^{(1)}(q\neq 0)$ 的和。由第 2.6.4 节可知，在高密度极限下，势能部分

可以视作微扰，从而用微扰理论的方法处理。在以下的讨论中，我们取

$$\hat{H} = \hat{H}_0 + \hat{H}_1, \tag{2.164}$$

其中

$$\hat{H}_0 = \sum_{\boldsymbol{k},\sigma} \frac{\hbar^2 \boldsymbol{k}^2}{2m} a^{\dagger}_{\boldsymbol{k},\sigma} a_{\boldsymbol{k},\sigma}$$

是电子的动能，

$$\hat{H}_1 = \frac{e^2}{2V} \sum_{\boldsymbol{p},\boldsymbol{k},\boldsymbol{q},\boldsymbol{q}\neq 0} \sum_{\sigma_1,\sigma_2} \frac{4\pi}{\boldsymbol{q}^2} a^{\dagger}_{\boldsymbol{k}+\boldsymbol{q},\sigma_1} a^{\dagger}_{\boldsymbol{p}-\boldsymbol{q},\sigma_2} a_{\boldsymbol{p},\sigma_2} a_{\boldsymbol{k},\sigma_1}$$

是电子之间的势能。势能 $\hat{H}_1$ 可以看成微扰哈密顿量。

相应地，金属内电子气体的基态能量 E 可以写为

$$E = E^{(0)} + E^{(1)} + \cdots \tag{2.165}$$

其中，$E^{(0)}$ 是自由电子气体的基态能量；$E^{(1)}$ 是电子之间的相互作用对于系统能量的一级修正。

1. 高密度极限下电子气体的基态

由泡利不相容原理可知，单电子态 $|\boldsymbol{k},\sigma\rangle$ 是电子动量和电子自旋的共同本征函数，每一个单电子态可以容纳具有确定动量和确定自旋 (取向) 的一个电子。在零温度近似下，如果忽略电子之间的相互作用，电子先占据能量最低的单电子态，然后依次填充能量较高的单电子状态，从而保证整个多电子系统的能量最低，形成高密度极限下电子气体的基态，记作 $|G\rangle$。

在高密度极限下电子气体的基态 $|G\rangle$ 中，单个电子的最大动量称为费米动量，记作 k_{F}，根据以上对于高密度极限下电子气体的基态 $|G\rangle$ 的定义，如果单电子态 $|\boldsymbol{k},\sigma\rangle$ 的粒子占有数算符记作 $\hat{n}_{\boldsymbol{k},\sigma}$，那么

$$\begin{aligned} &\hat{n}_{\boldsymbol{k},\sigma}|G\rangle = |G\rangle, \quad |\boldsymbol{k}| \leqslant k_{\mathrm{F}}, \\ &\hat{n}_{\boldsymbol{k},\sigma}|G\rangle = 0, \quad |\boldsymbol{k}| > k_{\mathrm{F}}, \end{aligned} \tag{2.166}$$

或者用阶跃函数表示

$$\hat{n}_{\boldsymbol{k},\sigma}|G\rangle = \theta(k_{\mathrm{F}} - |\boldsymbol{k}|)|G\rangle, \tag{2.167}$$

其中

$$\theta(x) = \begin{cases} 1, & x \geqslant 0, \\ 0, & x < 0. \end{cases} \tag{2.168}$$

电子气体内电子的总数为

$$\begin{aligned} N &= \langle G|\hat{N}|G\rangle \\ &= \sum_{\boldsymbol{k},\sigma} \langle G|\hat{n}_{\boldsymbol{k},\sigma}|G\rangle \\ &= \sum_{\boldsymbol{k},\sigma} \theta(k_{\mathrm{F}} - |\boldsymbol{k}|). \end{aligned} \tag{2.169}$$

在热力学极限下，$V \to \infty$，$N \to \infty$，保持 $\dfrac{N}{V}$ 不变，对单粒子状态的求和可以变换为积分形式

$$\frac{1}{V}\sum_{\boldsymbol{k},\sigma} \to \frac{1}{(2\pi\hbar)^3}\sum_{\sigma}\int \mathrm{d}^3 k, \tag{2.170}$$

于是，如果取 $\hbar = 1$，式 (2.169) 可以写为

$$\begin{aligned} N &= \frac{V}{(2\pi)^3}\sum_{\sigma=1,2}\int \mathrm{d}^3 k\theta(k_{\mathrm{F}} - |\boldsymbol{k}|) \\ &= \frac{Vk_{\mathrm{F}}^3}{3\pi^2}. \end{aligned} \tag{2.171}$$

电子气体基态中电子密度为

$$n = \frac{N}{V} = \frac{k_{\mathrm{F}}^3}{3\pi^2}, \tag{2.172}$$

由电子密度 n 可以求得费米动量的值

$$k_{\mathrm{F}} = \left(3\pi^2 n\right)^{1/3} = \left(\frac{9\pi}{4}\right)^{1/3} r_0^{-1} \approx 1.92 r_0^{-1}. \tag{2.173}$$

2. 高密度极限下电子气体基态的能量

在零级近似下，自由电子气体的能量为

$$\begin{aligned} E^{(0)} &= \langle G|\hat{H}_0|G\rangle \\ &= \sum_{\boldsymbol{k},\sigma} \frac{\hbar^2\boldsymbol{k}^2}{2m}\langle G|\hat{n}_{\boldsymbol{k},\sigma}|G\rangle \\ &= \sum_{\boldsymbol{k},\sigma} \frac{\hbar^2\boldsymbol{k}^2}{2m}\theta(k_{\mathrm{F}} - |\boldsymbol{k}|) \\ &= \frac{V}{(2\pi)^3}\frac{\hbar^2}{2m}\sum_{\sigma}\int \mathrm{d}^3 k\boldsymbol{k}^2\theta(k_{\mathrm{F}} - |\boldsymbol{k}|) \\ &= \frac{V\hbar^2 k_{\mathrm{F}}^5}{10m\pi^2} \\ &= \frac{3}{5}\cdot\frac{\hbar^2 k_{\mathrm{F}}^2}{2m}\cdot N \end{aligned}$$

$$= \frac{3}{5} \cdot \left(\frac{9\pi}{4}\right)^{2/3} \cdot \frac{e^2}{2a_0} \cdot \frac{N}{r_s^2}$$
$$= \frac{e^2}{2a_0} \cdot N \cdot \frac{2.21}{r_s^2}. \tag{2.174}$$

在自由电子气体中，单个电子的平均能量为

$$\frac{E^{(0)}}{N} = \frac{3}{5}\varepsilon_{\mathrm{F}}, \tag{2.175}$$

其中，$\varepsilon_{\mathrm{F}} = \dfrac{\hbar^2 k_{\mathrm{F}}^2}{2m}$ 是电子的费米能量。单个电子的平均能量也可以写为

$$\frac{E^{(0)}}{N} = \frac{e^2}{2a_0}\frac{2.21}{r_s^2}, \tag{2.176}$$

其中，$\dfrac{e^2}{2a_0} \approx 13.6\mathrm{eV}$，是氢原子内基态电子的电离能。

电子气体基态能量的一级修正 $E^{(1)}$ 为

$$\begin{aligned} E^{(1)} &= \langle G|\hat{H}_1|G\rangle \\ &= \frac{e^2}{2V}\sum_{\boldsymbol{p},\boldsymbol{k},\boldsymbol{q},\boldsymbol{q}\neq 0}\sum_{\sigma_1,\sigma_2}\frac{4\pi}{\boldsymbol{q}^2}\langle G|a^{\dagger}_{\boldsymbol{k}+\boldsymbol{q},\sigma_1}a^{\dagger}_{\boldsymbol{p}-\boldsymbol{q},\sigma_2}a_{\boldsymbol{p},\sigma_2}a_{\boldsymbol{k},\sigma_1}|G\rangle, \end{aligned} \tag{2.177}$$

由式 (2.166) 可得，当 $|\boldsymbol{p}| \leqslant k_{\mathrm{F}}$， $|\boldsymbol{k}| \leqslant k_{\mathrm{F}}$， $|\boldsymbol{k}+\boldsymbol{q}| \leqslant k_{\mathrm{F}}$， $|\boldsymbol{p}-\boldsymbol{q}| \leqslant k_{\mathrm{F}}$ 时，式 (2.177) 中矩阵元

$$\langle G|a^{\dagger}_{\boldsymbol{k}+\boldsymbol{q},\sigma_1}a^{\dagger}_{\boldsymbol{p}-\boldsymbol{q},\sigma_2}a_{\boldsymbol{p},\sigma_2}a_{\boldsymbol{k},\sigma_1}|G\rangle \neq 0 \tag{2.178}$$

的项才会对电子气体基态能量的一级修正 $E^{(1)}$ 有贡献。式 (2.178) 要求

$$\begin{aligned} &\boldsymbol{k}+\boldsymbol{q} = \boldsymbol{k}, \quad \sigma_1 = \sigma_1, \\ &\boldsymbol{p}-\boldsymbol{q} = \boldsymbol{p}, \quad \sigma_2 = \sigma_2, \end{aligned} \tag{2.179}$$

或者

$$\begin{aligned} &\boldsymbol{k}+\boldsymbol{q} = \boldsymbol{p}, \quad \sigma_1 = \sigma_2, \\ &\boldsymbol{p}-\boldsymbol{q} = \boldsymbol{k}, \quad \sigma_2 = \sigma_1. \end{aligned} \tag{2.180}$$

其中式 (2.179) 对应电子之间的直接相互作用，式 (2.180) 对应电子之间的交换相互作用。

由于对 $\boldsymbol{q}$ 的求和并不包含 $\boldsymbol{q} = 0$，所以只有式 (2.180) 成立。有

$$\begin{aligned} &\langle G|a^{\dagger}_{\boldsymbol{k}+\boldsymbol{q},\sigma_1}a^{\dagger}_{\boldsymbol{p}-\boldsymbol{q},\sigma_2}a_{\boldsymbol{p},\sigma_2}a_{\boldsymbol{k},\sigma_1}|G\rangle \\ &= \delta_{\boldsymbol{k}+\boldsymbol{q},\boldsymbol{p}}\delta_{\sigma_1,\sigma_2}\langle G|a^{\dagger}_{\boldsymbol{k}+\boldsymbol{q},\sigma_1}a^{\dagger}_{\boldsymbol{k},\sigma_1}a_{\boldsymbol{k}+\boldsymbol{q},\sigma_1}a_{\boldsymbol{k},\sigma_1}|G\rangle. \end{aligned}$$

由于 $\boldsymbol{q}\neq 0$，$\left[a^{\dagger}_{\boldsymbol{k},\sigma_1}, a_{\boldsymbol{k}+\boldsymbol{q},\sigma_1}\right]_+ = 0$，即 $a^{\dagger}_{\boldsymbol{k},\sigma_1}a_{\boldsymbol{k}+\boldsymbol{q},\sigma_1} = -a_{\boldsymbol{k}+\boldsymbol{q},\sigma_1}a^{\dagger}_{\boldsymbol{k},\sigma_1}$，所以

$$\begin{aligned}&\langle G|a^{\dagger}_{\boldsymbol{k}+\boldsymbol{q},\sigma_1}a^{\dagger}_{\boldsymbol{p}-\boldsymbol{q},\sigma_2}a_{\boldsymbol{p},\sigma_2}a_{\boldsymbol{k},\sigma_1}|G\rangle\\ =&-\delta_{\boldsymbol{k}+\boldsymbol{q},\boldsymbol{p}}\delta_{\sigma_1,\sigma_2}\langle G|\hat{n}_{\boldsymbol{k}+\boldsymbol{q},\sigma_1}\hat{n}_{\boldsymbol{k},\sigma_1}|G\rangle\\ =&-\delta_{\boldsymbol{k}+\boldsymbol{q},\boldsymbol{p}}\delta_{\sigma_1,\sigma_2}\theta(k_{\mathrm{F}}-|\boldsymbol{k}|)\theta(k_{\mathrm{F}}-|\boldsymbol{k}+\boldsymbol{q}|).\end{aligned} \tag{2.181}$$

电子气体的基态能量的一级修正为

$$\begin{aligned}E^{(1)}=&-\frac{e^2}{2V}\sum_{\boldsymbol{p},\boldsymbol{k},\boldsymbol{q},\boldsymbol{q}\neq 0}\sum_{\sigma_1,\sigma_2}\frac{4\pi}{\boldsymbol{q}^2}\delta_{\boldsymbol{k}+\boldsymbol{q},\boldsymbol{p}}\delta_{\sigma_1,\sigma_2}\theta(k_{\mathrm{F}}-|\boldsymbol{k}|)\theta(k_{\mathrm{F}}-|\boldsymbol{k}+\boldsymbol{q}|)\\ =&-\frac{e^2}{2V}\sum_{\boldsymbol{k},\boldsymbol{q},\boldsymbol{q}\neq 0}\sum_{\sigma_1}\frac{4\pi}{\boldsymbol{q}^2}\theta(k_{\mathrm{F}}-|\boldsymbol{k}|)\theta(k_{\mathrm{F}}-|\boldsymbol{k}+\boldsymbol{q}|)\\ =&-\frac{e^2}{2}\cdot\frac{4\pi V}{(2\pi)^6}\cdot 2\int \mathrm{d}^3k\int \mathrm{d}^3q\frac{1}{\boldsymbol{q}^2}\theta(k_{\mathrm{F}}-|\boldsymbol{k}|)\theta(k_{\mathrm{F}}-|\boldsymbol{k}+\boldsymbol{q}|),\end{aligned} \tag{2.182}$$

其中因子 2 来自对电子自旋的求和。在热力学极限下，电子动量取连续值，对电子动量的求和转换为对电子动量的积分。此时，可以忽略 $\boldsymbol{q}\neq 0$ 的限制。

经计算[2]，

$$E^{(1)} = -\frac{e^2}{2a_0}\cdot\frac{N}{r_s}\cdot\left(\frac{9\pi}{4}\right)^{1/3}\cdot\frac{3}{2\pi} = -\frac{e^2}{2a_0}\cdot N\cdot\frac{0.916}{r_s}, \tag{2.183}$$

在高密度极限下，电子气体基态的总能量为

$$\frac{E}{N} = \frac{e^2}{2a_0}\left(\frac{2.21}{r_s^2}-\frac{0.916}{r_s}+\cdots\right). \tag{2.184}$$

可见，在高密度极限下，$r_s\to 0$，电子的动能占金属内电子气体总能量的主要部分。电子之间的势能包括直接相互作用项和交换相互作用项。其中势能中的直接相互作用项源于电子间动量转移 $\boldsymbol{q}=0$ 的部分，表现为排斥作用，和正电荷背景对电子气体的吸引作用 $\hat{H}_{\mathrm{b}}+\hat{H}_{\mathrm{eb}}$ 相互抵消；电子之间势能的交换相互作用项为负值，表现为“吸引”作用，电子气体的密度越大，这种“吸引”作用越强。和真空内电子之间的相互作用不同，在高密度极限下，金属内的电子之间表现为“吸引”力，这是一种多体效应。

图 2.1 给出了一级近似下金属内单个电子的平均能量随 r_s 变化的情况。可以看出，在 $r_s=4.83$ 处，金属内的电子气体存在一个稳定的束缚态，对应的单个电子平均能量为

[2] Fetter A L, Walecka J D. Quantum Theory of Many-Particle System. New York: Dover Publications, Inc. Mineola, 2003.

$$\left(\frac{E}{N}\right)_{\text{Min}} = -0.095\frac{e^2}{2a_0}, \quad r_s = 4.83. \tag{2.185}$$

该最小能量值符合金属钠内电子能量的实验值

$$\left(\frac{E}{N}\right)_{\text{Exp}} = -1.13\text{eV}, \quad r_{\text{s}} = 3.96. \tag{2.186}$$

金属钠的汽化热的值为 1.13eV。

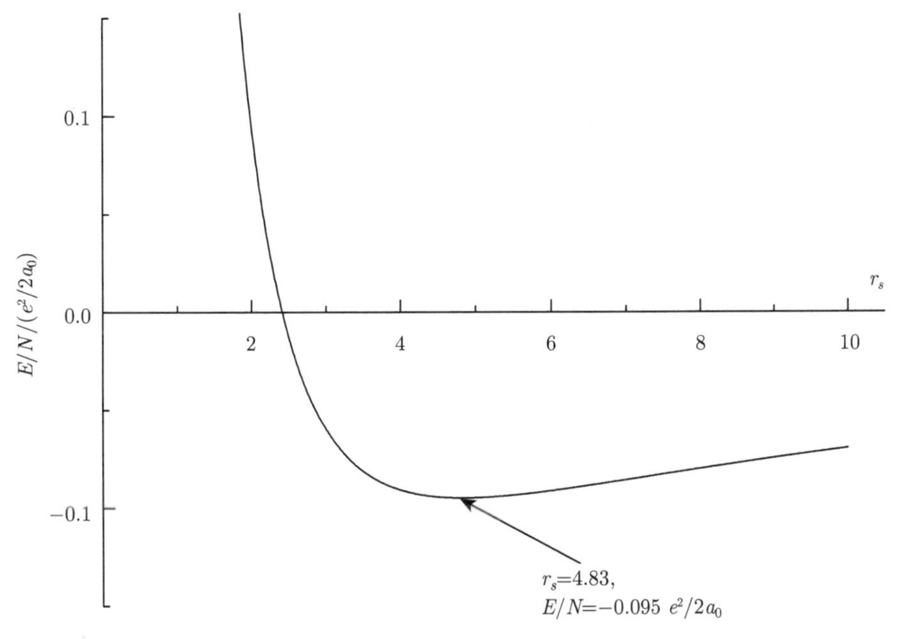

图 2.1 一级近似下金属内单个电子的平均能量 E/N 随 r_s 的变化

由 Rayleigh-Ritz 变分原理可知，量子系统的实际的基态能量总是低于任何一个给定的系统的尝试波函数下求得的系统能量的期待值。我们假定的金属内电子气体的基态 $|G\rangle$，其实也是电子气体的一个尝试波函数，存在着一定的主观性，但是金属内真实的电子气体束缚态是必然存在的。

电子气体的压强为

$$\begin{aligned} p &= -\left(\frac{\partial E}{\partial V}\right)_N \\ &= -\frac{\mathrm{d}E}{\mathrm{d}r_s} \cdot \frac{\mathrm{d}r_s}{\mathrm{d}V} \\ &= \frac{Ne^2}{2a_0} \cdot \frac{r_s}{3V}\left(\frac{2 \cdot 2.21}{r_s^3} - \frac{0.916}{r_s^2} + \cdots\right), \end{aligned} \tag{2.187}$$

当 $r_{\mathrm{s}} = 4.83$ 时，电子气体的压强 $p = 0$，电子气体处于平衡状态。

电子气体的体积的弹性模量为

$$\begin{aligned} B &= -V\left(\frac{\partial p}{\partial V}\right)_N \\ &= \frac{Ne^2}{2a_0}\cdot\frac{2}{9V}\left(\frac{5\cdot 2.21}{r_s^2} - \frac{2\cdot 0.916}{r_s}\right). \end{aligned} \tag{2.188}$$

第三章　密度矩阵和量子系综理论

一般来说，统计物理学是研究大量粒子组成的物理系统的热力学性质的学问。研究的对象是客观实在的物理系统，组成物理系统的单元是客观实在的粒子。但是，自从量子系综理论提出以后，统计物理学的方法就发生了质的改变和进步。在相同的宏观条件下，处于平衡态的物理系统的所有可能的量子态的集合，称为物理系统在这一宏观条件下的系综。因此，在量子系综理论中，研究对象是系综，组成系综的个体是物理系统的量子态。研究对象的变化使量子系综理论具有和以前的统计物理学方法不同的特点。

本章中，我们首先引入密度矩阵的概念，讨论密度矩阵的物理意义和性质。通过不同宏观条件下物理系统的密度矩阵的建立，分析微正则系综、正则系综和巨正则系综的特点。最后，在热力学极限下，由不同宏观条件下的系综的配分函数计算得到完全相等的热力学量，从而证明了热力学极限下所有系综的等价性。

3.1　密度矩阵

3.1.1　密度矩阵的定义

如果一个物理系统的状态可以用相应的希尔伯特空间内的一个矢量 $|K\rangle$ 表示，那么，这个物理系统所处的状态称为纯态，密度算符记为

$$\hat{\rho} = |K\rangle\langle K|. \tag{3.1}$$

如果一个物理系统的状态不能用希尔伯特空间内单个矢量描述，但是，可以用希尔伯特空间内的一组矢量 $\{|K_i\rangle\}$ 以及系统处于每一个矢量 $|K_i\rangle$ 上的概率 ω_i 描述，那么，这个物理系统所处的状态为混合态。处于混合态的物理系统的密度算符记为

$$\hat{\rho} = \sum_i \omega_i |K_i\rangle\langle K_i|. \tag{3.2}$$

显然，物理系统处于各个量子态 $|K_i\rangle$ 上的概率 ω_i 的和为 1，即

$$\sum_i \omega_i = 1. \tag{3.3}$$

如果 $\{|n\rangle\}$ 表示希尔伯特空间中一组基矢量，满足正交归一化条件

$$\langle n|m\rangle = \delta_{n,m}, \quad n, m = 1, 2, 3, \cdots \tag{3.4}$$

完备性条件为

$$\sum_n |n\rangle\langle n| = \hat{I}, \tag{3.5}$$

那么态矢量 $|K_i\rangle$ 可以展开为

$$|K_i\rangle = \sum_n a_{in}|n\rangle, \tag{3.6}$$

其中，$a_{in} = \langle n|K_i\rangle$ 是 $|K_i\rangle$ 在基矢量 $\{|n\rangle\}$ 对应的表象内的波函数。

任意力学量算符 $\hat{A}$ 对第 i 个量子态 $|K_i\rangle$ 的平均值为 $\langle K_i|\hat{A}|K_i\rangle$，力学量算符 $\hat{A}$ 对于整个物理系统的平均值可以写为

$$\begin{aligned}\bar{A} &= \sum_i \omega_i \langle K_i|\hat{A}|K_i\rangle \\ &= \sum_i \sum_{n,m} \omega_i \langle K_i|n\rangle\langle n|\hat{A}|m\rangle\langle m|K_i\rangle \\ &= \sum_i \sum_{n,m} \omega_i \langle m|K_i\rangle\langle K_i|n\rangle\langle n|\hat{A}|m\rangle \\ &= \sum_{n,m} \langle m|\hat{\rho}|n\rangle\langle n|\hat{A}|m\rangle \\ &= \sum_{n,m} \rho_{m,n} A_{n,m} \\ &= \mathrm{Tr}[\hat{\rho}\hat{A}],\end{aligned} \tag{3.7}$$

其中

$$\rho_{m,n} = \sum_i \omega_i \langle m|K_i\rangle\langle K_i|n\rangle \tag{3.8}$$

和

$$A_{n,m} = \langle n|\hat{A}|m\rangle$$

分别表示密度算符 $\hat{\rho}$ 和力学量算符 $\hat{A}$ 在基矢量 $\{|n\rangle\}$ 对应的表象内的矩阵元。由式 (3.7) 可知，如果求得特定宏观条件下一个物理系统的密度算符，就可以计算出任意力学量算符对物理系统的平均值。

3.1.2　密度矩阵的性质

(1) 密度算符是厄米算符，即 $\rho_{m,n} = \rho^*_{n,m}$。

(2) 密度算符的迹为 1，即 $\mathrm{Tr}[\rho] = 1$。

(3) 由密度算符的厄米性可知，密度矩阵的对角元素是实数，并且 $\sum\limits_n \rho_{n,n} = 1$，$0 \leqslant \rho_{n,n} \leqslant 1$。

在密度矩阵的自身表象内，密度矩阵是对角矩阵，矩阵元可以写为

$$\rho_{m,n} = \rho_n \delta_{m,n},$$

由于

$$\mathrm{Tr}[\hat{\rho}^2] = \sum_n \rho_n^2 \leqslant \left(\sum_n \rho_n\right)^2,$$

即

$$\mathrm{Tr}[\hat{\rho}^2] \leqslant 1. \tag{3.9}$$

由于幺正变换不改变矩阵的迹，所以在密度矩阵的非对角表象中，式 (3.9) 仍然成立。

3.1.3 密度矩阵的物理意义

在基矢量 $\{|n\rangle\}$ 对应的表象内，密度矩阵的对角元素可以表示为

$$\begin{aligned}\rho_{n,n} &= \sum_i \omega_i \langle n|K_i\rangle\langle K_i|n\rangle \\ &= \sum_i \omega_i |\langle n|K_i\rangle|^2,\end{aligned} \tag{3.10}$$

其中，ω_i 表示物理系统处于量子态 $|K_i\rangle$ 的概率；$|\langle n|K_i\rangle|$ 表示物理系统的第 i 个量子态 $|K_i\rangle$ 对基矢量 $|n\rangle$ 的投影；$|\langle n|K_i\rangle|^2$ 表示 $|K_i\rangle$ 处于状态 $|n\rangle$ 的概率。所以，密度矩阵的对角元素 $\rho_{n,n}$ 表示物理系统处于状态 $|n\rangle$ 的概率。

3.1.4 位置表象中的密度算符的形式

位置算符的本征方程为

$$\hat{\boldsymbol{r}}|\boldsymbol{r}'\rangle = \boldsymbol{r}'|\boldsymbol{r}'\rangle. \tag{3.11}$$

在位置表象中，密度算符的矩阵元可以写为

$$\langle \boldsymbol{r}'|\hat{\rho}|\boldsymbol{r}''\rangle = \sum_i \omega_i \langle \boldsymbol{r}'|K_i\rangle\langle K_i|\boldsymbol{r}''\rangle. \tag{3.12}$$

力学量算符 $\hat{A}$ 的平均值表示为

$$\begin{aligned}\bar{A} &= \mathrm{Tr}[\hat{\rho}\hat{A}] \\ &= \int \mathrm{d}^3 r' \int \mathrm{d}^3 r'' \langle \boldsymbol{r}'|\hat{\rho}|\boldsymbol{r}''\rangle\langle \boldsymbol{r}''|\hat{A}|\boldsymbol{r}'\rangle.\end{aligned} \tag{3.13}$$

3.1.5 密度算符随时间的变化

如果 $|K_i\rangle$ 表示物理系统的一个量子态，那么 $|K_i\rangle$ 满足薛定谔方程

$$\mathrm{i}\hbar\frac{\partial}{\partial t}|K_i\rangle = \hat{H}|K_i\rangle, \tag{3.14}$$

其中，$\hat{H}$ 为物理系统的哈密顿量。式 (3.14) 的共轭方程为

$$-\mathrm{i}\hbar\frac{\partial}{\partial t}\langle K_i| = \langle K_i|\hat{H}. \tag{3.15}$$

如果密度算符 $\hat{\rho}$ 随时间变化，即 $\hat{\rho} = \hat{\rho}(t)$，那么

$$\begin{aligned}
\mathrm{i}\hbar\frac{\partial}{\partial t}\hat{\rho}(t) &= \mathrm{i}\hbar\frac{\partial}{\partial t}\left(\sum_i \omega_i|K_i\rangle\langle K_i|\right)\\
&= \sum_i \omega_i\left(\mathrm{i}\hbar\frac{\partial}{\partial t}|K_i\rangle\langle K_i| + |K_i\rangle\mathrm{i}\hbar\frac{\partial}{\partial t}\langle K_i|\right)\\
&= \sum_i \omega_i\left(\hat{H}|K_i\rangle\langle K_i| - |K_i\rangle\langle K_i|\hat{H}\right)\\
&= \left[\hat{H}, \hat{\rho}(t)\right]_- .
\end{aligned} \tag{3.16}$$

式 (3.16) 称为量子刘维尔方程，它反映了物理系统的密度算符随时间的变化。

如果物理系统处于平衡状态，那么密度算符与时间无关，即

$$\frac{\partial\hat{\rho}}{\partial t} = 0,$$

由刘维尔方程可知，

$$\left[\hat{H}, \hat{\rho}\right]_- = 0,$$

物理系统的哈密顿算符和密度算符对易，它们有一组共同的本征函数，并且构成完备系。假定物理系统的哈密顿算符的本征方程为

$$\hat{H}|n\rangle = E_n|n\rangle, \quad n = 1, 2, 3, \cdots$$

那么，在 $\{|n\rangle\}$ 为基矢量的表象中，密度算符写为对角矩阵的形式，矩阵元为

$$\rho_{m,n} = \rho_n\delta_{m,n}, \tag{3.17}$$

其中，ρ_n 表示物理系统处于量子态 $|n\rangle$ 的概率。

由物理系统的密度算符可以求得任意力学量算符 $\hat{A}$ 的平均值。如果密度算符 $\hat{\rho}$ 随时间变化，那么，力学量算符 $\hat{A}$ 的平均值也是时间的函数。

$$
\begin{aligned}
\mathrm{i}\hbar\frac{\partial}{\partial t}\bar{A} &= \mathrm{i}\hbar\frac{\partial}{\partial t}\mathrm{Tr}[\hat{\rho}(t)\hat{A}] \\
&= \mathrm{Tr}\left[\mathrm{i}\hbar\frac{\partial\hat{\rho}(t)}{\partial t}\hat{A} + \hat{\rho}(t)\mathrm{i}\hbar\frac{\partial\hat{A}}{\partial t}\right] \\
&= \mathrm{Tr}\left[[\hat{H},\hat{\rho}(t)]\hat{A} + \hat{\rho}(t)\mathrm{i}\hbar\frac{\partial\hat{A}}{\partial t}\right] \\
&= \mathrm{Tr}\left[\hat{\rho}(t)\left\{\mathrm{i}\hbar\frac{\partial\hat{A}}{\partial t} + [\hat{A},\hat{H}]_-\right\}\right] \\
&= \mathrm{i}\hbar\overline{\frac{\partial\hat{A}}{\partial t}} + \overline{[\hat{A},\hat{H}]_-}.
\end{aligned} \tag{3.18}
$$

自由粒子的动量算符不随时间 t 变化，并且与哈密顿算符对易，即 $[\hat{\boldsymbol{p}},\hat{H}]_- = 0$，所以，自由粒子的动量守恒。一般来说，如果一个物理系统的哈密顿算符与时间 t 无关，那么，根据式 (3.18)，这个物理系统的能量守恒。

3.2 系综的定义

在相同的宏观条件下，即在物理系统的一些热力学量取确定值的情况下，这个物理系统的所有可能的量子态的集合构成该宏观条件下物理系统的一个系综。系综内的每一个元素可以用希尔伯特空间中的态矢量 $|K_i\rangle$ 表示，其中 $i = 1,2,3,\cdots$ 此时，物理系统的密度算符满足式 (3.2)，即

$$
\hat{\rho} = \sum_i \omega_i |K_i\rangle\langle K_i|, \tag{3.19}
$$

其中，ω_i 表示物理系统处于量子态 $|K_i\rangle$ 上的概率，

$$
\sum_i \omega_i = 1. \tag{3.20}
$$

3.3 微正则系综

如果一个物理系统和外界之间既没有粒子的交换，也没有能量的交换，那么这个物理系统称作孤立系统。孤立系统的粒子数 N 守恒，体积 V 保持不变，能量 E 为常量。如果考虑到系统能量的波动，可以认为能量处于 E 和 $E+\Delta E$ 之间，其

中 $\Delta E \ll E$。如果孤立系统处于平衡态，系统的可能的量子态总数为 $\varGamma$，显然，$\varGamma$ 是孤立系统的粒子数 N、体积 V 和能量 E 的函数，即

$$\varGamma = \varGamma(N, V, E). \tag{3.21}$$

根据等概率原理，孤立系统处于平衡态时，系统处于各个可能的量子态的概率相等。所以，系统处于各个可能的量子态的概率均为 $1/\varGamma$。

在粒子数 N、体积 V 和能量 E 均保持不变的情况下，处于平衡态的物理系统的所有可能的量子态的集合，称为微正则系综。显然，微正则系综的所有量子态具有固定的能量 E，能量 E 的简并度就是处于平衡态的孤立系统的量子态的总数 $\varGamma$，量子态 $|n\rangle$ 是物理系统的能量本征态，

$$\hat{H}|n\rangle = E_n|n\rangle, \tag{3.22}$$

其中 $n = 1, 2, \cdots, \varGamma$。在能量表象内，微正则系综的密度算符写为对角矩阵，其矩阵元为

$$\rho_{m,n} = \rho_n \delta_{m,n}, \tag{3.23}$$

其中

$$\rho_n = \begin{cases} 1/\varGamma(N, V, E_n), & E \leqslant E_n \leqslant E + \Delta E, \\ 0, & E_n < E, \quad E_n > E + \Delta E. \end{cases} \tag{3.24}$$

处于平衡态的孤立系统的量子态的数目 $\varGamma(N, V, E_n)$ 和系统的熵之间满足玻尔兹曼关系

$$S = k_{\mathrm{B}} \ln \varGamma, \tag{3.25}$$

其中，k_{B} 是玻尔兹曼常量。

3.4 正则系综

3.4.1 正则系综的定义

具有确定的粒子数 N、体积 V、温度 T 的处于平衡态的物理系统的所有量子态的集合，称为正则系综。为了使物理系统的温度恒定不变，我们把物理系统和一个具有恒定温度 T 的大热源相接触，当物理系统和大热源之间实现热平衡以后，可以认为物理系统的温度与大热源的温度一致，恒定为 T，如图 3.1 所示。在处理实际物理问题时，通常把外部环境视作大热源，环境的温度就是大热源的温度。

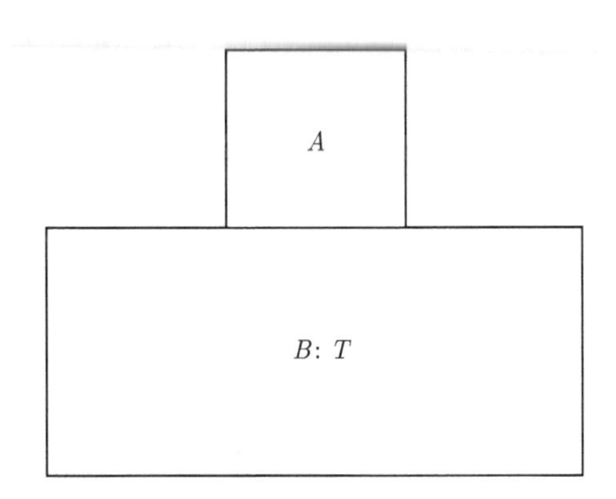

图 3.1 为了使物理系统 A 的温度保持不变，把物理系统 A 与具有恒定温度的大热源 B 接触，实现热平衡以后，物理系统的温度恒等于大热源的温度 T

我们把物理系统和大热源的复合体看成一个孤立系统，显然，整个复合体的总能量守恒，即

$$E + E_{\mathrm{r}} = E^{(0)}, \qquad E \ll E^{(0)}, \tag{3.26}$$

其中，E 和 E_{r} 分别表示物理系统和大热源的能量；$E^{(0)}$ 表示整个复合体的能量。如果物理系统处于量子态 $|n\rangle$，能量为 E_n，那么大热源可以处于能量为 $E_{\mathrm{r}} = E^{(0)} - E_n$ 的任意状态。如果以 $\Gamma_{\mathrm{r}}(E^{(0)} - E_n)$ 表示能量为 $E^{(0)} - E_n$ 的大热源的量子态数目，那么，当物理系统的量子态 $|n\rangle$ 确定时，作为孤立系统的整个复合体的量子态数目也为 $\Gamma_{\mathrm{r}}(E^{(0)} - E_n)$。由等概率原理可知，处于平衡态的孤立系统处于各个可能的量子态的概率相等。因此，物理系统处于 $|n\rangle$ 的概率 ρ_n 和 $\Gamma_{\mathrm{r}}(E^{(0)} - E_n)$ 成正比，即

$$\rho_n \propto \Gamma_{\mathrm{r}}(E^{(0)} - E_n). \tag{3.27}$$

由于物理系统的能量 E 远远小于整个复合体的总能量 $E^{(0)}$，$E \ll E^{(0)}$，我们可以在 $E^{(0)}$ 附近把 $\ln \Gamma_{\mathrm{r}}(E^{(0)} - E_n)$ 展开为泰勒级数，保留至线性项，

$$\begin{aligned}\ln \Gamma_{\mathrm{r}}(E^{(0)} - E_n) &= \ln \Gamma_{\mathrm{r}}(E^{(0)}) + \left(\frac{\partial \ln \Gamma_{\mathrm{r}}}{\partial E_{\mathrm{r}}}\right)_{E_{\mathrm{r}}=E^{(0)}} (-E_n) \\ &= \ln \Gamma_{\mathrm{r}}(E^{(0)}) - \beta E_n,\end{aligned} \tag{3.28}$$

其中

$$\beta = \left(\frac{\partial \ln \Gamma_{\mathrm{r}}}{\partial E_{\mathrm{r}}}\right)_{E_{\mathrm{r}}=E^{(0)}}. \tag{3.29}$$

大热源的熵 S_{r} 和大热源的量子态数目 $\Gamma_{\mathrm{r}}(E^{(0)} - E_n)$ 之间满足玻尔兹曼关系

$$S_{\mathrm{r}} = k_{\mathrm{B}} \ln \Gamma_{\mathrm{r}}(E^{(0)} - E_n), \tag{3.30}$$

因此，由热力学公式

$$\left(\frac{\partial S_{\mathrm{r}}}{\partial E_{\mathrm{r}}}\right)_{N_{\mathrm{r}},V_{\mathrm{r}}}=\frac{1}{T}, \tag{3.31}$$

可得

$$\beta=\frac{1}{k_{\mathrm{B}}T}. \tag{3.32}$$

由于 $\ln\Gamma_{\mathrm{r}}(E^{(0)})$ 是一个常数，所以

$$\rho_n\propto\exp\left(-\beta E_n\right), \tag{3.33}$$

显然，物理系统处于量子态 $|n\rangle$ 的概率随量子态 $|n\rangle$ 的能量 E_n 的增大而呈指数衰减。取

$$\rho_n=\frac{1}{Z}\exp\left(-\beta E_n\right), \tag{3.34}$$

则由概率的归一化条件 $\sum\limits_n\rho_n=1$，可得

$$Z=\sum_n\exp\left(-\beta E_n\right), \tag{3.35}$$

式 (3.35) 是正则系综的配分函数表达式。

正则系综的密度算符可以写为

$$\begin{aligned}\hat{\rho}=&\sum_i\omega_i|K_i\rangle\langle K_i|\\=&\sum_{m,n}\sum_i\omega_i|m\rangle\langle m|K_i\rangle\langle K_i|n\rangle\langle n|\\=&\sum_{m,n}|m\rangle\rho_{m,n}\langle n|\\=&\sum_{m,n}|m\rangle\rho_n\delta_{m,n}\langle n|\\=&\sum_n\rho_n|n\rangle\langle n|\\=&\frac{1}{Z}\sum_n\exp(-\beta E_n)|n\rangle\langle n|\\=&\frac{1}{Z}\sum_n\exp(-\beta\hat{H})|n\rangle\langle n|\\=&\frac{1}{Z}\exp(-\beta\hat{H}).\end{aligned} \tag{3.36}$$

由式 (3.35) 可知，正则系综的配分函数可以表示为

$$\begin{aligned}Z=&\sum_n\exp(-\beta E_n)\\=&\mathrm{Tr}\left[\exp(-\beta\hat{H})\right],\end{aligned} \tag{3.37}$$

所以，正则系综的密度算符可以写为

$$\hat{\rho} = \frac{\exp(-\beta \hat{H})}{\mathrm{Tr}\left[\exp(-\beta \hat{H})\right]}, \tag{3.38}$$

任意力学量算符 $\hat{A}$ 的平均值为

$$\begin{aligned} \bar{A} &= \mathrm{Tr}[\hat{\rho}\hat{A}] \\ &= \frac{\mathrm{Tr}[\hat{A}\exp(-\beta \hat{H})]}{\mathrm{Tr}\left[\exp(-\beta \hat{H})\right]}. \end{aligned} \tag{3.39}$$

3.4.2 磁场中的电子

电子的自旋角动量为 $\boldsymbol{S} = \dfrac{\hbar}{2}\boldsymbol{\sigma}$，其中 $\boldsymbol{\sigma}$ 为泡利算符，电子的自旋磁矩为 $\boldsymbol{M} = -\dfrac{e}{mc}\boldsymbol{S}$，如果取磁感应强度 $\boldsymbol{B}$ 的方向为 z 轴正方向，$\boldsymbol{B} = (0, 0, B)$，那么，电子和磁场之间的相互作用哈密顿量记为

$$\hat{H} = -\boldsymbol{M} \cdot \boldsymbol{B} = -M_z B = \mu_{\mathrm{B}} B \sigma_z, \tag{3.40}$$

其中，$\mu_{\mathrm{B}} = \dfrac{e\hbar}{2mc}$ 为玻尔磁子，试求磁场内电子的能量。

由于

$$\hat{\sigma_z} = \begin{pmatrix} 1 & 0 \\ 0 & -1 \end{pmatrix}, \tag{3.41}$$

所以

$$\hat{H} = \begin{pmatrix} \mu_{\mathrm{B}} B & 0 \\ 0 & -\mu_{\mathrm{B}} B \end{pmatrix}. \tag{3.42}$$

显然，本征能量 $E_1 = \mu_{\mathrm{B}} B$ 对应的本征态是电子自旋沿 z 轴正方向的自旋态 $\begin{pmatrix} 1 \\ 0 \end{pmatrix}$，本征能量 $E_2 = -\mu_{\mathrm{B}} B$ 对应的本征态是电子自旋沿 z 轴负方向的自旋态 $\begin{pmatrix} 0 \\ 1 \end{pmatrix}$。

磁场内单个电子的密度算符可以写为

$$\begin{aligned} \hat{\rho} &= \frac{\exp(-\beta \hat{H})}{\mathrm{Tr}\left[\exp(-\beta \hat{H})\right]} \\ &= \frac{1}{\exp(-\beta \mu_{\mathrm{B}} B) + \exp(\beta \mu_{\mathrm{B}} B)} \begin{pmatrix} \exp(-\beta \mu_{\mathrm{B}} B) & 0 \\ 0 & \exp(\beta \mu_{\mathrm{B}} B) \end{pmatrix}, \end{aligned} \tag{3.43}$$

其中，$\beta=\dfrac{1}{k_{\mathrm{B}}T}$，$T$ 可以看成大热源的温度，即磁场内的电子所处环境的温度。算符 $\hat{\sigma}_z$ 的平均值为

$$\begin{aligned}
\bar{\sigma}_z=&\mathrm{Tr}[\hat{\rho}\hat{\sigma}_z]\\
=&\frac{1}{\exp(-\beta\mu_{\mathrm{B}}B)+\exp(\beta\mu_{\mathrm{B}}B)}\mathrm{Tr}\left[\begin{pmatrix}\exp(-\beta\mu_{\mathrm{B}}B) & 0\\ 0 & \exp(\beta\mu_{\mathrm{B}}B)\end{pmatrix}\begin{pmatrix}1 & 0\\ 0 & -1\end{pmatrix}\right]\\
=&\frac{\exp(-\beta\mu_{\mathrm{B}}B)-\exp(\beta\mu_{\mathrm{B}}B)}{\exp(-\beta\mu_{\mathrm{B}}B)+\exp(\beta\mu_{\mathrm{B}}B)}\\
=&-\tanh(\beta\mu_{\mathrm{B}}B),
\end{aligned}\tag{3.44}$$

其中，$\tanh(x)=\dfrac{\exp(x)-\exp(-x)}{\exp(x)+\exp(-x)}$ 是双曲正切函数。磁场内电子的平均能量为

$$\bar{H}=\mu_{\mathrm{B}}B\bar{\sigma}_z=-\mu_{\mathrm{B}}B\tanh(\beta\mu_{\mathrm{B}}B).\tag{3.45}$$

由于 $B>0$，当 $T\to 0$ 时，$\beta\mu_{\mathrm{B}}B\to+\infty$，磁场内电子的平均能量 $\bar{H}=-\mu_{\mathrm{B}}B=E_2$，电子的自旋方向沿 z 轴负方向，与磁场方向相反。电子处于确定的自旋态 $\begin{pmatrix}0\\1\end{pmatrix}$。

式 (3.43) 中的密度算符可以写为

$$\begin{aligned}
\hat{\rho}=&\begin{pmatrix}\dfrac{\exp(-\beta\mu_{\mathrm{B}}B)}{\exp(-\beta\mu_{\mathrm{B}}B)+\exp(\beta\mu_{\mathrm{B}}B)} & 0\\ 0 & \dfrac{\exp(\beta\mu_{\mathrm{B}}B)}{\exp(-\beta\mu_{\mathrm{B}}B)+\exp(\beta\mu_{\mathrm{B}}B)}\end{pmatrix}\\
=&\frac{\exp(-\beta\mu_{\mathrm{B}}B)}{\exp(-\beta\mu_{\mathrm{B}}B)+\exp(\beta\mu_{\mathrm{B}}B)}\begin{pmatrix}1 & 0\\ 0 & 0\end{pmatrix}\\
&+\frac{\exp(\beta\mu_{\mathrm{B}}B)}{\exp(-\beta\mu_{\mathrm{B}}B)+\exp(\beta\mu_{\mathrm{B}}B)}\begin{pmatrix}0 & 0\\ 0 & 1\end{pmatrix}\\
=&\frac{\exp(-\beta\mu_{\mathrm{B}}B)}{\exp(-\beta\mu_{\mathrm{B}}B)+\exp(\beta\mu_{\mathrm{B}}B)}\begin{pmatrix}1\\ 0\end{pmatrix}\begin{pmatrix}1 & 0\end{pmatrix}\\
&+\frac{\exp(\beta\mu_{\mathrm{B}}B)}{\exp(-\beta\mu_{\mathrm{B}}B)+\exp(\beta\mu_{\mathrm{B}}B)}\begin{pmatrix}0\\ 1\end{pmatrix}\begin{pmatrix}0 & 1\end{pmatrix}\\
=&\omega_1\begin{pmatrix}1\\ 0\end{pmatrix}\begin{pmatrix}1 & 0\end{pmatrix}+\omega_2\begin{pmatrix}0\\ 1\end{pmatrix}\begin{pmatrix}0 & 1\end{pmatrix},
\end{aligned}\tag{3.46}$$

其中

$$\omega_1=\frac{\exp(-\beta\mu_{\mathrm{B}}B)}{\exp(-\beta\mu_{\mathrm{B}}B)+\exp(\beta\mu_{\mathrm{B}}B)}\tag{3.47}$$

和

$$\omega_2 = \frac{\exp(\beta\mu_{\rm B}B)}{\exp(-\beta\mu_{\rm B}B) + \exp(\beta\mu_{\rm B}B)} \tag{3.48}$$

分别表示电子处于自旋态 $\begin{pmatrix} 1 \\ 0 \end{pmatrix}$ 和 $\begin{pmatrix} 0 \\ 1 \end{pmatrix}$ 的概率。由式 (3.47) 和式 (3.48) 可知，在高温极限下，$T \to +\infty$，$\omega_1 = \omega_2 = \dfrac{1}{2}$，电子处于自旋态 $\begin{pmatrix} 1 \\ 0 \end{pmatrix}$ 和 $\begin{pmatrix} 0 \\ 1 \end{pmatrix}$ 的概率相等。

如果定义 $|\Psi(T)\rangle$ 为有限温度下磁场内的电子的波函数，

$$|\Psi(T)\rangle = \begin{pmatrix} \sqrt{\omega_1} \\ \sqrt{\omega_2} \end{pmatrix}, \tag{3.49}$$

显然，$|\Psi(T)\rangle$ 满足归一化条件

$$\langle\Psi(T)|\Psi(T)\rangle = 1.$$

此时，磁场内电子的平均能量为

$$\begin{aligned}
\bar{H} &= \langle\Psi(T)|\hat{H}|\Psi(T)\rangle \\
&= \mu_{\rm B}B\langle\Psi(T)|\hat{\sigma}_z|\Psi(T)\rangle \\
&= \mu_{\rm B}B\begin{pmatrix} \sqrt{\omega_1} & \sqrt{\omega_2} \end{pmatrix}\begin{pmatrix} 1 & 0 \\ 0 & -1 \end{pmatrix}\begin{pmatrix} \sqrt{\omega_1} \\ \sqrt{\omega_2} \end{pmatrix} \\
&= \mu_{\rm B}B(\omega_1 - \omega_2) \\
&= -\mu_{\rm B}B\tanh(\beta\mu_{\rm B}B).
\end{aligned} \tag{3.50}$$

式 (3.50) 和式 (3.45) 结果一致。可见，我们可以用定义物理系统的混合态的密度算符的方法求出力学量算符的平均值，也可以用定义物理系统在希尔伯特空间内的态矢量的方法计算力学量算符的平均值。称物理系统处于纯态或者混合态，仅仅是为了表述和计算的方便。

作业

尝试讨论电子的轨道角动量对应的角量子数 $l \neq 0$ 的情况下，磁场内电子的平均能量。

3.4.3 位置表象中正则系综的密度算符

在位置表象中，N 个全同粒子组成的系统的希尔伯特空间内的基矢量为

$$|\boldsymbol{r}^N\rangle = |\boldsymbol{r}_1, \boldsymbol{r}_2, \boldsymbol{r}_3, \cdots, \boldsymbol{r}_N\rangle, \tag{3.51}$$

密度算符的矩阵元可以写为

$$\begin{aligned}\rho\left(\boldsymbol{r}^N,\boldsymbol{r'}^N\right)&=\langle\boldsymbol{r}^N|\hat{\rho}|\boldsymbol{r'}^N\rangle\\&=\frac{1}{Z}\sum_n\exp(-\beta E_n)\langle\boldsymbol{r}^N|n\rangle\langle n|\boldsymbol{r'}^N\rangle,\end{aligned}\tag{3.52}$$

其中 $\langle\boldsymbol{r}^N|n\rangle=\phi_n(\boldsymbol{r}^N)$ 是能量本征态在位置表象中的表达式，所以

$$\rho\left(\boldsymbol{r}^N,\boldsymbol{r'}^N\right)=\frac{1}{Z}\sum_n\exp(-\beta E_n)\phi_n(\boldsymbol{r}^N)\phi_n^*(\boldsymbol{r'}^N).\tag{3.53}$$

3.4.4 自由粒子

一个质量为 m 的粒子，被限制在边长为 L 的立方体盒子内，那么，哈密顿算符为

$$\hat{H}=-\frac{\hbar^2}{2m}\nabla^2=-\frac{\hbar^2}{2m}\left(\frac{\partial^2}{\partial x^2}+\frac{\partial^2}{\partial y^2}+\frac{\partial^2}{\partial z^2}\right),\tag{3.54}$$

能量本征方程为

$$\hat{H}\phi(x,y,z)=E\phi(x,y,z),\tag{3.55}$$

其中本征波函数 $\phi(x,y,z)$ 满足周期性边界条件

$$\phi(x,y,z)=\phi(x+L,y,z)=\phi(x,y+L,z)=\phi(x,y,z+L).\tag{3.56}$$

由量子力学的知识可得，自由粒子的本征函数为

$$\phi(\boldsymbol{r})=\frac{1}{L^3}\exp\left(\mathrm{i}\boldsymbol{k}\cdot\boldsymbol{r}\right),\tag{3.57}$$

其中波矢量为

$$\boldsymbol{k}=(k_x,k_y,k_z)=\frac{2\pi}{L}\left(n_x,n_y,n_z\right),\qquad n_x,n_y,n_z=0,\pm1,\pm2,\cdots$$

对应的本征能量为 $E=\dfrac{\hbar^2k^2}{2m}$，其中 $k=|\boldsymbol{k}|$。

在位置表象中，

$$\begin{aligned}\langle\boldsymbol{r}|\exp\left(-\beta\hat{H}\right)|\boldsymbol{r}'\rangle&=\sum_E\exp\left(-\beta E\right)\phi(\boldsymbol{r})\phi^*(\boldsymbol{r}')\\&=\frac{1}{L^3}\sum_{\boldsymbol{k}}\exp\left[-\frac{\beta\hbar^2k^2}{2m}+\mathrm{i}\boldsymbol{k}\cdot(\boldsymbol{r}-\boldsymbol{r}')\right].\end{aligned}\tag{3.58}$$

取 $L\to+\infty$，则过渡到无限大的空间，此时粒子的动量连续变化，对动量的求和变为对动量的积分，即

$$\frac{1}{L^3}\sum_{\boldsymbol{k}}\to\int\frac{\mathrm{d}^3k}{(2\pi)^3},$$

所以

$$
\begin{aligned}
\langle \boldsymbol{r}| \exp\left(-\beta \hat{H}\right) |\boldsymbol{r}'\rangle &= \int \frac{\mathrm{d}^3 k}{(2\pi)^3} \exp\left[-\frac{\beta \hbar^2 k^2}{2m} + \mathrm{i}\boldsymbol{k}\cdot(\boldsymbol{r}-\boldsymbol{r}')\right] \\
&= \left(\frac{m}{2\pi\beta\hbar^2}\right)^{3/2} \exp\left[-\frac{m}{2\beta\hbar^2}(\boldsymbol{r}-\boldsymbol{r}')^2\right].
\end{aligned} \tag{3.59}
$$

在式 (3.59) 的推导中，我们用到了积分

$$
\begin{aligned}
&\int_{-\infty}^{+\infty} \exp\left(-\frac{a}{2}x^2 + \mathrm{i}xy\right)\mathrm{d}x \\
=&\int_{-\infty}^{+\infty} \exp\left[-\frac{a}{2}\left(x-\frac{\mathrm{i}y}{a}\right)^2 - \frac{y^2}{2a}\right]\mathrm{d}x \\
=&\sqrt{\frac{2\pi}{a}} \exp\left(-\frac{y^2}{2a}\right).
\end{aligned} \tag{3.60}
$$

自由粒子的配分函数为

$$
\begin{aligned}
Z &= \mathrm{Tr}\left[\exp\left(-\beta\hat{H}\right)\right] \\
&= \int \langle \boldsymbol{r}| \exp\left(-\beta\hat{H}\right) |\boldsymbol{r}\rangle \mathrm{d}^3 r \\
&= V\left(\frac{m}{2\pi\beta\hbar^2}\right)^{3/2}.
\end{aligned} \tag{3.61}
$$

自由粒子的密度算符为

$$
\rho(\boldsymbol{r},\boldsymbol{r}') = \frac{\langle \boldsymbol{r}| \exp\left(-\beta\hat{H}\right) |\boldsymbol{r}'\rangle}{\mathrm{Tr}\left[\exp\left(-\beta\hat{H}\right)\right]} = \frac{1}{V}\exp\left[-\frac{m}{2\beta\hbar^2}(\boldsymbol{r}-\boldsymbol{r}')^2\right]. \tag{3.62}
$$

于是，可以得到单个自由粒子的平均能量

$$
\begin{aligned}
\bar{H} &= \mathrm{Tr}\left[\hat{\rho}\hat{H}\right] = \frac{\mathrm{Tr}\left[\hat{H}\exp\left(-\beta\hat{H}\right)\right]}{\mathrm{Tr}\left[\exp\left(-\beta\hat{H}\right)\right]} \\
&= -\frac{\partial}{\partial\beta}\ln \mathrm{Tr}\left[\exp\left(-\beta\hat{H}\right)\right] \\
&= -\frac{\partial}{\partial\beta}\ln\left[V\left(\frac{m}{2\pi\beta\hbar^2}\right)^{3/2}\right] \\
&= \frac{3}{2}k_{\mathrm{B}}T.
\end{aligned} \tag{3.63}
$$

式 (3.63) 的结果和经典统计物理学中由能量均分定理得到的自由粒子的平均能量的结果一致。

3.5　巨正则系综

具有确定的温度 T、体积 V 和化学势 μ 的物理系统的所有量子态的集合，称为巨正则系综。为了使物理系统的温度和化学势恒定不变，我们把物理系统和一个具有恒定温度 T 和恒定化学势 μ 的“源”相接触，当物理系统和“源”之间实现平衡以后，可以认为物理系统的温度等于“源”的温度，物理系统的化学势等于“源”的化学势，如图 3.2 所示。

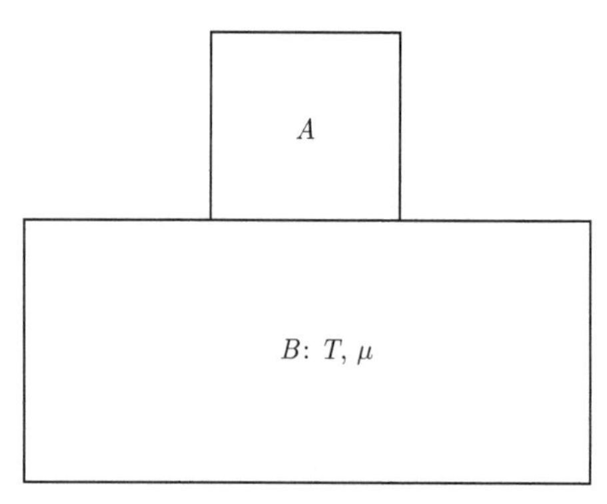

图 3.2　为了使物理系统 A 的温度和化学势保持不变，把物理系统 A 与具有恒定温度和恒定化学势的源 B 接触，实现平衡以后，物理系统的温度恒等于源的温度 T，物理系统的化学势恒等于源的化学势 μ

我们把物理系统和“源”的复合体看成一个孤立系统，显然，整个复合体的总能量和总粒子数均守恒，即

$$\begin{aligned} E+E_{\mathrm{r}}&=E^{(0)}, \qquad E\ll E^{(0)}, \\ N+N_{\mathrm{r}}&=N^{(0)}, \qquad N\ll N^{(0)}, \end{aligned} \tag{3.64}$$

其中，E 和 E_{r} 分别表示物理系统和“源”的能量；N 和 N_{r} 分别表示物理系统和“源”的粒子数；$E^{(0)}$ 和 $N^{(0)}$ 分别表示整个复合体的能量和总粒子数。如果物理系统处于量子态 $|n\rangle$，能量为 E_n，粒子数为 N，那么“源”可以处于能量为 $E_{\mathrm{r}}=E^{(0)}-E_n$、粒子数为 $N_{\mathrm{r}}=N^{(0)}-N$ 的任意状态。如果用 $\Gamma_{\mathrm{r}}(N^{(0)}-N,E^{(0)}-E_n)$ 表示能量为 $E^{(0)}-E_n$，粒子数为 $N^{(0)}-N$ 的“源”的量子态数目，那么，当物理系统的量子态 $|n\rangle$ 确定时，作为孤立系统的整个复合体的量子态数目也为 $\Gamma_{\mathrm{r}}(N^{(0)}-N,E^{(0)}-E_n)$。由等概率原理可知，处于平衡态的孤立系统处于各个可能的量子态的概率相等。因此，物理系统处于 $|n\rangle$ 的概率 ρ_n 和 $\Gamma_{\mathrm{r}}(N^{(0)}-N,E^{(0)}-E_n)$ 成正比，即

$$\rho_n\propto \Gamma_{\mathrm{r}}(N^{(0)}-N,E^{(0)}-E_n). \tag{3.65}$$

由于物理系统的能量 E 远远小于整个复合体的总能量 $E^{(0)}$，即 $E \ll E^{(0)}$，物理系统的粒子数 N 远远小于整个复合体的总粒子数 $N^{(0)}$，即 $N \ll N^{(0)}$，我们可以把 $\ln \Gamma_{\rm r}(N^{(0)} - N, E^{(0)} - E_n)$ 展开为泰勒级数，保留至线性项，

$$\begin{aligned}
&\ln \Gamma_{\rm r}(N^{(0)} - N, E^{(0)} - E_n) \\
=&\ln \Gamma_{\rm r}(N^{(0)}, E^{(0)}) + \left(\frac{\partial \ln \Gamma_{\rm r}}{\partial N_{\rm r}}\right)_{N_{\rm r}=N^{(0)}} (-N) + \left(\frac{\partial \ln \Gamma_{\rm r}}{\partial E_{\rm r}}\right)_{E_{\rm r}=E^{(0)}} (-E_n) \\
=&\ln \Gamma_{\rm r}(N^{(0)}, E^{(0)}) - \alpha N - \beta E_n,
\end{aligned} \tag{3.66}$$

其中

$$\alpha = \left(\frac{\partial \ln \Gamma_{\rm r}}{\partial N_{\rm r}}\right)_{N_{\rm r}=N^{(0)}} = \left(\frac{1}{k_{\rm B}}\frac{\partial S}{\partial N_{\rm r}}\right)_{N_{\rm r}=N^{(0)}} = -\frac{\mu}{k_{\rm B}T}, \tag{3.67}$$

$$\beta = \left(\frac{\partial \ln \Gamma_{\rm r}}{\partial E_{\rm r}}\right)_{E_{\rm r}=E^{(0)}} = \frac{1}{k_{\rm B}T}. \tag{3.68}$$

所以，物理系统处于 $|n\rangle$ 的概率为

$$\rho_n \propto \exp\left(-\alpha N - \beta E_n\right), \tag{3.69}$$

或者写为

$$\rho_n = \frac{1}{\varXi} \exp\left(-\alpha N - \beta E_n\right) = \exp\left(-\xi - \alpha N - \beta E_n\right). \tag{3.70}$$

由归一化条件可以得到巨配分函数

$$\varXi = \exp\left(\xi\right) = \sum_N \sum_n \exp\left(-\alpha N - \beta E_n\right). \tag{3.71}$$

巨正则系综的密度算符可以写为

$$\hat{\rho} = \frac{1}{\varXi} \exp\left(-\alpha \hat{N} - \beta \hat{H}\right), \tag{3.72}$$

在能量表象中，密度算符的矩阵元为

$$\rho_{m,n} = \frac{1}{\varXi} \exp\left(-\alpha N - \beta E_n\right) \delta_{m,n}. \tag{3.73}$$

由巨正则系综的密度算符可以求得任意力学量算符 $\hat{A}$ 的平均值

$$\bar{A} = \frac{\mathrm{Tr}\left[\hat{A} \exp(-\alpha \hat{N} - \beta \hat{H})\right]}{\mathrm{Tr}\left[\exp(-\alpha \hat{N} - \beta \hat{H})\right]}, \tag{3.74}$$

其中用到了 $\Xi = \mathrm{Tr}\left[\exp(-\alpha\hat{N} - \beta\hat{H})\right]$。

由式 (3.74) 可以求得物理系统的平均粒子数 N、平均能量 E 和广义力 Y 与巨配分函数 Ξ 之间的关系。

物理系统的平均粒子数为

$$
\begin{aligned}
\bar{N} &= \frac{\mathrm{Tr}\left[\hat{N}\exp(-\alpha\hat{N} - \beta\hat{H})\right]}{\mathrm{Tr}\left[\exp(-\alpha\hat{N} - \beta\hat{H})\right]} \\
&= \frac{1}{\Xi}\sum_N\sum_n N\exp\left(-\alpha N - \beta E_n\right) \\
&= \frac{1}{\Xi}\left(-\frac{\partial}{\partial\alpha}\right)\sum_N\sum_n \mathrm{cxp}\left(\quad \alpha N - \beta E_n\right) \\
&= \frac{1}{\Xi}\left(-\frac{\partial}{\partial\alpha}\right)\Xi \\
&= \left(-\frac{\partial}{\partial\alpha}\right)\ln\Xi.
\end{aligned}
\tag{3.75}
$$

物理系统的平均能量为

$$
\begin{aligned}
\bar{E} &= \frac{\mathrm{Tr}\left[\hat{H}\exp(-\alpha\hat{N} - \beta\hat{H})\right]}{\mathrm{Tr}\left[\exp(-\alpha\hat{N} - \beta\hat{H})\right]} \\
&= \frac{1}{\Xi}\sum_N\sum_n E_n\exp\left(-\alpha N - \beta E_n\right) \\
&= \frac{1}{\Xi}\left(-\frac{\partial}{\partial\beta}\right)\sum_N\sum_n \exp\left(-\alpha N - \beta E_n\right) \\
&= \frac{1}{\Xi}\left(-\frac{\partial}{\partial\beta}\right)\Xi \\
&= \left(-\frac{\partial}{\partial\beta}\right)\ln\Xi.
\end{aligned}
\tag{3.76}
$$

如果外界对物理系统做功，那么物理系统受到的广义力 Y 是系统能量 E 对广义位移 y 的偏导数 $\dfrac{\partial E}{\partial y}$ 的统计平均值，即

$$
\begin{aligned}
Y &= \frac{\mathrm{Tr}\left[\dfrac{\partial E}{\partial y}\exp(-\alpha\hat{N} - \beta\hat{H})\right]}{\mathrm{Tr}\left[\exp(-\alpha\hat{N} - \beta\hat{H})\right]} \\
&= \frac{1}{\Xi}\sum_N\sum_n \frac{\partial E_n}{\partial y}\exp\left(-\alpha N - \beta E_n\right)
\end{aligned}
$$

$$
\begin{aligned}
&=\frac{1}{\Xi}\left(-\frac{1}{\beta}\frac{\partial}{\partial y}\right)\sum_{N}\sum_{n}\exp\left(-\alpha N-\beta E_n\right)\\
&=\left(-\frac{1}{\beta}\frac{\partial}{\partial y}\right)\ln\Xi. \qquad (3.77)
\end{aligned}
$$

对于简单系统，广义力和广义位移分别对应压强 p 和系统的体积的负值 $-V$，那么可以由式 (3.77) 得到物理系统的状态方程

$$
p=\frac{1}{\beta}\frac{\partial}{\partial V}\ln\Xi. \qquad (3.78)
$$

3.6 热力学极限下平衡系综的等价性

在不同的宏观条件下，物理系统的量子态的集合，构成特定宏观条件下的系综。宏观条件不同，构造的系综也不相同，原则上说，得到的物理结果也不相同。但是，在热力学极限下，在物理系统的体积 V 和粒子数 N 都趋向于无穷大，而粒子数密度 N/V 保持不变的情况下，即

$$
V\to+\infty,\quad N\to+\infty,\quad N/V=C,
$$

所有的系综都是等价的，由不同的系综的配分函数或者密度算符得到的物理系统的热力学量近似相等。

1. 微正则系综和正则系综的等价性

在正则系综中，物理系统的各个量子态可以对应不同的能量，但是，在热力学极限下，物理系统的绝大多数量子态都集中在平均能量处，偏离平均能量的量子态数目非常小，可以忽略不计。证明如下：为了得到正则系综中各个量子态的能量偏离平均能量的方差 $\left(\overline{\Delta E}\right)^2=\overline{E^2}-\bar{E}^2$，必须首先计算物理系统的能量 E 和能量的平方 E^2 的系综平均值。

$$
\begin{aligned}
\bar{E}&=\frac{\mathrm{Tr}\left[\hat{H}\exp(-\beta\hat{H})\right]}{\mathrm{Tr}\left[\exp(-\beta\hat{H})\right]}\\
&=-\frac{\partial}{\partial\beta}\ln\left\{\mathrm{Tr}\left[\exp(-\beta\hat{H})\right]\right\}\\
&=-\frac{\partial}{\partial\beta}\ln Z, \qquad (3.79)
\end{aligned}
$$

其中，$Z=\mathrm{Tr}\left[\exp(-\beta\hat{H})\right]$ 是正则系综的配分函数。

$$\begin{aligned}\overline{E^2}&=\frac{\mathrm{Tr}\left[\hat{H}^2\exp(-\beta\hat{H})\right]}{\mathrm{Tr}\left[\exp(-\beta\hat{H})\right]}\\&=\left(\frac{\partial}{\partial\beta}\ln Z\right)^2+\frac{\partial^2}{\partial\beta^2}\ln Z,\end{aligned}\tag{3.80}$$

物理系统的能量方差为

$$(\overline{\Delta E})^2=\overline{E^2}-\bar{E}^2=\frac{\partial^2}{\partial\beta^2}\ln Z=-\frac{\partial\bar{E}}{\partial\beta}=k_{\mathrm{B}}T^2C_V,\tag{3.81}$$

其中等容热容量 $C_V\propto N$，$E\propto N$，所以

$$\frac{(\overline{\Delta E})^2}{\bar{E}^2}\propto\frac{N}{N^2}=\frac{1}{N},\tag{3.82}$$

在热力学极限下，物理系统的粒子数 $N\to+\infty$，能量的相对方差 $\dfrac{(\overline{\Delta E})^2}{\bar{E}^2}\to 0$，即正则系综的能量涨落可以忽略。

2. 正则系综和巨正则系综的等价性

相对于正则系综，巨正则系综的粒子数并不守恒，但是，在热力学极限下，绝大部分量子态的粒子数集中在平均粒子数附近，偏离平均粒子数的量子态很少，可以忽略不计。下面计算巨正则系综粒子数的方差 $(\overline{\Delta N})^2=\overline{N^2}-\bar{N}^2$。

巨正则系综的量子态的平均粒子数为

$$\bar{N}=\frac{\mathrm{Tr}\left[\hat{N}\exp(-\alpha\hat{N}-\beta\hat{H})\right]}{\mathrm{Tr}\left[\exp(-\alpha\hat{N}-\beta\hat{H})\right]}=-\frac{\partial}{\partial\alpha}\ln\Xi,\tag{3.83}$$

粒子数平方的平均值为

$$\begin{aligned}\overline{N^2}&=\frac{\mathrm{Tr}\left[\hat{N}^2\exp(-\alpha\hat{N}-\beta\hat{H})\right]}{\mathrm{Tr}\left[\exp(-\alpha\hat{N}-\beta\hat{H})\right]}\\&=\left(\frac{\partial}{\partial\alpha}\ln\Xi\right)^2+\frac{\partial^2}{\partial\alpha^2}\ln\Xi,\end{aligned}\tag{3.84}$$

巨正则系综的粒子数的方差为

$$(\overline{\Delta N})^2=\overline{N^2}-\bar{N}^2=\frac{\partial^2}{\partial\alpha^2}\ln\Xi=-\left(\frac{\partial\bar{N}}{\partial\alpha}\right)_{T,V}=k_{\mathrm{B}}T\left(\frac{\partial\bar{N}}{\partial\mu}\right)_{T,V},\tag{3.85}$$

因为物理系统的平均粒子数是一个广延量，

$$\bar{N}=\bar{N}(\mu,T,V)=Vf(\mu,T),\tag{3.86}$$

所以，

$$(\overline{\triangle N})^2 = k_{\rm B}TV\left(\frac{\partial f}{\partial \mu}\right)_T \propto V \propto \bar{N}. \tag{3.87}$$

巨正则系综的粒子数的相对方差为

$$\frac{(\overline{\Delta N})^2}{\bar{N}^2} \propto \frac{\bar{N}}{\bar{N}^2} \propto \frac{1}{\bar{N}}, \tag{3.88}$$

在热力学极限下，$\bar{N} \to +\infty$,

$$\frac{(\overline{\Delta N})^2}{\bar{N}^2} \to 0.$$

可见，在热力学极限下，巨正则系综的各个量子态的粒子数的相对涨落可以忽略。

系综理论的提出在统计物理的发展史上具有划时代的意义。系综理论提出之前，人们认为统计物理只能研究大量粒子组成的系统的性质。系综理论提出以后，即便是少量粒子组成的物理系统，甚至单个粒子的性质，只要构造出特定宏观条件下的系综的密度算符或者配分函数，也可以用统计物理的方法进行研究。例如，花果山上有很多猴子，漫山遍野。毋庸置疑，我们可以用统计物理的方法计算猴子的分布，是山顶上的猴子多一些，还是山脚处的猴子多一些。系综理论提出以后，即便是单个的猴子，我们也可以用统计物理的方法来研究它的性质。因为这只猴子有七十二般变化，每一种变化可以看成它的一种量子态。如果我们把这七十二般变化组成的集合看成一个系综，就能够用系综理论的方法来研究这只猴子的性质了。对于不同宏观条件下的热力学系统，必须构造不同的统计系综。在热力学极限下，研究大量粒子组成的系统，所有系综将会给出相同的计算结果。

原子核由有限数目的质子和中子组成。在原子核物理中，人们用量子系综理论的方法研究原子核的性质，仍然取得了与实验比较符合的计算结果。由于系综是原子核的不同量子态的集合，并且量子态的数目与原子核内的核子数目没有直接联系，因此，量子系综理论在原子核物理领域的成功是可以理解的。

第四章　理想量子系统

在第三章中，我们已经学习了量子系综理论，并且知道在热力学极限下，由所有系综的配分函数出发，都可以得到完全相同的热力学量。本章中，我们将利用巨正则系综的配分函数研究理想量子系统的状态方程和内能等性质。

4.1　玻色分布和费米分布

如果组成物理系统的粒子之间的相互作用很弱，可以忽略粒子之间的相互作用，把物理系统近似看成由没有相互作用的粒子组成的理想量子系统。理想量子系统的巨配分函数可以写为

$$\Xi = \exp(\xi) = \sum_N \sum_n \exp(-\alpha N - \beta E_n), \tag{4.1}$$

其中，N 表示系统的粒子数；E_n 表示具有确定粒子数 N 的系统处于量子态 $|n\rangle$ 的能量。如果 n_k 表示处于第 k 个单粒子状态的粒子数，那么，对于玻色子系统，$n_k = 0, 1, 2, 3, \cdots$；对于费米子系统，由于受到泡利不相容原理的限制，$n_k = 0, 1$。显然，

$$\sum_k n_k = N,$$

$$\sum_k n_k \varepsilon_k = E,$$

其中，ε_k 表示第 k 个单粒子状态对应的单粒子能量；E 表示整个系统的能量。

我们可以用每一个单粒子状态容纳的粒子数目表示系统的一个量子态，即用 $\{n_k\}$ 标记系统所处的状态，

$$\{n_k\} = \{n_1, n_2, n_3, \cdots\},$$

那么，系统的巨配分函数可以写为

$$\begin{aligned}
\Xi &= \sum_{\{n_k\}} \exp\left(-\alpha \sum_k n_k - \beta \sum_k n_k \varepsilon_k\right) \\
&= \sum_{\{n_k\}} \prod_k \exp(-\alpha n_k - \beta n_k \varepsilon_k) \\
&= \prod_k \sum_{n_k} \exp(-(\alpha + \beta \varepsilon_k) n_k)
\end{aligned}$$

$$=\prod_k \varXi_k, \tag{4.2}$$

其中，$\varXi_k=\sum\limits_{n_k}\exp\left[-(\alpha+\beta\varepsilon_k)n_k\right]$ 可以看成第 k 个单粒子状态上的所有粒子构成的子系统的巨配分函数。显然，对于玻色子系统，

$$\begin{aligned}\varXi_k&=\sum_{n_k=0}^{+\infty}\exp\left[-(\alpha+\beta\varepsilon_k)n_k\right]\\&=\frac{1}{1-\exp\left[-(\alpha+\beta\varepsilon_k)\right]},\end{aligned}\tag{4.3}$$

对于费米子系统，

$$\begin{aligned}\varXi_k&=\sum_{n_k=0,1}\exp\left[-(\alpha+\beta\varepsilon_k)n_k\right]\\&=1+\exp\left[-(\alpha+\beta\varepsilon_k)\right].\end{aligned}\tag{4.4}$$

令

$$\begin{aligned}\xi&=\ln\varXi(z,V,T)\\&=\sum_k\ln\varXi_k\\&=\pm\sum_k\ln\left[1\pm z\exp(-\beta\varepsilon_k)\right],\end{aligned}\tag{4.5}$$

其中，正号对应费米子系统，负号对应玻色子系统，$z\equiv\exp(-\alpha)$，称为易逸度。

由第三章的知识可知，第 k 个单粒子状态上的平均粒子数为

$$\bar{n}_k=-\frac{\partial}{\partial\alpha}\ln\varXi_k=\frac{1}{\exp\left(\alpha+\beta\varepsilon_k\right)\pm 1},\tag{4.6}$$

其中，正号对应费米子系统，负号对应玻色子系统。

如果能级 ε_k 对应多个单粒子状态，简并度为 ω_k，那么，单粒子能级 ε_k 上的平均粒子数为

$$\bar{n}_{\varepsilon_k}=\frac{\omega_k}{\exp\left(\alpha+\beta\varepsilon_k\right)\pm 1}.\tag{4.7}$$

4.2 理想玻色气体

假定粒子之间没有相互作用，由第 3.4.4 节的知识可知，自由粒子的本征函数为

$$\phi(\boldsymbol{r})=\frac{1}{L^3}\exp\left(\mathrm{i}\boldsymbol{k}\cdot\boldsymbol{r}\right),\tag{4.8}$$

其中波矢量为

$$\boldsymbol{k}=(k_x,k_y,k_z)=\frac{2\pi}{L}(n_x,n_y,n_z),\qquad n_x,n_y,n_z=0,\pm1,\pm2,\cdots$$

对应的本征能量为$\varepsilon_k=\dfrac{\hbar^2k^2}{2m}$，其中 $k=|\boldsymbol{k}|$。

对于玻色子系统，配分函数为

$$\xi=-\sum_{\boldsymbol{k}}\ln\left[1-z\exp(-\beta\varepsilon)\right],\tag{4.9}$$

当 $L\to+\infty$ 时，单粒子能级连续，由分立谱转化为连续谱，此时，

$$\sum_{\boldsymbol{k},\boldsymbol{k}\neq0}\to\frac{L^3}{(2\pi)^3}\int_0^{+\infty}k^2\mathrm{d}k\mathrm{d}\Omega,$$

由于 $\varepsilon=\dfrac{\hbar^2k^2}{2m}$，所以

$$\mathrm{d}\varepsilon=\frac{\hbar^2}{m}k\mathrm{d}k,\quad k=\frac{\sqrt{2m\varepsilon_k}}{\hbar},$$

$$\sum_{\boldsymbol{k},\boldsymbol{k}\neq0}\to\frac{2\pi V}{h^3}(2m)^{3/2}\int_0^{+\infty}\varepsilon^{1/2}\mathrm{d}\varepsilon.$$

理想玻色气体的巨配分函数可以写为

$$\xi=-\frac{2\pi V}{h^3}(2m)^{3/2}\int_0^{+\infty}\ln\left[1-z\exp(-\beta\varepsilon)\right]\varepsilon^{1/2}\mathrm{d}\varepsilon-\ln(1-z).\tag{4.10}$$

理想玻色气体的粒子总数为

$$N=\sum_k\bar{n}_k=\frac{2\pi V}{h^3}(2m)^{3/2}\int_0^{+\infty}\frac{\varepsilon^{1/2}\mathrm{d}\varepsilon}{z^{-1}\exp(\beta\varepsilon)-1}+N_0,\tag{4.11}$$

其中，$N_0=\dfrac{z}{1-z}$ 表示 $\boldsymbol{k}=0$ 的单粒子状态上的粒子数目，显然，$0\leqslant z\leqslant1$。

如果令 $x\equiv\beta\varepsilon$，那么 $\varepsilon=x/\beta$，$\mathrm{d}\varepsilon=\dfrac{1}{\beta}\mathrm{d}x$。由分部积分法可以求得

$$\begin{aligned}\int_0^{+\infty}\ln\left[1-z\exp(-x)\right]\mathrm{d}(x^{3/2})&=\ln\left[1-z\exp(-x)\right]x^{3/2}\big|_0^{+\infty}\\&\quad-\int_0^{+\infty}x^{3/2}\frac{z\exp(-x)}{1-z\exp(-x)}\mathrm{d}x\\&=-\int_0^{+\infty}\frac{x^{3/2}}{z^{-1}\exp(x)-1}\mathrm{d}x.\end{aligned}\tag{4.12}$$

所以，式 (4.10) 中的理想玻色气体的巨配分函数可以表示为

$$\xi=\frac{2\pi V}{h^3}\left(\frac{2m}{\beta}\right)^{3/2}\frac{2}{3}\int_0^{+\infty}\frac{x^{3/2}}{z^{-1}\exp(x)-1}\mathrm{d}x-\ln(1-z),\tag{4.13}$$

式 (4.11) 中的理想玻色气体的粒子总数表示为

$$N=\frac{2\pi V}{h^3}\left(\frac{2m}{\beta}\right)^{3/2}\int_0^{+\infty}\frac{x^{1/2}}{z^{-1}\exp(x)-1}\mathrm{d}x+\frac{z}{1-z}. \tag{4.14}$$

当 $0\leqslant z\leqslant 1$ 时，取玻色–爱因斯坦积分为

$$g_n(z)=\frac{1}{\Gamma(n)}\int_0^{+\infty}\frac{x^{n-1}}{z^{-1}\exp(x)-1}\mathrm{d}x, \tag{4.15}$$

其中

$$\Gamma(n)=\int_0^{+\infty}\exp(-x)x^{n-1}\mathrm{d}x. \tag{4.16}$$

容易证明，当 n 为正整数时，

$$\Gamma(n)=(n-1)!,\quad \Gamma(n+\frac{1}{2})=\frac{\sqrt{\pi}}{2^n}(2n-1)!!. \tag{4.17}$$

设平均热波长 $\lambda=\sqrt{\dfrac{2\pi\hbar^2}{mk_{\mathrm{B}}T}}$，那么式 (4.13) 和式 (4.14) 可以分别写为

$$\xi=\frac{V}{\lambda^3}g_{5/2}(z)-\ln(1-z) \tag{4.18}$$

和

$$N=\frac{V}{\lambda^3}g_{3/2}(z)+N_0, \tag{4.19}$$

其中，$N_0=\dfrac{z}{1-z}$ 表示单粒子基态上的玻色子数目。

当 $0\leqslant z\exp(-x)<1$ 时，

$$g_n(z)=\frac{1}{\Gamma(n)}\int_0^{+\infty}\mathrm{d}x x^{n-1}\sum_{l=1}^{+\infty}[z\exp(-x)]^l, \tag{4.20}$$

令 $t=lx$，并且考虑式 (4.16)，可得

$$g_n(z)=\sum_{l=1}^{+\infty}\frac{z^l}{l^n},\quad 0\leqslant z\leqslant 1. \tag{4.21}$$

当 $z\to 1$ 时，式 (4.21) 中的玻色–爱因斯坦积分 $g_n(z)$ 连续，并且有极限，

$$g_n(1)=\sum_{l=1}^{+\infty}\frac{1}{l^n}=\zeta(n),\quad n>1, \tag{4.22}$$

其中，$\zeta(n)$ 是 Riemann-Zeta 函数。

由式 (4.21) 可得

$$g_{n-1}(z) = z\frac{\partial}{\partial z}g_n(z) = \frac{\partial g_n(z)}{\partial \ln(z)}. \tag{4.23}$$

由于 $z = \exp(-\alpha)$，玻色–爱因斯坦积分可以按照 α 展开，

$$g_\nu(\exp(-\alpha)) = \frac{\Gamma(1-\nu)}{\alpha^{1-\nu}} + \sum_{i=0}^{+\infty}\frac{(-1)^i}{i!}\zeta(\nu-i)\alpha^i, \tag{4.24}$$

于是，

$$g_{5/2}(z) = \frac{\Gamma(-3/2)}{\alpha^{-3/2}} + \zeta(5/2) + (-1)\zeta(3/2)\alpha + \cdots \tag{4.25}$$

所以，当 $z \to 1$ 时，$\alpha \to 0$。此时，

$$g_{5/2}(z) = \zeta(5/2), \tag{4.26}$$

我们还可以得到

$$g_{3/2}(z) = \zeta(3/2). \tag{4.27}$$

由式 (4.18) 可以求得理想玻色气体的内能为

$$U = -\frac{\partial \xi}{\partial \beta} = \frac{3}{2}k_{\mathrm{B}}T\frac{V}{\lambda^3}g_{5/2}(z), \tag{4.28}$$

压强为

$$p = \frac{1}{\beta}\frac{\partial \xi}{\partial V} = \frac{k_{\mathrm{B}}T}{\lambda^3}g_{5/2}(z) = \frac{2U}{3V}. \tag{4.29}$$

4.2.1 玻色–爱因斯坦凝聚

如果有大量的玻色子处于最低能量的单粒子基态上，即 $N_0 > 0$，就可以认为产生了玻色–爱因斯坦凝聚。根据式 (4.19)，如果 $N_0 > 0$，那么必须有

$$\frac{\lambda^3}{v} > g_{3/2}(z), \tag{4.30}$$

其中，比容 $v = V/N$ 表示每一个玻色子占据的平均空间的体积。由 $N_0 = \dfrac{z}{1-z}$ 可知，如果 $z = 0.99$，那么 $N_0 = 99$，即只有 99 个玻色子处于单粒子基态，相对于巨大的玻色子总数 $N \propto 10^{23}$，单粒子基态上的玻色子数目可以忽略。只有当 $z \to 1$ 时，才有数目可观的玻色子处于单粒子基态上。因此，玻色–爱因斯坦凝聚产生的条件为

$$\frac{\lambda^3}{v} > \zeta(3/2). \tag{4.31}$$

由于平均热波长 $\lambda=\sqrt{\dfrac{2\pi\hbar^2}{mk_{\mathrm{B}}T}}$，当比容 $v=V/N$ 或者粒子数密度 N/V 确定时，由

$$\frac{\lambda^3}{v}=\zeta(3/2)\approx 2.612, \tag{4.32}$$

可以确定产生玻色–爱因斯坦凝聚的临界温度为

$$k_{\mathrm{B}}T_{\mathrm{c}}=\frac{2\pi\hbar^2}{m\left[v\zeta(3/2)\right]^{2/3}}. \tag{4.33}$$

当温度 $T=T_{\mathrm{c}}$ 时，可以认为全部玻色子都处于单粒子的激发态上，即

$$N_{\mathrm{e}}=N=V\left[\frac{mk_{\mathrm{B}}T_{\mathrm{c}}}{(2\pi)^2\hbar^3}\right]^{3/2}\zeta\left(3/2\right). \tag{4.34}$$

当温度降低时，一些玻色子逐渐转移到能量最低的单粒子基态上，处于单粒子激发态上的玻色子总数随温度降低而不断减少。当 $T<T_{\mathrm{c}}$ 时，

$$\begin{cases} N_{\mathrm{e}}=V\left[\dfrac{mk_{\mathrm{B}}T}{(2\pi)^2\hbar^3}\right]^{3/2}\zeta\left(3/2\right)=N\left(\dfrac{T}{T_{\mathrm{c}}}\right)^{3/2}, \\ N_0=N-N_{\mathrm{e}}. \end{cases} \tag{4.35}$$

理想玻色气体中处于单粒子激发态上的玻色子总数 N_{e} 和处于单粒子基态上的玻色子数目 N_0 随温度的变化见图 4.1。当温度 $T\to T_{\mathrm{c}}-0$ 时，处于单粒子基态上的玻色子数目近似表示为

$$\frac{N_0}{N}=1-\left(\frac{T}{T_{\mathrm{c}}}\right)^{3/2}\approx\frac{3}{2}\,\frac{T_{\mathrm{c}}-T}{T_{\mathrm{c}}}, \tag{4.36}$$

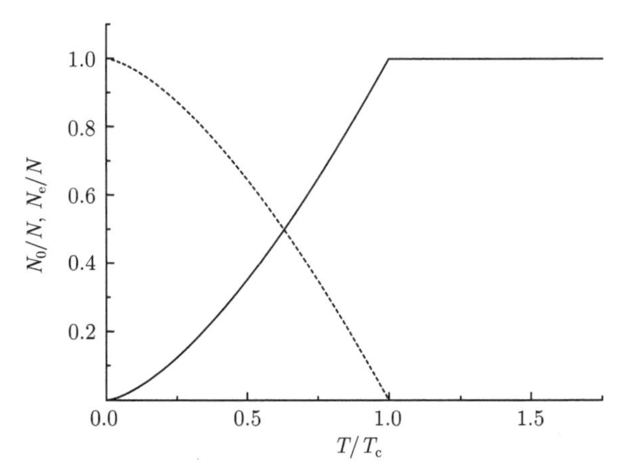

图 4.1　理想玻色气体中粒子数 N_{e} 和 N_0 随温度的变化

其中实线表示 N_{e}/N 的情景；虚线表示 N_0/N 的情景

其中用到了泰勒展开式 $x^{3/2} = 1 + \frac{3}{2}(x-1) + \frac{3}{8}(x-1)^2 + \cdots$

下面我们研究理想玻色气体中 z 随着温度的变化。当比容 v 确定时，v/λ^3 只与温度有关，$v/\lambda^3 \propto T^{3/2}$。当 $0 \leqslant T \leqslant T_c$ 时，$z \approx 1$，根据式 (4.31)，有 $0 \leqslant v/\lambda^3 \leqslant (2.612)^{-1}$；当 $T > T_c$ 时，$v/\lambda^3 > (2.612)^{-1}$，$z < 1$，此时处于单粒子基态的玻色子数目 $N_0 \approx 0$。根据式 (4.19)，可得

$$g_{3/2}(z) = (v/\lambda^3)^{-1} < 2.612. \tag{4.37}$$

由式 (4.37) 可以计算出温度 $T > T_c$ 时 z 随 v/λ^3 的变化。图 4.2 给出了理想玻色气体中 z 随着 v/λ^3 变化的情况。当温度 $T \gg T_c$ 时，$v/\lambda^3 \gg 1$，所以，$g_{3/2}(z) \ll 1$，根据式 (4.21)，$g_{3/2}(z) \approx z$，于是可得

$$z \approx (v/\lambda^3)^{-1}, \tag{4.38}$$

式 (4.38) 与经典理想气体的情景一致[1]。

当物理系统的温度确定时，由式 (4.32) 可以确定产生玻色–爱因斯坦凝聚的临界比容 v_c 的值：

$$v_c = \frac{\lambda^3}{\zeta(3/2)}. \tag{4.39}$$

只有在 $T < T_c$ 或者 $v < v_c$ 的情景下，玻色气体才会产生玻色–爱因斯坦凝聚。

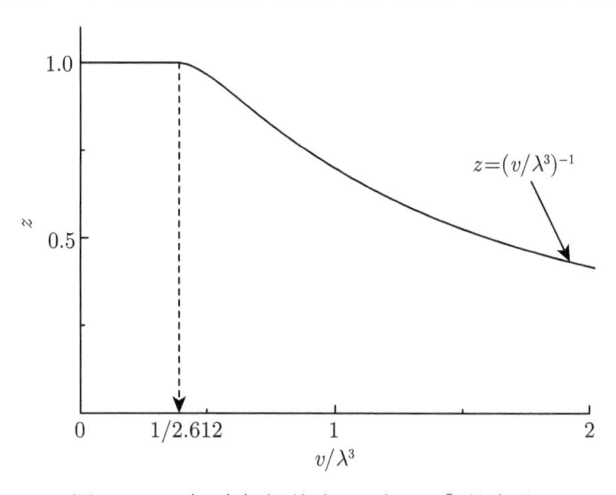

图 4.2　理想玻色气体中 z 随 v/λ^3 的变化

平均热波长 $\lambda = \sqrt{\frac{2\pi\hbar^2}{mk_BT}}$ 反映了在确定温度下组成气体的粒子的量子运动波及的范围的尺度，随着温度的降低，系统的平均热波长不断增加，粒子的热运动持

[1] 详见 Pathria R K, Beale P D. Statistical Mechanics. Singapore: Elsevier, 2011: 185.

续减弱，粒子的量子运动愈发显著。由式 (4.32) 可知，当平均热波长与粒子之间的平均距离具有相同的数量级时，才会产生玻色–爱因斯坦凝聚现象。玻色–爱因斯坦凝聚是玻色系统在低温度和高密度情景下的一种量子效应。

自从 1924 年玻色的统计理论提出以后[2]，人们一直尝试在实验上实现玻色–爱因斯坦凝聚。但是，在相当长的时期内未能取得成功。20 世纪 70 年代以来，随着激光制冷技术的快速完善和发展，人们已经能够把稀薄原子气体的温度降低到几个 nK($1\text{nK}=10^{-9}\text{K}$)，为玻色–爱因斯坦凝聚的实现提供了条件。

1995 年，美国物理学家 E. A. Cornell 和 C. E. Wieman 实现了铷原子 (^{87}Rb) 稀薄气体的玻色–爱因斯坦凝聚[3]，几乎同时，W. Ketterle 教授领导的麻省理工学院的研究小组实现了钠原子 (^{23}Na) 稀薄气体的玻色–爱因斯坦凝聚[4]。2001 年 10 月 9 日，瑞典皇家科学院宣布把当年的诺贝尔物理学奖颁发给以上三位物理学家，以表彰他们发现了一种新的物质形态——碱金属原子稀薄气体的玻色–爱因斯坦凝聚。

2003 年，人们在实验室内实现了分子层次的玻色–爱因斯坦凝聚[5,6,7]。玻色–爱因斯坦凝聚的实现，不仅验证了玻色的统计理论的正确性，而且在物质的固态、液态、气态和等离子体状态以外实现了物质的又一种存在形态。研究玻色–爱因斯坦凝聚的实现和性质，无论在实验上，还是在理论上，都有着重要的科学意义。这一领域的研究，是当前凝聚态物理、低温物理和量子物理研究的一个热点。关于这方面的实验和理论研究，感兴趣的老师和同学可以参考相关的综述性文献[8,9,10]。

4.2.2 高温度低密度情况下的理想玻色气体

在高温度、低密度的情况下，理想玻色气体的最低能量单粒子状态上的玻色子数目可以忽略，式 (4.19) 可以写为

$$n\lambda^3 = g_{3/2}(z), \tag{4.40}$$

[2] Bose S N. Z. Physik. 1924, 26: 178.

[3] Anderson M H, Ensher J R, Matthews M R, Wieman C E, Cornell E A. Science, 1995, 269: 198.

[4] Davis K B, Mewes M O, Andrews M R, van Druten N J, Durfee D S, Kurn D M, Ketterle W. Phys. Rev. Lett., 1995, 75: 3969.

[5] Jochim S, Bartenstein M, Altmeyer A, Hendl G, Riedl S, Chin C, Denschlag J H, Grimm R. Science, 2003, 302: 2101.

[6] Greiner M, Regal C A, Jin D S. Nature, 2003, 426: 537.

[7] Zwierlein M W, Stan C A, Schunck C H, Raupach S M F, Gupta S, Hadzibabic Z M, Ketterle W. Phys. Rev. Lett., 2003, 91: 250401.

[8] Pitaevskii L P, Stringari S. Bose-Einstein Condensation. Oxford: Oxford University Press, 2003.

[9] Leggett A J. Quantum Liquids. Oxford: Oxford University Press, 2006.

[10] Pethick C J, Smith H. Bose-Einstein Condensation in Dilute Gas. New York: Cambridge University Press, 2008.

其中，$n=N/V$ 表示粒子数密度。设 $n\lambda^3=y$，根据式 (4.21)，式 (4.40) 可以展开为

$$y=n\lambda^3=g_{3/2}(z)=\sum_{l=1}^{+\infty}\frac{z^l}{l^{3/2}}=z+\frac{1}{2^{3/2}}z^2+\frac{1}{3^{3/2}}z^3+\cdots \tag{4.41}$$

在高温度、低密度的情况下，z 可以按照 $y=n\lambda^3$ 展开，即

$$z=\sum_{i=1}^{+\infty}b_iy^i=b_1y+b_2y^2+b_3y^3+\cdots \tag{4.42}$$

把式 (4.42) 代入式 (4.41) 可得

$$\begin{aligned}y&=z+\frac{1}{2^{3/2}}z^2+\frac{1}{3^{3/2}}z^3+\cdots\\&=b_iy^i+\frac{1}{2^{3/2}}b_ib_jy^iy^j+\frac{1}{3^{3/2}}b_ib_jb_ky^iy^jy^k+\cdots\end{aligned} \tag{4.43}$$

在式 (4.43) 中，我们省略了求和符号“$\sum$”，每一项中上下两个相同角标表示求和。

比较式 (4.43) 中等式两边 y 的同次幂的系数，可以得到

$$\begin{cases}1=b_1,\\0=b_2+\dfrac{1}{2^{3/2}}b_1^2,\\0=b_3+\dfrac{1}{2^{3/2}}(b_1b_2+b_2b_1)+\dfrac{1}{3^{3/2}}b_1^3,\\\quad\cdots\end{cases} \tag{4.44}$$

依次求解式 (4.44) 中的方程，可得

$$\begin{cases}b_1=1,\\b_2=-\dfrac{1}{2^{3/2}},\\b_3=\dfrac{1}{4}-\frac{1}{3^{3/2}},\\\quad\cdots\end{cases} \tag{4.45}$$

由式 (4.42) 可以得到高温度、低密度情况下理想玻色气体的压强，

$$\begin{aligned}p&=\frac{1}{\beta}\frac{\partial\xi}{\partial V}=\frac{k_\mathrm{B}T}{\lambda^3}g_{5/2}(z)\\&=\frac{k_\mathrm{B}T}{\lambda^3}\sum_{l=1}^{+\infty}\frac{z^l}{l^{5/2}}\\&=\frac{k_\mathrm{B}T}{\lambda^3}\left(z+\frac{1}{2^{5/2}}z^2+\frac{1}{3^{5/2}}z^3+\cdots\right)\end{aligned}$$

$$=\frac{k_{\mathrm{B}}T}{\lambda^3}\left(b_iy^i+\frac{1}{2^{5/2}}b_ib_jy^iy^j+\frac{1}{3^{5/2}}b_ib_jb_ky^iy^jy^k+\cdots\right),\tag{4.46}$$

即

$$\begin{aligned}\frac{pV}{Nk_{\mathrm{B}}T}&=\frac{v}{\lambda^3}\left(b_iy^i+\frac{1}{2^{5/2}}b_ib_jy^iy^j+\frac{1}{3^{5/2}}b_ib_jb_ky^iy^jy^k+\cdots\right)\\&=\frac{1}{y}\left(b_iy^i+\frac{1}{2^{5/2}}b_ib_jy^iy^j+\frac{1}{3^{5/2}}b_ib_jb_ky^iy^jy^k+\cdots\right),\end{aligned}\tag{4.47}$$

其中 $y=n\lambda^3=\lambda^3/v$。

把式 (4.45) 中的系数 b_i 的值代入式 (4.47)，可以得到高温度、低密度情况下的理想玻色气体的状态方程为

$$\begin{aligned}\frac{pV}{Nk_{\mathrm{B}}T}&=\sum_{l=1}^{+\infty}a_ly^{l-1}\\&=\sum_{l=1}^{+\infty}a_l\left(\frac{\lambda^3}{v}\right)^{l-1},\end{aligned}\tag{4.48}$$

其中

$$\begin{cases}a_1=b_1=1,\\a_2=b_2+\frac{1}{2^{5/2}}b_1^2=-\frac{1}{2^{5/2}}=-0.17678,\\a_3=b_3+\frac{1}{2^{5/2}}(b_1b_2+b_2b_1)+\frac{1}{3^{5/2}}b_1^3=-\frac{2}{9\sqrt{3}}+\frac{1}{8}=-0.00330,\\\quad\cdots\end{cases}\tag{4.49}$$

高温度、低密度的情况下理想玻色气体的内能可以写为

$$U=-\frac{\partial\xi}{\partial\beta}=\frac{3}{2}\,k_{\mathrm{B}}T\,\frac{V}{\lambda^3}g_{5/2}(z)=\frac{3}{2}\,k_{\mathrm{B}}T\,\frac{V}{\lambda^3}\sum_{l=1}^{+\infty}\frac{z^l}{l^{5/2}},\tag{4.50}$$

即

$$\begin{aligned}\frac{U}{Nk_{\mathrm{B}}}&=\frac{3}{2}\,T\,\frac{v}{\lambda^3}g_{5/2}(z)\\&=\frac{3}{2}\,T\,\frac{v}{\lambda^3}\sum_{l=1}^{+\infty}\frac{z^l}{l^{5/2}}\\&=\frac{3}{2}\,T\,\frac{1}{y}\left(b_iy^i+\frac{1}{2^{5/2}}b_ib_jy^iy^j+\frac{1}{3^{5/2}}b_ib_jb_ky^iy^jy^k+\cdots\right)\\&=\frac{3}{2}\,T\sum_{l=1}^{+\infty}a_l\left(\frac{\lambda^3}{v}\right)^{l-1}.\end{aligned}\tag{4.51}$$

考虑到平均热波长与温度有关，$\lambda = \sqrt{\dfrac{2\pi\hbar^2}{mk_{\mathrm{B}}T}}$，可以得到高温度、低密度的情况下理想玻色气体的等容热容量为

$$\begin{aligned}\frac{C_V}{Nk_{\mathrm{B}}} &= \frac{1}{Nk_{\mathrm{B}}}\left(\frac{\partial U}{\partial T}\right)_{N,V} = \frac{3}{2}\sum_{l=1}^{+\infty} a_l \left(\frac{5-3l}{2}\right)\left(\frac{\lambda^3}{v}\right)^{l-1} \\ &= \frac{3}{2}\left[1 + 0.0884\left(\frac{\lambda^3}{v}\right) + 0.0066\left(\frac{\lambda^3}{v}\right)^2 + \cdots\right]. \end{aligned} \tag{4.52}$$

由式 (4.48) 和式 (4.52) 可知，在相同的温度和体积下，理想玻色气体的压强比经典理想气体的压强小，热容量比经典理想气体的热容量大，好像玻色子之间存在着相互作用的“吸引”力。其实，组成理想玻色气体的玻色子之间没有任何相互作用，这是一种量子效应。当温度 $T \to +\infty$ 时，式 (4.48) 和式 (4.52) 中的理想玻色气体的状态方程和热容量只保留第一项，就过渡到经典理想气体的情景。

4.2.3 理想玻色气体的状态方程

当理想玻色气体的比容 $v = V/N$ 或者粒子数密度 N/V 确定时，如果温度低于临界温度，$T \leqslant T_{\mathrm{c}}$，那么 $z \approx 1$。此时，理想玻色气体的状态方程为

$$p(T) = \frac{k_{\mathrm{B}}T}{\lambda^3}\zeta(5/2). \tag{4.53}$$

考虑到式 (4.33) 中玻色–爱因斯坦凝聚的临界温度定义为

$$k_{\mathrm{B}}T_{\mathrm{c}} = \frac{2\pi\hbar^2}{m\left[v\zeta(3/2)\right]^{2/3}},$$

可以得到 $T \leqslant T_{\mathrm{c}}$ 时

$$\frac{pV}{Nk_{\mathrm{B}}T_{\mathrm{c}}} = \frac{\zeta(5/2)}{\zeta(3/2)}\left(\frac{T}{T_{\mathrm{c}}}\right)^{5/2}. \tag{4.54}$$

当 $T = T_{\mathrm{c}}$ 时，临界温度处理想玻色气体的状态方程可以写为

$$p(T_{\mathrm{c}}) = \frac{\zeta(5/2)}{\zeta(3/2)}\left(\frac{N}{V}k_{\mathrm{B}}T_{\mathrm{c}}\right) = 0.514\left(\frac{N}{V}k_{\mathrm{B}}T_{\mathrm{c}}\right). \tag{4.55}$$

可见，在玻色–爱因斯坦凝聚的临界温度处，理想玻色气体的压强约为经典理想气体压强的 1/2。

当 $T > T_{\mathrm{c}}$ 时，理想玻色气体的状态方程为

$$p(T) = \frac{N}{V}k_{\mathrm{B}}T\frac{g_{5/2}(z)}{g_{3/2}(z)}, \tag{4.56}$$

即

$$\frac{pV}{Nk_{\mathrm{B}}T_{\mathrm{c}}}=\frac{T}{T_{\mathrm{c}}}\ \frac{g_{5/2}(z)}{g_{3/2}(z)}. \tag{4.57}$$

根据式 (4.33) 和式 (4.37) 可得

$$\frac{T}{T_{\mathrm{c}}}=\left[\frac{\zeta(3/2)}{g_{3/2}(z)}\right]^{2/3}. \tag{4.58}$$

我们可以根据式 (4.57) 和式 (4.58) 计算出 $T>T_{\mathrm{c}}$ 时理想玻色气体的压强随着温度的变化。

当温度远远高于临界温度时，即 $T\gg T_{\mathrm{c}}$，粒子处于弱简并状态，理想玻色气体的状态方程为

$$\frac{pV}{Nk_{\mathrm{B}}T}=\sum_{l=1}^{\infty}a_l\left(\frac{\lambda^3}{v}\right)^{l-1}, \tag{4.59}$$

其中，a_l 为维里系数，式 (4.49) 给出了维里系数的值。

当温度非常高时，$T\to\infty$，可以忽略式 (4.59) 的等号右侧的高阶项，只需保留 $l=1$ 的项。此时，状态方程变为

$$pV=Nk_{\mathrm{B}}T, \tag{4.60}$$

与经典理想气体的状态方程一致。

理想玻色气体的压强随温度变化的情景见图 4.3。

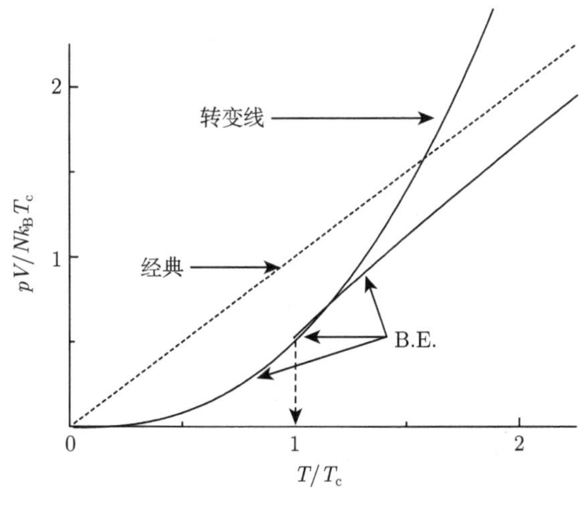

图 4.3 理想玻色气体的压强随温度变化

4.2.4　理想玻色气体的热容量

当温度低于临界温度时，$T \leqslant T_c$，$z \approx 1$，$g_{5/2}(z) \approx \zeta(5/2)$，理想玻色气体的等容热容量 C_V 为

$$\frac{C_V}{Nk_B} = \frac{15}{4}\zeta(5/2)\frac{v}{\lambda^3}, \tag{4.61}$$

考虑到式 (4.33) 中玻色–爱因斯坦凝聚的临界温度定义为

$$k_B T_c = \frac{2\pi\hbar^2}{m\left[v\zeta(3/2)\right]^{2/3}},$$

可以得到 $T \leqslant T_c$ 时，

$$\frac{C_V}{Nk_B} = \frac{15}{4}\frac{\zeta(5/2)}{\zeta(3/2)}\left(\frac{T}{T_c}\right)^{3/2}. \tag{4.62}$$

显然，当 $T \to 0$ 时，$C_V \to 0$.

在临界温度处，$T = T_c$，由式 (4.39) 和式 (4.61) 可得

$$\frac{C_V}{Nk_B} = \frac{15}{4}\frac{\zeta(5/2)}{\zeta(3/2)} \approx 1.9275. \tag{4.63}$$

显然，处于玻色–爱因斯坦凝聚的临界温度处的理想玻色气体的热容量高于经典理想气体的热容量 $\dfrac{C_V}{Nk} = 3/2$。

当温度高于临界温度 T_c 时，处于最低单粒子能级的粒子数 N_0 可以忽略，式 (4.19) 可以写为

$$n\lambda^3 = g_{3/2}(z), \tag{4.64}$$

其中 $n = N/V$。式 (4.64) 的等号两侧同时对温度 T 求偏导数，可得

$$\frac{1}{z}\frac{\partial z}{\partial T} = -\frac{3}{2}\frac{n\lambda^3}{Tg_{1/2}(z)}. \tag{4.65}$$

于是，可以得到温度 $T > T_c$ 时的等容热容量为

$$\begin{aligned}\frac{C_V}{Nk_B} &= \frac{15}{4}g_{5/2}(z)\frac{v}{\lambda^3} + \frac{3}{2}T\frac{v}{\lambda^3}\frac{1}{z}\frac{\partial z}{\partial T}g_{3/2}(z) \\ &= \frac{15}{4}g_{5/2}(z)\frac{v}{\lambda^3} - \frac{9}{4}\frac{g_{3/2}(z)}{g_{1/2}(z)}.\end{aligned} \tag{4.66}$$

在式 (4.65) 和式 (4.66) 的推导过程中用到了式 (4.23)，即

$$g_{n-1}(z) = z\frac{\partial}{\partial z}g_n(z).$$

式 (4.66) 还可以写成

$$\frac{C_V}{Nk_{\mathrm{B}}}=\frac{15}{4}\frac{g_{5/2}(z)}{g_{3/2}(z)}-\frac{9}{4}\frac{g_{3/2}(z)}{g_{1/2}(z)}. \tag{4.67}$$

由式 (4.62) 和式 (4.67) 可以画出理想玻色气体的等容热容量随温度变化的曲线，如图 4.4 所示。

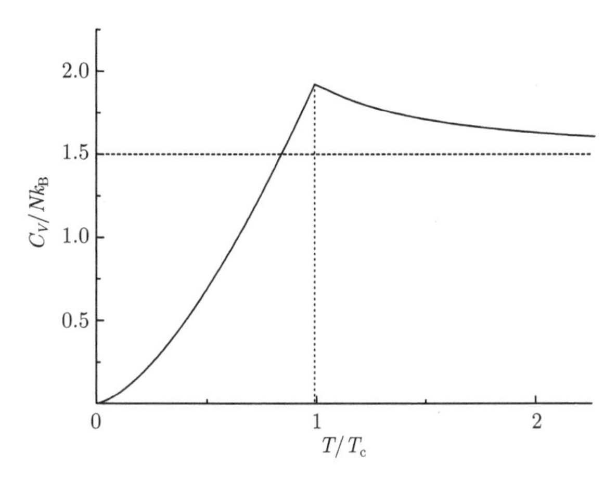

图 4.4　理想玻色气体的等容热容量随温度的变化

当温度 T 降低到临界温度 T_{c} 时，$z\to 1$，$\alpha\to 0$，$g_{3/2}(z)\to\zeta(3/2)$，$g_{1/2}(z)\to\infty$，式 (4.66) 等号右侧第二项可以忽略。对比式 (4.63)，可以看出在临界温度处，$\dfrac{C_V}{Nk_{\mathrm{B}}}$ 是温度 T 的连续函数，即

$$\left(\frac{C_V}{Nk_{\mathrm{B}}}\right)_{T\to T_{\mathrm{c}}-0}=\left(\frac{C_V}{Nk_{\mathrm{B}}}\right)_{T\to T_{\mathrm{c}}+0}. \tag{4.68}$$

当 $T<T_{\mathrm{c}}$ 时，

$$\frac{C_V}{Nk_{\mathrm{B}}}=\frac{15}{4}\zeta\left(\frac{5}{2}\right)\frac{v}{\lambda^3}, \tag{4.69}$$

所以

$$\frac{1}{Nk_{\mathrm{B}}}\left(\frac{\partial C_V}{\partial T}\right)=\frac{15}{4}\zeta\left(\frac{5}{2}\right)v(-3)\lambda^{-4}\frac{\partial\lambda}{\partial T}. \tag{4.70}$$

平均热波长 $\lambda=\sqrt{\dfrac{2\pi\hbar^2}{mk_{\mathrm{B}}T}}$，所以

$$\frac{\partial\lambda}{\partial T}=-\frac{\lambda}{2T}. \tag{4.71}$$

由式 (4.70) 和式 (4.71) 可得，当 $T < T_c$ 时，

$$\frac{1}{Nk_B}\left(\frac{\partial C_V}{\partial T}\right) = \frac{45}{8}\frac{v}{T\lambda^3}\zeta\left(\frac{5}{2}\right). \tag{4.72}$$

当 $T > T_c$，即温度高于临界温度时，最低能量的单粒子状态上分布的玻色子很少，粒子数为

$$N = \frac{v}{\lambda^3}g_{3/2}(z) + \frac{z}{1-z}, \tag{4.73}$$

其中的第二项可以忽略，即

$$N = \frac{v}{\lambda^3}g_{3/2}(z), \tag{4.74}$$

或者

$$n\lambda^3 = \frac{\lambda^3}{v} = g_{3/2}(z). \tag{4.75}$$

由式 (4.75) 可得，

$$\begin{aligned}\frac{\partial}{\partial T}g_{3/2}(z) &= \frac{\partial}{\partial T}\left(\frac{\lambda^3}{v}\right)\\ &= -\frac{3\lambda^3}{2Tv}\\ &= -\frac{3}{2T}g_{3/2}(z).\end{aligned} \tag{4.76}$$

另外，由于

$$\begin{aligned}\frac{\partial}{\partial T}g_{3/2}(z) &= \frac{\partial z}{\partial T}\frac{\partial}{\partial z}g_{3/2}(z)\\ &= \frac{\partial z}{\partial T}\cdot\frac{g_{1/2}(z)}{z},\end{aligned} \tag{4.77}$$

其中用到了 $\frac{\partial}{\partial z}g_{3/2}(z) = \frac{g_{1/2}(z)}{z}$。综合式 (4.76) 和式 (4.77)，可得

$$\frac{\partial z}{\partial T} = -\frac{3z}{2T}\cdot\frac{g_{3/2}(z)}{g_{1/2}(z)}. \tag{4.78}$$

式 (4.78) 与式 (4.65) 一致。

当温度 $T > T_c$ 时，由式 (4.66) 可知，理想玻色气体的等容热容量为

$$\frac{C_V}{Nk_B} = \frac{15}{4}g_{5/2}(z)\frac{v}{\lambda^3} - \frac{9}{4}\frac{g_{3/2}(z)}{g_{1/2}(z)}, \tag{4.79}$$

所以

$$
\begin{aligned}
\frac{1}{Nk_{\mathrm{B}}}\left(\frac{\partial C_V}{\partial T}\right) &= \frac{45}{8}\frac{v}{T\lambda^3}g_{5/2}(z)+\frac{15}{4}\frac{v}{\lambda^3}\frac{\partial z}{\partial T}\frac{\partial}{\partial z}g_{5/2}(z)\\
&\quad -\frac{9}{4}\cdot\frac{\dfrac{\partial g_{3/2}(z)}{\partial z}\dfrac{\partial z}{\partial T}g_{1/2}(z)-\dfrac{\partial g_{1/2}(z)}{\partial z}\dfrac{\partial z}{\partial T}g_{3/2}(z)}{g_{1/2}^2(z)}\\
&=\frac{1}{T}\left[\frac{45}{8}\frac{g_{5/2}(z)}{g_{3/2}(z)}\right]+\frac{15}{4}\frac{1}{z}\frac{\partial z}{\partial T}\\
&\quad -\frac{9}{4}\cdot\frac{g_{1/2}^2(z)\cdot\dfrac{1}{z}\dfrac{\partial z}{\partial T}-g_{3/2}(z)g_{-1/2}(z)\dfrac{1}{z}\dfrac{\partial z}{\partial T}}{g_{1/2}^2(z)}\\
&=\frac{1}{T}\left[\frac{45}{8}\frac{g_{5/2}(z)}{g_{3/2}(z)}\right]-\frac{45}{8}\frac{1}{T}\frac{g_{3/2}(z)}{g_{1/2}(z)}\\
&\quad -\frac{9}{4}\left[-\frac{3}{2}\frac{1}{T}\frac{g_{3/2}(z)}{g_{1/2}(z)}-\frac{g_{3/2}(z)g_{-1/2}(z)}{g_{1/2}^2(z)}\cdot\left(-\frac{3}{2}\right)\frac{1}{T}\frac{g_{3/2}(z)}{g_{1/2}(z)}\right]\\
&=\frac{1}{T}\left[\frac{45}{8}\frac{g_{5/2}(z)}{g_{3/2}(z)}-\frac{9}{4}\frac{g_{3/2}(z)}{g_{1/2}(z)}-\frac{27}{8}\frac{g_{3/2}^2(z)g_{-1/2}(z)}{g_{1/2}^3(z)}\right],
\end{aligned}
\tag{4.80}
$$

其中用到了$\dfrac{\partial g_{5/2}(z)}{\partial z}=\dfrac{1}{z}g_{3/2}(z)$。

由式 (4.24) 可以得到

$$
g_{1/2}(z)=\frac{\Gamma(1/2)}{\alpha^{1/2}}+\zeta(1/2)-\zeta(-1/2)\alpha+\cdots \tag{4.81}
$$

当 $z\to 1$，$\alpha\to 0$ 时，

$$
g_{1/2}(z)\sim\frac{\Gamma(1/2)}{\alpha^{1/2}}, \tag{4.82}
$$

即

$$
g_{1/2}(z)\to=\infty. \tag{4.83}
$$

另外，我们还可以得到

$$
g_{-1/2}(z)\sim\frac{\Gamma(3/2)}{\alpha^{3/2}}. \tag{4.84}
$$

由式 (4.26)、式 (4.27)、式 (4.82) 和式 (4.84) 可得，在临界温度附近 $T\to T_{\mathrm{c}}+0$，

$$
\begin{aligned}
\frac{1}{Nk_{\mathrm{B}}}\left(\frac{\partial C_V}{\partial T}\right) &= \frac{1}{T_{\mathrm{c}}}\left[\frac{45}{8}\frac{\zeta(5/2)}{\zeta(3/2)}-\frac{9}{4}\frac{\zeta(3/2)}{\Gamma(1/2)}\alpha^{1/2}-\frac{27}{8}\frac{\zeta^2(3/2)\Gamma(3/2)}{\Gamma^3(1/2)}\right]\\
&=\frac{1}{T_{\mathrm{c}}}\left[\frac{45}{8}\frac{\zeta(5/2)}{\zeta(3/2)}-\frac{27}{8}\frac{\zeta^2(3/2)\Gamma(3/2)}{\Gamma^3(1/2)}\right].
\end{aligned}
\tag{4.85}
$$

在临界温度附近，$T\to T_{\mathrm{c}}-0$，由式 (4.72) 可得

$$\frac{1}{Nk_{\mathrm{B}}}\left(\frac{\partial C_V}{\partial T}\right)=\frac{45}{8}\frac{1}{T_{\mathrm{c}}}\frac{\zeta(5/2)}{\zeta(3/2)},\tag{4.86}$$

其中利用了当 $T\to T_{\mathrm{c}}$ 时 $\dfrac{v}{\lambda^3}=\dfrac{1}{g_{3/2}(z)}$ 和式 (4.27)。

由式 (4.85) 和式 (4.86) 可知，在临界温度附近，$\dfrac{1}{Nk_{\mathrm{B}}}\left(\dfrac{\partial C_V}{\partial T}\right)$ 并不连续，

$$\begin{aligned}\frac{1}{Nk_{\mathrm{B}}}\left(\frac{\partial C_V}{\partial T}\right)_{T=T_{\mathrm{c}}-0}-\frac{1}{Nk_{\mathrm{B}}}\left(\frac{\partial C_V}{\partial T}\right)_{T=T_{\mathrm{c}}+0}&=\frac{27}{8}\frac{1}{T_{\mathrm{c}}}\frac{\zeta^2(3/2)\Gamma(3/2)}{\Gamma^3(1/2)}\\&=\frac{27}{16\pi T_{\mathrm{c}}}\zeta^2(3/2),\\&=3.665\frac{1}{T_{\mathrm{c}}}\end{aligned}\tag{4.87}$$

其中用到了 $\Gamma(3/2)=\dfrac{\sqrt{\pi}}{2}$ 和 $\Gamma(1/2)=\sqrt{\pi}$。

4.3 理想费米气体

如果费米子之间的相互作用可以忽略，那么这种费米子组成的系统称为理想费米气体。理想费米气体的配分函数可以写为

$$\xi=\ln\varXi=\sum_{k}\ln\left[1+z\exp(-\beta\varepsilon_k)\right].\tag{4.88}$$

理想费米气体的粒子总数为

$$N=\sum_{k}\langle n_k\rangle=\sum_{k}\frac{1}{z^{-1}\exp(\beta\varepsilon_k)+1},\tag{4.89}$$

其中 $0\leqslant z<+\infty$。

如果理想费米气体的单粒子能级连续，那么

$$\sum_{\boldsymbol{k},\boldsymbol{k}\neq 0}\to\frac{V}{(2\pi)^3}\int_0^{+\infty}k^2\mathrm{d}k\mathrm{d}\Omega,$$

由于 $\varepsilon=\dfrac{\hbar^2k^2}{2m}$，所以

$$\mathrm{d}\varepsilon=\frac{\hbar^2}{m}k\mathrm{d}k,\quad k=\frac{\sqrt{2m\varepsilon_k}}{\hbar},$$

$$\begin{aligned}\sum_{\boldsymbol{k},\boldsymbol{k}\neq 0}&\to\frac{2\pi V}{h^3}(2m)^{3/2}\int_0^{+\infty}\varepsilon^{1/2}\mathrm{d}\varepsilon\\&=\frac{2V}{\sqrt{\pi}\lambda^3}\int_0^{+\infty}\sqrt{x}\mathrm{d}x,\end{aligned}\tag{4.90}$$

其中，平均热波长 $\lambda=\sqrt{\dfrac{h^2}{2\pi mk_{\mathrm{B}}T}}$，$x=\beta\varepsilon$。

理想费米气体的配分函数可以重新写为

$$\begin{aligned}\xi&=\frac{2V}{\sqrt{\pi}\lambda^3}\int_0^{+\infty}x^{1/2}\ln\left[1+z\exp(-x)\right]\mathrm{d}x\\&=\frac{2V}{\sqrt{\pi}\lambda^3}\left[\frac{2}{3}x^{3/2}\ln\left[1+z\exp(-x)\right]\Big|_0^{+\infty}+\frac{2}{3}\int_0^{+\infty}\frac{x^{3/2}}{z^{-1}\exp(x)+1}\mathrm{d}x\right]\\&=\frac{4V}{3\sqrt{\pi}\lambda^3}\int_0^{+\infty}\frac{x^{3/2}}{z^{-1}\exp(x)+1}\mathrm{d}x\\&=\frac{V}{\lambda^3}f_{5/2}(z),\end{aligned}\tag{4.91}$$

其中费米积分

$$f_n(z)=\frac{1}{\Gamma(n)}\int_0^{+\infty}\frac{x^{n-1}}{z^{-1}\exp(x)+1}\mathrm{d}x.\tag{4.92}$$

理想费米气体的粒子总数可以表示为

$$N=\frac{2V}{\sqrt{\pi}\lambda^3}\int_0^{+\infty}\frac{x^{1/2}}{z^{-1}\exp(x)+1}\mathrm{d}x=\frac{V}{\lambda^3}f_{3/2}(z).\tag{4.93}$$

如果费米子的自旋简并度为 g，那么式 (4.91) 和式 (4.93) 分别表示为

$$\xi=\frac{gV}{\lambda^3}f_{5/2}(z)\tag{4.94}$$

和

$$N=\frac{gV}{\lambda^3}f_{3/2}(z).\tag{4.95}$$

电子的自旋为 $\dfrac{\hbar}{2}$，自旋简并度为 $g=2$。

4.3.1 费米积分的性质

1. 当 z 很小时，

$$\begin{aligned}f_n(z)&=\frac{1}{\Gamma(n)}\int_0^{+\infty}x^{n-1}\sum_{l=1}^{+\infty}(-1)^{l-1}\left[z\exp(-x)\right]^l\mathrm{d}x\\&=\sum_{l=1}^{+\infty}(-1)^{l-1}\frac{z^l}{l^n}.\end{aligned}\tag{4.96}$$

当 $z\to0$ 时，$f_n(z)\approx z$。

2. 当 z 很大时，取 $t=\ln z$，则

$$f_n(t)=\frac{t^n}{\Gamma(n+1)}\left[1+n(n-1)\frac{\pi^2}{6}\frac{1}{t^2}+n(n-1)(n-2)(n-3)\frac{7\pi^4}{360}\frac{1}{t^4}+\cdots\right]. \tag{4.97}$$

$$f_{3/2}(z)=\frac{4}{3\sqrt{\pi}}\left[(\ln z)^{3/2}+\frac{\pi^2}{8}(\ln z)^{-1/2}+\cdots\right]. \tag{4.98}$$

3. 导数关系

$$\frac{\partial f_n(z)}{\partial \ln z}=z\frac{\partial f_n(z)}{\partial z}=f_{n-1}(z), \tag{4.99}$$

$$\frac{\partial f_n(z)}{\partial T}=\frac{\partial f_n(z)}{\partial z}\frac{\partial z}{\partial T}=-\frac{3}{2}\frac{f_{3/2}(z)f_{n-1}(z)}{Tf_{1/2}(z)}. \tag{4.100}$$

4.3.2　理想费米气体的热力学函数

由费米积分的性质，可以得到理想费米气体的热力学函数。理想费米气体的内能 U、压强 p 和熵 S 分别表示为

$$\begin{aligned}U&=-\frac{\partial\xi}{\partial\beta}\\&=-\frac{\partial\xi}{\partial\lambda}\frac{\partial\lambda}{\partial\beta}\\&=\frac{3}{2}k_{\mathrm{B}}T\frac{gV}{\lambda^3}f_{5/2}(z)\\&=\frac{3}{2}Nk_{\mathrm{B}}T\frac{f_{5/2}(z)}{f_{3/2}(z)},\end{aligned} \tag{4.101}$$

$$p=\frac{1}{\beta}\frac{\partial\xi}{\partial V}=\frac{2U}{3V}, \tag{4.102}$$

$$\begin{aligned}S&=k_{\mathrm{B}}\left(\xi-\alpha\frac{\partial\xi}{\partial\alpha}-\beta\frac{\partial\xi}{\partial\beta}\right)\\&=Nk_{\mathrm{B}}\left(\frac{5}{2}\frac{f_{5/2}(z)}{f_{3/2}(z)}-\ln z\right).\end{aligned} \tag{4.103}$$

证明略。

4.3.3　温度为零的理想费米气体

对于温度为零的情景，单粒子状态上的费米子数目为

$$\begin{aligned}n_\varepsilon&=\frac{1}{\exp\left(\dfrac{\varepsilon-\mu_0}{k_{\mathrm{B}}T}\right)+1}\\&=\begin{cases}0, & \varepsilon>\mu_0,\\1, & \varepsilon\leqslant\mu_0.\end{cases}\end{aligned} \tag{4.104}$$

其中，μ_0 为化学势，$\varepsilon_{\mathrm{F}}=\mu_0$ 为费米能量。理想费米气体的单粒子状态上的粒子数与单粒子能量的关系如图 4.5 所示。

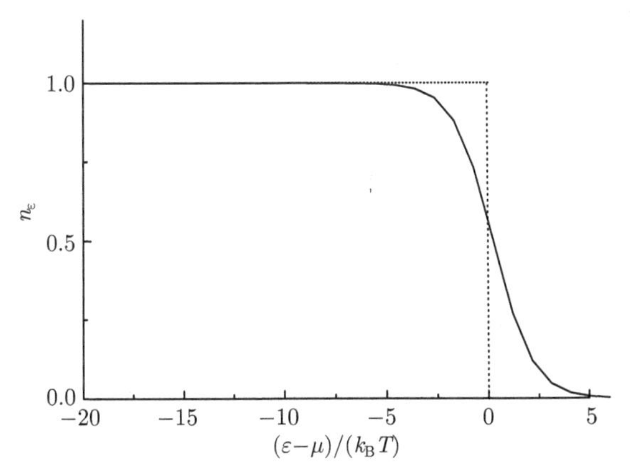

图 4.5 理想费米气体的单粒子状态上的粒子数 n_ε 与单粒子能量 ε 的关系

其中实线表示有限低温的情景，点线表示温度为零的情景

理想费米气体中的粒子总数为

$$\begin{aligned}N&=\sum_p\frac{1}{\exp\left[\dfrac{\varepsilon(p)-\mu_0}{k_{\mathrm{B}}T}\right]+1}\\&=\sum_p\theta(\mu_0-\varepsilon(p))\\&=\frac{gL^3}{(2\pi)^3}\ 4\pi\int_0^{k_{\mathrm{F}}}k^2\mathrm{d}k\\&=\frac{gV}{(2\pi)^3}\ \frac{4}{3}\pi k_{\mathrm{F}}^3\\&=\frac{4\pi gV}{3h^3}p_{\mathrm{F}}^3,\end{aligned}\tag{4.105}$$

其中 $p=\hbar k$。由式 (4.105) 可以得到零温度下理想费米气体的费米动量为

$$p_{\mathrm{F}}=\hbar k_{\mathrm{F}}=\left(\frac{3N}{4\pi gV}\right)^{1/3}\ h.\tag{4.106}$$

在非相对论情况下，费米能量为

$$\varepsilon_{\mathrm{F}}=\frac{p_{\mathrm{F}}^2}{2m}=\left(\frac{3N}{4\pi gV}\right)^{2/3}\ \frac{h^2}{2m}=\left(\frac{6\pi^2n}{g}\right)^{2/3}\ \frac{h^2}{2m},\tag{4.107}$$

其中粒子数密度 $n=N/V$。理想费米气体的基态能量为

$$E_0=\frac{gV}{(2\pi)^3}\ 4\pi\int_0^{k_{\mathrm{F}}}\mathrm{d}k\ k^2\ \frac{\hbar^2k^2}{2m}=\frac{2\pi gV}{5mh^3}\ p_{\mathrm{F}}^5.\tag{4.108}$$

平均单粒子能量为

$$\frac{E_0}{N}=\frac{3}{5}\varepsilon_{\mathrm{F}}. \tag{4.109}$$

理想费米气体的基态的压强为

$$p_0=\frac{2E_0}{3V}=\left(\frac{6\pi^2}{g}\right)^{2/3}\ \frac{\hbar^2}{5m}\ n^{5/3}. \tag{4.110}$$

在原子核物理中，如果忽略核子 (包括质子和中子) 之间的相互作用，可以把原子核物质近似看成由质子和中子组成的温度为零的理想费米气体。

4.3.4　有限低温下的理想费米气体

在有限的低温下，由于粒子的热运动，费米面附近一部分能量低于费米能量的费米子将会跃迁到费米面以上的能级。为了求得有限低温下理想费米气体的热力学函数，我们必须写出费米积分的低温展开式。根据式 (4.97)，可得

$$f_{1/2}(z)=\frac{2}{\sqrt{\pi}}(\ln z)^{1/2}\left[1-\frac{\pi^2}{24}(\ln z)^{-2}+\cdots\right], \tag{4.111}$$

$$f_{3/2}(z)=\frac{4}{3\sqrt{\pi}}(\ln z)^{3/2}\left[1+\frac{\pi^2}{8}(\ln z)^{-2}+\cdots\right], \tag{4.112}$$

$$f_{5/2}(z)=\frac{8}{15\sqrt{\pi}}(\ln z)^{5/2}\left[1+\frac{5\pi^2}{8}(\ln z)^{-2}+\cdots\right]. \tag{4.113}$$

把式 (4.111)、式 (4.112) 和式 (4.113) 代入式 (4.95)、式 (4.101)、式 (4.102) 和式 (4.103)，可以得到有限低温下理想费米气体的热力学函数分别为

$$\begin{aligned}\frac{N}{V}&=\frac{g}{\lambda^3}f_{3/2}(z)\\&=\frac{4\pi g}{3}\left(\frac{2m}{h^2}\right)^{3/2}\ (k_{\mathrm{B}}T\ln z)^{3/2}\left[1+\frac{\pi^2}{8}(\ln z)^{-2}+\cdots\right],\end{aligned} \tag{4.114}$$

$$\begin{aligned}\frac{U}{N}&=\frac{3}{2}k_{\mathrm{B}}T\frac{f_{5/2}(z)}{f_{3/2}(z)}\\&=\frac{3}{5}k_{\mathrm{B}}T(\ln z)\left[1+\frac{\pi^2}{2}(\ln z)^{-2}+\cdots\right],\end{aligned} \tag{4.115}$$

$$\begin{aligned}p&=\frac{2U}{3V}=\frac{2}{3}\ \frac{U}{N}\ \frac{N}{V}\\&=\frac{8\pi g}{15}\left(\frac{2m}{h^2}\right)^{3/2}\ (k_{\mathrm{B}}T\ln z)^{5/2}\left[1+\frac{5\pi^2}{8}(\ln z)^{-2}+\cdots\right],\end{aligned} \tag{4.116}$$

$$\begin{aligned}\frac{S}{Nk_{\mathrm{B}}}&=\frac{5}{2}\frac{f_{5/2}(z)}{f_{3/2}(z)}-\ln z\\&=\frac{\pi^2}{2}\left(\frac{k_{\mathrm{B}}T}{k_{\mathrm{B}}T\ln z}\right).\end{aligned}\tag{4.117}$$

由于化学势 $\mu=k_{\mathrm{B}}T\ln z$，所以由式 (4.114) 可得

$$\mu^{3/2}=\frac{3N}{4\pi gV}\left(\frac{h^2}{2m}\right)^{3/2}\left[1+\frac{\pi^2}{8}(\ln z)^{-2}+\cdots\right]^{-1},\tag{4.118}$$

即

$$\begin{aligned}\mu&=\left(\frac{3N}{4\pi gV}\right)^{2/3}\frac{h^2}{2m}\left[1-\frac{\pi^2}{12}(\ln z)^{-2}+\cdots\right]\\&=\varepsilon_{\mathrm{F}}\left[1-\frac{\pi^2}{12}\left(\frac{k_{\mathrm{B}}T}{\mu}\right)^2+\cdots\right].\end{aligned}\tag{4.119}$$

由于化学势 μ 的零级近似为 $\mu=\varepsilon_{\mathrm{F}}$，因此，在一级近似下

$$\mu=\varepsilon_{\mathrm{F}}\left[1-\frac{\pi^2}{12}\left(\frac{k_{\mathrm{B}}T}{\varepsilon_{\mathrm{F}}}\right)^2\right].\tag{4.120}$$

把式 (4.120) 代入式 (4.115) 和式 (4.116)，可以得到一级近似下理想费米气体的内能为

$$\begin{aligned}\frac{U}{N}&=\frac{3}{5}\varepsilon_{\mathrm{F}}\left[1-\frac{\pi^2}{12}\left(\frac{k_{\mathrm{B}}T}{\varepsilon_{\mathrm{F}}}\right)^2\right]\left[1+\frac{\pi^2}{2}\left(\frac{k_{\mathrm{B}}T}{\varepsilon_{\mathrm{F}}}\right)^2+\cdots\right]\\&=\frac{3}{5}\varepsilon_{\mathrm{F}}\left[1+\frac{5\pi^2}{12}\left(\frac{k_{\mathrm{B}}T}{\varepsilon_{\mathrm{F}}}\right)^2+\cdots\right],\end{aligned}\tag{4.121}$$

考虑到

$$\varepsilon_{\mathrm{F}}=\left(\frac{3n}{4\pi g}\right)^{2/3}\frac{h^2}{2m},\tag{4.122}$$

其中粒子数密度 $n=N/V$，且

$$\left[1-\frac{\pi^2}{12}\left(\frac{k_{\mathrm{B}}T}{\varepsilon_{\mathrm{F}}}\right)^2\right]^{5/2}\approx1-\frac{5}{2}\frac{\pi^2}{12}\left(\frac{k_{\mathrm{B}}T}{\varepsilon_{\mathrm{F}}}\right)^2,\tag{4.123}$$

可得一级近似下理想费米气体的压强为

$$p=\frac{2}{5}n\varepsilon_{\mathrm{F}}\left[1+\frac{5\pi^2}{12}\left(\frac{k_{\mathrm{B}}T}{\varepsilon_{\mathrm{F}}}\right)^2+\cdots\right].\tag{4.124}$$

由式 (4.121)和式 (4.124) 可以看出，在有限的低温下，理想费米气体的热力学函数可以按 $\left(\frac{k_{\mathrm{B}}T}{\varepsilon_{\mathrm{F}}}\right)^2$ 展开。其中零级近似下的结果与零温度下的理想费米气体的热力学函数完全一致。

由式 (4.121) 可以得到有限低温下理想费米气体的热容量为

$$\frac{C_V}{Nk_{\mathrm{B}}}=\frac{1}{Nk_{\mathrm{B}}}\left(\frac{\partial U}{\partial T}\right)_V=\frac{\pi^2}{2}\left(\frac{k_{\mathrm{B}}T}{\varepsilon_{\mathrm{F}}}\right)+\cdots \tag{4.125}$$

可见，在有限低温下，理想费米气体的热容量远远小于经典理想气体的热容量

$$C_V=\frac{3}{2}Nk_{\mathrm{B}}. \tag{4.126}$$

当温度趋向于零时，$T\to 0$，理想费米气体的热容量趋向于零。

4.3.5 高温度、低密度情况下的理想费米气体

在高温度、低密度的情况下，$n\lambda^3/g\ll 1$，其中 n 为理想费米气体的粒子数密度，$\lambda=\sqrt{\frac{h^2}{2\pi mk_{\mathrm{B}}T}}$ 是平均热波长，g 代表自旋简并度。由式 (4.95) 可知，此时 $f_{3/2}(z)\ll 1$，进一步由费米积分的展开式 (4.96) 可知，此时，$z\ll 1$。令 $y=n\lambda^3/g$，那么由式 (4.95) 和式 (4.96) 可知，

$$y=f_{3/2}(z)=\sum_{l=1}^{+\infty}(-1)^{l-1}\ \frac{z^l}{l^{3/2}}=z-\frac{z^2}{2^{3/2}}+\frac{z^3}{3^{3/2}}-\cdots \tag{4.127}$$

在高温度、低密度的情况下，z 可以按照 $y=n\lambda^3/g$ 展开，即

$$z=\sum_{i=1}^{+\infty}b_iy^i=b_1y+b_2y^2+b_3y^3+\cdots \tag{4.128}$$

把式 (4.128) 代入式 (4.127) 可得

$$\begin{aligned}y&=z-\frac{1}{2^{3/2}}z^2+\frac{1}{3^{3/2}}z^3+\cdots\\&=b_iy^i-\frac{1}{2^{3/2}}b_ib_jy^iy^j+\frac{1}{3^{3/2}}b_ib_jb_ky^iy^jy^k+\cdots\end{aligned} \tag{4.129}$$

在式 (4.129) 中，我们省略了求和符号“$\sum$”，每一项中上下两个相同角标表示求和。

比较式 (4.129) 中等式两边 y 的同次幂的系数，可以得到

$$\begin{cases} 1 = b_1, \\ 0 = b_2 - \dfrac{1}{2^{3/2}} b_1^2, \\ 0 = b_3 - \dfrac{1}{2^{3/2}}(b_1 b_2 + b_2 b_1) + \dfrac{1}{3^{3/2}} b_1^3, \\ \quad \cdots \end{cases} \tag{4.130}$$

依次求解式 (4.130) 中的方程，可得

$$\begin{cases} b_1 = 1, \\ b_2 = \dfrac{1}{2^{3/2}}, \\ b_3 = \dfrac{1}{4} - \dfrac{1}{3^{3/2}}, \\ \quad \cdots \end{cases} \tag{4.131}$$

由式 (4.94) 和式 (4.102) 可以得到高温度、低密度情况下理想费米气体的压强。

$$\begin{aligned} p &= \frac{1}{\beta}\frac{\partial \xi}{\partial V} = \frac{k_{\mathrm{B}} T g}{\lambda^3} f_{5/2}(z) \\ &= \frac{k_{\mathrm{B}} T g}{\lambda^3} \sum_{l=1}^{+\infty} (-1)^{l-1} \frac{z^l}{l^{5/2}} \\ &= \frac{k_{\mathrm{B}} T g}{\lambda^3} \left(z - \frac{1}{2^{5/2}} z^2 + \frac{1}{3^{5/2}} z^3 + \cdots \right) \\ &= \frac{k_{\mathrm{B}} T g}{\lambda^3} \left(b_i y^i - \frac{1}{2^{5/2}} b_i b_j y^i y^j + \frac{1}{3^{5/2}} b_i b_j b_k y^i y^j y^k + \cdots \right), \end{aligned} \tag{4.132}$$

即

$$\begin{aligned} \frac{pV}{N k_{\mathrm{B}} T} &= \frac{vg}{\lambda^3} \left(b_i y^i - \frac{1}{2^{5/2}} b_i b_j y^i y^j + \frac{1}{3^{5/2}} b_i b_j b_k y^i y^j y^k + \cdots \right) \\ &= \frac{1}{y} \left(b_i y^i - \frac{1}{2^{5/2}} b_i b_j y^i y^j + \frac{1}{3^{5/2}} b_i b_j b_k y^i y^j y^k + \cdots \right), \end{aligned} \tag{4.133}$$

其中，$y = n\lambda^3/g = \lambda^3/(vg)$。

把式 (4.131) 中的系数 b_i 的值代入式 (4.133)，可以得到高温度、低密度情况下理想费米气体的状态方程为

$$\begin{aligned} \frac{pV}{N k_{\mathrm{B}} T} &= \sum_{l=1}^{+\infty} (-1)^{l-1} a_l y^{l-1} \\ &= \sum_{l=1}^{+\infty} (-1)^{l-1} a_l \left(\frac{\lambda^3}{vg} \right)^{l-1}, \end{aligned} \tag{4.134}$$

其中系数 a_l 的值与式 (4.48) 中的理想玻色气体的状态方程的展开系数相同，为

$$\begin{cases} a_1 = b_1 = 1, \\ a_2 = -b_2 + \dfrac{1}{2^{5/2}} b_1^2 = -\dfrac{1}{2^{5/2}} = -0.17678, \\ a_3 = b_3 - \dfrac{1}{2^{5/2}}(b_1 b_2 + b_2 b_1) + \dfrac{1}{3^{5/2}} b_1^3 = -\dfrac{2}{9\sqrt{3}} + \dfrac{1}{8} = -0.00330, \\ \qquad \cdots \end{cases}$$

因此，理想费米气体的状态方程可以展开为

$$\frac{pV}{Nk_{\mathrm{B}}T} = 1 + 0.17678y - 0.0033y^2 + \cdots \tag{4.135}$$

由式 (4.101) 可以得到高温度、低密度情况下理想费米气体的内能为

$$U = -\frac{\partial \xi}{\partial \beta} = \frac{3}{2}\, k_{\mathrm{B}}T\, \frac{gV}{\lambda^3} f_{5/2}(z) = \frac{3}{2}\, k_{\mathrm{B}}T\, \frac{gV}{\lambda^3} \sum_{l=1}^{+\infty} (-1)^{l-1} \frac{z^l}{l^{5/2}}, \tag{4.136}$$

即

$$\begin{aligned} \frac{U}{Nk_{\mathrm{B}}} &= \frac{3}{2}\, T\, \frac{gv}{\lambda^3} f_{5/2}(z) \\ &= \frac{3}{2}\, T\, \frac{gv}{\lambda^3} \sum_{l=1}^{+\infty} (-1)^{l-1} \frac{z^l}{l^{5/2}} \\ &= \frac{3}{2}\, T\, \frac{gv}{\lambda^3} \left(z - \frac{1}{2^{5/2}} z^2 + \frac{1}{3^{5/2}} z^3 + \cdots \right) \\ &= \frac{3}{2}\, T\, \frac{1}{y} \left(b_i y^i - \frac{1}{2^{5/2}} b_i b_j y^i y^j + \frac{1}{3^{5/2}} b_i b_j b_k y^i y^j y^k + \cdots \right) \\ &= \frac{3}{2}\, T \sum_{l=1}^{+\infty} (-1)^{l-1} a_l \left(\frac{\lambda^3}{vg} \right)^{l-1}. \end{aligned} \tag{4.137}$$

考虑到平均热波长与温度有关，$\lambda = \sqrt{\dfrac{2\pi\hbar^2}{mk_{\mathrm{B}}T}}$，可以得到高温度、低密度的情况下理想费米气体的等容热容量为

$$\begin{aligned} \frac{C_V}{Nk_{\mathrm{B}}} &= \frac{1}{Nk_{\mathrm{B}}} \left(\frac{\partial U}{\partial T} \right)_{N,V} = \frac{3}{2} \sum_{l=1}^{+\infty} (-1)^{l-1} a_l \left(\frac{5-3l}{2} \right) \left(\frac{\lambda^3}{vg} \right)^{l-1} \\ &= \frac{3}{2} \left(1 - 0.0884y + 0.0066y^2 + \cdots \right). \end{aligned} \tag{4.138}$$

由式 (4.135) 和式 (4.138) 可知，在相同的温度和体积下，理想费米气体的压强比经典理想气体的压强大，热容量比经典理想气体的热容量小，好像费米子之间

存在着相互作用的“排斥”力。其实，组成理想费米气体的费米子之间没有任何相互作用，这是一种量子效应。在高温度和低密度的情况下，理想费米气体与理想玻色气体的表现恰好相反。当温度 $T \to +\infty$ 时，式 (4.135) 和式 (4.138) 中的理想费米气体的状态方程和热容量只保留第一项，就过渡到经典理想气体的情景。

第五章　密度泛函理论

20 世纪 60 年代，Kohn 提出了密度泛函理论[1,2]。经过近 30 年的发展，这一理论在凝聚态物理和量子化学领域取得了巨大的成功，逐渐成为计算电子结构的有力工具。1998 年，Kohn 因为密度泛函理论的开创性研究而获得诺贝尔化学奖。

本章将以非均匀多电子系统为研究对象，研究电子之间的相互作用能，构造多电子系统的能量密度泛函；在定域密度近似下，讨论自洽求解 Kohn-Sham 方程的过程。通过对本章的学习，希望同学们了解密度泛函理论的基本思想和框架结构。

5.1　密度函数

在三维位置空间内，由 N 个电子组成的多电子系统的波函数 ϕ 可以表示为

$$\phi\left(\boldsymbol{r}_1, s_1; \boldsymbol{r}_2, s_2; \cdots; \boldsymbol{r}_i, s_i; \cdots\right) = \left\langle \boldsymbol{r}_1, s_1; \boldsymbol{r}_2, s_2; \cdots; \boldsymbol{r}_i, s_i; \cdots \middle| \phi \right\rangle, \tag{5.1}$$

其中，$\boldsymbol{r}_i$ 和 s_i 分别表示第 i 个电子的空间位置矢量和自旋分量，$s_i = \pm\frac{1}{2}$。多电子系统的共轭波函数为

$$\phi^*\left(\boldsymbol{r}_1, s_1; \boldsymbol{r}_2, s_2; \cdots; \boldsymbol{r}_i, s_i; \cdots\right) = \left\langle \phi \middle| \boldsymbol{r}_1, s_1; \boldsymbol{r}_2, s_2; \cdots; \boldsymbol{r}_i, s_i; \cdots \right\rangle. \tag{5.2}$$

多电子系统的波函数的归一化条件为

$$\begin{aligned}
\langle\phi|\phi\rangle =& \sum_{s_1, s_2\cdots=-\frac{1}{2},\frac{1}{2}} \int \mathrm{d}^3 r_1 \mathrm{d}^3 r_2 \cdots \mathrm{d}^3 r_N \left\langle \phi \middle| \boldsymbol{r}_1, s_1; \boldsymbol{r}_2, s_2; \cdots; \boldsymbol{r}_i, s_i; \cdots \right\rangle \\
& \left\langle \boldsymbol{r}_1, s_1; \boldsymbol{r}_2, s_2; \cdots; \boldsymbol{r}_i, s_i; \cdots \middle| \phi \right\rangle \\
=& \sum_{s_1, s_2\cdots=-\frac{1}{2},\frac{1}{2}} \int \mathrm{d}^3 r_1 \mathrm{d}^3 r_2 \cdots \mathrm{d}^3 r_N \phi^*\left(\boldsymbol{r}_1, s_1; \boldsymbol{r}_2, s_2; \cdots; \boldsymbol{r}_i, s_i; \cdots\right) \\
& \phi\left(\boldsymbol{r}_1, s_1; \boldsymbol{r}_2, s_2; \cdots; \boldsymbol{r}_i, s_i; \cdots\right) \\
=& 1.
\end{aligned} \tag{5.3}$$

在多电子系统中，其中任意一个具有确定自旋取向 s_1 的电子在三维空间中 $\boldsymbol{r}_1$ 处的小体积元 $\mathrm{d}\tau$ 内出现的概率为

[1] Hohenberg P H, Kohn W. Phys. Rev. B, 1964, 136: 864.

[2] Kohn W, Sham L J. Phys. Rev. A, 1965, 140: 1133.

$$d\omega = d\tau \sum_{s_2,s_3,\cdots,s_N=-\frac{1}{2},\frac{1}{2}} \int d^3r_2 d^3r_3 \cdots d^3r_N$$
$$\phi^*(\boldsymbol{r}_1,s_1;\boldsymbol{r}_2,s_2;\cdots;\boldsymbol{r}_i,s_i;\cdots)\,\phi(\boldsymbol{r}_1,s_1;\boldsymbol{r}_2,s_2;\cdots;\boldsymbol{r}_i,s_i;\cdots). \tag{5.4}$$

由于电子是全同粒子，式 (5.4) 对系统中的任意电子均成立。

在 N 个电子组成的系统中，单个电子的密度函数定义为

$$\rho_1(x_1) = N \sum_{s_2,s_3,\cdots,s_N=-\frac{1}{2},\frac{1}{2}} \int d^3r_2 d^3r_3 \cdots d^3r_N$$
$$\phi^*(\boldsymbol{r}_1,s_1;\boldsymbol{r}_2,s_2;\cdots;\boldsymbol{r}_i,s_i;\cdots)\,\phi(\boldsymbol{r}_1,s_1;\boldsymbol{r}_2,s_2;\cdots;\boldsymbol{r}_i,s_i;\cdots), \tag{5.5}$$

其中，$x_1=(\boldsymbol{r}_1,s_1)$。两个电子的密度函数定义为

$$\rho_2(x_1,x_2) = \begin{pmatrix} N \\ 2 \end{pmatrix} \sum_{s_3,\cdots,s_N=-\frac{1}{2},\frac{1}{2}} \int d^3r_3 \cdots d^3r_N$$
$$\phi^*(\boldsymbol{r}_1,s_1;\boldsymbol{r}_2,s_2;\cdots;\boldsymbol{r}_i,s_i;\cdots)\,\phi(\boldsymbol{r}_1,s_1;\boldsymbol{r}_2,s_2;\cdots;\boldsymbol{r}_i,s_i;\cdots), \tag{5.6}$$

其中 $\begin{pmatrix} N \\ 2 \end{pmatrix} = \dfrac{N!}{(N-2)!2!}$.

q 个电子的密度函数定义为

$$\rho_2(x_1,x_2,\cdots,x_q) = \begin{pmatrix} N \\ q \end{pmatrix} \sum_{s_{q+1},\cdots,s_N=-\frac{1}{2},\frac{1}{2}} \int d^3r_{q+1} \cdots d^3r_N$$
$$\phi^*(\boldsymbol{r}_1,s_1;\boldsymbol{r}_2,s_2;\cdots;\boldsymbol{r}_i,s_i;\cdots)$$
$$\phi(\boldsymbol{r}_1,s_1;\boldsymbol{r}_2,s_2;\cdots;\boldsymbol{r}_i,s_i;\cdots), \tag{5.7}$$

其中 $\begin{pmatrix} N \\ q \end{pmatrix} = \dfrac{N!}{(N-q)!q!}$. 当 $q=N$ 时，

$$\rho_N(x_1,x_2,\cdots,x_N) = \phi^*(\boldsymbol{r}_1,s_1;\boldsymbol{r}_2,s_2;\cdots;\boldsymbol{r}_N,s_N;\cdots)$$
$$\phi(\boldsymbol{r}_1,s_1;\boldsymbol{r}_2,s_2;\cdots;\boldsymbol{r}_N,s_N;\cdots). \tag{5.8}$$

如果交换系统中一对电子的位置坐标和自旋取向，密度函数的值保持不变，密度函数满足电子的交换对称性。

5.2 密 度 算 符

如果 N 个电子的系统的状态可以用量子态 $|\phi_N\rangle$ 表示，那么密度算符可以写成

$$\hat{\Gamma}_N = |\phi_N\rangle\langle\phi_N|. \tag{5.9}$$

在位置表象中，密度算符的矩阵形式为

$$\hat{\Gamma}_N=\sum_{s_1,\cdots,s_N=-\frac{1}{2},\frac{1}{2}}\sum_{s'_1,\cdots,s'_N=-\frac{1}{2},\frac{1}{2}}\int \mathrm{d}^3r_1\mathrm{d}^3r_2\cdots\mathrm{d}^3r_N\int \mathrm{d}^3r'_1\mathrm{d}^3r'_2\cdots\mathrm{d}^3r'_N$$
$$|\boldsymbol{r}'_1,s'_1;\boldsymbol{r}'_2,s'_2;\cdots;\boldsymbol{r}'_N,s'_N\rangle\langle\boldsymbol{r}'_1,s'_1;\boldsymbol{r}'_2,s'_2;\cdots;\boldsymbol{r}'_N,s'_N|\phi_N\rangle$$
$$\langle\phi_N|\boldsymbol{r}_1,s_1;\boldsymbol{r}_2,s_2;\cdots;\boldsymbol{r}_N,s_N\rangle\langle\boldsymbol{r}_1,s_1;\boldsymbol{r}_2,s_2;\cdots;\boldsymbol{r}_N,s_N|. \tag{5.10}$$

其中密度算符的矩阵元为

$$\begin{aligned}&\hat{\Gamma}_N\left(\boldsymbol{r}'_1,s'_1;\boldsymbol{r}'_2,s'_2;\cdots;\boldsymbol{r}'_N,s'_N;\boldsymbol{r}_1,s_1;\boldsymbol{r}_2,s_2;\cdots;\boldsymbol{r}_N,s_N\right)\\&=\langle\boldsymbol{r}'_1,s'_1;\boldsymbol{r}'_2,s'_2;\cdots;\boldsymbol{r}'_N,s'_N|\phi_N\rangle\langle\phi_N|\boldsymbol{r}_1,s_1;\boldsymbol{r}_2,s_2;\cdots;\boldsymbol{r}_N,s_N\rangle\\&=\phi_N\left(\boldsymbol{r}'_1,s'_1;\boldsymbol{r}'_2,s'_2;\cdots;\boldsymbol{r}'_N,s'_N\right)\phi^*_N\left(\boldsymbol{r}_1,s_1;\boldsymbol{r}_2,s_2;\cdots;\boldsymbol{r}_N,s_N\right).\end{aligned} \tag{5.11}$$

一阶约化密度矩阵元定义为

$$\begin{aligned}\rho_1(\boldsymbol{r}'_1,s'_1;\boldsymbol{r}_1,s_1)=N&\sum_{s_2,s_3,\cdots,s_N=-\frac{1}{2},\frac{1}{2}}\int \mathrm{d}^3r_2\mathrm{d}^3r_3\cdots\mathrm{d}^3r_N\\&\phi^*\left(\boldsymbol{r}_1,s_1;\boldsymbol{r}_2,s_2;\cdots;\boldsymbol{r}_i,s_i;\cdots\right)\\&\phi\left(\boldsymbol{r}'_1,s'_1;\boldsymbol{r}_2,s_2;\cdots;\boldsymbol{r}_i,s_i;\cdots\right).\end{aligned} \tag{5.12}$$

处于平衡态的多电子系统的状态并不随时间变化。在密度泛函理论中，可以忽略波函数 ϕ_N 中的时间相因子。假定系统的波函数 ϕ_N 与时间无关，密度矩阵也不随时间变化。因为一阶约化的密度矩阵与时间无关，所以它反映了多电子系统中处于不同位置和不同自旋态的两个电子之间的关联程度。

二阶约化密度矩阵元定义为

$$\rho_2(\boldsymbol{r}'_1,s'_1,\boldsymbol{r}'_2,s'_2;\boldsymbol{r}_1,s_1,\boldsymbol{r}_2,s_2)=\begin{pmatrix}N\\2\end{pmatrix}\sum_{s_3,\cdots,s_N=-\frac{1}{2},\frac{1}{2}}\int \mathrm{d}^3r_3\cdots\mathrm{d}^3r_N$$
$$\phi^*\left(\boldsymbol{r}_1,s_1;\boldsymbol{r}_2,s_2;\boldsymbol{r}_3,s_3;\cdots;\boldsymbol{r}_N,s_N\right)\phi\left(\boldsymbol{r}'_1,s'_1;\boldsymbol{r}'_2,s'_2;\boldsymbol{r}_3,s_3;\cdots;\boldsymbol{r}_N,s_N\right), \tag{5.13}$$

其中 $\begin{pmatrix}N\\2\end{pmatrix}=\dfrac{N!}{(N-2)!2!}$.

q 阶约化密度矩阵元定义为

$$\begin{aligned}&\rho_q(\boldsymbol{r}'_1,s'_1,\boldsymbol{r}'_2,s'_2,\cdots,\boldsymbol{r}'_q,s'_q;\boldsymbol{r}_1,s_1,\boldsymbol{r}_2,s_2,\cdots,\boldsymbol{r}_q,s_q)\\&=\begin{pmatrix}N\\q\end{pmatrix}\sum_{s_{q+1},\cdots,s_N=-\frac{1}{2},\frac{1}{2}}\int \mathrm{d}^3r_{q+1}\cdots\mathrm{d}^3r_N\end{aligned}$$

$$
\begin{aligned}
&\phi^*\left(\boldsymbol{r}_1, s_1; \boldsymbol{r}_2, s_2; \cdots; \boldsymbol{r}_q, s_q; \boldsymbol{r}_{q+1}, s_{q+1}; \cdots; \boldsymbol{r}_N, s_N\right) \\
&\phi\left(\boldsymbol{r}_1', s_1'; \boldsymbol{r}_2', s_2'; \cdots; \boldsymbol{r}_q', s_q'; \boldsymbol{r}_{q+1}, s_{q+1}; \cdots; \boldsymbol{r}_N, s_N\right) \\
=&\begin{pmatrix} N \\ q \end{pmatrix} \sum_{s_{q+1},\cdots,s_N=-\frac{1}{2},\frac{1}{2}} \int \mathrm{d}^3 r_{q+1} \cdots \mathrm{d}^3 r_N \\
&\Gamma_N\left(\boldsymbol{r}_1', s_1'; \boldsymbol{r}_2', s_2'; \cdots; \boldsymbol{r}_q', s_q'; \boldsymbol{r}_{q+1}, s_{q+1}; \cdots; \boldsymbol{r}_N, s_N; \boldsymbol{r}_1, s_1;\right. \\
&\left.\boldsymbol{r}_2, s_2; \cdots; \boldsymbol{r}_q, s_q; \boldsymbol{r}_{q+1}, s_{q+1}; \cdots; \boldsymbol{r}_N, s_N\right),
\end{aligned}
\tag{5.14}
$$

其中 $\begin{pmatrix} N \\ q \end{pmatrix} = \dfrac{N!}{(N-q)!q!}$.

一阶约化密度矩阵归一化后，可以得到多电子系统的总粒子数为

$$
\operatorname{Tr}\left(\hat{\rho}_1\right) = \sum_{s_1} \int \mathrm{d}^3 r_1 \rho_1(\boldsymbol{r}_1, s_1; \boldsymbol{r}_1, s_1) = N. \tag{5.15}
$$

二阶约化密度矩阵归一化后，可以得到系统的电子对数为

$$
\operatorname{Tr}\left(\hat{\rho}_2\right) = \sum_{s_1, s_2} \int \mathrm{d}^3 r_1 \mathrm{d}^3 r_2 \rho_1(\boldsymbol{r}_1, s_1; \boldsymbol{r}_2, s_2; \boldsymbol{r}_1, s_1; \boldsymbol{r}_2, s_2) = \begin{pmatrix} N \\ 2 \end{pmatrix} = \frac{N!}{(N-2)!2!}. \tag{5.16}
$$

5.3 Thomas-Fermi 模型

设正方体容器的内边长为 l，一个粒子被限制在容器内运动，那么这个粒子的运动满足薛定谔方程

$$
-\frac{\hbar^2}{2m}\left(\frac{\partial^2}{\partial x^2} + \frac{\partial^2}{\partial y^2} + \frac{\partial^2}{\partial z^2}\right)\psi(x,y,z) = \varepsilon\psi(x,y,z), \tag{5.17}
$$

其中，ε 为本征能量；$\psi(x,y,z)$ 为粒子的本征波函数。

设 $\psi(x,y,z) = \psi_1(x)\psi_2(y)\psi_3(z)$，$\varepsilon = \varepsilon_1 + \varepsilon_2 + \varepsilon_3$，那么方程 (5.17) 可以分解为

$$
\frac{\partial^2}{\partial x^2}\psi_1(x) + k_x^2\psi_1(x) = 0, \tag{5.18}
$$

$$
\frac{\partial^2}{\partial y^2}\psi_2(y) + k_y^2\psi_2(y) = 0, \tag{5.19}
$$

$$
\frac{\partial^2}{\partial z^2}\psi_2(z) + k_z^2\psi_3(z) = 0, \tag{5.20}
$$

其中，$k_x = \sqrt{\dfrac{2m\varepsilon_1}{\hbar^2}}$，$k_y = \sqrt{\dfrac{2m\varepsilon_2}{\hbar^2}}$，$k_z = \sqrt{\dfrac{2m\varepsilon_3}{\hbar^2}}$。

方程 (5.18) 的解可以表示为

$$\psi_1(x) = A\sin(k_x x + \delta) \tag{5.21}$$

由波函数 $\psi_1(x)$ 满足的边界条件，

$$\psi_1(0) = 0, \qquad \psi_1(l) = 0, \tag{5.22}$$

可以得到 $\delta = 0$，另外

$$k_x l = n_1 \pi, \tag{5.23}$$

其中 $n_1 = 1, 2, 3, \cdots$ 由式 (5.23) 可得

$$\varepsilon_1 = \frac{n_1^2 \pi^2 \hbar^2}{2ml^2} = \frac{n_1^2 h^2}{8ml^2}. \tag{5.24}$$

同理可得

$$\varepsilon_2 = \frac{n_2^2 h^2}{8ml^2}, \tag{5.25}$$

$$\varepsilon_3 = \frac{n_3^2 h^2}{8ml^2}, \tag{5.26}$$

其中，$n_2, n_3 = 1, 2, 3, \cdots$ 于是，立方体容器内单个粒子的能量为

$$\varepsilon = \frac{h^2}{8ml^2}\left(n_1^2 + n_2^2 + n_3^2\right) = \frac{h^2}{8ml^2}R^2, \tag{5.27}$$

其中，$R^2 = \left(n_1^2 + n_2^2 + n_3^2\right)$。

由式 (5.27) 可知

$$R^2 = \frac{8ml^2\varepsilon}{h^2}. \tag{5.28}$$

每一组量子数 (n_x, n_y, n_z) 对应限制在正方形容器内的粒子的一个状态。如果以量子数 n_x，n_y，n_z 为坐标轴建立坐标系，那么在 (n_x, n_y, n_z) 的坐标空间中，每一个单粒子状态平均占有 1 个单位空间，所以，当 $R \gg 1$，即量子数 n_x，n_y，n_z 的平方和 $\left(n_1^2 + n_2^2 + n_3^2\right)$ 非常大时，低于能量 ε 的单粒子状态总数为

$$\Phi(\varepsilon) = \frac{1}{8} \cdot \frac{4\pi R^3}{3} = \frac{\pi}{6}R^3 = \frac{\pi}{6}\left(\frac{8ml^2\varepsilon}{h^2}\right)^{3/2}. \tag{5.29}$$

$\Phi(\varepsilon)$ 对单粒子能量 ε 的导数 $q(\varepsilon)$ 为

$$q(\varepsilon) = \frac{\mathrm{d}\Phi(\varepsilon)}{\mathrm{d}\varepsilon} = \frac{\pi}{4}\left(\frac{8ml^2}{h^2}\right)^{3/2}\varepsilon^{1/2}. \tag{5.30}$$

于是，可以得到能量 ε 与 $\varepsilon+\delta\varepsilon$ 之间的单粒子状态数目为

$$q(\varepsilon)\delta\varepsilon = \Phi(\varepsilon+\delta\varepsilon)-\Phi(\varepsilon)=\frac{\pi}{4}\left(\frac{8ml^2}{h^2}\right)^{3/2}\varepsilon^{1/2}\delta\varepsilon, \tag{5.31}$$

函数 $q(\varepsilon)$ 称为能级 ε 处的态密度。

粒子占据能量为 E 的单粒子态的概率满足 Fermi-Dirac 分布

$$f(\varepsilon)=\frac{1}{1+\exp[\beta(\varepsilon-\mu)]}, \tag{5.32}$$

温度为零的情况下，$f(\varepsilon)$ 约化为阶跃函数

$$f(\varepsilon)=\begin{cases}0, & \varepsilon>\varepsilon_{\mathrm{F}},\\ 1, & \varepsilon\leqslant\varepsilon_{\mathrm{F}}.\end{cases} \tag{5.33}$$

显然，能量低于费米能量 ε_{F} 的单粒子状态为占据态，能量高于费米能量 ε_{F} 的单粒子状态为未占据态。

考虑到电子的自旋为 $\hbar/2$，每一个单粒子状态可以容纳自旋相反的两个电子。假定电子均匀分布，那么电子的动能为所有占据态的能量的总和

$$\begin{aligned}\Delta E&=2\int\varepsilon f(\varepsilon)q(\varepsilon)\mathrm{d}\varepsilon\\&=2\int_0^{\varepsilon_{\mathrm{F}}}\varepsilon\frac{\pi}{4}\left(\frac{8ml^2}{h^2}\right)^{3/2}\varepsilon^{1/2}\mathrm{d}\varepsilon\\&=\frac{8\pi}{5}\left(\frac{2m}{h^2}\right)^{3/2}l^3\varepsilon_{\mathrm{F}}^{5/2}.\end{aligned} \tag{5.34}$$

电子总数为

$$\begin{aligned}\Delta N&=2\int f(\varepsilon)q(\varepsilon)\mathrm{d}\varepsilon\\&=2\int_0^{\varepsilon_{\mathrm{F}}}\frac{\pi}{4}\left(\frac{8ml^2}{h^2}\right)^{3/2}\varepsilon^{1/2}\mathrm{d}\varepsilon\\&=\frac{8\pi}{3}\left(\frac{2m}{h^2}\right)^{3/2}l^3\varepsilon_{\mathrm{F}}^{3/2}.\end{aligned} \tag{5.35}$$

由式 (5.35) 可知，费米能量可以表示为

$$\varepsilon_{\mathrm{F}}=\left(\frac{\Delta N}{\frac{8\pi}{3}\left(\frac{2m}{h^2}\right)^{3/2}l^3}\right)^{2/3}=\frac{h^2}{2ml^2}\left(\Delta N\frac{3}{8\pi}\right)^{2/3}. \tag{5.36}$$

由式 (5.34) 和式 (5.35) 可得

$$\Delta E=\frac{3}{5}\ \varepsilon_{\mathrm{F}}\ \Delta N, \tag{5.37}$$

或者写为

$$\frac{\Delta E}{\Delta N}=\frac{3}{5}\ \varepsilon_{\mathrm{F}}. \tag{5.38}$$

把式 (5.36) 代入式 (5.37)，得

$$\Delta E=\frac{3}{5}\ \frac{h^2}{2ml^2}\ \left(\frac{3}{8\pi}\right)^{2/3}\ (\Delta N)^{5/3}, \tag{5.39}$$

电子密度为

$$\rho=\frac{\Delta N}{l^3}, \tag{5.40}$$

所以

$$\Delta E=\frac{3}{5}\ \frac{h^2}{2ml^2}\ \left(\frac{3}{8\pi}\right)^{2/3}\ \rho^{5/3}\ l^5. \tag{5.41}$$

取 $\hbar=m=1$，考虑到电子密度 ρ 是坐标 $\boldsymbol{r}$ 的函数，式 (5.41) 可以表示为

$$\Delta E=C_{\mathrm{F}}\int\rho^{5/3}(\boldsymbol{r})\mathrm{d}^3r, \tag{5.42}$$

其中，$C_{\mathrm{F}}=\dfrac{3}{10}\left(3\pi^2\right)^2/3\simeq 2.8712$。

因此，多电子系统的总动能可以表示成电子密度的泛函

$$T[\rho]=C_{\mathrm{F}}\int\rho^{5/3}(\boldsymbol{r})\mathrm{d}^3r. \tag{5.43}$$

在 Thomas-Fermi 近似下，多电子系统的总能量是电子密度的泛函

$$E_{\mathrm{TF}}[\rho]=C_{\mathrm{F}}\int\rho^{5/3}(\boldsymbol{r})\mathrm{d}^3r+\int\rho(\boldsymbol{r})v(\boldsymbol{r})\mathrm{d}^3r+\frac{1}{2}\iint\frac{\rho(\boldsymbol{r}_1)\rho(\boldsymbol{r}_2)}{|\boldsymbol{r}_1-\boldsymbol{r}_2|}\mathrm{d}^3r_1\ \mathrm{d}^3r_2, \tag{5.44}$$

式 (5.44) 的等号右边第二项和第三项分别代表外势场与电子之间、电子与电子之间的库仑相互作用。

5.4　Thomas-Fermi-Dirac 模型

在多电子系统中，电子作为一种全同粒子，满足全同性原理的要求。在 Thomas-Fermi 近似中，式 (5.44) 只考虑了电子之间的库仑排斥作用，而没有考虑到电子之间的交换能。1930 年，Dirac 在 Thomas-Fermi 近似的基础上，研究了电子之间的交换能的密度泛函形式。

设正方体容器的内边长为 l，一个粒子被限制在容器内运动，那么这个粒子的运动满足薛定谔方程。限制在正方体容器内的单个电子的波函数满足周期性边界条件，$\phi(x+l)=\phi(x)$，其中 l 为正方体容器的边长。单电子波函数为

$$\phi_{\boldsymbol{k}}(\boldsymbol{r})=\frac{1}{l^{3/2}}\exp[\mathrm{i}(k_x x+k_y y+k_z z)]=\frac{1}{V^{1/2}}\exp[\mathrm{i}(\boldsymbol{k}\cdot\boldsymbol{r})], \tag{5.45}$$

其中正方体容器的体积 $V=l^3$。

对于温度为零的多电子系统，假定能量低于费米能量的单粒子状态全部填满电子，费米面以上没有电子。此时，如果多电子系统由 N 个电子组成，将占据费米面以下的 N 个单粒子状态，每一个能量低于费米能量的单粒子状态的占有概率为 1。此时，多电子系统可以用费米面以下单粒子状态波函数和相应的占有概率来描述。多电子系统的密度算符为

$$\hat{\rho}=\sum_{\lambda=1,2}\sum_{\boldsymbol{k}}\omega_{\boldsymbol{k},\lambda}|\phi_{\boldsymbol{k}}\rangle\langle\phi_{\boldsymbol{k}}|, \tag{5.46}$$

其中，λ 表示电子的自旋取向；$\omega_{\boldsymbol{k},\lambda}$ 表示电子处于自旋取向为 λ，动量为 $\boldsymbol{k}$ 的单粒子状态的概率。

$$\sum_{\lambda=1,2}\sum_{\boldsymbol{k}}\omega_{\boldsymbol{k},\lambda}=N, \tag{5.47}$$

其中，N 是多电子系统中电子的数目。

考虑到费米面以下的单粒子状态的占有概率为 1，式 (5.46) 中的密度算符可以简化为

$$\hat{\rho}_1=\sum_{\lambda=1,2}\sum_{\boldsymbol{k}}|\phi_{\boldsymbol{k}}\rangle\langle\phi_{\boldsymbol{k}}|,\quad |\boldsymbol{k}|\leqslant k_{\mathrm{F}}. \tag{5.48}$$

在位置空间里，电子的密度算符可以写为

$$\begin{aligned}\rho_1(\boldsymbol{r}_1,\boldsymbol{r}_2)&=\sum_{\lambda=1,2}\sum_{\boldsymbol{k}}\langle x_1,y_1,z_1|\phi_{\boldsymbol{k}}\rangle\langle\phi_{\boldsymbol{k}}|x_2,y_2,z_2\rangle\\&=\sum_{\lambda=1,2}\sum_{\boldsymbol{k}}\phi_{\boldsymbol{k}}(x_1,y_1,z_1)\phi_{\boldsymbol{k}}^*(x_2,y_2,z_2)\\&=\frac{2}{V}\sum_{\boldsymbol{k}}\exp[\mathrm{i}\boldsymbol{k}(\boldsymbol{r}_1-\boldsymbol{r}_2)]\\&=\frac{1}{4\pi^3}\int\exp[\mathrm{i}\boldsymbol{k}(\boldsymbol{r}_1-\boldsymbol{r}_2)]\mathrm{d}^3k\\&=\frac{1}{4\pi^3}\int_0^{k_{\mathrm{F}}}k^2\mathrm{d}k\int\exp(\mathrm{i}kr_{12}\cos\theta)\sin\theta\mathrm{d}\theta\int\mathrm{d}\phi,\end{aligned} \tag{5.49}$$

其中，$r_{12}=|\boldsymbol{r}_1-\boldsymbol{r}_2|$，$k_{\mathrm{F}}$ 是电子的费米动量，电子的定域密度为

$$\rho(\boldsymbol{r})=\frac{2}{(2\pi)^3}\int_{k_{\mathrm{F}}}\mathrm{d}^3k=\frac{1}{3\pi^2}k_{\mathrm{F}}^3, \tag{5.50}$$

所以 $k_{\mathrm{F}}=[3\pi^2\rho(\boldsymbol{r})]^{1/3}$ 是位置的函数。

引入坐标变换，$\boldsymbol{r}=\dfrac{1}{2}(\boldsymbol{r}_1+\boldsymbol{r}_2)$，$\boldsymbol{s}=\boldsymbol{r}_1-\boldsymbol{r}_2$，可以计算出密度算符的解析形式

$$\rho_1(\boldsymbol{r}_1,\boldsymbol{r}_2)=\frac{1}{\pi^2 s^3}\left[\sin(k_{\mathrm{F}}s)-k_{\mathrm{F}}s\cos(k_{\mathrm{F}}s)\right], \tag{5.51}$$

其中 $s=|\boldsymbol{s}|$，令 $t=k_{\mathrm{F}}(\boldsymbol{r})s$，那么密度算符可以写为

$$\rho_1(\boldsymbol{r},t)=3\rho(\boldsymbol{r})\left(\frac{\sin t-t\cos t}{t^3}\right). \tag{5.52}$$

式 (5.52) 中的密度算符就是式 (5.12) 中的一阶约化密度矩阵。

对比式 (5.52) 和式 (5.50) 可以看出，密度算符 $\rho_1(\boldsymbol{r}_1,\boldsymbol{r}_2)$ 反映了多电子系统中处于不同位置的两个电子之间的关联，密度算符在坐标空间内的对角矩阵元就是位置 $\boldsymbol{r}$ 处的电子密度。式 (5.52) 中的 $\rho_1(\boldsymbol{r},t)$ 即给出了位置 $\boldsymbol{r}$ 处的电子密度，也提供了位置 $\boldsymbol{r}$ 附近的电子密度变化的情况。

为了得到多电子系统的动能的形式，可以证明

$$\nabla^2_{\boldsymbol{r}_1}=\frac{1}{4}\nabla^2_{\boldsymbol{r}}+\nabla^2_{\boldsymbol{s}}+\nabla_{\boldsymbol{r}}\nabla_{\boldsymbol{s}},\quad \nabla^2_{\boldsymbol{r}_2}=\frac{1}{4}\nabla^2_{\boldsymbol{r}}+\nabla^2_{\boldsymbol{s}}-\nabla_{\boldsymbol{r}}\nabla_{\boldsymbol{s}}. \tag{5.53}$$

多电子系统的总动能为

$$\begin{aligned}T[\rho]&=\mathrm{Tr}\left[\frac{\boldsymbol{k}^2}{2}\hat{\rho}_1\right]\\&=\int\left[-\frac{1}{2}\nabla^2_{\boldsymbol{r}_1}\rho_1(\boldsymbol{r}_1,\boldsymbol{r}_2)\right]_{\boldsymbol{r}_1=\boldsymbol{r}_2}\mathrm{d}^3r_1\\&=\int\left[-\frac{1}{2}\left(\frac{1}{4}\nabla^2_{\boldsymbol{r}}+\nabla^2_{\boldsymbol{s}}+\nabla_{\boldsymbol{r}}\nabla_{\boldsymbol{s}}\right)\rho_1(\boldsymbol{r},s)\right]_{\boldsymbol{s}=0}\mathrm{d}^3r.\end{aligned} \tag{5.54}$$

由于$\boldsymbol{r}_1=\boldsymbol{r}_2$，$\boldsymbol{r}=\dfrac{1}{2}(\boldsymbol{r}_1+\boldsymbol{r}_2)=\boldsymbol{r}_1$，所以 $\mathrm{d}^3r=\mathrm{d}^3r_1$。经过运算，可以得到的多电子系统的总动能为

$$\begin{aligned}T[\rho]&=\int-\frac{1}{2}\left[\frac{1}{4}\nabla^2_{\boldsymbol{r}}\rho(\boldsymbol{r})-\frac{3}{5}(3\pi^2)^{2/3}\rho^{5/3}(\boldsymbol{r})\right]\mathrm{d}^3r\\&=C_{\mathrm{F}}\int\rho^{5/3}(\boldsymbol{r})\mathrm{d}^3r,\end{aligned} \tag{5.55}$$

其中，$C_{\mathrm{F}}=\dfrac{3}{10}(3\pi^2)^{2/3}=2.8712$。在式 (5.55) 中用到了 $\nabla^2_{\boldsymbol{r}}\rho(\boldsymbol{r})=0$。式 (5.55) 与 Thomas-Fermi 模型中的动能形式 (5.43) 完全相同。

电子相关能 $V_{\mathrm{ee}}[\rho]$ 可以表示成电子之间的库仑能 $J[\rho]$ 和交换能 $K[\rho]$ 之和

$$V_{\text{ee}}[\rho] = J[\rho] - K[\rho], \tag{5.56}$$

其中电子之间的交换能为

$$\begin{aligned} K[\rho] &= \frac{1}{4}\int\int \frac{1}{r_{12}}\left[\rho_1(\boldsymbol{r}_1, \boldsymbol{r}_2)\right]^2 \mathrm{d}^3r_1\mathrm{d}^3r_2 \\ &= \frac{1}{4}\int\int \frac{\left[\rho_1(\boldsymbol{r}, \boldsymbol{s})\right]^2}{s}\mathrm{d}^3r\mathrm{d}^3s \\ &= C_x\int \rho^{4/3}(\boldsymbol{r})\mathrm{d}^3r, \end{aligned} \tag{5.57}$$

其中，$C_x = \frac{3}{4}\left(\frac{3}{\pi}\right)^{1/3} = 0.7386$。

在 Thomas-Fermi-Dirac 近似下，多电子系统的总能量为

$$\begin{aligned} E_{\text{TFD}}[\rho] = &C_{\text{F}}\int \rho^{5/3}(\boldsymbol{r})\mathrm{d}^3r + \int \rho(\boldsymbol{r})v(\boldsymbol{r})\mathrm{d}^3r \\ &+ \frac{1}{2}\int\int \frac{\rho(\boldsymbol{r}_1)\rho(\boldsymbol{r}_2)}{|\boldsymbol{r}_1 - \boldsymbol{r}_2|}\mathrm{d}^3r_1\,\mathrm{d}^3r_2 - C_x\int \rho^{4/3}(\boldsymbol{r})\mathrm{d}^3r, \end{aligned} \tag{5.58}$$

其中，$v(\boldsymbol{r})$ 是外势场。

多电子系统的基态电子密度满足变分原理

$$\delta\left\{E_{\text{TFD}}[\rho] - \mu\left[\int \rho(\boldsymbol{r})\mathrm{d}^3r - N\right]\right\} = 0, \tag{5.59}$$

如果电子总数守恒，

$$\int \rho(\boldsymbol{r})\mathrm{d}^3r = N, \tag{5.60}$$

那么

$$\delta E_{\text{TFD}}[\rho] = 0. \tag{5.61}$$

化学势为

$$\mu_{\text{TFD}} = \frac{\delta E_{\text{TFD}}[\rho]}{\delta\rho(\boldsymbol{r})} = \frac{5}{3}C_{\text{F}}\rho^{2/3}(\boldsymbol{r}) - \frac{4}{3}C_x\rho^{1/3}(\boldsymbol{r}) + \Phi(\boldsymbol{r}), \tag{5.62}$$

其中

$$\Phi(\boldsymbol{r}) = v(\boldsymbol{r}) + \int \frac{\rho(\boldsymbol{r}')}{|\boldsymbol{r} - \boldsymbol{r}'|}\mathrm{d}^3r'. \tag{5.63}$$

由第四章的知识可知，零温度下理想费米气体的化学势就是费米能量，$\mu = \varepsilon_{\text{F}} = \frac{k_{\text{F}}^2}{2} = \frac{(3\pi^2)^{2/3}}{2}\rho^{2/3} = \frac{5}{3}C_{\text{F}}\rho^{2/3}(\boldsymbol{r})$，与式 (5.62) 右边第一项相同。可见，式 (5.62) 右边第二项和第三项分别是电子之间交换相互作用和库仑相互作用对化学势的修正。

5.5 Kohn-Sham 方程

由 5.3 节和 5.4 节的知识可知，多电子系统的总能量是电子密度的泛函

$$E[\rho]=\int \rho(\boldsymbol{r})v(\boldsymbol{r})\mathrm{d}^3r+T[\rho]+V_{\mathrm{ee}}[\rho], \tag{5.64}$$

其中，$T[\rho]$ 表示多电子系统的动能部分；$v(\boldsymbol{r})$ 是电子受到的外势场；$V_{\mathrm{ee}}[\rho]$ 是电子关联能，表示电子之间的关联作用。多电子系统的基态能量和电子密度可以由能量泛函的极小值得到。

在 Thomas-Fermi 模型中，电子关联能 $V_{\mathrm{ee}}[\rho]$ 只包括电子之间的库仑排斥作用。Dirac 由密度算符理论出发，在 $V_{\mathrm{ee}}[\rho]$ 中加入了电子交换能的部分。电子关联能 $V_{\mathrm{ee}}[\rho]$ 的形式具有模型相关性，不能完全反映电子之间的相互作用。无论 Thomas-Fermi 模型，还是 Thomas-Fermi-Dirac 模型，都不能精确求解多电子系统能量和密度分布。在 11.1.2 节中，我们讨论了研究核物质的相对论 Hartree-Fock 方法，由于微扰计算只包括单圈图对核物质中核子自能的贡献，忽略了电子自能的高阶修正，因此，严格来说，相对论 Hartree-Fock 理论也是一种近似方法，不能得到粒子的密度分布和系统能量的精确值。

1965 年，Kohn 和 Sham(沈吕九) 通过引进无相互作用的理想电子系统，创立了密度泛函理论[3]，经过三十多年的完善和发展，密度泛函理论已经成为精确计算多电子系统性质的有力工具，在凝聚态物理、量子化学等领域取得了很多研究成果。

Kohn 和 Sham 提出，多电子系统基态动能的精确形式为

$$\begin{aligned}T&=\sum_i n_i\langle\phi_i|-\frac{1}{2}\nabla^2|\phi_i\rangle\\&=\mathrm{Tr}\left[\sum_i n_i|\phi_i\rangle\langle\phi_i|\left(-\frac{1}{2}\nabla^2\right)\right]\\&=\mathrm{Tr}\left[\hat{\rho}\left(-\frac{1}{2}\nabla^2\right)\right],\end{aligned} \tag{5.65}$$

其中密度算符 $\hat{\rho}=\sum\limits_i n_i|\phi_i\rangle\langle\phi_i|$。在式 (5.65) 中，$|\phi_i\rangle$ 为多电子系统中单电子波函数，n_i 为单粒子状态占有数，$0\leqslant n_i\leqslant 1$。如果系统的温度为零，那么

$$n_i=\begin{cases}0,\\1.\end{cases} \tag{5.66}$$

[3] Kohn W, Sham L J. Phys. Rev. A, 1965, 140: 1133.

其中，$n_i = 1$ 表示波函数 $|\phi_i\rangle$ 对应的状态被一个电子占据；$n_i = 0$ 表示这一单粒子状态没有被电子占据。

多电子系统的电子密度是各个电子概率密度的和，即

$$\rho(\boldsymbol{r}) = \sum_i n_i \langle\phi_i|\phi_i\rangle. \tag{5.67}$$

我们假定电子的自旋取向不同，将占据不同的单粒子状态 $|\phi_i\rangle$，因此，在式 (5.65) 和式 (5.67) 中并没有单独写出对电子自旋的求和。

为了研究多电子系统中电子受到的其他电子的相互作用，Kohn 和 Sham 引入了一个与实际的多电子系统相对应的、假定电子之间没有相互作用的、理想的多电子系统，我们称其为理想系统。理想系统的电子的密度分布与实际系统完全相同。即假定在各个位置 $\boldsymbol{r}$ 处的两个系统的电子密度相互一致。我们知道，处于平衡状态的理想电子气的密度处处相等，电子的密度分布是均匀的。但是，这里引进的理想系统的空间密度分布是不均匀的，与实际系统的密度分布一致，电子密度 $\rho(\boldsymbol{r})$ 是位置矢量 $\boldsymbol{r}$ 的函数。显然，理想系统中的电子之间没有相互作用，这种电子密度分布的不均匀性是由一种“理想”的外势场来实现的，即假定理想系统中的电子都受到这一外势场的作用。正是这一外势场的作用，电子之间无相互作用的理想系统中的电子密度分布与实际的多电子系统密度分布实现一致。

理想系统中电子的运动满足薛定谔方程

$$\left[-\frac{1}{2}\nabla_i^2 + v_s(\boldsymbol{r}_i)\right]|\phi_i'\rangle = \varepsilon_i|\phi_i'\rangle, \quad i = 1, 2, \cdots, N. \tag{5.68}$$

其中，$v_s(\boldsymbol{r}_i)$ 是“理想”的外势场；$|\phi_i'\rangle$ 是理想系统中第 i 个电子的本征波函数。理想系统的总电子基态波函数可以写为

$$|\varPhi_{\mathrm{S}}\rangle = \frac{1}{\sqrt{N!}} \det||\phi_1'\rangle\ |\phi_2'\rangle\ \cdots\ |\phi_N'\rangle|, \tag{5.69}$$

于是，理想系统中电子的总动能为

$$T_{\mathrm{S}}[\rho] = \langle\varPhi_{\mathrm{S}}|\sum_i^N\left(-\frac{1}{2}\nabla_i^2\right)|\varPhi_{\mathrm{S}}\rangle. \tag{5.70}$$

Kohn 和 Sham 提出，实际的有相互作用的多电子系统的基态的能量可以表示为理想系统中电子的总动能 $T_{\mathrm{S}}[\rho]$、电子之间的库仑排斥能 $J[\rho]$、电子之间的交换关联能 $E_{\mathrm{xc}}[\rho]$ 以及电子受到外场 $v(\boldsymbol{r})$ 的作用能的和:

$$E[\rho] = T_{\mathrm{S}}[\rho] + J[\rho] + E_{\mathrm{xc}}[\rho] + \int \rho(\boldsymbol{r})v(\boldsymbol{r})\mathrm{d}^3r. \tag{5.71}$$

对比式 (5.64) 和式 (5.71) 可知，电子之间的交换关联能可以写为

$$E_{\mathrm{xc}}[\rho] = T[\rho] - T_{\mathrm{S}}[\rho] + V_{\mathrm{ee}}[\rho] - J[\rho]. \tag{5.72}$$

显然，电子之间的交换关联能包含了实际系统的电子总动能 $T[\rho]$ 与理想系统的电子总动能 $T_{\mathrm{S}}[\rho]$ 的差。如果实际系统的电子总动能 $T[\rho]$ 和理想系统的电子总动能 $T_{\mathrm{S}}[\rho]$ 相等，即 $T[\rho] = T_{\mathrm{S}}[\rho]$，那么 $V_{\mathrm{ee}}[\rho] - J[\rho]$ 就是电子之间的交换关联能。

实际多电子系统的电子化学势 μ 为

$$\begin{aligned}\mu &= \frac{\delta E[\rho]}{\delta\rho}\\ &= v(\boldsymbol{r}) + \frac{\delta J[\rho]}{\delta\rho} + \frac{\delta E_{\mathrm{xc}}[\rho]}{\delta\rho} + \frac{\delta T_{\mathrm{S}}[\rho]}{\delta\rho}\\ &= v_{\mathrm{eff}}(\boldsymbol{r}) + \frac{\delta T_{\mathrm{S}}[\rho]}{\delta\rho},\end{aligned} \tag{5.73}$$

其中

$$\begin{aligned}v_{\mathrm{eff}}(\boldsymbol{r}) &= v(\boldsymbol{r}) + \frac{\delta J[\rho]}{\delta\rho} + \frac{\delta E_{\mathrm{xc}}[\rho]}{\delta\rho}\\ &= v(\boldsymbol{r}) + \int \frac{\rho(\boldsymbol{r}')}{|\boldsymbol{r}-\boldsymbol{r}'|}\mathrm{d}^3r' + v_{\mathrm{xc}}(\boldsymbol{r})\end{aligned} \tag{5.74}$$

为电子的有效势场，也称为平均场。当我们研究多电子系统中电子的运动时，可以把电子之间的库仑排斥作用，电子之间的交换关联作用以及外势场对电子的作用等效地看成一个平均场，实际多电子系统中的电子可以看成在这个平均场中运动。

如果把式 (5.74) 中的有效势场 $v_{\mathrm{eff}}(\boldsymbol{r})$ 看成理想系统中电子受到的外部势，那么由式 (5.73) 可知，实际多电子系统的电子化学势可以由理想系统中电子受到的外部势 $v_{\mathrm{eff}}(\boldsymbol{r})$ 和理想系统中电子的动能泛函 $T_{\mathrm{S}}[\rho]$ 求得。

对于给定的有效势场 $v_{\mathrm{eff}}(\boldsymbol{r})$，通过求解薛定谔方程可以得到理想系统中电子的波函数 $|\phi_i\rangle$，

$$\left(-\frac{1}{2}\nabla^2 + v_{\mathrm{eff}}(\boldsymbol{r})\right)|\phi_i\rangle = \varepsilon_i|\phi_i\rangle, \quad i = 1, 2, \cdots, N. \tag{5.75}$$

实际多电子系统的电子密度与理想系统的电子密度处处相等，因此，实际多电子系统的电子密度可以由理想系统的电子波函数求得

$$\rho(\boldsymbol{r}) = \sum_{i=1}^{N}\langle\phi_i|\phi_i\rangle. \tag{5.76}$$

由式 (5.74) 可知，有效势场 $v_{\mathrm{eff}}(\boldsymbol{r})$ 依赖于系统的电子密度分布 $\rho(\boldsymbol{r})$，因此，需要自洽求解式 (5.74)、式 (5.75) 和式 (5.76)，即

$$\rho(\boldsymbol{r})_{\text{Original value}} \to v_{\mathrm{eff}}(\boldsymbol{r}) \to |\phi_i\rangle \to \rho(\boldsymbol{r}) \to \cdots \tag{5.77}$$

循环计算，直至得到自洽的密度分布 $\rho(\boldsymbol{r})$。

5.6 Hohenberg-Kohn 变分

本节中，我们将从量子场论的泛函方法出发，证明密度泛函理论的正确性。

由式 (5.71) 可知，多电子系统的总能量可以写成电子密度的泛函

$$\begin{aligned}E[\rho]=&T_{\mathrm{S}}[\rho]+J[\rho]+E_{\mathrm{xc}}[\rho]+\int\rho(\boldsymbol{r})v(\boldsymbol{r})\mathrm{d}^3r\\=&\sum_{i=1}^{N}\langle\phi_i|\left(-\frac{1}{2}\nabla^2\right)|\phi_i\rangle+\frac{1}{2}\iint\frac{\rho(\boldsymbol{r}_1)\rho(\boldsymbol{r}_2)}{|\boldsymbol{r}_1-\boldsymbol{r}_2|}\mathrm{d}^3r_1\ \mathrm{d}^3r_2\\&+E_{\mathrm{xc}}[\rho]+\int\rho(\boldsymbol{r})v(\boldsymbol{r})\mathrm{d}^3r,\end{aligned}\tag{5.78}$$

其中电荷密度可由式 (5.76) 求得。

如果 N 个电子的波函数在位置空间内都是连续的、平方可积并且已经归一化的有限函数，且电子的密度分布 $\rho(\boldsymbol{r})$ 和 N 个电子的能量泛函 $E[\rho]$ 定义在相同的空间区域上，也就是说，我们将要开始的运算满足数学上的全部要求。那么在 N 个电子波函数为基矢量的希尔伯特空间内，能量泛函 $E[\rho]$ 对于 N 个电子波函数 $|\phi_i\rangle$ 的极小变分等价于对于密度分布 $\rho(\boldsymbol{r})$ 的变分。

为了证明这种等价性，假定 N 个电子的波函数相互正交，

$$\langle\phi_i|\phi_j\rangle=\delta_{ij},\quad i,j=1,2,\cdots,N.\tag{5.79}$$

N 个电子波函数的泛函定义为

$$\Omega\left[\{\phi_i\}\right]=E[\rho]-\sum_{i}^{N}\sum_{j}^{N}\varepsilon_{ij}\langle\phi_i|\phi_j\rangle.\tag{5.80}$$

在式 (5.80) 中，$E[\rho]$ 是 N 个电子波函数 $|\phi_i\rangle$ 的泛函，ε_{ij} 是拉格朗日乘子。

由于

$$\delta\Omega\left[\{\phi_i\}\right]=0,\tag{5.81}$$

即

$$\frac{\delta\Omega\left[\{\phi_i\}\right]}{\delta\phi_i^*}=0,\tag{5.82}$$

代入式 (5.80)，得

$$-\frac{1}{2}\nabla^2\phi_i+\frac{\delta J[\rho]}{\delta\rho}\frac{\delta\rho}{\delta\phi_i^*}+\frac{\delta E_{\mathrm{xc}}[\rho]}{\delta\rho}\frac{\delta\rho}{\delta\phi_i^*}+\int v(\boldsymbol{r})\frac{\delta\rho}{\delta\phi_i^*}\mathrm{d}^3r-\sum_{j}^{N}\varepsilon_{ij}\phi_j=0,\tag{5.83}$$

即

$$-\frac{1}{2}\nabla^2\phi_i + v_{\text{eff}}(\boldsymbol{r})\phi_i = \sum_j^N \varepsilon_{ij}\phi_j, \quad i = 1, 2, \cdots, N. \tag{5.84}$$

其中用到了 $\dfrac{\delta\rho}{\delta\phi_i^*} = \phi_i$。

在式 (5.84) 中，算符 $\hat{h} = -\frac{1}{2}\nabla^2 + v_{\text{eff}}(\boldsymbol{r})$ 是单电子哈密顿算符，$v_{\text{eff}}(\boldsymbol{r})$ 是有效定域势，ε_{ij} 是厄米矩阵，通过 N 个电子波函数 $\{\phi_i\}$ 的幺正变换，即希尔伯特空间的基矢量的幺正变换，ε_{ij} 可以化为对角矩阵。于是，式 (5.84) 变换为 Kohn-Sham 方程的正则形式

$$\left(-\frac{1}{2}\nabla^2 + v_{\text{eff}}(\boldsymbol{r})\right)\phi_i = \varepsilon_i\phi_i, \quad i = 1, 2, \cdots, N, \tag{5.85}$$

其中

$$v_{\text{eff}}(\boldsymbol{r}) = v(\boldsymbol{r}) + \int \frac{\rho(\boldsymbol{r}')}{|\boldsymbol{r} - \boldsymbol{r}'|}\mathrm{d}^3r' + v_{\text{xc}}(\boldsymbol{r}). \tag{5.86}$$

由于有效势场 $v_{\text{eff}}(\boldsymbol{r})$ 和电子密度分布 $\rho(\boldsymbol{r})$ 有关，严格说来，式 (5.84) 和式 (5.85) 都是电子波函数 ϕ_i 的非线性方程，需要迭代求解，即

$$\{\phi_i\}_{\text{Original value}} \to \rho(\boldsymbol{r}) \to v_{\text{eff}}(\boldsymbol{r}) \to \{\phi_i, \varepsilon_i\}, \to \cdots \tag{5.87}$$

用迭代法求得新的电子波函数 $\{\phi_i\}$ 以后，式 (5.78) 中的电子波函数将替换为新的正交归一化的电子波函数 $\{\phi_i\}$，相当于式 (5.78) 中的能量泛函 $E[\rho]$ 同时完成了幺正变换。此时，多电子系统的总能量可以写成

$$E[\rho] = \sum_{i=1}^N \varepsilon_i - \frac{1}{2}\iint \frac{\rho(\boldsymbol{r}_1)\rho(\boldsymbol{r}_2)}{|\boldsymbol{r}_1 - \boldsymbol{r}_2|}\mathrm{d}^3r_1\,\mathrm{d}^3r_2 + E_{\text{xc}}[\rho] - \int v_{xc}(\boldsymbol{r})\rho(\boldsymbol{r})\mathrm{d}^3r, \tag{5.88}$$

其中

$$\begin{aligned}\sum_{i=1}^N \varepsilon_i &= \sum_{i=1}^N \langle\phi_i|\left(-\frac{1}{2}\nabla^2\right)|\phi_i\rangle + \sum_{i=1}^N \langle\phi_i|v_{\text{eff}}(\boldsymbol{r})|\phi_i\rangle \\ &= T_{\text{S}}[\rho] + \int v_{\text{eff}}(\boldsymbol{r})\rho(\boldsymbol{r})\mathrm{d}^3r.\end{aligned} \tag{5.89}$$

由式 (5.88) 可知，多电子系统的总能量并不是各个单电子能量 ε_i 的总和。

5.7 定域密度近似

Kohn 和 Sham 引入了一个有效外势场 $v_{\text{eff}}(\boldsymbol{r})$，来代替多电子系统中电子之间复杂的相互作用。可以认为每一个电子只受到有效外势场 $v_{\text{eff}}(\boldsymbol{r})$ 的作用，外势场 $v_{\text{eff}}(\boldsymbol{r})$ 也称为平均场。

如果能够获得电子之间交换关联能 $E_{\mathrm{xc}}[\rho]$ 的形式，就可以得到电子之间的交换关联势

$$v_{\mathrm{xc}}(\boldsymbol{r})=\frac{\delta E_{\mathrm{xc}}[\rho]}{\delta\rho},$$

从而由式 (5.74) 得到有效外势场 $v_{\mathrm{eff}}(\boldsymbol{r})$，然后用迭代法自洽求解 Kohn-Sham 方程，得到多电子系统的密度分布和总能量。

1965 年，Kohn 和 Sham 引入了定域密度近似 (local density approximation) 的概念，假定在多电子系统内的一个小区域内 d^3r，电子的密度近似均匀。于是，交换关联能可以表示成电子密度与每一个电子平均交换关联能 $\varepsilon_{\mathrm{xc}}$ 的乘积。多电子系统总的交换关联能为

$$E_{\mathrm{xc}}^{\mathrm{LDA}}[\rho]\approx\int\rho(\boldsymbol{r})\varepsilon_{\mathrm{xc}}[\rho]\mathrm{d}^3r. \tag{5.90}$$

相应的交换关联势为

$$\begin{aligned}v_{\mathrm{xc}}^{\mathrm{LDA}}(\boldsymbol{r})&=\frac{\delta E_{\mathrm{xc}}^{\mathrm{LDA}}[\rho]}{\delta\rho(\boldsymbol{r})}\\&=\varepsilon_{\mathrm{xc}}[\rho(\boldsymbol{r})]+\rho(\boldsymbol{r})\frac{\delta\varepsilon_{\mathrm{xc}}[\rho]}{\delta\rho(\boldsymbol{r})}.\end{aligned} \tag{5.91}$$

通常情况下，可以求得不同密度下均匀的电子气的单电子交换关联能 $\varepsilon_{\mathrm{xc}}[\rho(\boldsymbol{r})]$，然后拟合成电子密度 ρ 的函数，再通过式 (5.91) 求得定域密度近似下单电子交换关联势的解析形式。

单电子的交换关联能 $\varepsilon_{\mathrm{xc}}$ 可以表示为单电子交换能 ε_{x} 和关联能 ε_{c} 之和，

$$\varepsilon_{\mathrm{xc}}[\rho]=\varepsilon_{\mathrm{x}}[\rho]+\varepsilon_{\mathrm{c}}[\rho]. \tag{5.92}$$

由式 (5.57) 可以得到单电子交换能为

$$\begin{aligned}\varepsilon_{\mathrm{x}}[\rho]&=-\frac{\delta K[\rho]}{\delta\rho(\boldsymbol{r})}\\&=-C_x\rho^{1/3}(\boldsymbol{r}),\end{aligned} \tag{5.93}$$

其中，$C_x=\dfrac{3}{4}\left(\dfrac{3}{\pi}\right)^{1/3}=0.7386$。

定义与电子密度 ρ 相关的参量 r_{s}，

$$\frac{4\pi}{3}\left(r_{\mathrm{s}}\alpha_{\mathrm{H}}\right)^3=\frac{1}{\rho}, \tag{5.94}$$

其中，$\alpha_{\mathrm{H}}=\dfrac{4\pi\varepsilon_0\hbar^2}{m_{\mathrm{e}}e^2}$ 是氢原子的第一玻尔轨道半径。由式 (5.94) 可知，$r_{\mathrm{s}}\alpha_{\mathrm{H}}$ 表示

每一个电子平均占有空间的半径。多电子系统中的单电子交换能可以用 r_s 表示：

$$\varepsilon_\mathrm{x}[\rho] = -0.916/r_\mathrm{s}. \tag{5.95}$$

当 $r_\mathrm{s} \ll 1$ 时，高密度电子气的单电子平均关联能可以由无规相位近似的结果得到，$\varepsilon_\mathrm{c} = -0.094 + 0.0622 \ln r_\mathrm{s} + O(r_\mathrm{s}, r_\mathrm{s} \ln r_\mathrm{s})$；当 $r_\mathrm{s} \gg 1$ 时，电子之间的相互作用远强于电子的费米运动，单电子平均关联能可以采用 Wigner 给出的形式，$\varepsilon_\mathrm{c} = -0.88/(r_\mathrm{s} + 7.8)$，其中能量采用里德伯单位 [Ry][4]

$$1[\mathrm{Ry}] \equiv \frac{m_\mathrm{e} e^4}{2\hbar^2} = 13.6\,\mathrm{eV}. \tag{5.96}$$

用蒙特卡罗方法可以求得均匀电子气中单电子平均关联能的精确解[5]

$$\varepsilon_\mathrm{c}(r_\mathrm{s}) = \begin{cases} -0.2846/(1 + 1.0529\sqrt{r_\mathrm{s}} + 0.3334), & r_\mathrm{s} \geqslant 1, \\ -0.0960 + 0.0622 \ln r_\mathrm{s} - 0.0232 r_\mathrm{s} + 0.0040 r_\mathrm{s} \ln r_\mathrm{s}, & r_\mathrm{s} \leqslant 1. \end{cases} \tag{5.97}$$

均匀电子气中的单电子平均关联能随参量 r_s 的变化如图 5.1 所示。可见，在高密度极限下，式 (5.97) 的计算结果与无规相位近似下的结果一致；在低密度极限下，式 (5.97) 的计算结果类似于 Wigner 近似的结果。

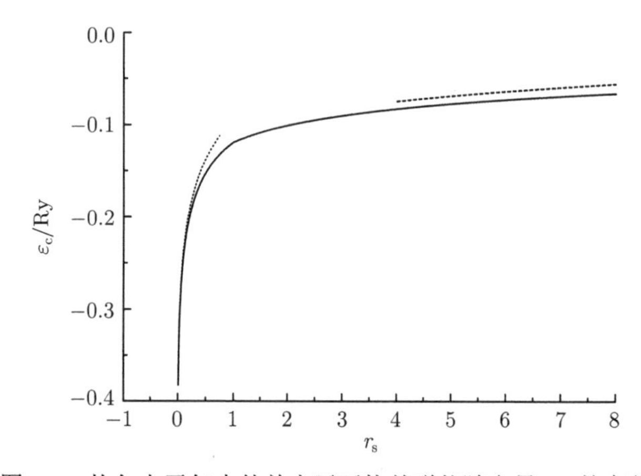

图 5.1　均匀电子气中的单电子平均关联能随参量 r_s 的变化

其中实线表示蒙特卡罗方法的计算结果；点线表示高密度极限下无规相位近似的结果；虚线表示低密度极限下 Wigner 近似的形式

定域密度近似方法提供了计算非均匀多电子系统的基态能量的有效方法，比较适合描述固体等电子密度变化缓慢的系统。原子和分子中的核外电子的密度变

---

[4] 李中正. 固体理论. 北京: 高等教育出版社, 2002.

[5] 林梦海. 量子化学计算方法与应用. 北京: 科学出版社, 2004.

化较大，用定域密度近似下的密度泛函理论计算的结果与实际情况符合得不好。总之，定域密度近似下的密度泛函理论被广泛用于凝聚态物理和化学等领域，成为计算固体和分子中电子结构和总能量的有力工具。同时，理论本身也在不断地改进和发展中。关于这一理论的更加详细的讨论可以参考相关文献[6]。

密度泛函理论中关于纯粹受外场支配的“无相互作用理想系统”的假设，为平均场近似提供了重要的理论依据，也为原子核物理中相对论平均场理论的发展指明了新的方向。近几年来，在原子核物理领域，人们尝试把密度泛函理论用于原子核结构的研究。但是，这种尝试却不得不面对很多困难。首先，核子之间的相互作用是强相互作用，不同于电子之间的库仑相互作用，对于核子之间的相互作用，人们并不完全清楚。核子之间的相互作用势的形式具有很大的模型相关性。迄今为止，核子之间的相互作用仍然是原子核物理领域，尤其是中高能核物理领域内一个重要的研究方向。其次，原子核物质具有饱和性，饱和密度为 $\rho_0 \approx 0.16\text{fm}^{-3}$，现实中很难找到低于和高于饱和密度的核物质，因此，不能确定核物质的能量密度随核子数密度的变化情况。

尽管密度泛函理论为平均场近似方法提供了理论依据，但是，并不能说相对论平均场理论就是原子核的密度泛函理论。在相对论平均场近似下，通过假定核子与介子的耦合系数与核物质密度相关而建立的有效方法，仍然属于相对论平均场理论的范畴，并不是真正意义上的密度泛函理论。

[6] Dreizler R M, Gross E K U. Density Functional Theory. Berlin: Springer, 1990.

第六章　超导的 BCS 理论

1911 年，荷兰科学家 Onnes 发现当温度低于 4.2K 以下时，汞的电阻消失，呈现超导状态。此后，人们发现当温度低于某一临界温度时，很多金属都变成了超导体。超导体具有电阻为零、完全抗磁性和磁通量子化等特性。超导体的性质的研究引起了实验物理学家和理论物理学家的高度关注。1956 年，Cooper 提出在超导体内部，动量大小相等，方向相反且自旋取向也相反的两个电子之间存在着“吸引力”。这种“吸引力”使两个电子配对，形成库珀对[1]。后来 Schrieffer 提出了一个关于超导体基态的有效波函数。在这个波函数中，动量和自旋取向相反的电子成对出现，并且每一项具有不同的电子数。1957 年，Bardeen、Cooper 和 Schrieffer 提出了关于超导体的微观理论，成功解释了金属的超导现象[2]。1972 年，这三位科学家因为这项成就获得了诺贝尔物理学奖。后人把这一理论称为超导的 Bardeen-Cooper-Schrieffer(BCS) 理论。

超导的 BCS 理论实质上也是一种准粒子方法，本章中，我们用二次量子化的方法详细推导这一理论。通过对本章的学习，希望同学们能够初步了解统计物理中的准粒子方法的特点。

6.1　BCS 基态

在描述超导现象的 BCS 理论中，多电子系统的基态表示为

$$|BCS\rangle = \prod_{\alpha>0}\left(u_\alpha + v_\alpha C_\alpha^\dagger C_{-\alpha}^\dagger\right)|0\rangle, \tag{6.1}$$

其中下标 $\alpha=(\boldsymbol{k},\sigma)$，$-\alpha=(-\boldsymbol{k},-\sigma)$，$\alpha$ 和 $-\alpha$ 分别表示一对具有相反方向动量和相反自旋取向的电子各自所处的状态。

在式 (6.1) 表示的基态波函数中，参数 u_α 和 v_α 都是实数。假定在超导的 BCS 理论中，多电子系统的基态波函数满足归一化条件

$$\langle BCS|BCS\rangle = 1, \tag{6.2}$$

那么

$$u_\alpha^2 + v_\alpha^2 = 1. \tag{6.3}$$

[1] Cooper L N. Phys. Rev., 1956, 104: 1189.

[2] Bardeen J, Cooper L N, Schrieffer J R. Phys. Rev., 1957, 108: 1175.

显然，在构造式 (6.1) 中的多电子系统的基态波函数时，考虑了电子之间的对关联，即在金属中，具有相反动量和相反自旋取向的两个电子形成库珀对 (Cooper pair)。

式 (6.3) 证明如下：

假定

$$\langle BCS| = \langle 0| \prod_{\beta>0} (u_\beta + v_\beta C_{-\beta} C_\beta), \tag{6.4}$$

那么

$$\begin{aligned}\langle BCS|BCS\rangle &= \langle 0| \prod_{\alpha>0}\prod_{\beta>0} (u_\beta + v_\beta C_{-\beta} C_\beta)\left(u_\alpha + v_\alpha C_\alpha^\dagger C_{-\alpha}^\dagger\right)|0\rangle \\ &= \langle 0| \prod_{\alpha>0}\prod_{\beta>0}\Big(u_\beta u_\alpha + u_\beta v_\alpha C_\alpha^\dagger C_{-\alpha}^\dagger + v_\beta u_\alpha C_{-\beta} C_\beta \\ &\quad + v_\beta v_\alpha C_{-\beta} C_\beta C_\alpha^\dagger C_{-\alpha}^\dagger\Big)|0\rangle. \end{aligned} \tag{6.5}$$

只有当 $\alpha=\beta$ 时，式 (6.5) 等号右边才不为零，所以

$$u_\alpha^2 + v_\alpha^2 = 1.$$

用 k_{F} 表示多电子系统的费米动量，$\boldsymbol{k}_\alpha$ 表示处于 α 的单电子态上电子的动量。

如果 $|\boldsymbol{k}_\alpha| \leqslant k_{\mathrm{F}}$，

$$u_\alpha = 0,\ v_\alpha = 1; \tag{6.6}$$

否则，如果 $|\boldsymbol{k}_\alpha| > k_{\mathrm{F}}$，

$$u_\alpha = 1,\ v_\alpha = 0. \tag{6.7}$$

那么，式 (6.1) 中的多电子系统的 BCS 基态波函数退化为 Hartree-Fock 基态波函数

$$|HF\rangle = C_1^\dagger C_2^\dagger \cdots C_N^\dagger |0\rangle, \tag{6.8}$$

此时，低于费米能量的单电子态全部填满电子，高于费米能量的单电子态上没有电子。

6.2 Bogoliubov 变换

电子的产生算符 $C_\alpha^\dagger$ 和湮灭算符 C_α 之间满足反对易关系

$$[C_\alpha,\ C_\beta]_+ = 0,\ \ [C_\alpha^\dagger,\ C_\beta^\dagger]_+ = 0,\ \ [C_\alpha,\ C_\beta^\dagger]_+ = \delta_{\alpha\beta}. \tag{6.9}$$

如果引进电子的产生算符 $C_\alpha^\dagger$ 和湮灭算符 C_α 的 Bogoliubov 变换

$$\begin{cases} b_\alpha = u_\alpha C_\alpha - v_\alpha C_{-\alpha}^\dagger, \\ b_\alpha^\dagger = u_\alpha C_\alpha^\dagger - v_\alpha C_{-\alpha}, \end{cases} \tag{6.10}$$

将会大大简化关于多电子系统的能量的计算。

由于 Bogoliubov 变换是正则变换，要求变换后的产生算符 $b_\alpha^\dagger$ 和湮灭算符 b_α 满足和式 (6.9) 相同的反对易关系。考虑到式 (6.3)，可以得到

$$\begin{aligned} [b_\alpha,\ b_\beta^\dagger]_+ &= [u_\alpha C_\alpha - v_\alpha C_{-\alpha}^\dagger,\ u_\beta C_\beta^\dagger - v_\beta C_{-\beta}]_+ \\ &= u_\alpha u_\beta [C_\alpha,\ C_\beta^\dagger]_+ - v_\alpha u_\beta [C_{-\alpha}^\dagger,\ C_\beta^\dagger]_+ - u_\alpha v_\beta [C_\alpha,\ C_{-\beta}]_+ + v_\alpha v_\beta [C_{-\alpha}^\dagger,\ C_{-\beta}]_+ \\ &= u_\alpha u_\beta \delta_{\alpha\beta} + v_\alpha v_\beta \delta_{\alpha\beta} \\ &= \delta_{\alpha\beta}, \end{aligned} \tag{6.11}$$

$$\begin{aligned} [b_\alpha,\ b_\beta]_+ &= [u_\alpha C_\alpha - v_\alpha C_{-\alpha}^\dagger,\ u_\beta C_\beta - v_\beta C_{-\beta}^\dagger]_+ \\ &= u_\alpha u_\beta [C_\alpha,\ C_\beta]_+ - v_\alpha u_\beta [C_{-\alpha}^\dagger,\ C_\beta]_+ - u_\alpha v_\beta [C_\alpha,\ C_{-\beta}^\dagger]_+ + v_\alpha v_\beta [C_{-\alpha}^\dagger,\ C_{-\beta}^\dagger]_+ \\ &= -v_\alpha u_\beta \delta_{-\alpha,\beta} - u_\alpha v_\beta \delta_{\alpha,-\beta} \\ &= -(u_\alpha v_\beta + v_\alpha u_\beta)\delta_{-\alpha,\beta}, \end{aligned} \tag{6.12}$$

$$\begin{aligned} [b_\alpha^\dagger,\ b_\beta^\dagger]_+ &= [u_\alpha C_\alpha^\dagger - v_\alpha C_{-\alpha},\ u_\beta C_\beta^\dagger - v_\beta C_{-\beta}]_+ \\ &= u_\alpha u_\beta [C_\alpha^\dagger,\ C_\beta^\dagger]_+ - v_\alpha u_\beta [C_{-\alpha},\ C_\beta^\dagger]_+ - u_\alpha v_\beta [C_\alpha^\dagger,\ C_{-\beta}]_+ + v_\alpha v_\beta [C_{-\alpha},\ C_{-\beta}]_+ \\ &= -v_\alpha u_\beta \delta_{-\alpha,\beta} - u_\alpha v_\beta \delta_{-\alpha,\beta} \\ &= -(u_\alpha v_\beta + v_\alpha u_\beta)\delta_{-\alpha,\beta}. \end{aligned} \tag{6.13}$$

显然，为了保证式 (6.10) 为正则变换，

$$[b_\alpha,\ b_\beta^\dagger]_+ = \delta_{\alpha\beta}, \qquad [b_\alpha,\ b_\beta]_+ = 0, \qquad [b_\alpha^\dagger,\ b_\beta^\dagger]_+ = 0, \tag{6.14}$$

式 (6.1) 中的 BCS 基态波函数的参数 u_α 和 v_α 必须满足

$$\begin{cases} u_\alpha^2 + v_\alpha^2 = 1, \\ u_\alpha v_{-\alpha} + v_\alpha u_{-\alpha} = 0. \end{cases} \tag{6.15}$$

由式 (6.15) 可知，如果假定

$$u_\alpha = u_{-\alpha}, \qquad v_\alpha = -v_{-\alpha}. \tag{6.16}$$

那么可以把式 (6.10) 重新写为

$$\begin{cases} b_\alpha = u_\alpha C_\alpha - v_\alpha C_{-\alpha}^\dagger, & b_{-\alpha} = u_\alpha C_{-\alpha} + v_\alpha C_\alpha^\dagger, \\ b_\alpha^\dagger = u_\alpha C_\alpha^\dagger - v_\alpha C_{-\alpha}, & b_{-\alpha}^\dagger = u_\alpha C_{-\alpha}^\dagger + v_\alpha C_\alpha. \end{cases} \tag{6.17}$$

如果取

$$u_\alpha = -u_{-\alpha}, \quad v_\alpha = v_{-\alpha}, \tag{6.18}$$

那么只会改变 BCS 波函数 $|BCS\rangle$ 的相位因子，不会引起多电子系统物理性质的变化。

如果把算符 $C_\alpha^\dagger$ 和 C_α 看成费米海中“真实”粒子的产生算符和湮灭算符，把算符 $C_{-\alpha}^\dagger$ 和 $C_{-\alpha}$ 看成费米海中“空穴”的产生算符和湮灭算符，那么，可以认为算符 $b_\alpha^\dagger$ 和 b_α 表示“准粒子”的产生算符和湮灭算符，对应“准粒子”的产生和湮灭。当 BCS 基态波函数退化为 HF 基态波函数时，这些准粒子对应费米海中“真实”粒子或者“空穴”。

由式 (6.6) 可知，如果 $k_\alpha \leqslant k_{\rm F}$，并且 $u_\alpha = 0, v_\alpha = 1$，那么

$$\begin{cases} b_\alpha = -C_{-\alpha}^\dagger, & b_{-\alpha} = C_\alpha^\dagger, \\ b_\alpha^\dagger = -C_{-\alpha}, & b_{-\alpha}^\dagger = C_\alpha. \end{cases} \tag{6.19}$$

由式 (6.19) 可知，当多电子系统处于 HF 基态时，湮灭一个准粒子，相当于在费米海内产生一个空穴 $b_\alpha = -C_{-\alpha}^\dagger$；产生一个准粒子，相当于湮灭一个空穴 $b_\alpha^\dagger = -C_{-\alpha}$；湮灭一个准空穴，相当于产生一个粒子 $b_{-\alpha} = C_\alpha^\dagger$；产生一个准空穴，相当于湮灭一个粒子 $b_{-\alpha}^\dagger = C_\alpha$。

由式 (6.7) 可知，如果 $k_\alpha > k_{\rm F}$，并且 $u_\alpha = 1, v_\alpha = 0$，那么

$$\begin{cases} b_\alpha = C_\alpha, & b_{-\alpha} = C_{-\alpha}, \\ b_\alpha^\dagger = C_\alpha^\dagger, & b_{-\alpha}^\dagger = C_{-\alpha}^\dagger. \end{cases} \tag{6.20}$$

此时，准粒子和准空穴的产生和湮灭完全等同于粒子和空穴的产生和湮灭。

可以约定，在费米面以下，$k_\alpha \leqslant k_{\rm F}$，只存在空穴的产生和湮灭，即

$$\begin{cases} b_\alpha = -C_{-\alpha}^\dagger, \\ b_\alpha^\dagger = -C_{-\alpha}. \end{cases} \tag{6.21}$$

在费米面以上，$k_\alpha \leqslant k_{\rm F}$，只存在粒子的产生和湮灭，即

$$\begin{cases} b_\alpha = C_\alpha, \\ b_\alpha^\dagger = C_\alpha^\dagger. \end{cases} \tag{6.22}$$

BCS 基态波函数可以展开为

$$
\begin{aligned}
|BCS\rangle = & \prod_{\alpha>0}\left(u_\alpha + v_\alpha C_\alpha^\dagger C_{-\alpha}^\dagger\right)|0\rangle \\
= & \left(u_1 + v_1 C_1^\dagger C_{-1}^\dagger\right)\left(u_2 + v_2 C_2^\dagger C_{-2}^\dagger\right)\left(u_3 + v_3 C_3^\dagger C_{-3}^\dagger\right) \\
& \cdots \\
& \left(u_{n-1} + v_{n-1} C_{n-1}^\dagger C_{-(n-1)}^\dagger\right)\left(u_n + v_n C_n^\dagger C_{-n}^\dagger\right)|0\rangle. \qquad (6.23)
\end{aligned}
$$

显然，BCS 基态波函数是各种具有不同数目的电子对的状态的线性组合，式 (6.23) 中的 BCS 基态波函数不满足粒子数守恒的条件。其共轭波函数可以表示为

$$
\begin{aligned}
\langle BCS| = & \prod_{\alpha>0}\langle 0|\left(u_\alpha + v_\alpha C_{-\alpha} C_\alpha\right) \\
= & \langle 0|\left(u_1 + v_1 C_{-1} C_1\right)\left(u_2 + v_2 C_{-2} C_2\right)\left(u_3 + v_3 C_{-3} C_3\right) \\
& \cdots \\
& \left(u_{n-1} + v_{n-1} C_{-(n-1)} C_{n-1}\right)\left(u_n + v_n C_{-n} C_n\right). \qquad (6.24)
\end{aligned}
$$

当 $i \neq j$ 时，算符 $u_i + v_i C_i^\dagger C_{-i}^\dagger$ 和 $u_j + v_j C_j^\dagger C_{-j}^\dagger$ 对易，

$$
[u_i + v_i C_i^\dagger C_{-i}^\dagger,\ u_j + v_j C_j^\dagger C_{-j}^\dagger]_+ = 0, \quad i \neq j. \qquad (6.25)
$$

由 BCS 基态波函数的归一化条件 $\langle BCS|BCS\rangle = 1$ 可得

$$
\begin{aligned}
& \langle BCS|BCS\rangle \\
= & \langle 0|\cdots\left(u_j + v_j C_{-j} C_j\right)\left(u_j + v_j C_j^\dagger C_{-j}^\dagger\right)\cdots|0\rangle \\
= & \langle 0|\cdots\left[u_j^2 + u_j v_j C_{-j} C_j + u_j v_j C_j^\dagger C_{-j}^\dagger + v_j^2 C_{-j} C_j C_j^\dagger C_{-j}^\dagger\right]\cdots|0\rangle \\
= & \langle 0|\cdots\left[u_j^2 + u_j v_j C_{-j} C_j + u_j v_j C_j^\dagger C_{-j}^\dagger + v_j^2\left(1 - C_{-j}^\dagger C_{-j}\right)\left(1 - C_j^\dagger C_j\right)\right]\cdots|0\rangle \\
= & \langle 0|\prod_j\left(u_j^2 + v_j^2\right)|0\rangle \\
= & \prod_{j>0}\left(u_j^2 + v_j^2\right)\langle 0|0\rangle. \qquad (6.26)
\end{aligned}
$$

如果真空态 $|0\rangle$ 和 BCS 基态都是归一化的，即 $\langle 0|0\rangle = 1$，$\langle BCS|BCS\rangle = 1$，那么

$$
\prod_{j>0}\left(u_j^2 + v_j^2\right) = 1. \qquad (6.27)
$$

显然，由 BCS 基态波函数的归一化条件 $\langle BCS|BCS\rangle = 1$ 并不能直接得到

$$
u_j^2 + v_j^2 = 1, \qquad (6.28)
$$

确切地说，式 (6.28) 是式 (6.10) 中粒子的产生算符和湮灭算符的 Bogoliubov 变换的正则性的要求。

如果假定在 BCS 基态波函数写为

$$|BCS\rangle = \left(u_j + v_j C_j^\dagger C_{-j}^\dagger\right)|0\rangle, \tag{6.29}$$

即只研究一对具有相反动量和自旋取向的电子形成库珀对的可能性，那么可以直接得到 $u_j^2 + v_j^2 = 1$。假定在式 (6.1) 表示的 BCS 基态波函数中不同的库珀对之间没有关联，那么，可以假定对于每一对可能形成库珀对的电子，都满足 $u_j^2 + v_j^2 = 1$，其中 v_j^2 表示两个具有相反动量和自旋取向的电子形成库珀对的概率，u_j^2 表示两个电子不结合成库珀对的概率。

容易证明 BCS 基态波函数 $|BCS\rangle$ 满足方程

$$b_\alpha|BCS\rangle = 0, \quad b_{-\alpha}|BCS\rangle = 0, \tag{6.30}$$

证明如下：

$$\begin{aligned}
b_\alpha|BCS\rangle =& \left(u_\alpha C_\alpha - v_\alpha C_{-\alpha}^\dagger\right)\prod_{\beta>0}\left(u_\beta + v_\beta C_\beta^\dagger C_{-\beta}^\dagger\right)|0\rangle \\
=& \prod_{\beta>0,\alpha\neq\beta}\left(u_\beta + v_\beta C_\beta^\dagger C_{-\beta}^\dagger\right)\left(u_\alpha C_\alpha - v_\alpha C_{-\alpha}^\dagger\right)\left(u_\alpha + v_\alpha C_\alpha^\dagger C_{-\alpha}^\dagger\right)|0\rangle \\
=& \prod_{\beta>0,\alpha\neq\beta}\left(u_\beta + v_\beta C_\beta^\dagger C_{-\beta}^\dagger\right)\left(u_\alpha^2 C_\alpha - u_\alpha v_\alpha C_{-\alpha}^\dagger\right. \\
&\left.+u_\alpha v_\alpha C_\alpha C_\alpha^\dagger C_{-\alpha}^\dagger - v_\alpha^2 C_{-\alpha}^\dagger C_\alpha^\dagger C_{-\alpha}^\dagger\right)|0\rangle \\
=& \prod_{\beta>0,\alpha\neq\beta}\left(u_\beta + v_\beta C_\beta^\dagger C_{-\beta}^\dagger\right)\left[u_\alpha^2 C_\alpha - u_\alpha v_\alpha C_{-\alpha}^\dagger\right. \\
&\left.+u_\alpha v_\alpha\left(1 - C_\alpha^\dagger C_\alpha\right)C_{-\alpha}^\dagger - v_\alpha^2 C_{-\alpha}^\dagger C_\alpha^\dagger C_{-\alpha}^\dagger\right]|0\rangle \\
=& 0.
\end{aligned} \tag{6.31}$$

$$\begin{aligned}
b_{-\alpha}|BCS\rangle =& \left(u_\alpha C_{-\alpha} + v_\alpha C_\alpha^\dagger\right)\prod_{\beta>0}\left(u_\beta + v_\beta C_\beta^\dagger C_{-\beta}^\dagger\right)|0\rangle \\
=& \prod_{\beta>0,\alpha\neq\beta}\left(u_\beta + v_\beta C_\beta^\dagger C_{-\beta}^\dagger\right)\left(u_\alpha C_{-\alpha} + v_\alpha C_\alpha^\dagger\right)\left(u_\alpha + v_\alpha C_\alpha^\dagger C_{-\alpha}^\dagger\right)|0\rangle \\
=& \prod_{\beta>0,\alpha\neq\beta}\left(u_\beta + v_\beta C_\beta^\dagger C_{-\beta}^\dagger\right)\left(u_\alpha^2 C_{-\alpha} + u_\alpha v_\alpha C_\alpha^\dagger\right. \\
&\left.+u_\alpha v_\alpha C_{-\alpha} C_\alpha^\dagger C_{-\alpha}^\dagger + v_\alpha^2 C_\alpha^\dagger C_\alpha^\dagger C_{-\alpha}^\dagger\right)|0\rangle \\
=& \prod_{\beta>0,\alpha\neq\beta}\left(u_\beta + v_\beta C_\beta^\dagger C_{-\beta}^\dagger\right)\left(u_\alpha^2 C_{-\alpha} + u_\alpha v_\alpha C_\alpha^\dagger\right.
\end{aligned}$$

$$
\begin{aligned}
&-u_\alpha v_\alpha\left(1-C^\dagger_{-\alpha}C_{-\alpha}\right)C^\dagger_\alpha+v_\alpha^2C^\dagger_\alpha C^\dagger_\alpha C^\dagger_{-\alpha}\Big)|0\rangle\\
=&0.
\end{aligned}
\tag{6.32}
$$

另外，还可以证明

$$
\begin{aligned}
b^\dagger_\alpha|BCS\rangle=&\left(u_\alpha C^\dagger_\alpha-v_\alpha C_{-\alpha}\right)\prod_{\beta>0}\left(u_\beta+v_\beta C^\dagger_\beta C^\dagger_{-\beta}\right)|0\rangle\\
=&\prod_{\beta>0,\alpha\neq\beta}\left(u_\beta+v_\beta C^\dagger_\beta C^\dagger_{-\beta}\right)\left(u_\alpha C^\dagger_\alpha-v_\alpha C_{-\alpha}\right)\left(u_\alpha+v_\alpha C^\dagger_\alpha C^\dagger_{-\alpha}\right)|0\rangle\\
=&\prod_{\beta>0,\alpha\neq\beta}\left(u_\beta+v_\beta C^\dagger_\beta C^\dagger_{-\beta}\right)\Big[u_\alpha^2C^\dagger_\alpha-u_\alpha v_\alpha C_{-\alpha}\\
&+u_\alpha v_\alpha C^\dagger_\alpha C^\dagger_\alpha C^\dagger_{-\alpha}-v_\alpha^2C_{-\alpha}C^\dagger_\alpha C^\dagger_{-\alpha}\Big]|0\rangle\\
=&\prod_{\beta>0,\alpha\neq\beta}\left(u_\beta+v_\beta C^\dagger_\beta C^\dagger_{-\beta}\right)\Big[u_\alpha^2C^\dagger_\alpha-u_\alpha v_\alpha C_{-\alpha}\\
&+u_\alpha v_\alpha C^\dagger_\alpha C^\dagger_\alpha C^\dagger_{-\alpha}+v_\alpha^2C^\dagger_\alpha\left(1-C^\dagger_{-\alpha}C_{-\alpha}\right)\Big]|0\rangle\\
=&\prod_{\beta>0,\alpha\neq\beta}\left(u_\beta+v_\beta C^\dagger_\beta C^\dagger_{-\beta}\right)C^\dagger_\alpha|0\rangle\\
=&C^\dagger_\alpha\prod_{\beta>0,\alpha\neq\beta}\left(u_\beta+v_\beta C^\dagger_\beta C^\dagger_{-\beta}\right)|0\rangle\\
=&\frac{1}{u_\alpha}C^\dagger_\alpha\left(u_\alpha+v_\alpha C^\dagger_\alpha C^\dagger_{-\alpha}\right)\prod_{\beta>0,\alpha\neq\beta}\left(u_\beta+v_\beta C^\dagger_\beta C^\dagger_{-\beta}\right)|0\rangle\\
=&\frac{1}{u_\alpha}C^\dagger_\alpha|BCS\rangle.
\end{aligned}
\tag{6.33}
$$

$$
\begin{aligned}
b^\dagger_{-\alpha}|BCS\rangle=&\left(u_\alpha C^\dagger_{-\alpha}+v_\alpha C_\alpha\right)\prod_{\beta>0}\left(u_\beta+v_\beta C^\dagger_\beta C^\dagger_{-\beta}\right)|0\rangle\\
=&\prod_{\beta>0,\alpha\neq\beta}\left(u_\beta+v_\beta C^\dagger_\beta C^\dagger_{-\beta}\right)\left(u_\alpha C^\dagger_{-\alpha}+v_\alpha C_\alpha\right)\left(u_\alpha+v_\alpha C^\dagger_\alpha C^\dagger_{-\alpha}\right)|0\rangle\\
=&\prod_{\beta>0,\alpha\neq\beta}\left(u_\beta+v_\beta C^\dagger_\beta C^\dagger_{-\beta}\right)\Big(u_\alpha^2C^\dagger_{-\alpha}+u_\alpha v_\alpha C_\alpha\\
&+u_\alpha v_\alpha C^\dagger_{-\alpha}C^\dagger_\alpha C^\dagger_{-\alpha}+v_\alpha^2C_\alpha C^\dagger_\alpha C^\dagger_{-\alpha}\Big)|0\rangle\\
=&\prod_{\beta>0,\alpha\neq\beta}\left(u_\beta+v_\beta C^\dagger_\beta C^\dagger_{-\beta}\right)\Big[u_\alpha^2C^\dagger_{-\alpha}\\
&+u_\alpha v_\alpha C_\alpha-u_\alpha v_\alpha C^\dagger_\alpha C^\dagger_{-\alpha}C^\dagger_{-\alpha}+v_\alpha^2\left(1-C^\dagger_\alpha C_\alpha\right)C^\dagger_{-\alpha}\Big]|0\rangle\\
=&\prod_{\beta>0,\alpha\neq\beta}\left(u_\beta+v_\beta C^\dagger_\beta C^\dagger_{-\beta}\right)C^\dagger_{-\alpha}|0\rangle
\end{aligned}
$$

$$
\begin{aligned}
&= C_{-\alpha}^\dagger \prod_{\beta>0,\alpha\neq\beta} \left(u_\beta + v_\beta C_\beta^\dagger C_{-\beta}^\dagger\right)|0\rangle \\
&= \frac{1}{u_\alpha} C_{-\alpha}^\dagger \left(u_\alpha + v_\alpha C_\alpha^\dagger C_{-\alpha}^\dagger\right) \prod_{\beta>0,\alpha\neq\beta} \left(u_\beta + v_\beta C_\beta^\dagger C_{-\beta}^\dagger\right)|0\rangle \\
&= \frac{1}{u_\alpha} C_{-\alpha}^\dagger |BCS\rangle.
\end{aligned}
\tag{6.34}
$$

由式 (6.30) 可知，

$$
b_\alpha|BCS\rangle = 0,
$$

BCS 基态内不存在准粒子。另外，准粒子的产生算符 $b_\alpha^\dagger$ 和湮灭算符 b_α 满足正则反对易关系，

$$
[b_\alpha,\ b_\beta^\dagger]_+ = \delta_{\alpha\beta},\quad [b_\alpha,\ b_\beta]_+ = 0,\quad [b_\alpha^\dagger,\ b_\beta^\dagger]_+ = 0,
\tag{6.35}
$$

我们可以研究准粒子的产生算符 $b_\alpha^\dagger$ 和湮灭算符 b_α 的乘积在 BCS 基态上的 Wick 展开。对于准粒子的产生算符 $b_\alpha^\dagger$ 和湮灭算符 b_α 的正规乘积和两个算符的缩并 (contraction)，定义如下：

(1) 在正规乘积中，准粒子的所有产生算符 $b_\alpha^\dagger$ 总是放在所有湮灭算符 b_β 的左边。

(2) 两个算符 X 和 Y 的缩并表示它们的乘积在 BCS 基态的期待值，

$$
\langle XY\rangle_{BCS} = \langle BCS|XY|BCS\rangle.
\tag{6.36}
$$

显然，唯一不为零的缩并为

$$
\langle b_\alpha b_\alpha^\dagger\rangle_{BCS} = 1.
\tag{6.37}
$$

式 (6.10) 表示的电子的产生算符和湮灭算符的 Bogoliubov 变换的逆变换写为

$$
\begin{cases}
C_\alpha = u_\alpha b_\alpha + v_\alpha b_{-\alpha}^\dagger, & C_{-\alpha} = u_\alpha b_{-\alpha} - v_\alpha b_\alpha^\dagger, \\
C_\alpha^\dagger = u_\alpha b_\alpha^\dagger + v_\alpha b_{-\alpha}, & C_{-\alpha}^\dagger = u_\alpha b_{-\alpha}^\dagger - v_\alpha b_\alpha.
\end{cases}
\tag{6.38}
$$

由式 (6.38) 可以得到电子的产生算符 $C_\alpha^\dagger$ 和湮灭算符 C_β 的乘积的缩并：

$$
\begin{aligned}
\langle C_\alpha C_\beta\rangle_{BCS} &= u_\alpha v_\beta \langle b_\alpha b_{-\beta}^\dagger\rangle_{BCS} \\
&= u_\alpha v_\beta \delta_{-\alpha,\beta} \\
&= -u_\alpha v_\alpha \delta_{-\alpha,\beta},
\end{aligned}
\tag{6.39}
$$

$$
\begin{aligned}
\langle C_\alpha^\dagger C_\beta^\dagger\rangle_{BCS} &= v_\alpha u_\beta \langle b_{-\alpha} b_\beta^\dagger\rangle_{BCS} \\
&= v_\alpha u_\beta \delta_{-\alpha,\beta} \\
&= u_\alpha v_\alpha \delta_{-\alpha,\beta},
\end{aligned}
\tag{6.40}
$$

$$\langle C_\alpha C_\beta^\dagger \rangle_{BCS} = u_\alpha^2 \delta_{\alpha,\beta}, \tag{6.41}$$

$$\langle C_\alpha^\dagger C_\beta \rangle_{BCS} = v_\alpha^2 \delta_{\alpha,\beta}. \tag{6.42}$$

由式 (6.42) 可以得到 BCS 基态上处于 $\alpha = (\boldsymbol{k}, \sigma)$ 单电子态的电子数为

$$n_\alpha = \langle C_\alpha^\dagger C_\alpha \rangle_{BCS} = v_\alpha^2. \tag{6.43}$$

可见，v_α^2 表示 $\alpha = (\boldsymbol{k}, \sigma)$ 的单电子态被电子占据的概率，$u_\alpha^2 = 1 - v_\alpha^2$ 表示 $\alpha = (\boldsymbol{k}, \sigma)$ 的单电子态没有被电子占据的概率。

6.3 BCS 基态的能量

多电子系统的哈密顿量可以用电子的产生算符和湮灭算符表示为

$$H = \sum_\alpha \sum_\beta T_{\alpha\beta} C_\alpha^\dagger C_\beta + \frac{1}{4} \sum_\alpha \sum_\beta \sum_\delta \sum_\gamma \langle \alpha\beta | V | \gamma\delta \rangle C_\alpha^\dagger C_\beta^\dagger C_\delta C_\gamma, \tag{6.44}$$

其中，$T_{\alpha\beta}$ 表示单个电子的动能算符和外场势能算符的矩阵元，相应的 T 算符为

$$T = \frac{p^2}{2M} + W. \tag{6.45}$$

$\langle \alpha\beta | V | \gamma\delta \rangle$ 表示电子之间相互作用势能的矩阵元，其中两个电子的反对称波函数为

$$|\alpha\beta\rangle = \frac{1}{\sqrt{2}} \left(|\alpha\rangle |\beta\rangle - |\beta\rangle |\alpha\rangle \right). \tag{6.46}$$

可以证明

$$\begin{aligned}
\langle \alpha\beta | V | \gamma\delta \rangle &= \frac{1}{\sqrt{2}} \left(\langle\alpha| \langle\beta| - \langle\beta| \langle\alpha| \right) V \frac{1}{\sqrt{2}} \Big(|\gamma\rangle |\delta\rangle - |\delta\rangle |\gamma\rangle \Big) \\
&= \frac{1}{2} \Big(\langle\alpha| \langle\beta| V |\gamma\rangle |\delta\rangle - \langle\beta| \langle\alpha| V |\gamma\rangle |\delta\rangle - \langle\alpha| \langle\beta| V |\delta\rangle |\gamma\rangle + \langle\beta| \langle\alpha| V |\delta\rangle |\gamma\rangle \Big) \\
&= \frac{1}{2} \left(V_{\alpha\beta,\ \gamma\delta} - V_{\beta\alpha,\gamma\delta} - V_{\alpha\beta,\ \delta\gamma} + V_{\beta\alpha,\delta\gamma} \right) \\
&= \frac{1}{2} \left(V_{\alpha\beta,\ \gamma\delta} - V_{\alpha\beta,\delta\gamma} - V_{\alpha\beta,\ \delta\gamma} + V_{\alpha\beta,\gamma\delta} \right) \\
&= V_{\alpha\beta,\ \gamma\delta} - V_{\alpha\beta,\delta\gamma} \\
&= V_{\alpha\beta,\ \gamma\delta} + V_{\alpha\beta,\gamma\delta} \\
&= 2 V_{\alpha\beta,\ \gamma\delta}.
\end{aligned} \tag{6.47}$$

可见，式 (6.44) 和第二章中式 (2.125) 表示的全同粒子系统的哈密顿量形式完全一致，

$$H=\sum_{\alpha}\sum_{\beta}\langle\alpha|T|\beta\rangle C_{\alpha}^{\dagger}C_{\beta}+\frac{1}{2!}\sum_{\alpha}\sum_{\beta}\sum_{\delta}\sum_{\gamma}\langle\alpha|\langle\beta|V|\gamma\rangle|\delta\rangle C_{\alpha}^{\dagger}C_{\beta}^{\dagger}C_{\delta}C_{\gamma},$$

其中 $\langle\alpha|\langle\beta|V|\gamma\rangle|\delta\rangle=V_{\alpha\beta,\gamma\delta}$。

根据 Wick 定理，4 个费米子场算符的乘积可以展开为

$$\begin{aligned}ABCD=&N(ABCD)+N(AB)\langle CD\rangle_0-N(AC)\langle BD\rangle_0\\&+N(BC)\langle AD\rangle_0+N(AD)\langle BC\rangle_0-N(BD)\langle AC\rangle_0\\&+N(CD)\langle AB\rangle_0+\langle AB\rangle_0\langle CD\rangle_0-\langle AC\rangle_0\langle BD\rangle_0+\langle AD\rangle_0\langle BC\rangle_0,\end{aligned}\tag{6.48}$$

其中，$N(\cdots)$ 表示算符的正规乘积，$\langle\cdots\rangle_0$ 表示两个算符在真空态上的缩并。

由式 (6.39)~式 (6.42) 可知，在 BCS 基态中，电子的产生算符和湮灭算符之间的缩并不同于它们在真空态的情况，可以假定式 (6.48) 中的 Wick 展开对于 BCS 基态仍然成立。如果把式 (6.44) 中的哈密顿量展开为正规乘积的形式，就可以得到 BCS 基态的平均能量 $\langle BCS|H|BCS\rangle$。此时，只有完全由算符的缩并组成的项对 BCS 基态的平均能量有贡献。

$$\begin{aligned}&\langle BCS|H|BCS\rangle\\=&\sum_{\alpha\beta}T_{\alpha\beta}\langle C_{\alpha}^{\dagger}C_{\beta}\rangle_{BCS}\\&+\frac{1}{4}\sum_{\alpha\beta\gamma\delta}\langle\alpha\beta|V|\gamma\delta\rangle\langle C_{\alpha}^{\dagger}C_{\beta}^{\dagger}\rangle_{BCS}\langle C_{\delta}C_{\gamma}\rangle_{BCS}\\&-\frac{1}{4}\sum_{\alpha\beta\gamma\delta}\langle\alpha\beta|V|\gamma\delta\rangle\langle C_{\alpha}^{\dagger}C_{\delta}\rangle_{BCS}\langle C_{\beta}^{\dagger}C_{\gamma}\rangle_{BCS}\\&+\frac{1}{4}\sum_{\alpha\beta\gamma\delta}\langle\alpha\beta|V|\gamma\delta\rangle\langle C_{\beta}^{\dagger}C_{\delta}\rangle_{BCS}\langle C_{\alpha}^{\dagger}C_{\gamma}\rangle_{BCS}\\=&\sum_{\alpha\beta}T_{\alpha\beta}v_{\alpha}^{2}\delta_{\alpha\beta}\\&+\frac{1}{4}\sum_{\alpha\beta\gamma\delta}\langle\alpha\beta|V|\gamma\delta\rangle u_{\alpha}v_{\alpha}\delta_{-\alpha,\beta}\left(-u_{\delta}v_{\delta}\delta_{-\delta,\gamma}\right)\\&-\frac{1}{4}\sum_{\alpha\beta\gamma\delta}\langle\alpha\beta|V|\gamma\delta\rangle v_{\alpha}^{2}\delta_{\alpha\delta}v_{\beta}^{2}\delta_{\beta\gamma}\\&+\frac{1}{4}\sum_{\alpha\beta\gamma\delta}\langle\alpha\beta|V|\gamma\delta\rangle v_{\beta}^{2}\delta_{\beta\delta}v_{\alpha}^{2}\delta_{\alpha\gamma}\end{aligned}$$

$$
\begin{aligned}
&=\sum_{\alpha} T_{\alpha\alpha} v_\alpha^2 \\
&\quad -\frac{1}{4}\sum_{\alpha\gamma}\langle\alpha,-\alpha|V|\gamma,-\gamma\rangle u_\alpha v_\alpha u_{-\gamma} v_{-\gamma} \\
&\quad -\frac{1}{4}\sum_{\alpha\gamma}\langle\alpha,\gamma|V|\gamma,\alpha\rangle v_\alpha^2 v_\gamma^2 \\
&\quad +\frac{1}{4}\sum_{\alpha\beta}\langle\alpha,\beta|V|\alpha,\beta\rangle v_\alpha^2 v_\beta^2 \\
&=\sum_{\alpha} T_{\alpha\alpha} v_\alpha^2 \\
&\quad -\frac{1}{4}\sum_{\alpha\beta}\langle\alpha,-\alpha|V|\beta,-\beta\rangle u_\alpha v_\alpha u_{-\beta} v_{-\beta} \\
&\quad -\frac{1}{4}\sum_{\alpha\beta}\langle\alpha,\beta|V|\beta,\alpha\rangle v_\alpha^2 v_\beta^2 \\
&\quad +\frac{1}{4}\sum_{\alpha\beta}\langle\alpha,\beta|V|\alpha,\beta\rangle v_\alpha^2 v_\beta^2 \\
&=\sum_{\alpha} T_{\alpha\alpha} v_\alpha^2 \\
&\quad +\frac{1}{2}\sum_{\alpha\beta}\langle\alpha,\beta|V|\alpha,\beta\rangle v_\alpha^2 v_\beta^2 \\
&\quad +\frac{1}{4}\sum_{\alpha\beta}\langle\alpha,-\alpha|V|\beta,-\beta\rangle u_\alpha v_\alpha u_\beta v_\beta.
\end{aligned}
\tag{6.49}
$$

式 (6.49) 中最后得到的表示式的第一项和第二项分别对应 Hartree-Fock 基态中的单粒子能量和两个粒子之间的相互作用能对多粒子系统总能量的贡献。如果式 (6.6) 和式 (6.7) 成立，即当 $k_\alpha \leqslant k_{\mathrm{F}}$ 时，$u_\alpha = 0$，$v_\alpha = 1$；当 $k_\alpha > k_{\mathrm{F}}$ 时，$u_\alpha = 1$，$v_\alpha = 0$，那么，多电子系统的 BCS 基态波函数退化为 Hartree-Fock 基态波函数，此时，式 (6.49) 中最后得到的表示式的第一项和第二项的和就是 Hartree-Fock 基态的能量。式 (6.49) 中最后得到的表示式的最后一项对应 BCS 基态内电子对之间的关联能。当式 (6.6) 和式 (6.7) 成立时，最后一项的值为零，表明 Hartree-Fock 基态中不存在电子对之间的关联能。

显然，尽管多电子系统的哈密顿量都取式 (6.44) 的形式，但是，多电子系统的状态采用式 (6.1) 中的 BCS 基态波函数或者式 (6.8) 中的 Hartree-Fock 基态波函数的形式，得到的多电子系统的能量并不一样。式 (6.1) 中的 BCS 基态波函数的引入，对于得到多电子系统的对关联能量至关重要。

在式 (6.49) 的证明中，我们用到了

$$\langle\alpha,\beta|V|\alpha,\beta\rangle-\langle\alpha,\beta|V|\beta,\alpha\rangle=2\langle\alpha,\beta|V|\alpha,\beta\rangle. \tag{6.50}$$

由于式 (6.23) 中的 BCS 基态波函数的展开式中各项的电子数并不固定，我们在式 (6.49) 的平均能量中减去

$$\mu\langle BCS|N|BCS\rangle=\mu\sum_{\alpha}v_{\alpha}^{2}, \tag{6.51}$$

然后，通过改变 u_α 和 v_α 的值使 $\langle H\rangle-\mu\langle N\rangle$ 最小化。

由

$$u_{\alpha}^{2}+v_{\alpha}^{2}=1, \tag{6.52}$$

可得

$$\frac{\mathrm{d}u_{\alpha}}{\mathrm{d}v_{\alpha}}=-\frac{v_{\alpha}}{u_{\alpha}}, \tag{6.53}$$

又因为

$$\frac{\mathrm{d}v_{\alpha}}{\mathrm{d}v_{\nu}}=\delta_{\alpha}^{\nu}, \tag{6.54}$$

我们得到

$$\begin{aligned}\frac{\partial\langle H-\mu N\rangle}{\partial v_{\nu}}=&\sum_{\alpha}T_{\alpha\alpha}\cdot 2v_{\alpha}\delta_{\alpha}^{\nu}-\mu\sum_{\alpha}2v_{\alpha}\delta_{\alpha}^{\nu}\\&+\frac{1}{2}\sum_{\alpha\beta}\langle\alpha\beta|V|\alpha\beta\rangle\left(v_{\alpha}^{2}\cdot 2v_{\beta}\delta_{\beta}^{\nu}+2v_{\alpha}\delta_{\alpha}^{\nu}v_{\beta}^{2}\right)\\&+\frac{1}{4}\sum_{\alpha\beta}\langle\alpha,-\alpha|V|\beta,-\beta\rangle\cdot\frac{\mathrm{d}}{\mathrm{d}v_{\nu}}\left(u_{\alpha}v_{\alpha}u_{\beta}v_{\beta}\right),\end{aligned} \tag{6.55}$$

其中

$$\frac{\mathrm{d}}{\mathrm{d}v_{\nu}}\left(u_{\alpha}v_{\alpha}u_{\beta}v_{\beta}\right)=\delta_{\alpha}^{\nu}\left(-\frac{1}{u_{\nu}}u_{\beta}v_{\beta}+2u_{\nu}u_{\beta}v_{\beta}\right)+\delta_{\beta}^{\nu}\left(-\frac{1}{u_{\nu}}u_{\alpha}v_{\alpha}+2u_{\nu}u_{\alpha}v_{\alpha}\right). \tag{6.56}$$

于是，式 (6.55) 中等号右侧最后一项可以写为

$$\begin{aligned}&\frac{1}{4}\sum_{\alpha\beta}\langle\alpha,-\alpha|V|\beta,-\beta\rangle\cdot\frac{\mathrm{d}}{\mathrm{d}v_{\nu}}\left(u_{\alpha}v_{\alpha}u_{\beta}v_{\beta}\right)\\=&\frac{1}{4}\sum_{\alpha\beta}\langle\alpha,-\alpha|V|\beta,-\beta\rangle\cdot\delta_{\alpha}^{\nu}\left(-\frac{1}{u_{\nu}}u_{\beta}v_{\beta}+2u_{\nu}u_{\beta}v_{\beta}\right)\\&+\frac{1}{4}\sum_{\alpha\beta}\langle\alpha,-\alpha|V|\beta,-\beta\rangle\cdot\delta_{\beta}^{\nu}\left(-\frac{1}{u_{\nu}}u_{\alpha}v_{\alpha}+2u_{\nu}u_{\alpha}v_{\alpha}\right)\\=&\frac{1}{4}\sum_{\alpha}\langle\nu,-\nu|V|\alpha,-\alpha\rangle\left(-\frac{1}{u_{\nu}}u_{\alpha}v_{\alpha}+2u_{\nu}u_{\alpha}v_{\alpha}\right)\end{aligned}$$

$$
\begin{aligned}
&+\frac{1}{4}\sum_{\alpha}\langle\alpha,-\alpha|V|\nu,-\nu\rangle\left(-\frac{1}{u_\nu}u_\alpha v_\alpha+2u_\nu u_\alpha v_\alpha\right)\\
=&\frac{1}{2}\sum_{\alpha}\langle\alpha,-\alpha|V|\nu,-\nu\rangle\left(-\frac{1}{u_\nu}u_\alpha v_\alpha+2u_\nu u_\alpha v_\alpha\right)\\
=&\frac{1}{2}\sum_{\alpha}\langle\alpha,-\alpha|V|\nu,-\nu\rangle\frac{u_\alpha v_\alpha}{u_\nu}\left(u_\nu^2-v_\nu^2\right).
\end{aligned}
\tag{6.57}
$$

在上式的推导中，假定势场 V 的矩阵元 $\langle\alpha,-\alpha|V|\nu,-\nu\rangle$ 是实数，

$$
\langle\alpha,-\alpha|V|\nu,-\nu\rangle=\langle\nu,-\nu|V|\alpha,-\alpha\rangle. \tag{6.58}
$$

于是，式 (6.55) 可以写为

$$
\begin{aligned}
\frac{\partial\langle H-\mu N\rangle}{\partial v_\nu}=&2v_\nu\left(T_{\nu\nu}-\mu\right)+2v_\nu\sum_{\alpha}\langle\alpha\nu|V|\alpha\nu\rangle v_\alpha^2\\
&+\frac{1}{2}\sum_{\alpha}\langle\alpha,-\alpha|V|\nu,-\nu\rangle\frac{u_\alpha v_\alpha}{u_\nu}\left(u_\nu^2-v_\nu^2\right).
\end{aligned}
\tag{6.59}
$$

如果 $\dfrac{\partial\langle H-\mu N\rangle}{\partial v_\nu}=0$，那么金属中的多电子系统处于稳定态。

6.3.1 能隙

为了能够更容易地理解式 (6.59)，我们定义两个新参量：

$$
\begin{aligned}
\varDelta_\alpha=&-\frac{1}{2}\sum_{\nu}\langle\alpha,-\alpha|V|\nu,-\nu\rangle u_\nu v_\nu\\
=&-\sum_{\nu>0}\langle\alpha,-\alpha|V|\nu,-\nu\rangle u_\nu v_\nu
\end{aligned}
\tag{6.60}
$$

和

$$
\varepsilon_\alpha=T_{\alpha\alpha}+\sum_{\beta}\langle\alpha\beta|V|\alpha\beta\rangle v_\beta^2. \tag{6.61}
$$

参量 $\varDelta_\alpha$ 称为能隙，表示对关联能的强度；参量 ε_α 类似于 Hartree-Fock 基态中的单粒子能量。ε_α 对应单电子的有效哈密顿量 H_1 的能量本征值，

$$
(H_1)_{\alpha\beta}=T_{\alpha\beta}+\sum_{\nu}\langle\alpha\nu|V|\beta\nu\rangle v_\nu^2, \tag{6.62}
$$

本征方程为

$$
H_1|\alpha\rangle=\varepsilon_\alpha|\alpha\rangle. \tag{6.63}
$$

显然，在以 $\{|\alpha\rangle\}$ 为基矢量的单粒子的希尔伯特空间中，单电子的有效哈密顿量 H_1 表示为对角矩阵的形式：

$$(H_1)_{\alpha\beta} = \varepsilon_\alpha \delta_{\alpha\beta}. \tag{6.64}$$

把 $\varDelta_\alpha$ 的定义式 (6.60) 和 ε_α 的表达式 (6.61) 代入式 (6.59)，然后取

$$\frac{\partial \langle H - \mu N \rangle}{\partial v_\alpha} = 0, \tag{6.65}$$

可以得到

$$2u_\alpha v_\alpha (\varepsilon_\alpha - \mu) - \varDelta_\alpha \left(u_\alpha^2 - v_\alpha^2\right) = 0. \tag{6.66}$$

由式 (6.66)，并且考虑到 $u_\alpha^2 + v_\alpha^2 = 1$，可以得到

$$u_\alpha^2 = \frac{1}{2}\left[1 + \frac{\varepsilon_\alpha - \mu}{\sqrt{(\varepsilon_\alpha - \mu)^2 + \varDelta_\alpha^2}}\right], \tag{6.67}$$

$$v_\alpha^2 = \frac{1}{2}\left[1 - \frac{\varepsilon_\alpha - \mu}{\sqrt{(\varepsilon_\alpha - \mu)^2 + \varDelta_\alpha^2}}\right]. \tag{6.68}$$

显然，

$$u_\alpha v_\alpha = \frac{1}{2}\left[1 + \frac{\frac{1}{2}\varDelta_\alpha}{\sqrt{(\varepsilon_\alpha - \mu)^2 + \varDelta_\alpha^2}}\right]. \tag{6.69}$$

u_α^2、v_α^2 和 $u_\alpha v_\alpha$ 都可以用 $\varDelta_\alpha$ 和 ε_α 表示，化学势 μ 的取值必须保证总粒子数守恒，

$$\sum_\alpha v_\alpha^2 = \langle N \rangle. \tag{6.70}$$

根据式 (6.68)，我们画出了单电子态的占有概率 v_α^2 随单电子能量 ε_α 的变化曲线，如图 6.1 所示。可以看出，当能隙 $\varDelta_\alpha \neq 0$ 时，靠近费米面的电子有可能跃迁到高于费米能量的单电子态上去。

多电子系统 BCS 基态的平均能量可以写成

$$\begin{aligned} E_0 &= \frac{1}{2}\sum_\alpha (T_{\alpha\alpha} + \varepsilon_\alpha) v_\alpha^2 - \frac{1}{2}\sum_{\alpha>0}\left[\frac{\varDelta_\alpha^2}{\sqrt{(\varepsilon_\alpha - \mu)^2 + \varDelta_\alpha^2}}\right] \\ &= \sum_{\alpha>0} (T_{\alpha\alpha} + \varepsilon_\alpha) v_\alpha^2 - \frac{1}{2}\sum_{\alpha>0}\left[\frac{\varDelta_\alpha^2}{\sqrt{(\varepsilon_\alpha - \mu)^2 + \varDelta_\alpha^2}}\right]. \end{aligned} \tag{6.71}$$

如果 $\varDelta_\alpha = 0$，并且

$$v_\alpha^2 = \begin{cases} 1, & \varepsilon_\alpha < \mu, \\ 0, & \varepsilon_\alpha > \mu, \end{cases} \tag{6.72}$$

那么

$$E_0 = \sum_{\alpha,\varepsilon_\alpha<\mu} \frac{1}{2}(T_{\alpha\alpha} + \varepsilon_\alpha) = \sum_\alpha T_{\alpha\alpha} + \frac{1}{2}\sum_{\alpha\beta}\langle\alpha\beta|V|\alpha\beta\rangle \tag{6.73}$$

对应多电子系统的 Hartree-Fock 基态的能量。

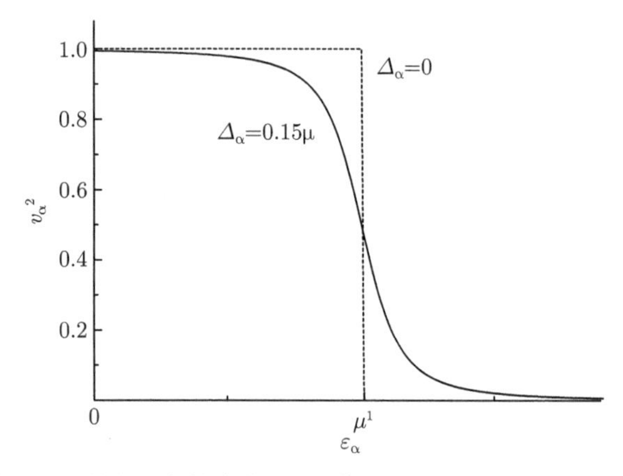

图 6.1　单电子态的占有概率 v_α^2 随单电子能量 ε_α 的变化

其中实线表示能隙 $\Delta_\alpha = 0.15\mu$ 的情景；虚线表示能隙 $\Delta_\alpha = 0$ 的情景

由式 (6.71) 可知，BCS 基态的能量低于相应的 Hartree-Fock 基态的能量。因此，在多电子系统的研究中，电子之间的对关联效应很重要。

把式 (6.69) 代入能隙 Δ_α 的定义式 (6.60)，可以得到

$$\Delta_\alpha = -\frac{1}{2}\sum_{\nu>0}\frac{\langle\alpha,-\alpha|V|\nu,-\nu\rangle\Delta_\nu}{\sqrt{(\varepsilon_\nu-\mu)^2+\Delta_\nu^2}}. \tag{6.74}$$

由式 (6.74) 可以用迭代的方法自洽地求得能隙 Δ_α 的数值。

6.3.2　一个简单的模型

如果假定结成电子对的电子之间的相互作用势的矩阵元可以写成

$$\langle\alpha,-\alpha|V|\nu,-\nu\rangle = \begin{cases} -V_0, & |\varepsilon_\alpha-\mu|<\omega, \\ 0, & |\varepsilon_\alpha-\mu|>\omega. \end{cases} \tag{6.75}$$

其中 $V_0>0$，表示结成电子对的电子之间相互吸引。那么，可以解析地求得式 (6.74) 中的能隙 Δ_α 的解

$$\Delta_\alpha = \begin{cases} \Delta_0, & |\varepsilon_\alpha-\mu|<\omega, \\ 0, & |\varepsilon_\alpha-\mu|>\omega. \end{cases} \tag{6.76}$$

当单个电子的能量接近化学势 μ 时，假定 $|\varepsilon_\nu - \mu| < \omega$，那么

$$\Delta_0 = \frac{1}{2}\sum_{\nu>0}\frac{V_0\ \Delta_0}{\sqrt{(\varepsilon_\nu - \mu)^2 + \Delta_0^2}}, \quad |\varepsilon_\nu - \mu| < \omega, \tag{6.77}$$

即

$$1 = \frac{1}{2}V_0\sum_{\nu>0}\frac{1}{\sqrt{(\varepsilon_\nu - \mu)^2 + \Delta_0^2}}, \quad |\varepsilon_\nu - \mu| < \omega. \tag{6.78}$$

如果取 $x = \varepsilon_\nu - \mu$，则

$$1 = \frac{1}{2}V_0\int_{-\omega}^{\omega}\frac{n(x)\mathrm{d}x}{\sqrt{x^2 + \Delta_0^2}}, \tag{6.79}$$

其中 $n(x)$ 表示单电子态的态密度。取 $n(x) \approx n(0)$，并且利用积分 $\int_0^\omega \frac{\mathrm{d}x}{\sqrt{x^2 + \Delta_0^2}} = \operatorname{arcsinh}\left(\frac{\omega}{\Delta_0}\right)$，可得

$$1 = n(0)V_0\operatorname{arcsinh}\left(\frac{\omega}{\Delta_0}\right), \tag{6.80}$$

所以

$$\Delta_0 = \frac{\omega}{\sinh\left(\frac{1}{n(0)V_0}\right)}, \tag{6.81}$$

其中 sinh 表示双曲正弦函数

$$\sinh(x) = \frac{\mathrm{e}^x - \mathrm{e}^{-x}}{2}.$$

如果 V_0 足够小，那么

$$\Delta_0 = 2\omega\exp\left(-\frac{1}{n(0)V_0}\right). \tag{6.82}$$

当 $|\varepsilon_\nu - \mu| > \omega$ 时，

$$\langle\alpha, -\alpha|V|\nu, -\nu\rangle = 0,$$

组成电子对的两个电子之间没有相互作用，能隙 $\Delta_\alpha = 0$。

第七章　相变的统计理论

在一个大气压下，当温度升高到 0℃时，冰融化成水；当温度升高到 100℃时，水沸腾成水蒸气。一些含有特定金属元素的合金在常温下没有磁性，当温度降低到某一确定的温度以下的时候，就会产生磁性。所有这些现象，都属于物理学中的相变过程。相变现象是日常生活中经常见到的物理变化过程，也是统计物理学重要的研究内容。相变理论是统计物理学的重要组成部分。人们对于相变过程的研究，大体经历了三个发展阶段。

在相变现象研究的最初阶段，人们提出了不同的模型来解释各种具体的相变过程。范德瓦耳斯 (van der Waals) 在经典理想气体的状态方程中加入修正参数，使之能够用来解释液气相变过程，后来，人们把这种加入修正参数的状态方程称为范德瓦耳斯方程。外斯 (Weiss) 通过引入分子电流的概念来解释物质的铁磁相变。所有这些描述相变现象的理论模型，尽管相互之间差异很大，却具有两个共同的特点。首先，它们都以解释具体的相变现象为目的，不能揭示相变现象的实质，这些模型只能称为唯象模型；另外，从理论方法的角度讲，这些相变模型都属于平均场理论的范畴，即假定其他粒子对于某一个粒子的相互作用，可以近似用一个平均场代替。关于相变的平均场理论的更多论述，可以参见相关文献[1]。

相变的统计理论是相变理论的第二个发展阶段。人们通过对于物理系统的平衡态的热力学性质的研究建立了统计物理学的系综理论。相变是远离平衡态的物理系统的剧烈的非平衡变化过程。系综理论的方法可否用来研究相变过程，一直是一个存在争议的问题。20 世纪 40 年代，Onsagar 提出二维 Ising 模型的严格解，证明统计理论的方法可以用来研究物质的相变过程[2]。本章中我们通过对 Ising 模型的近似解和严格解的分析，逐步了解用统计物理学的系综理论的方法研究物质的相变过程的特点。

相变的重整化群理论是相变理论的第三个发展阶段。我们将在第八章中讨论这一相变理论的具体特点。

7.1　Ising 模型的历史

物质的相变过程是远离平衡态的非平衡热力学过程。由研究处于平衡态的物

[1] 于渌, 郝柏林, 陈晓松. 边缘奇迹：相变和临界现象. 北京：科学出版社, 2005.

[2] Onsager L. Phys. Rev., 1944, 65: 117.

理系统的热力学函数随温度的变化而建立起来的平衡态统计物理理论能否用来研究物质的相变过程？对于这一问题，历史上曾经存在过争论。1920 年，德国的楞次提出了一个模型，让他的学生 Ising 研究，随着温度的变化，这一模型是否存在相变现象。Ising 证明了在一维情况下，这一模型不存在相变。于是 Ising 武断地认为在二维情况下，这一模型也不会发生相变。显然，Ising 得到了这一模型的一个平庸解。后来，人们发现在二维情况下这一模型存在相变，并且把这一模型称为 Ising 模型。1944 年，Onsager 发表了二维情况下 Ising 模型的严格解。后来，杨振宁及其合作者发表了二维 Ising 模型的严格解的详细推导过程。

严格求解二维 Ising 模型得到的热力学函数随温度变化的解析形式表明，在二维情况下，Ising 模型存在着相变。二维 Ising 模型的严格解是统计物理学发展的重要成就，表明应用统计物理学的理论和方法，人们可以研究物质的相变过程。Ising 模型是建立在微观基础上的统计模型，相对于以前各种描述相变现象的唯象的平均场模型，二维 Ising 模型是一个巨大的进步，同时，二维 Ising 模型的严格解也为以后提出的各种相变理论提供了一个很好的判据。

Ising 模型是人们提出的第一种研究相变的统计模型，后来，结合物质的相关特性，人们又提出了很多用来描述相变过程的统计模型，如海森伯模型、Potts 模型等。由 Ising 模型可以归纳出所有统计模型研究物质的相变过程的特点：

(1) 首先计算出统计模型的每一个量子态对应的能量，即求出系统的能谱 E_i, $i=1,2,\cdots,L$，其中 L 表示系统的量子态的总数。

(2) 假定系统处于平衡态，由能谱 E_i, $i=1,2,\cdots,L$ 计算系统的配分函数 $Z(T)=\displaystyle\sum_{i=1}^{L}\exp\left(-\frac{E_i}{kT}\right)$。

(3) 由配分函数计算出处于平衡态的系统的热力学函数，研究当温度 T 连续变化时，是否在特定的温度 $T=T_{\mathrm{c}}$ 处，系统的热力学函数存在不连续的奇点，T_{c} 就是系统的相变温度。

二维 Ising 模型的严格解被提出以后，有人尝试严格求解三维情况下的 Ising 模型，但至今未获成功。其实，当人们得到了二维 Ising 模型的严格解以后，求解三维 Ising 模型的严格解是没有太大意义的。

7.2 Ising 模型

假定一个物理系统，由 N 个格点组成，空间维数为 d, $d=1,2,3$，每个格点的自旋 s_i 可以向上，也可以向下，即 $s_i=\pm1$, $i=1,2,\cdots,N$。只有相邻自旋之间有相互作用。这就是 Ising 模型描述的物理系统。显然，Ising 模型是对具体的晶体的一种简化构建，是一种理想化的模型。如果能够确定所有格点的自旋取向 $\{s_i\}$，那么就能够确定系统所处的量子态，我们用所有格点的自旋取向的集合 $\{s_i\}$ 表示系统的量子态，Ising 模型描述的物理系统共有 2^N 个量子态。

Ising 模型的哈密顿量可以写为

$$H\{s_i\} = -J\sum_{\langle ij\rangle} s_i s_j - \mu B\sum_{i=1}^{N} s_i, \tag{7.1}$$

其中 μ 表示单个格点的自旋磁矩；B 表示外磁场的磁感应强度；J 表示相邻格点之间的相互作用系数。$J > 0$ 对应铁磁体相变，$J < 0$ 对应反铁磁体相变。在以下的讨论中，我们只讨论 $J > 0$ 的情况。

根据式 (7.1)，系统的配分函数表示为

$$\begin{aligned} Z(T,B) &= \sum_{s_1}\sum_{s_2}\cdots\sum_{s_N}\exp(-\beta H) \\ &= \sum_{\{s_i\}}\exp(-\beta H), \end{aligned} \tag{7.2}$$

其中 $\beta = \dfrac{1}{k_{\mathrm{B}}T}$。

7.3 Ising 模型的简化描述

为了简化式 (7.1) 中的哈密顿量和式 (7.2) 中的配分函数的形式，我们用 N_+ 表示格点系统中自旋向上 $(s_i = +1)$ 的格点数目，N_- 表示格点系统中自旋向下 $(s_i = -1)$ 的格点数目，N_{++} 表示格点系统中相邻两个格点自旋都向上的格点对的数目，N_{--} 表示格点系统中相邻两个格点自旋都向下的格点对的数目，N_{+-} 表示格点系统中相邻两个格点中，一个自旋向上，另一个自旋向下的格点对的数目。

显然，

$$N_+ + N_- = N, \tag{7.3}$$

$$qN_+ = 2N_{++} + N_{+-}, \tag{7.4}$$

$$qN_- = 2N_{--} + N_{+-}. \tag{7.5}$$

其中，q 表示每个格点的近邻格点的数目，也称为配位数。式 (7.3) 的关系是明显的。对于式 (7.4) 和式 (7.5)，可以结合图 7.1 加强理解。如图 7.1 所示，符号 ⊙ 表示自旋向上的格点，符号 ⊗ 表示自旋向下的格点，从每一个自旋向上的格点向其临近格点引出一条连接线段，对于整个格点系统，共有 qN_+ 条连线。如果从格点系统的局部看，那么自旋都向上的两个相邻格点之间的有两条连线，一个自旋

向上，另一个自旋向下的两个相邻格点之间有一条连线，自旋都向下的两个相邻格点之间的没有连线。所以格点之间连线的总数为 $2N_{++}+N_{+-}$，于是，就得到了式 (7.4) 的结果。同理，如果从自旋向下的格点出发向其临近格点引出连接线段，可以得出式 (7.5) 的结果。

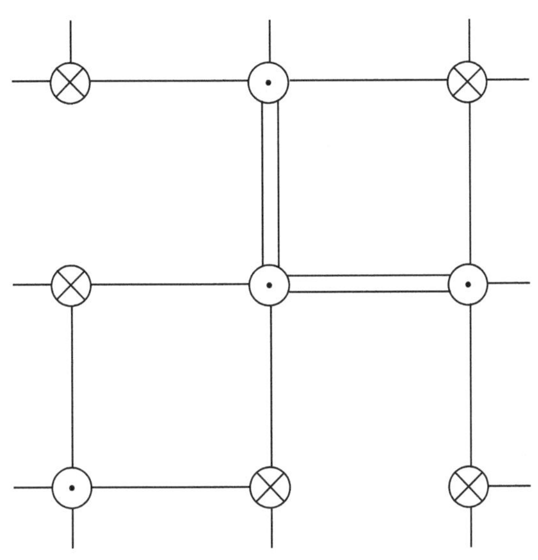

图 7.1 Ising 模型中 N_{++}、N_{--} 和 N_{+-} 关系图示

由式 (7.3)~ 式 (7.5) 可知，在变量 N_{+}、N_{-}、N_{++}、N_{--} 和 N_{+-} 中，只有两个是独立变量，其他变量可以用这两个独立变量表示出来。我们取 N_{+} 与 N_{++} 为独立变量，那么

$$\begin{aligned} N_{-} &= N - N_{+}, \\ N_{+-} &= qN_{+} - 2N_{++}, \\ N_{--} &= \frac{q}{2}N + N_{++} - qN_{+}. \end{aligned}$$

所以

$$\begin{aligned} \sum_{\langle ij\rangle} s_i s_j &= N_{++} + N_{--} - N_{+-} \\ &= 4N_{++} - 2qN_{+} + \frac{q}{2}N, \end{aligned} \tag{7.6}$$

$$\sum_{i=1}^{N} s_i = N_{+} - N_{-} = 2N_{+} - N. \tag{7.7}$$

如果只考虑临近格点之间的相互作用，那么，哈密顿量可以写为

$$H\{s_i\} = H(N_+, N_{++}) = -4JN_{++} + 2qJN_+ - \frac{q}{2}JN - \mu B(2N_+ - N), \tag{7.8}$$

物理系统的配分函数写为

$$Z = \sum_{N_+, N_{++}} g(N_+, N_{++}) \exp[-\beta H(N_+, N_{++})], \tag{7.9}$$

其中 $g(N_+, N_{++})$ 表示给定 N_+ 和 N_{++} 的数值时物理系统的量子态的数目。可见，物理系统的配分函数只与 N_+ 和 N_{++} 有关，与格点的自旋的分布的细节无关。

引入长程序参量 L 和短程序参量 S，定义为

$$\begin{aligned} \frac{N_+}{N} &= \frac{1}{2}(L+1), \qquad L \in [-1, 1], \\ \frac{N_{++}}{\frac{1}{2}qN} &= \frac{1}{2}(S+1), \qquad S \in [-1, 1]. \end{aligned} \tag{7.10}$$

其中长程序参量 L 反映物理系统的整体特性，

$$N_+ = \frac{N}{2}(1+L), \tag{7.11}$$

$$N_- = \frac{N}{2}(1-L). \tag{7.12}$$

物理系统的磁矩可以表示为

$$M = (\bar{N}_+ - \bar{N}_-)\mu = N\mu\bar{L}. \tag{7.13}$$

显然，长程序参量 L 的平均值与物理系统的磁矩相关。

短程序参量 S 与向上的自旋对数占物理系统中的自旋对总数的比例 $\dfrac{N_{++}}{\frac{1}{2}qN}$ 有关。$\dfrac{N_{++}}{\frac{1}{2}qN}$ 也可以理解为，当一个格点自旋向上时，其临近格点的自旋也向上的概率。因此，短程序参量反映了临近格点之间的相关程度。

由于

$$\sum_{\langle ij \rangle} s_i s_j = \frac{1}{2}qN(2S - 2L + 1) \tag{7.14}$$

和

$$\sum_{i=1}^{N} s_i = 2N_+ - N = NL, \tag{7.15}$$

所以

$$H\{s_i\} = H(N_+, N_{++}) = H(L, S) = -\frac{1}{2}NqJ(2S - 2L + 1) - \mu BNL. \tag{7.16}$$

可见，物理系统的哈密顿量和格点之间的长程关联、短程关联均有关系。

7.4 Bragg-Williams 近似

7.4.1 Bragg-Williams 近似

如果假定

$$\frac{N_{++}}{\frac{1}{2}Nq} = \left(\frac{N_+}{N}\right)^2, \tag{7.17}$$

即

$$S = \frac{1}{2}(L+1)^2 - 1, \tag{7.18}$$

那么, 式 (7.17) 或式 (7.18) 称为 Ising 模型的 Bragg-Williams 近似。

式 (7.17) 假定每一个格点的自旋取向与其他格点无关，当任意一个格点的自旋向上时，和这一个格点邻近的格点的自旋也向上的概率就等于两个格点的自旋向上的概率的乘积。在 Bragg-Williams 近似下，用长程序参量表示短程序参量，把每一个格点的自旋取向看成是随机的，完全忽略了不同格点之间的自旋相关性。此时，N_+、N_-、N_{++}、N_{+-} 和 N_{--} 可以分别用长程序参量 L 表示，

$$N_+ = \frac{1}{2}N(1+L), \tag{7.19}$$

$$N_- = \frac{1}{2}N(1-L), \tag{7.20}$$

$$N_{++} = \frac{1}{2}qN\left(\frac{1+L}{2}\right)^2, \tag{7.21}$$

$$N_{--} = \frac{1}{2}qN\left(\frac{1-L}{2}\right)^2, \tag{7.22}$$

$$N_{+-} = qN\left(\frac{1+L}{2}\right)\left(\frac{1-L}{2}\right). \tag{7.23}$$

在 Bragg-Williams 近似下，Ising 模型的哈密顿量可以写为

$$H(L) = -\frac{1}{2}qNJL^2 - \mu BNL. \tag{7.24}$$

对于确定的长程序参量 L，Ising 模型中自旋向上的格点数 N_+ 取确定的数值。在 Bragg-Williams 近似下，简并度 $g(N_+, N_{++})$ 只与 N_+ 有关，即

$$g(L) = g(N_+) = \frac{N!}{N_+!(N-N_+)!} = \frac{N!}{\left[\frac{1}{2}N(1+L)\right]!\left[\frac{1}{2}N(1-L)\right]!}. \tag{7.25}$$

此时，物理系统的配分函数表示为

$$
\begin{aligned}
Z &= \sum_{L=-1}^{+1} g(L)\exp[-\beta H(L)] \\
&= \sum_{L=-1}^{+1} \frac{N!}{\left[\frac{1}{2}N(1+L)\right]!\left[\frac{1}{2}N(1-L)\right]!}\exp[-\beta H(L)] \\
&= \sum_{L=-1}^{+1} Q(L),
\end{aligned} \tag{7.26}
$$

其中

$$
Q(L) = \frac{N!}{\left[\frac{1}{2}N(1+L)\right]!\left[\frac{1}{2}N(1-L)\right]!}\exp[-\beta H(L)]. \tag{7.27}
$$

在热力学极限下，Ising 模型的格点数 $N \to +\infty$，Ising 模型的绝大部分量子态都集中在某个确定的能量 $E = H(L)$ 处，对应这一确定能量 $E = H(L)$ 的量子态的数目 $g(L)$，远远大于对应其他能量的量子态数目的总和。因此，Ising 模型的配分函数 Z，可以由展开式中的最大项 $Q_{\max}(L)$ 代替，即

$$
\lim_{N\to+\infty} \frac{1}{N}\ln Z = \frac{1}{N}\ln Q_{\max}(L). \tag{7.28}
$$

Ising 模型的自由能可以由配分函数给出，

$$
F = -kT\ln Z \approx -kT\ln Q_{\max}, \tag{7.29}
$$

所以，当 $\ln Q_{\max}$ 取极大值时，对应 Ising 模型的自由能最小，表明此时物理系统处于平衡态。

由 Sterling 公式

$$
\lim_{m\to+\infty} \ln m! = m(\ln m - 1), \tag{7.30}
$$

可得

$$
\frac{1}{N}\ln Q(L) = \beta\left(\frac{1}{2}qJL^2 + \mu BL\right) - \frac{1+L}{2}\ln\frac{1+L}{2} - \frac{1-L}{2}\ln\frac{1-L}{2}. \tag{7.31}
$$

由

$$
\frac{\partial}{\partial L}\ln Q = N\left[\beta(qJL + \mu B) - \frac{1}{2}\ln\frac{1+L}{1-L}\right] = 0, \tag{7.32}
$$

可以求得物理系统处于平衡态时，长程序参量 $\tilde{L}$ 满足方程

$$
\tilde{L} = \tanh\left(\frac{\mu B}{kT} + \frac{qJ}{kT}\tilde{L}\right), \tag{7.33}
$$

其中

$$\tanh(x) = \frac{\exp(x) - \exp(-x)}{\exp(x) + \exp(-x)} \tag{7.34}$$

是双曲正切函数。

7.4.2 外磁场 $B = 0$ 的情况

1. *磁矩*

当外磁场 $B = 0$ 时，

$$\tilde{L} = \tanh\left(\frac{qJ}{kT}\tilde{L}\right), \tag{7.35}$$

不同温度下方程 (7.35) 的解如图 7.2 所示。

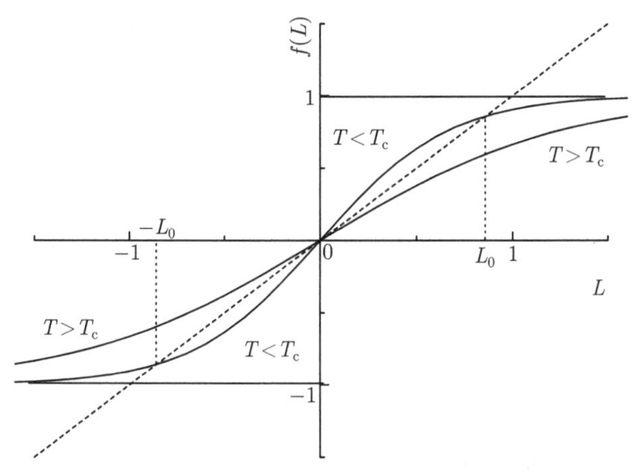

图 7.2 外磁场 $B = 0$ 时，不同温度下方程 (7.35) 的解

如果 $\frac{qJ}{kT} < 1$，那么，可得方程 (7.35) 的解为 $\tilde{L} = 0$，物理系统的总磁矩为零，即 $M = N\mu\tilde{L} = 0$，不会产生自发磁化现象。如果 $\frac{qJ}{kT} > 1$，那么式 (7.35) 有三个解，$\tilde{L} = \pm\tilde{L}_0, 0$，当 $\tilde{L} = 0$ 时，$\ln Q_{\max}$ 取极小值，并不对应物理系统的平衡态。当 $\tilde{L} = \pm\tilde{L}_0$ 时，物理系统的总磁矩不为零，

$$M = \pm N\mu\tilde{L}_0, \tag{7.36}$$

系统产生自发磁化。式 (7.36) 中的 ± 符号表示物理系统总磁矩的方向。在实际的铁磁相变过程中，物理系统的总磁矩的方向是随机的。

如果取 $T_c = \frac{qJ}{k}$，那么

$$\tilde{L} = \begin{cases} 0, & T > T_c, \\ \pm\tilde{L}_0, & T < T_c. \end{cases} \tag{7.37}$$

T_{c} 是铁磁相变的临界温度，称为居里温度。

在 Bragg-Williams 近似下，处于平衡状态的物理系统的长程序参量 $\tilde{L}_0$ 随温度的变化见图 7.3。

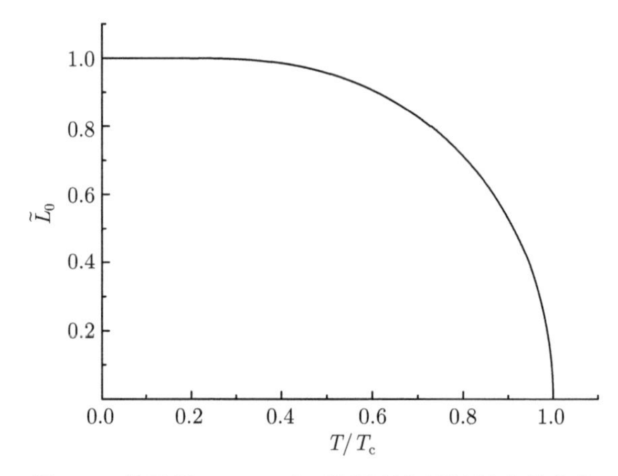

图 7.3　外磁场 $B=0$ 时，长程序参量随温度的变化

当温度 $T\to 0$ 时，

$$\tilde{L}_0 \approx 1-2\exp(-2T_{\mathrm{c}}/T), \tag{7.38}$$

当温度 $T\to T_{\mathrm{c}}-0$ 时，

$$\tilde{L}_0 \approx \left[3\left(1-\frac{T}{T_{\mathrm{c}}}\right)\right]^{1/2}. \tag{7.39}$$

式 (7.38) 和式 (7.39) 的证明如下：

当温度 $T\to 0$ 时，由式 (7.35) 可知，

$$\tilde{L}_0 = \tanh\left(\frac{T_{\mathrm{c}}}{T}\tilde{L}_0\right). \tag{7.40}$$

另外，

$$\begin{aligned}
\tanh\left(\frac{T_{\mathrm{c}}}{T}\tilde{L}_0\right) &= \frac{\exp\left(\dfrac{T_{\mathrm{c}}}{T}\tilde{L}_0\right)-\exp\left(-\dfrac{T_{\mathrm{c}}}{T}\tilde{L}_0\right)}{\exp\left(\dfrac{T_{\mathrm{c}}}{T}\tilde{L}_0\right)+\exp\left(-\dfrac{T_{\mathrm{c}}}{T}\tilde{L}_0\right)} \\
&\approx \frac{1-\exp\left(\dfrac{-2T_{\mathrm{c}}}{T}\tilde{L}_0\right)}{1+\exp\left(\dfrac{-2T_{\mathrm{c}}}{T}\tilde{L}_0\right)} \\
&\approx \left[1-\exp\left(\frac{-2T_{\mathrm{c}}}{T}\tilde{L}_0\right)\right]\left[1-\exp\left(\frac{-2T_{\mathrm{c}}}{T}\tilde{L}_0\right)\right]
\end{aligned}$$

$$\approx 1-2\exp\left(\frac{-2T_{\mathrm{c}}}{T}\tilde{L}_0\right), \tag{7.41}$$

所以

$$\begin{aligned}\tilde{L}_0 &= \tanh\left(\frac{T_{\mathrm{c}}}{T}\tilde{L}_0\right)\\ &\approx 1-2\exp\left(\frac{-2T_{\mathrm{c}}}{T}\tilde{L}_0\right).\end{aligned} \tag{7.42}$$

当温度 $T\to 0$ 时，$\tilde{L}_0\approx 1$，式 (7.42) 简化为

$$\tilde{L}_0\approx 1-2\exp\left(\frac{-2T_{\mathrm{c}}}{T}\right), \tag{7.43}$$

式 (7.38) 得证。

由双曲正切函数的泰勒级数展开式

$$\tanh(x)=x-\frac{x^3}{3}+\frac{2x^5}{15}-\cdots \tag{7.44}$$

可得，当温度 $T\to T_{\mathrm{c}}-0$ 时，$\tilde{L}_0$ 很小，式 (7.35) 可以近似写为

$$\begin{aligned}\tilde{L}_0 &= \tanh\left(\frac{T_{\mathrm{c}}}{T}\tilde{L}_0\right)\\ &\approx \frac{T_{\mathrm{c}}}{T}\tilde{L}_0-\frac{1}{3}\left(\frac{T_{\mathrm{c}}}{T}\tilde{L}_0\right)^3.\end{aligned} \tag{7.45}$$

因为 $\tilde{L}_0>0$，所以式 (7.45) 可以写为

$$1\approx\frac{T_{\mathrm{c}}}{T}-\frac{1}{3}\left(\frac{T_{\mathrm{c}}}{T}\right)^3\tilde{L}_0^2, \tag{7.46}$$

$$-3\left(1-\frac{T_{\mathrm{c}}}{T}\right)\approx\left(\frac{T_{\mathrm{c}}}{T}\right)^3\tilde{L}_0^2, \tag{7.47}$$

当温度 $T\to T_{\mathrm{c}}-0$ 时，$\dfrac{T_{\mathrm{c}}}{T}\to 1$，

$$-3\left(1-\frac{T_{\mathrm{c}}}{T}\right)\approx\tilde{L}_0^2, \tag{7.48}$$

即

$$\tilde{L}_0\approx\sqrt{3\left(\frac{T_{\mathrm{c}}}{T}-1\right)}$$

$$\approx \sqrt{3\left(\frac{T_{\mathrm{c}}-T}{T_{\mathrm{c}}}\right)}$$

$$\approx \sqrt{3\left(1-\frac{T}{T_{\mathrm{c}}}\right)}, \tag{7.49}$$

式 (7.39) 得证。

2. 热容量

物理系统的内能可以由配分函数求得,

$$U=-\frac{\partial}{\partial \beta} \ln Z. \tag{7.50}$$

在热力学极限下，$N \rightarrow +\infty$，配分函数 Z 可以用其展开式 (7.26) 中的最大项 $Q_{\max}(L)$ 代替，即

$$\lim_{N \rightarrow+\infty} \frac{1}{N} \ln Z=\frac{1}{N} \ln Q_{\max}(L).$$

于是，在热力学极限下，物理系统的内能表示为

$$\begin{aligned} U &=-\frac{\partial}{\partial \beta} \ln Q_{\max}(L) \\ &=-\frac{1}{2} q N J \tilde{L}_0^2. \end{aligned} \tag{7.51}$$

由式 (7.40) 可得，

$$\frac{\partial \tilde{L}_0}{\partial T}=\frac{-\tilde{L}_0(1-\tilde{L}_0^2) \dfrac{1}{T_{\mathrm{c}}}}{\left(\dfrac{T}{T_{\mathrm{c}}}\right)^2-\dfrac{T}{T_{\mathrm{c}}}(1-\tilde{L}_0^2)}, \tag{7.52}$$

所以，磁场 $B=0$、温度 $T<T_{\mathrm{c}}$ 时，物理系统的热容量为

$$\begin{aligned} \frac{1}{N k} C_{\mathrm{B}}(T, 0) &=\frac{1}{N k}\left(\frac{\partial U}{\partial T}\right)_{N, V} \\ &=-T_{\mathrm{c}} \tilde{L}_0 \frac{\partial \tilde{L}_0}{\partial T} \\ &=\frac{\tilde{L}_0^2(1-\tilde{L}_0^2)}{\left(\dfrac{T}{T_{\mathrm{c}}}\right)^2-\dfrac{T}{T_{\mathrm{c}}}(1-\tilde{L}_0^2)}. \end{aligned} \tag{7.53}$$

当温度 $T>T_{\mathrm{c}}$ 时，物理系统的热容量为零。

由式 (7.39) 和式 (7.53) 可得，在 Bragg-Williams 近似下，当温度 $T \rightarrow T_{\mathrm{c}}-0$ 时，

$$\lim_{T\to T_c-0} C_B(T,0)=\frac{3}{2}Nk. \tag{7.54}$$

由式 (7.38) 和式 (7.53) 可得，当温度 $T\to 0$ 时，热容量近似表示为

$$C_B(T,0)\approx 4Nk\left(\frac{T_c}{T}\right)^2\exp\left(-\frac{2T_c}{T}\right). \tag{7.55}$$

磁场 $B=0$ 时，热容量 $\dfrac{1}{Nk}C_B(T,0)$ 随温度的变化如图 7.4 所示。由图 7.4 可知，在 Bragg-Williams 近似下，在临界温度 T_c 附近，$\dfrac{1}{Nk}C_B(T,0)$ 不是温度 T 的连续函数。当 $T=T_c$ 时，物理系统的热容量与经典理想气体的热容量相等。

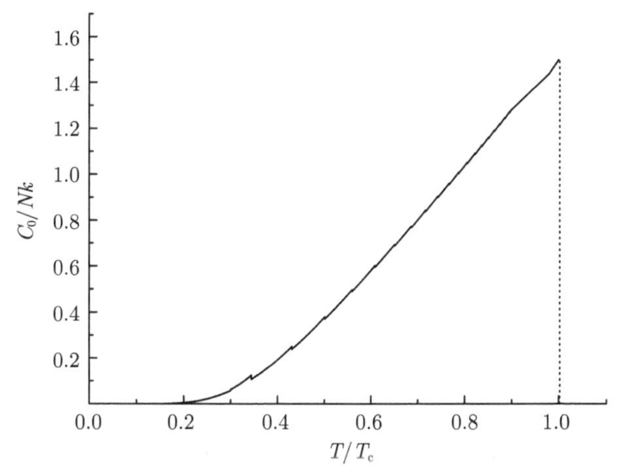

图 7.4 在 Bragg-Williams 近似下，外磁场 $B=0$ 时，物理系统的热容量 $\dfrac{1}{Nk}C_B(T,0)$ 随温度的变化

7.4.3 外磁场 $B\neq 0$ 的情况

对于外磁场 $B\neq 0$ 的情况，如果外磁场比较弱，$\mu B/kT\ll 1$，那么，当温度 $T>T_c$ 时，长程序参量 $\tilde{L}_0\ll 1$，根据 $\lim\limits_{x\to 0}\tanh(x)=x$，可得

$$\tilde{L}_0=\frac{\mu B}{kT}+\frac{qJ}{kT}\tilde{L}_0, \tag{7.56}$$

即

$$\tilde{L}_0=\frac{\mu B}{k}\frac{1}{T-T_c}. \tag{7.57}$$

铁磁系统的磁化率为

$$\chi=\left(\frac{\partial M}{\partial B}\right)_T=\frac{N\nu^2}{k}\frac{1}{T-T_c}. \tag{7.58}$$

根据铁磁相变的居里–外斯定律，在弱磁场中，处于临界温度附近的物质的磁化率 χ 随温度 T 的变化可以表示为

$$\chi \sim (T - T_{\rm c})^{-\gamma}, \quad \gamma = 1, \tag{7.59}$$

其中，$\gamma = 1$ 是一个临界指数。可见，在 Bragg-Williams 近似下，由 Ising 模型计算得到的铁磁系统的磁化率与描述铁磁相变的居里–外斯定律一致。

由式 (7.32) 可知，当铁磁系统处于平衡状态时，

$$\ln \frac{1 + \tilde{L}_0}{1 - \tilde{L}_0} = 2\beta(qJ\tilde{L}_0 + \mu B), \tag{7.60}$$

在临界温度 $T_{\rm c}$ 附近，$\tilde{L}_0 \ll 1$，可得

$$\tilde{L}_0^3 = \frac{3\mu}{kT_{\rm c}} B, \tag{7.61}$$

由式 (7.13) 和式 (7.61) 可得，在临界温度 $T_{\rm c}$ 附近，铁磁系统的磁矩可以表示为磁场强度 B 的幂函数

$$M \sim B^{\delta}, \quad \delta = 1/3. \tag{7.62}$$

$\delta = 1/3$ 也是一个临界指数。

式 (7.61) 的证明如下：

根据函数 $\ln(1 + x)$ 的泰勒级数展开式

$$\ln(1 + x) = x - x^2 + \frac{x^3}{3} - \cdots + \frac{(-1)^n x^{n+1}}{n + 1} + \cdots, \quad |x| < 1, \tag{7.63}$$

可得

$$\begin{aligned} \ln \frac{1 + \tilde{L}_0}{1 - \tilde{L}_0} &= \ln(1 + \tilde{L}_0) - \ln(1 - \tilde{L}_0) \\ &\approx 2\tilde{L}_0 + \frac{2}{3}\tilde{L}_0^3, \end{aligned} \tag{7.64}$$

另外，由于 $\dfrac{qJ}{kT_{\rm c}} = 1$，所以，由式 (7.60) 和式 (7.64) 可证式 (7.61) 成立。

7.5　用矩阵法严格求解一维 Ising 模型

1941 年，Krammer 和 Wannier 把矩阵法引入 Ising 模型中。1944 年，Onsager 利用矩阵法严格求解了二维 Ising 模型。本节中，我们首先用矩阵法求解一维 Ising 模型，然后介绍二维 Ising 模型的严格解的物理意义。

一维 Ising 模型的哈密顿量可以写为

$$H\{s_i\} = -J\sum_{\langle ij\rangle} s_i s_j - \mu B \sum_{i=1}^{N} s_i. \tag{7.65}$$

假定由 N 个格点组成的链式结构可以弯成首尾相接的环形，那么，格点的自旋取向满足周期性边界条件

$$s_{N+1} = s_1, \tag{7.66}$$

即第 $N+1$ 个格点的自旋取向与第 1 个格点的自旋取向相同。在热力学极限下，$N \to +\infty$，式 (7.66) 所示的周期性边界条件并不改变物理系统的热力学性质。此时，一维 Ising 模型的哈密顿量可以重新写为

$$H\{s_i\} = -J\sum_{i=1}^{N} s_i s_{i+1} - \frac{1}{2}\mu B \sum_{i=1}^{N}(s_i + s_{i+1}). \tag{7.67}$$

物理系统的配分函数可以写为

$$\begin{aligned} Z(T,B) &= \sum_{s_1=\pm 1}\cdots\sum_{s_N=\pm 1}\exp\left\{\beta\sum_{i=1}^{N}\left[J s_i s_{i+1} + \frac{1}{2}\mu B\left(s_i + s_{i+1}\right)\right]\right\} \\ &= \sum_{s_1=\pm 1}\cdots\sum_{s_N=\pm 1}\prod_{i=1}^{N}\exp\left\{\beta\left[J s_i s_{i+1} + \frac{1}{2}\mu B\left(s_i + s_{i+1}\right)\right]\right\}. \end{aligned} \tag{7.68}$$

引进矩阵 P，P 的矩阵元定义为

$$\langle s_i|P|s_{i+1}\rangle \equiv \exp\left\{\beta\left[J s_i s_{i+1} + \frac{1}{2}\mu B\left(s_i + s_{i+1}\right)\right]\right\}. \tag{7.69}$$

因为 $s_i = \pm 1$，所以第 i 个格点的自旋波函数满足完备性条件

$$\sum_{s_i=\pm 1} |s_i\rangle\langle s_i| = 1. \tag{7.70}$$

P 是 2 行 2 列的矩阵，

$$\begin{aligned} P &= \begin{pmatrix} \langle 1|P|1\rangle & \langle 1|P|-1\rangle \\ \langle -1|P|1\rangle & \langle -1|P|-1\rangle \end{pmatrix} \\ &= \begin{pmatrix} \mathrm{e}^{\beta(J+\mu B)} & \mathrm{e}^{-\beta J} \\ \mathrm{e}^{-\beta J} & \mathrm{e}^{\beta(J-\mu B)} \end{pmatrix}. \end{aligned} \tag{7.71}$$

所以，式 (7.68) 中的配分函数可以表示为

$$
\begin{aligned}
Z(T,B) &= \sum_{s_1=\pm 1}\cdots\sum_{s_N=\pm 1}\langle s_1|P|s_2\rangle\langle s_2|P|s_3\rangle\cdots\langle s_{N-1}|P|s_N\rangle\langle s_N|P|s_1\rangle \\
&= \sum_{s_1=\pm 1}\langle s_1|P^N|s_1\rangle \\
&= \mathrm{Tr}\left[P^N\right] \\
&= \lambda_+^N + \lambda_-^N,
\end{aligned} \tag{7.72}
$$

其中，λ_+ 与 λ_- 是矩阵 P 的本征值。通过求解矩阵 P 的久期方程

$$
\begin{vmatrix} \mathrm{e}^{\beta(J+\mu B)}-\lambda & \mathrm{e}^{-\beta J} \\ \mathrm{e}^{-\beta J} & \mathrm{e}^{\beta(J-\mu B)}-\lambda \end{vmatrix} = 0, \tag{7.73}
$$

可以得到矩阵 P 的本征值为

$$
\lambda_\pm = \exp(\beta J)\{\cosh(\beta\mu B) \pm \left[\cosh^2(\beta\mu B) - 2\exp(-2\beta J)\sinh(2\beta J)\right]^{1/2}\}, \tag{7.74}
$$

所以

$$
Z(T,B) = \lambda_+^N + \lambda_-^N = \lambda_+^N\left[1+\left(\frac{\lambda_-}{\lambda_+}\right)^N\right], \tag{7.75}
$$

因为 $\lambda_+ > \lambda_-$，在热力学极限下

$$
\begin{aligned}
&\lim_{N\to+\infty}\frac{1}{N}\ln Z(T,B) \\
\approx &\ln\lambda_+ \\
= &\beta J + \ln\{\cosh(\beta\mu B) + \left[\cosh^2(\beta\mu B) - 2\exp(-2\beta J)\sinh(2\beta J)\right]^{1/2}\}.
\end{aligned} \tag{7.76}
$$

可见，物理系统的配分函数由矩阵 P 的较大的本征值 λ_+ 决定。利用 $\cosh^2 x - \sinh^2 x = 1$, 可以证明

$$
\cosh^2(\beta\mu B) - 2\exp(-2\beta J)\sinh(2\beta J) = \exp(-4\beta J) + \sinh^2(\beta\mu B),
$$

因此，式 (7.76) 中的配分函数还可以写为

$$
\begin{aligned}
&\lim_{N\to+\infty}\frac{1}{N}\ln Z(T,B) \\
\approx &\ln\lambda_+ \\
= &\beta J + \ln\{\cosh(\beta\mu B) + \left[\exp(-4\beta J) + \sinh^2(\beta\mu B)\right]^{1/2}\}.
\end{aligned} \tag{7.77}
$$

由式 (7.77) 中的配分函数可以得到物理系统的自由能 F 为

$$
\begin{aligned}
\frac{F(T,B)}{N} &= -\frac{1}{N}kT\ln Z(T,B) \\
&= -J - \frac{1}{\beta}\ln\{\cosh(\beta\mu B) + \left[\exp(-4\beta J) + \sinh^2(\beta\mu B)\right]^{1/2}\},
\end{aligned} \tag{7.78}
$$

式 (7.78) 与文献[3]中的第 478 页式 (11) 结果一致。

物理系统的总磁矩 M 为

$$\frac{M}{N\mu}=-\frac{1}{\mu}\left(\frac{\partial(F/N)}{\partial B}\right)_T =\frac{\sinh(\beta\mu B)+\dfrac{\sinh(\beta\mu B)\cosh(\beta\mu B)}{[\exp(-4\beta J)+\sinh^2(\beta\mu B)]^{1/2}}}{\cosh(\beta\mu B)+[\exp(-4\beta J)+\sinh^2(\beta\mu B)]^{1/2}}. \tag{7.79}$$

可以证明

$$\frac{\sinh(\beta\mu B)+\dfrac{\sinh(\beta\mu B)\cosh(\beta\mu B)}{[\exp(-4\beta J)+\sinh^2(\beta\mu B)]^{1/2}}}{\cosh(\beta\mu B)+[\exp(-4\beta J)+\sinh^2(\beta\mu B)]^{1/2}}=\frac{\sinh(\beta\mu B)}{\left[\exp(-4\beta J)+\sinh^2(\beta\mu B)\right]^{1/2}}, \tag{7.80}$$

所以，式 (7.79) 可简化为

$$\frac{M}{N\mu}=\frac{\sinh(\beta\mu B)}{\left[\exp(-4\beta J)+\sinh^2(\beta\mu B)\right]^{1/2}}. \tag{7.81}$$

图 7.5 给出了一维 Ising 模型的磁矩$\dfrac{M}{N\mu}$ 随磁感应强度 B 的变化。可以看出，当磁感应强度 $B=0$ 时，在任何温度下，物理系统的磁矩 $M=0$。表明在一维空间中，Ising 模型不会发生自发磁化相变。

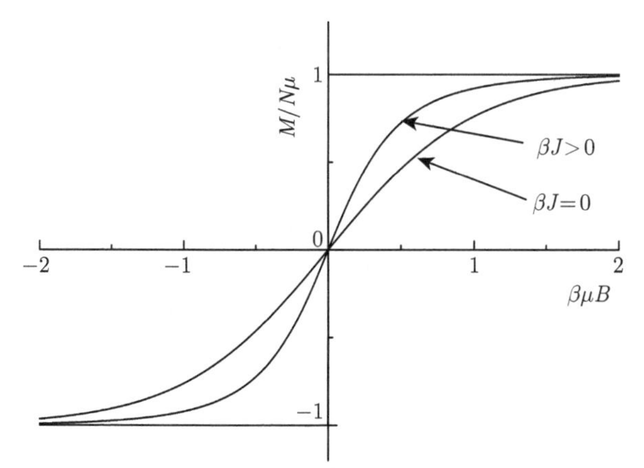

图 7.5 一维 Ising 模型的磁矩 $\dfrac{M}{N\mu}$ 随磁感应强度 B 的变化

[3] Pathria R K, Beale P D. Statistical Mechanics. 3rd edition. Singapore: Elsevier, 2011.

物理系统的内能可以由配分函数求出，即

$$
\begin{aligned}
&U(T,B)\\
=&-\frac{\partial}{\partial\beta}\ln Z=-T^2\frac{\partial}{\partial T}\left(\frac{F}{T}\right)\\
=&-NJ-\frac{N\mu B\sinh(\beta\mu B)}{\cosh(\beta\mu B)+[\exp(-4\beta J)+\sinh^2(\beta\mu B)]^{1/2}}\\
&+\frac{2NJ\exp(-4\beta J)-N\mu B\sinh(\beta\mu B)\cosh(\beta\mu B)}{\{\cosh(\beta\mu B)+[\exp(-4\beta J)+\sinh^2(\beta\mu B)]^{1/2}\}[\exp(-4\beta J)+\sinh^2(\beta\mu B)]^{1/2}}\\
=&-NJ-N\mu B\frac{\sinh(\beta\mu B)+\dfrac{\sinh(\beta\mu B)\cosh(\beta\mu B)}{[\exp(-4\beta J)+\sinh^2(\beta\mu B)]^{1/2}}}{\cosh(\beta\mu B)+[\exp(-4\beta J)+\sinh^2(\beta\mu B)]^{1/2}}\\
&+\frac{2NJ\exp(-4\beta J)}{\{\cosh(\beta\mu B)+[\exp(-4\beta J)+\sinh^2(\beta\mu B)]^{1/2}\}[\exp(-4\beta J)+\sinh^2(\beta\mu B)]^{1/2}}.
\end{aligned}
\tag{7.82}
$$

由式 (7.80) 可得，物理系统的内能可以表示为

$$
\begin{aligned}
&U(T,B)\\
=&-NJ-\frac{N\mu B\sinh(\beta\mu B)}{\left[\exp(-4\beta J)+\sinh^2(\beta\mu B)\right]^{1/2}}\\
&+\frac{2NJ\exp(-4\beta J)}{\{\cosh(\beta\mu B)+[\exp(-4\beta J)+\sinh^2(\beta\mu B)]^{1/2}\}[\exp(-4\beta J)+\sinh^2(\beta\mu B)]^{1/2}}.
\end{aligned}
\tag{7.83}
$$

没有外磁场时，$B=0$, 物理系统的内能表示为

$$U_{B=0}(T)=-NJ\tanh(\beta J). \tag{7.84}$$

由式 (7.84) 可以得到物理系统的热容量为

$$C_{B=0}(T)=Nk(\beta J)^2\cosh^{-2}(\beta J). \tag{7.85}$$

图 7.6 给出了外磁场 $B=0$ 时，式 (7.85) 给出的一维 Ising 模型的热容量 $\dfrac{1}{Nk_{\mathrm{B}}}C_{B=0}(T)$ 随温度 T 的变化。可以看出，热容量曲线 $C_{B=0}(T)$ 是温度 T 的连续函数，所以在一维空间内，用 Ising 模型描述的物理系统没有发生相变。

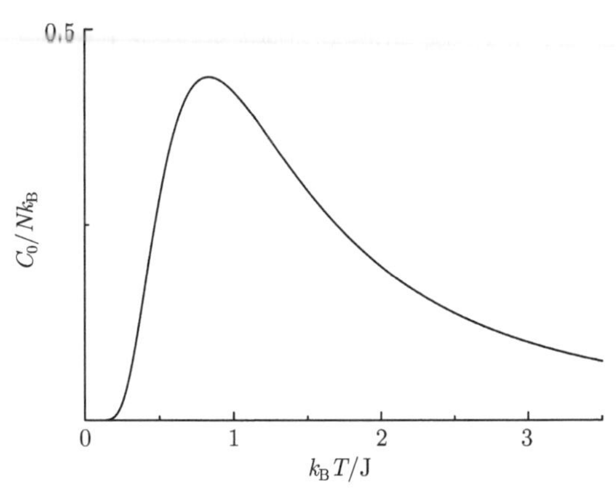

图 7.6　外磁场 $B=0$ 时，一维 Ising 模型的热容量 $\frac{1}{Nk_B}C_{B=0}(T)$ 随温度 T 的变化

7.6　二维 Ising 模型的严格解

7.6.1　二维 Ising 模型的热容量

本节中，我们将由二维 Ising 模型的严格解的配分函数，研究二维 Ising 模型描述的物理系统的热力学函数随温度的变化。这里不会给出二维 Ising 模型的严格解的推导过程，感兴趣的同学可以参考相关书籍。

不存在外磁场时，二维 Ising 模型的严格解的配分函数写为

$$\frac{1}{N}\ln Z(T)=\ln\left[2^{1/2}\cosh(2\beta J)\right]+\frac{1}{\pi}\int_0^{\pi/2}\mathrm{d}\phi\ln\left[1+\sqrt{1-\kappa^2\sin^2\phi}\right], \tag{7.86}$$

其中

$$\kappa=\frac{2\sinh(2\beta J)}{\cosh^2(2\beta J)}. \tag{7.87}$$

由配分函数可以求得物理系统中每个自旋的平均内能为

$$\begin{aligned}\frac{1}{N}U_0(T)=&-\frac{1}{N}\frac{\partial}{\partial\beta}\ln Z=-2J\tanh(2\beta J)\\&+\frac{1}{\pi}\left(\kappa\frac{\partial\kappa}{\partial\beta}\right)\int_0^{\pi/2}\mathrm{d}\phi\frac{\sin^2\phi}{\left(1+\sqrt{1-\kappa^2\sin^2\phi}\right)\sqrt{1-\kappa^2\sin^2\phi}}.\end{aligned} \tag{7.88}$$

式 (7.88) 中的积分可以写为

$$\int_0^{\pi/2}\mathrm{d}\phi\frac{\sin^2\phi}{\left(1+\sqrt{1-\kappa^2\sin^2\phi}\right)\sqrt{1-\kappa^2\sin^2\phi}}$$

$$
\begin{aligned}
&= \int_0^{\pi/2} \mathrm{d}\phi \sin^2\phi \left(\frac{1}{\sqrt{1-\kappa^2\sin^2\phi}} - \frac{1}{1+\sqrt{1-\kappa^2\sin^2\phi}} \right) \\
&= \frac{1}{\kappa^2}\left[K_1(\kappa) - E_1(\kappa)\right] - \int_0^{\pi/2} \mathrm{d}\phi \sin^2\phi \left(\frac{1}{1+\sqrt{1-\kappa^2\sin^2\phi}} \right) \\
&= \frac{1}{\kappa^2}\left[K_1(\kappa) - E_1(\kappa)\right] - \int_0^{\pi/2} \mathrm{d}\phi \sin^2\phi \left(\frac{1-\sqrt{1-\kappa^2\sin^2\phi}}{\kappa^2\sin^2\phi} \right) \\
&= \frac{1}{\kappa^2}\left[K_1(\kappa) - E_1(\kappa)\right] - \frac{1}{\kappa^2}\left[\frac{\pi}{2} - E_1(\kappa)\right] \\
&= \frac{1}{\kappa^2}\left[-\frac{\pi}{2} + K_1(\kappa)\right],
\end{aligned}
\tag{7.89}
$$

其中，$K_1(\kappa)$ 表示第一类椭圆积分，

$$
K_1(\kappa) = \int_0^{\pi/2} \frac{\mathrm{d}\phi}{\sqrt{1-\kappa^2\sin^2\phi}}, \tag{7.90}
$$

$E_1(\kappa)$ 表示第二类椭圆积分，

$$
E_1(\kappa) = \int_0^{\pi/2} \mathrm{d}\phi \sqrt{1-\kappa^2\sin^2\phi}. \tag{7.91}
$$

在式 (7.89) 的推导过程中，我们用到了积分公式

$$
\int \mathrm{d}x \frac{\sin^2 x}{\sqrt{1-\kappa^2\sin^2 x}} = \frac{1}{\kappa^2}\left[F(x,\kappa) - E(x,\kappa)\right], \tag{7.92}
$$

其中，$F(x,\kappa) = \int \frac{\mathrm{d}x}{\sqrt{1-\kappa^2\sin^2 x}}$, $E(x,\kappa) = \int \mathrm{d}x \sqrt{1-\kappa^2\sin^2 x}$.[4]

由式 (7.87) 可得

$$
\frac{1}{\kappa}\frac{\partial\kappa}{\partial\beta} = 2J\left[\coth(2\beta J) - 2\tanh(2\beta J)\right], \tag{7.93}
$$

把式 (7.89) 和式 (7.93) 代入式 (7.88)，可以得到每个自旋的平均内能为

$$
\frac{1}{N}U_0(T) = -J\coth(2\beta J)\left[1 + \frac{2}{\pi}\kappa' K_1(\kappa)\right], \tag{7.94}
$$

其中 $\kappa' = 2\tanh^2(2\beta J) - 1$，并且

$$
\kappa^2 + \kappa'^2 = 1. \tag{7.95}
$$

[4] Gradshteyn I S, Ryzhik I M. Tables of Integrals, Series, and Products. 7th edition. Elsevier Inc., 2007: 190.

由式 (7.95) 可得

$$\frac{\partial\kappa}{\partial\beta}=-\frac{\kappa'}{\kappa}\frac{\partial\kappa'}{\partial\beta},\tag{7.96}$$

其中

$$\frac{\partial\kappa'}{\partial\beta}=8J\tanh(2\beta J)\left[1-\tanh^2(2\beta J)\right].\tag{7.97}$$

参量 κ 和 κ' 随温度 T 的变化见图 7.7。

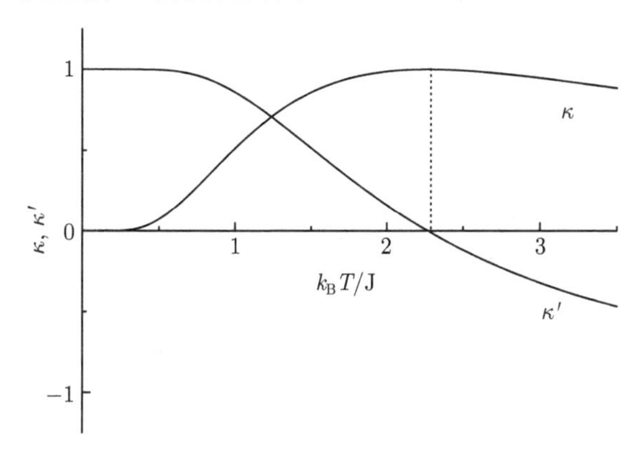

图 7.7 外磁场 $B=0$ 时，二维 Ising 模型中参量 κ 和 κ' 随温度 T 的变化

可以证明

$$\frac{\partial K_1(\kappa)}{\partial\kappa}=\frac{1}{{\kappa'}^2\kappa}\left[E_1(\kappa)-{\kappa'}^2K_1(\kappa)\right],\tag{7.98}$$

证明过程如下[5]：

设

$$F(\phi,\kappa)=\int_0^\phi \mathrm{d}x\frac{1}{\sqrt{1-\kappa^2\sin^2 x}},\tag{7.99}$$

$$E(\phi,\kappa)=\int_0^\phi \mathrm{d}x\sqrt{1-\kappa^2\sin^2 x},\tag{7.100}$$

那么可以证明

$$\frac{\partial F(\phi,\kappa)}{\partial\kappa}=\frac{1}{1-\kappa^2}\left[\frac{E(\phi,\kappa)-(1-\kappa^2)F(\phi,\kappa)}{\kappa}-\frac{\kappa\sin\phi\cos\phi}{\sqrt{1-\kappa^2\sin^2\phi}}\right].\tag{7.101}$$

[5] Plischke M, Bergersen B. Equilibrium Statistical Physics. 3rd edition. World Scientific, 2006: 234.

可以从等号的右边向左边证明式 (7.101)，

$$
\begin{aligned}
&\frac{1}{1-\kappa^2}\left[\frac{E(\phi,\kappa)-(1-\kappa^2)F(\phi,\kappa)}{\kappa}-\frac{\kappa\sin\phi\cos\phi}{\sqrt{1-\kappa^2\sin^2\phi}}\right] \\
&=\frac{1}{1-\kappa^2}\left\{\frac{1}{\kappa}\left[\int_0^{\phi}dx\sqrt{1-\kappa^2\sin^2 x}-(1-\kappa^2)\int_0^{\phi}\mathrm{d}x\frac{1}{\sqrt{1-\kappa^2\sin^2\phi}}\right]\right. \\
&\quad\left.-\frac{\kappa\sin\phi\cos\phi}{\sqrt{1-\kappa^2\sin^2\phi}}\right\} \\
&=\frac{1}{1-\kappa^2}\left\{\frac{1}{\kappa}\left[\int_0^{\phi}\mathrm{d}x\frac{\kappa^2(1-\sin^2 x)}{\sqrt{1-\kappa^2\sin^2 x}}\right]-\frac{\kappa\sin\phi\cos\phi}{\sqrt{1-\kappa^2\sin^2\phi}}\right\} \\
&=\frac{1}{1-\kappa^2}\left\{\frac{1}{\kappa}\left[\int_0^{\phi}\mathrm{d}x\frac{\kappa^2\cos^2 x}{\sqrt{1-\kappa^2\sin^2 x}}\right]-\frac{\kappa\sin\phi\cos\phi}{\sqrt{1-\kappa^2\sin^2\phi}}\right\} \\
&=\frac{1}{1-\kappa^2}\left\{\left[\int_0^{\phi}\mathrm{d}(\sin x)\frac{\kappa\cos x}{\sqrt{1-\kappa^2\sin^2 x}}\right]-\frac{\kappa\sin\phi\cos\phi}{\sqrt{1-\kappa^2\sin^2\phi}}\right\} \\
&=\frac{1}{1-\kappa^2}\left\{\left[\left.\frac{\kappa\sin x\cos x}{\sqrt{1-\kappa^2\sin^2 x}}\right|_0^{\phi}-\int_0^{\phi}\sin x\,\mathrm{d}\left(\frac{\kappa\cos x}{\sqrt{1-\kappa^2\sin^2 x}}\right)\right]\right. \\
&\quad\left.-\frac{\kappa\sin\phi\cos\phi}{\sqrt{1-\kappa^2\sin^2\phi}}\right\} \\
&=\frac{-\kappa}{1-\kappa^2}\int_0^{\phi}\sin x\,\mathrm{d}\left(\frac{\cos x}{\sqrt{1-\kappa^2\sin^2 x}}\right) \\
&=\int_0^{\phi}\mathrm{d}x\frac{\kappa\sin^2 x}{(1-\kappa^2\sin^2 x)^{3/2}}.
\end{aligned}
\tag{7.102}
$$

另外，还可以证明

$$
\frac{\partial F(\phi,\kappa)}{\partial\kappa}=\int_0^{\phi}\mathrm{d}x\frac{\kappa\sin^2 x}{(1-\kappa^2\sin^2 x)^{3/2}},
\tag{7.103}
$$

所以，式 (7.101) 得证。

如果取 $\phi=\pi/2$，那么由式 (7.101) 容易得到

$$
\frac{\partial K_1(\kappa)}{\partial\kappa}=\frac{1}{\kappa'^2\kappa}\left[E_1(\kappa)-\kappa'^2K_1(\kappa)\right],
$$

式 (7.98) 得证。

由式 (7.94) 可得，物理系统的热容量为

$$\begin{aligned}&\frac{1}{Nk_{\mathrm{B}}}\,C_0(T)\\&=J\beta^2\left\{-2J\coth^2(2\beta J)+2J-2J\frac{2\kappa'}{\pi}K_1(\kappa)\coth^2(2\beta J)+2J\frac{2\kappa'}{\pi}K_1(\kappa)\right.\\&\quad\left.+\left(\frac{16J}{\pi\kappa^2}\right)\left[K_1(\kappa)-E_1(\kappa)-K_1(\kappa)\tanh^2(2\beta J)+E_1(\kappa)\tanh^2(2\beta J)\right]\right\}\\&=\frac{2}{\pi}\left[\beta J\coth(2\beta J)\right]^2\cdot\left\{2K_1(\kappa)-2E_1(\kappa)-(1-\kappa')\left[\frac{\pi}{2}+\kappa'K_1(\kappa)\right]\right\}.\end{aligned}\tag{7.104}$$

由于第一类椭圆积分$K_1(\kappa)$ 在 $\kappa=1(\kappa'=0)$ 处有奇异性，因此，物理系统的热容量 $\dfrac{1}{Nk_{\mathrm{B}}}C_0(T)$ 在 $\kappa=1(\kappa'=0)$ 处存在奇异性。$\kappa=1(\kappa'=0)$ 对应物理系统的临界点。

由 $\kappa=1(\kappa'=0)$ 可以求得物理系统发生相变的临界温度，

$$2\tanh^2\frac{2J}{kT_{\mathrm{c}}}=1,\tag{7.105}$$

即

$$k_{\mathrm{B}}T_{\mathrm{c}}\approx 2.269\,\mathrm{J}.\tag{7.106}$$

在 $\kappa=1$ 或者 $\kappa'=0$ 处，第一类椭圆积分 $K_1(\kappa)$ 和第二类椭圆积分 $E_1(\kappa)$ 可以分别表示为

$$K_1(\kappa)\approx\ln\frac{4}{|\kappa'|},\tag{7.107}$$

和

$$E_1(\kappa)\approx 1.\tag{7.108}$$

所以，在临界温度附近，$T\sim T_{\mathrm{c}}$，物理系统的热容量可以表示为

$$\frac{1}{Nk_{\mathrm{B}}}\,C_0(T)=\frac{4}{\pi}\left[\frac{J}{k_{\mathrm{B}}T_{\mathrm{c}}}\coth\left(\frac{2J}{k_{\mathrm{B}}T_{\mathrm{c}}}\right)\right]^2\cdot\left[\ln\frac{4}{|\kappa'|}-\left(1+\frac{\pi}{4}\right)\right].\tag{7.109}$$

考虑到在临界点处

$$\kappa'=2\tanh^2\left(\frac{2J}{k_{\mathrm{B}}T_{\mathrm{c}}}\right)-1=0,$$

可得

$$\coth^2\left(\frac{2J}{k_{\mathrm{B}}T_{\mathrm{c}}}\right)=2,$$

因此，式 (7.109) 可以简化为

$$\frac{1}{Nk_{\mathrm{B}}}\,C_0(T)=\frac{8}{\pi}\left(\frac{J}{k_{\mathrm{B}}T_{\mathrm{c}}}\right)^2\cdot\left[\ln\frac{4}{|\kappa'|}-\left(1+\frac{\pi}{4}\right)\right]. \tag{7.110}$$

另外，由式 (7.97) 可知，

$$\frac{\partial\kappa'}{\partial\beta}=8J\tanh(2\beta J)\left[1-\tanh^2(2\beta J)\right],$$

在临界点处，$T=T_{\mathrm{c}}$，

$$\frac{\partial\kappa'}{\partial\beta}=8J\frac{1}{\sqrt{2}}\left(1-\frac{1}{2}\right)=\frac{4J}{\sqrt{2}},$$

所以，在临界点附近，

$$\kappa'=\frac{4J}{\sqrt{2}k_{\mathrm{B}}T}+C. \tag{7.111}$$

考虑到 $T=T_{\mathrm{c}}$ 时，$\kappa'=0$，可得

$$C=-\frac{4J}{\sqrt{2}k_{\mathrm{B}}T_{\mathrm{c}}},$$

所以，在临界点附近，

$$\begin{aligned}\kappa'&=\frac{4J}{\sqrt{2}k_{\mathrm{B}}}\left(\frac{1}{T}-\frac{1}{T_{\mathrm{c}}}\right)\\&=\frac{4J}{\sqrt{2}k_{\mathrm{B}}T_{\mathrm{c}}}\left(\frac{T_{\mathrm{c}}}{T}-1\right)\\&\approx\frac{4J}{\sqrt{2}k_{\mathrm{B}}T_{\mathrm{c}}}\left(1-\frac{T}{T_{\mathrm{c}}}\right).\end{aligned} \tag{7.112}$$

把式 (7.112) 代入式 (7.110) 可得临界温度附近物理系统的热容量

$$\begin{aligned}\frac{1}{Nk_{\mathrm{B}}}C_0(T)&\approx\frac{8}{\pi}\left(\frac{J}{k_{\mathrm{B}}T_{\mathrm{c}}}\right)^2\left[-\ln\left|1-\frac{T}{T_{\mathrm{c}}}\right|+\ln\left(\frac{\sqrt{2}k_{\mathrm{B}}T_{\mathrm{c}}}{J}\right)-\left(1+\frac{\pi}{4}\right)\right]\\&\approx-0.4945\ln\left|1-\frac{T}{T_{\mathrm{c}}}\right|+\mathrm{const},\end{aligned} \tag{7.113}$$

其中 $k_{\mathrm{B}}T_{\mathrm{c}}\approx 2.269\,\mathrm{J}$。可见，物理系统的热容量在临界温度附近呈对数发散，如图 7.8 所示。

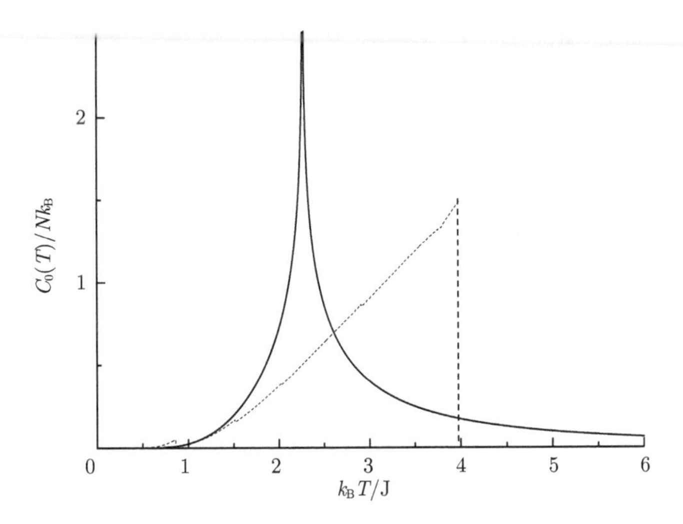

图 7.8 外磁场 $B=0$ 时，Ising 模型的热容量随温度的变化

其中实线表示式 (7.104) 中的二维 Ising 模型严格解，虚线表示式 (7.53) 中的 Bragg-Williams 近似的结果

7.6.2 二维 Ising 模型的磁矩

磁场 $B=0$ 时，二维 Ising 模型的长程序参量 (磁矩) 可以表示为

$$\tilde{L}_0(T)=\frac{M(T,0)}{N\mu}=\begin{cases}0, & T\geqslant T_c,\\ \left\{1-[\sinh(2J/k_BT)]^{-4}\right\}^{1/8}, & T<T_c.\end{cases} \tag{7.114}$$

当温度 $T\to 0$ 时，

$$\tilde{L}_0(T)\approx 1-2\exp(-8J/k_BT). \tag{7.115}$$

当温度 $T\to T_c-$ 时，

$$\tilde{L}_0(T)\approx\left[8\sqrt{2}\frac{J}{k_BT_c}\left(1-\frac{T}{T_c}\right)\right]^{1/8}\approx 1.2224\left(1-\frac{T}{T_c}\right)^{1/8}. \tag{7.116}$$

二维 Ising 模型的严格解的长程序参量随温度的变化见图 7.9。可见，在 $T\to T_c-$ 时，二维 Ising 模型的严格解的长程序参量更加快速地趋向于零。

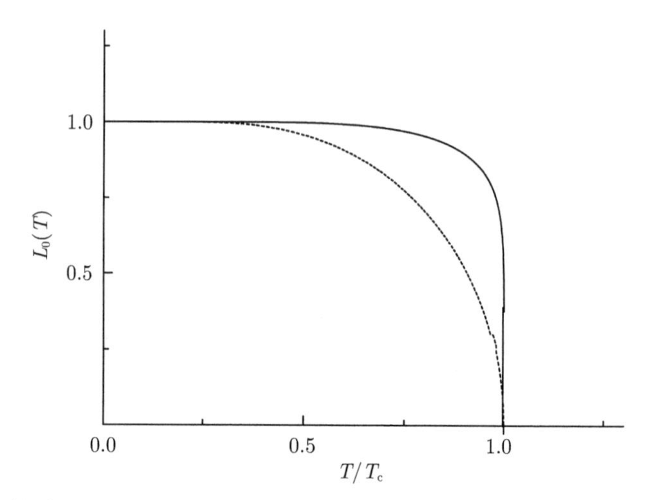

图 7.9　外磁场 $B=0$ 时，二维 Ising 模型的严格解的长程序参量随温度的变化

其中实线表示式 (7.114) 中的二维 Ising 模型严格解，虚线表示 Bragg-Williams 近似下的相应结果

第八章　相变的重整化群理论

物质的相变现象是远离平衡态的剧烈的非平衡过程，建立在热力学系统的平衡态上的统计理论，难以描述物质的相变过程。但是，如果人们能够掌握相变现象的特点，就能够建立适应这些特点的新的物理理论，从而把研究问题的难点变成新理论的切入点。在铁磁相变的临界温度处，物理系统的热力学量可以表示成温度或者磁感应强度的幂函数形式。对于其他的相变过程，在临界温度处，物理系统的热力学量也可以表示成温度或者其他参量的幂函数形式，其中幂指数称为临界指数。人们发现，对于不同类型的相变现象，对于不同材料的相变过程，相应的临界指数近似取相等的数值，并且满足完全相同的标度关系和超标度关系，这说明所有的相变过程存在着共性。

通过对相变的临界指数的研究，人们迫切需要建立能够统一描述所有相变过程的、具有普适性的相变理论。1965 年，Widom 提出相变的标度理论，假定物理系统的自由能是相对温度和磁场的广义齐次函数，从而证明了临界指数满足的两个标度关系式。后来，Kadanoff 提出了标度变换，并且指出在相变温度处，相关长度变为无穷大，物理系统具有标度不变性，从而证明了临界指数满足的另外两个超标度关系式。Wilson 在标度变换和标度不变性的基础上，提出了相变的重整化群理论，指出相变点对应着重整化群变换的参数空间中的不稳定不动点，把相变现象的物理研究归结为在重整化群变换的参数空间中寻找不稳定不动点的数学问题。1982 年，相变的重整化群理论获得当年的诺贝尔物理学奖。

本章中，我们将会结合相变的重整化群理论建立的历史过程，首先阐述临界指数的概念及其满足的标度关系和超标度关系，然后依次介绍 Widom 的标度理论和 Kadanoff 提出的标度变换和标度不变性，最后介绍重整化群理论的基本思想。在这里不会介绍动量空间内和实空间内重整化群理论的具体求解过程，感兴趣的同学可以参考相关文献 [1]。

8.1　临 界 指 数

在临界温度附近，一些热力学量可以表示成幂函数的形式，数幂称为临界指数。下面以铁磁相变为例，讨论临界指数。

[1] 张先蔚. 量子统计力学. 第二版. 北京: 科学出版社，2008.

1. α 和 α'

当不存在外磁场时，$\boldsymbol{B}=0$，在临界温度附近，铁磁系统的热容量可以表示为

$$\begin{cases} C_B \propto (T-T_{\rm c})^{-\alpha}, & T \longrightarrow T_{\rm c}+0, \\ C_B \propto (T_{\rm c}-T)^{-\alpha'}. & T \longrightarrow T_{\rm c}-0 \end{cases} \tag{8.1}$$

临界指数 α 和 α' 都是很小的正数，并且 $\alpha=\alpha'$。

2. β

当外磁场为零时，在临界温度附近，物理系统的磁矩随温度的变化可以表示为

$$M(T,0) \propto (T_{\rm c}-T)^{\beta}, \quad T \to T_{\rm c}-0. \tag{8.2}$$

β 是一个临界指数。

3. γ 和 γ'

没有外磁场时，铁磁系统的磁化率定义为

$$\chi = \left(\frac{\partial M}{\partial B}\right)_{T,B=0}, \tag{8.3}$$

当温度接近临界温度时，

$$\begin{cases} \chi \propto (T-T_{\rm c})^{-\gamma}, & T \to T_{\rm c}+0, \\ \chi \propto (T_{\rm c}-T)^{-\gamma'}, & T \to T_{\rm c}-0. \end{cases} \tag{8.4}$$

其中 $\gamma=\gamma'$。

4. δ

如果磁感应强度 B 很小，那么，在临界温度处，$T \sim T_{\rm c}$，铁磁体的磁矩可以表示为

$$M \propto B^{1/\delta}. \tag{8.5}$$

5. η

自旋密度相关函数定义为

$$C(r) = \langle (S(r)-\langle S\rangle)(S(0)-\langle S\rangle)\rangle, \tag{8.6}$$

其中，$S(r)$ 为 r 处的自旋算符；$\langle S\rangle$ 为自旋算符的平均值。在临界温度附近，当距离 r 比较大的时候，自旋密度相关函数可以表示为

$$C(r) \propto r^{(-d-2+\eta)}, \tag{8.7}$$

其中，d 为空间维数；η 为临界指数。

6. ν 与 ν'

相关长度 ξ 表示物理系统中相关区域的大小，在临界温度附近，相关长度可以表示为幂函数的形式，

$$\xi \propto (T - T_{\mathrm{c}})^{-\nu}, \quad T \to T_{\mathrm{c}} + 0, \tag{8.8}$$

$$\xi \propto (T_{\mathrm{c}} - T)^{-\nu'}, \quad T \to T_{\mathrm{c}} - 0, \tag{8.9}$$

其中 $\nu = \nu'$，当 $T > T_{\mathrm{c}}$ 和 $T < T_{\mathrm{c}}$ 时，比例系数可以不同。

对于不同类型的相变，以及不同材料的相变，临界指数都取相近的数值。这表明在临界温度附近，相变现象具有共同的特性，我们称之为相变的普适性。

无论用实验的方法测量相变的临界指数，还是用不同的理论方法计算临界指数，得到的临界指数的数值都满足以下关系：

$$\alpha + 2\beta + \gamma = 2, \tag{8.10}$$

$$\alpha + \beta(\delta + 1) = 2, \tag{8.11}$$

$$d\frac{\delta - 1}{\delta + 1} = 2 - \eta, \tag{8.12}$$

$$\nu = \beta\frac{1 + \delta}{d}, \tag{8.13}$$

其中，d 表示空间维数。式 (8.10) 和式 (8.11) 称为标度关系，式 (8.12) 和式 (8.13) 称为超标度关系，

表 8.1 列出了不同物理系统相变的临界指数的实验值 [2]。可以看出，这些临界指数的实验值满足式 (8.10) 和式 (8.11) 中的标度关系，以及式 (8.12) 和式 (8.13) 中的超标度关系。

表 8.1　不同物理系统相变的临界指数的实验值

临界指数	磁系统	液气系统	二元流体	二元合金	铁电系统	He-4 超流体	平均场理论
α, α'	$0.0 \sim 0.2$	$0.1 \sim 0.2$	$0.05 \sim 0.15$	—	—	-0.026	0
β	$0.30 \sim 0.36$	$0.32 \sim 0.35$	$0.30 \sim 0.34$	0.305 ± 0.005	$0.33 \sim 0.34$	—	1/2
γ	$1.2 \sim 1.4$	$1.2 \sim 1.3$	$1.2 \sim 1.4$	1.24 ± 0.015	1.0 ± 0.2	—	1
γ'	$1.0 \sim 1.2$	$1.1 \sim 1.2$	—	1.23 ± 0.025	1.23 ± 0.02	—	1
δ	$4.2 \sim 4.8$	$4.6 \sim 5.0$	$4.0 \sim 5.0$	—	—	—	3
ν	$0.62 \sim 0.68$	—	—	0.65 ± 0.02	$0.5 - 0.8$	0.675	1/2
η	$0.03 \sim 0.15$	—	—	$0.03 \sim 0.06$	—	—	0

[2] Pathria R K, Beale P D. Statistical Mechanics. 3rd edition. Singapore: Elsevier, 2011: 437.

8.2 标度理论

1965 年，Widom 提出标度理论。这是一个唯象理论，在介绍这一理论之前，我们先来介绍广义齐次函数的概念。

1. 广义齐次函数

如果函数 $f(x,y)$ 满足关系

$$f(\lambda^a x, \lambda^b y) = \lambda f(x,y), \tag{8.14}$$

其中，参数 λ 可以取任意数值，那么 $f(x,y)$ 是自变量 x 和 y 的广义齐次函数，a 与 b 称为标度参数或标度幂。

性质 1：如果 $f(x,y)$ 是自变量 x 和 y 的广义齐次函数，

$$f(\lambda^a x, \lambda^b y) = \lambda f(x,y), \tag{8.15}$$

那么 $f(x,y)$ 对自变量 x 和 y 的任意阶偏导数，也是自变量 x 和 y 的广义齐次函数，即

$$\frac{\partial^{j+k} f(\lambda'^{a'} x, \lambda'^{b'} y)}{\partial x^j \partial y^k} = \lambda' \frac{\partial^{j+k} f(x,y)}{\partial x^j \partial y^k}, \tag{8.16}$$

其中，λ' 可以取任意数值。

性质 2：如果函数 $f(x,y)$ 是广义齐次函数，那么 $f(x,y)$ 的 Legendre 变换也是广义齐次函数。

2. 标度假设

Widom 假定，在临界温度 T_{c} 附近，Gibbs 函数 $G(t,B)$ 是关于 t 和磁感应强度 B 的广义齐次函数，即

$$G(\lambda^a t, \lambda^b B) = \lambda G(t,B), \tag{8.17}$$

其中 $t = \dfrac{T - T_{\mathrm{c}}}{T_{\mathrm{c}}}$。

式 (8.17) 对磁感应强度 B 求偏导数，可得

$$\frac{\partial G(\lambda^a t, \lambda^b B)}{\partial B} = \lambda \frac{\partial G(t,B)}{\partial B}, \tag{8.18}$$

由于 $\mathrm{d}G = -S\mathrm{d}T - M\mathrm{d}B$，所以

$$\lambda^b M(\lambda^a t, \lambda^b B) = \lambda M(t,B), \tag{8.19}$$

假定 $B=0$，$T\to T_{\mathrm{c}}-0$，那么

$$M(t,0)=\lambda^{b-1}M(\lambda^a t,0),\tag{8.20}$$

由临界指数 β 的定义可知，$M(t,0)=C(-t)^{\beta}$，得

$$C(-t)^{\beta}=\lambda^{b-1}\cdot C\cdot(-\lambda^a t)^{\beta}=\lambda^{a\beta+b-1}C(-t)^{\beta},\tag{8.21}$$

所以 $a\beta+b=1$，或者

$$\beta=(1-b)/a.\tag{8.22}$$

与铁磁体的磁矩有关的另一个临界指数是 δ。如果 $t=0$，$B\to 0$，那么

$$M(0,B)=\lambda^{b-1}M(0,\lambda^b B),$$

由临界指数 δ 的定义，当 $B\to 0$ 时，$M(0,B)=C'B^{1/\delta}$, 可得

$$C'B^{1/\delta}=\lambda^{b-1}C'B^{1/\delta}\lambda^{b/\delta},\tag{8.23}$$

所以 $b-1+b/\delta=0$，即

$$\delta=b/(1-b).\tag{8.24}$$

式 (8.19) 的等号两侧同时对磁感应强度 B 求偏导数，可得

$$\lambda^{2b}\chi(\lambda^a t,\lambda^b B)=\lambda\chi(t,B).\tag{8.25}$$

如果 $B=0$，$T\to T_{\mathrm{c}}-0$，$\chi(t,0)\sim(-t)^{\gamma'}$，所以

$$\lambda^{2b}\frac{1}{(-\lambda^a t)^{\gamma'}}=\lambda\frac{1}{(-t)^{\gamma'}},\tag{8.26}$$

即 $2b-a\gamma'=1$，或者写为 $\gamma'=(2b-1)/a$。同理可得，$T\to T_{\mathrm{c}}+0$ 时，

$$\gamma=(2b-1)/a.\tag{8.27}$$

如果定义温度的单位为 $1/T_{\mathrm{c}}$，那么对温度 T 求导等同于对 t 求导，式 (8.17) 等号两侧同时对温度 t 求二阶偏导数，并且考虑到 $C_B=T\left(\dfrac{\partial S}{\partial T}\right)_B$，可得

$$\lambda C_B(t,0)=\lambda^{2a}C_B(\lambda^a t,0).\tag{8.28}$$

当 $T\to T_{\mathrm{c}}-0$ 时，$C_B(t,0)\sim(-t)^{-\alpha'}$，那么

$$\frac{\lambda}{(-t)^{\alpha'}}=\frac{\lambda^{2a}}{(-\lambda^a t)^{\alpha'}},\tag{8.29}$$

得 $1=2a-a\alpha'$，即 $\alpha'=2-\dfrac{1}{a}$。同理可得，$T\to T_{\mathrm{c}}+0$ 时，

$$\alpha=2-\frac{1}{a}. \tag{8.30}$$

可见，四个临界指数 α、β、γ 和 δ 可以用两个标度参数 a 和 b 表示出来。由式 (8.22)、式 (8.24)、式 (8.27) 和式 (8.30) 可得标度关系

$$\alpha+2\beta+\gamma=2 \tag{8.31}$$

和

$$\alpha+\beta(\delta+1)=2. \tag{8.32}$$

8.3 标 度 变 换

1. 从格点到元胞

为了从微观上论证 Widom 标度理论，Kadanoff 引入了标度变换的概念，并且推导出了式 (8.12) 和式 (8.13) 表示的超标度关系。

对于 d 维 Ising 模型，假定配位数为 q，自旋总数为 N，哈密顿量可以写为

$$H\{s_i\}=-J\sum_{\langle ij\rangle}^{\frac{1}{2}qN}s_is_j-\mu B\sum_{i=1}^{N}s_i. \tag{8.33}$$

如果把晶格分成体积相等，边长为 LC(其中 C 为晶格常数) 的 d 维立方体，我们称之为元胞 (cell)，那么，由 N 个格点组成的系统就转化为由 $n=\dfrac{N}{L^d}$ 个元胞组成的系统，如图 8.1 所示。假定每个元胞的自旋仍然取 $S_I=\pm1$，那么元胞系统的哈密顿量可以用元胞的自旋表示出来

$$H\{S_I\}=-J_L\sum_{\langle IJ\rangle}^{\frac{1}{2}qNL^{-d}}S_IS_J-\mu B_L\sum_{I=1}^{NL^{-d}}S_I. \tag{8.34}$$

2. 标度不变性

在临界温度附近，相关长度 ξ 趋向于无穷大，因此，相对于相关长度 ξ，物理系统在微观上的一些差异可以忽略，即在临界点附近作尺度变换，物理系统具有不变性。这一性质称为标度不变性。

对物理系统重新标度，系统的哈密顿量的形式相同，由此可以推测，物理系统的总自由能在标度变换前后应该相同，即

$$F(t_L,B_L)=F(t,B). \tag{8.35}$$

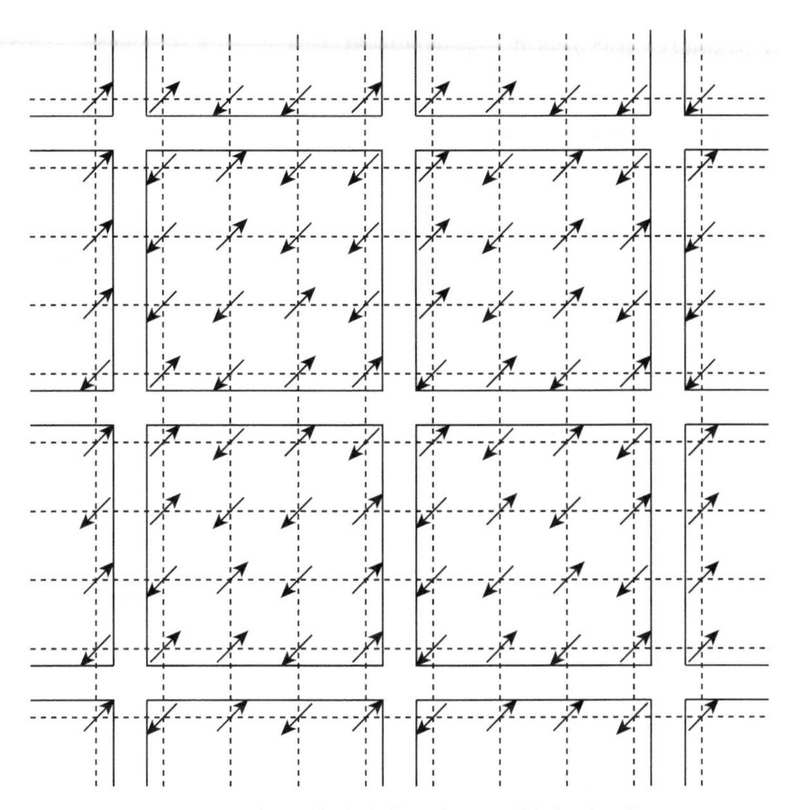

图 8.1 系统的标度变换示意图: 从格点到元胞

如果一个格点的自由能为 $f(t,B)$，那么，由式 (8.35) 可得一个元胞的自由能

$$f(t_L,B_L)=L^d f(t,B). \tag{8.36}$$

假设

$$t_L=L^x t \tag{8.37}$$

和

$$B_L=L^y B, \tag{8.38}$$

可得

$$f(L^x t,L^y B)=L^d f(t,B). \tag{8.39}$$

取

$$\lambda=L^d,\qquad a=x/d,\qquad b=y/d, \tag{8.40}$$

则

$$f(\lambda^a t,\lambda^b B)=\lambda f(t,B). \tag{8.41}$$

可见，一个格点的自由能是温度 t 和磁感应强度 B 的广义齐次函数。一个格点的吉布斯函数其实是一个格点的自由能函数的 Legendre 变换，因此，一个格点的吉布斯函数也是温度 t 和磁感应强度 B 的广义齐次函数。

从格点系统到元胞系统的变换，称为 Kadanoff 变换。由 Kadanoff 变换可以导出标度假设式 (8.41)。

Kadanoff 变换是物理系统作尺度变换的数学表示，在临界温度附近，可以由 Kadanoff 变换导出临界指数之间的超标度关系。

3. 由 Kadanoff 变换导出超标度关系

格点系统的自旋密度相关函数可以表示为

$$\begin{aligned} C(r,t) &= \langle (s_i(\boldsymbol{r}_i) - \langle s_i \rangle)(s_j(\boldsymbol{r}_j) - \langle s_j \rangle) \rangle \\ &= \langle s_i(\boldsymbol{r}_i) s_j(\boldsymbol{r}_j) \rangle - \langle s_i \rangle \langle s_j \rangle, \end{aligned} \tag{8.42}$$

其中 $r = |\boldsymbol{r}_i - \boldsymbol{r}_j|$ 表示两个格点之间的距离；元胞系统的自旋密度相关函数表示为

$$\begin{aligned} C(r_L,t_L) &= \langle (S_I(\boldsymbol{r}_I) - \langle S_I \rangle)(S_J(\boldsymbol{r}_J) - \langle S_J \rangle) \rangle \\ &= \langle S_I(\boldsymbol{r}_I) S_J(\boldsymbol{r}_J) \rangle - \langle S_I \rangle \langle S_J \rangle, \end{aligned} \tag{8.43}$$

其中 $r_L = |\boldsymbol{r}_I - \boldsymbol{r}_J|$ 表示两个元胞之间的距离。

我们引进参量 $\mathcal{L}$，使

$$\mathcal{L} S_I = L^{-d} \sum_{i \in I} s_i, \tag{8.44}$$

由式 (8.42) 和式 (8.43) 可以推导出格点系统和元胞系统的自旋密度相关函数之间的关系，

$$\begin{aligned} C(r_L,t_L) &= \frac{1}{\mathcal{L}^2} \frac{1}{L^{2d}} \sum_{i \in I} \sum_{j \in J} (\langle s_i(\boldsymbol{r}_i) s_j(\boldsymbol{r}_j) \rangle - \langle s_i \rangle \langle s_j \rangle) \\ &= \frac{1}{\mathcal{L}^2} C(r,t). \end{aligned} \tag{8.45}$$

两个属于不同元胞的格点之间的距离 r 与这两个元胞之间的距离 r_L 满足关系

$$r = |\boldsymbol{r}_i - \boldsymbol{r}_j| = L|\boldsymbol{r}_I - \boldsymbol{r}_J| = L r_L, \tag{8.46}$$

其中 $i \in I$，$j \in J$。在式 (8.46) 中，r 以相邻两个格点之间的距离为单位，r_L 以相邻两个元胞之间的距离为单位，在不同的标度下，r 与 r_L 的数值满足式 (8.46) 中的比例关系。

由式 (8.45) 和式 (8.46) 可得

$$C\left(\frac{r}{L}, L^x t\right) = \frac{1}{\mathcal{L}^2} C(r,t). \tag{8.47}$$

在标度变换下，格点系统与元胞系统的哈密顿量中自旋与外磁场的相互作用项相等，即

$$-B\sum_i s_i = -B_L \sum_I S_I, \tag{8.48}$$

由参量 $\mathcal{L}$ 的定义式 (8.44) 可知，

$$-B\sum_i s_i = -B\sum_I \sum_{i\in I} s_i = -B\mathcal{L}L^d \sum_I S_I, \tag{8.49}$$

因此，$B_L = \mathcal{L}L^d B$，考虑到式 (8.38)，$B_L = L^y B$，可得

$$\mathcal{L} = L^{y-d}, \tag{8.50}$$

由式 (8.47) 可得，

$$C\left(\frac{r}{L}, L^x t\right) = L^{2(d-y)} C(r,t), \tag{8.51}$$

式 (8.51) 对所有的 L 都成立。

由式 (8.22)、式 (8.24) 和式 (8.40) 可得 $x = ad = \dfrac{d}{\beta(1+\delta)}$，$y = bd = d\dfrac{\delta}{1+\delta}$，如果取 $L = r$，那么

$$C(r,t) = r^{-2d/(1+\delta)} C(1, r^{d/\beta(1+\delta)} t). \tag{8.52}$$

在临界温度附近，物理系统的相关函数可以表示成幂函数的形式

$$C(r, t=0) \sim r^{-(d-2+\eta)}, \tag{8.53}$$

其中，d 是空间维数；η 是临界指数。

把式 (8.53) 代入式 (8.52)，可以得到超标度关系式

$$d\frac{\delta - 1}{\delta + 1} = 2 - \eta. \tag{8.54}$$

在临界温度附近，物理系统的相关长度可以表示成幂函数的形式

$$\xi \sim |t|^{-\nu}, \tag{8.55}$$

格点系统与元胞系统的相关长度之间存在如下关系

$$\xi(r,t) = L\xi(r_L, t_L), \tag{8.56}$$

由式 (8.55) 可得，

$$\xi(r_L, t_L) \sim |t_L|^{-\nu} \sim |L^x t|^{-\nu}, \tag{8.57}$$

$$\xi(r, t) \sim |t|^{-\nu}. \tag{8.58}$$

把式 (8.57) 和式 (8.58) 代入式 (8.56)，可以得到另外一个超标度关系式

$$\nu = \frac{1}{x} = \beta \frac{1+\delta}{d}. \tag{8.59}$$

4. 相变的普适性假设和普适类

对于不同的物理系统，实验测得的临界指数非常相似，说明在相变过程中，物理系统的一些具体性质，比如，晶体结构、粒子之间的相互作用等对于相变的影响并不大，在相变点附近，不同的相变过程具有共性。

只有空间维数 d 和序参量维数 n 两个物理量决定物理系统在临界点处的行为，具有相同空间维数 d 和序参量维数 n 的物理系统属于同一普适类，具有相同的临界指数和临界行为。对于 Ising 模型的铁磁相变，序参量维数 n 就是自旋矢量分量数目。

8.4　重整化群理论的基本思想

1. 重整化群变换

物质在临界点处的相变现象，是远离平衡态的剧烈的非平衡过程。由研究处于平衡态的热力学系统的随温度的变化建立起来的热力学理论，在描述非平衡的相变过程时遇到了很大的困难。20 世纪 70 年代初期，Wilson 在标度理论和标度变换的基础上，考虑到相变过程中的标度不变性，提出了描述相变过程的重整化群理论。重整化群理论的建立，为相变的标度理论提供了坚实的数学基础，同时，也发展了一套计算相变的临界指数的微观方法。我们将以 d 维空间内的 Ising 模型为例，简要说明相变的重整化群理论的基本思想。

假定配位数为 q，自旋总数为 N，d 维 Ising 模型的哈密顿量可以写为

$$H\{s_i\} = -J \sum_{\langle ij \rangle}^{\frac{1}{2}qN} s_i s_j - \mu B \sum_{i=1}^{N} s_i. \tag{8.60}$$

令

$$\mathscr{H} = \frac{-H}{kT} = K_1 \sum_{\langle ij \rangle}^{\frac{1}{2}qN} s_i s_j + K_2 \sum_{i=1}^{N} s_i = \mathscr{H}(\{s_i\}, \boldsymbol{K}, N), \tag{8.61}$$

其中，q 表示配位数；N 表示自旋总数；$\boldsymbol{K}=(K_1,K_2)$ 是耦合参数矢量，$K_1=\dfrac{J}{kT}$，$K_2=\dfrac{\mu B}{kT}$，都与温度 T 有关。此时，格点系统的配分函数可以写为

$$Z(\boldsymbol{K},N)=\sum_{\{s_i\}}\exp\left[\mathscr{H}(\{s_i\},\boldsymbol{K},N)\right]. \tag{8.62}$$

如果把晶格分成体积相等，边长为 LC(其中 C 为晶格常数) 的元胞 (cell)，那么，由 N 个格点组成的系统就转化为由 $n=\dfrac{N}{L^d}$ 个元胞组成的系统。假定每个元胞的自旋仍然取 $S_I=\pm1$，那么元胞系统的哈密顿量可以表示为

$$\mathscr{H}(\{S_I\},\boldsymbol{K}_L,NL^{-d})=K_{1L}\sum_{\langle IJ\rangle}S_IS_J+K_{2L}\sum_{I=1}S_I. \tag{8.63}$$

此时，系统的配分函数可以写为

$$Z(\boldsymbol{K}_L,NL^{-d})=\sum_{\{S_I\}}\exp\left[\mathscr{H}(\{S_I\},\boldsymbol{K}_L,NL^{-d})\right]. \tag{8.64}$$

由式 (8.62) 和式 (8.64) 可知，元胞系统与格点系统的配分函数具有相同的形式。由于标度不变性不改变系统的性质，所以，标度变换前后配分函数的值保持不变，即

$$Z(\boldsymbol{K}_L,NL^{-d})=Z(\boldsymbol{K},N). \tag{8.65}$$

显然，

$$f(\boldsymbol{K})=\lim_{N\to\infty}\frac{1}{N}\ln Z(\boldsymbol{K},N)=\lim_{N\to\infty}\frac{1}{N}\ln Z(\boldsymbol{K}_L,NL^{-d})=L^{-d}f(\boldsymbol{K}_L), \tag{8.66}$$

其中，$f(\boldsymbol{K})$ 与 $f(\boldsymbol{K}_L)$ 分别表示每个格点或者每个元胞的平均自由能与 $-kT$ 的商。

由式 (8.66) 可知，元胞系统的耦合参数矢量 $\boldsymbol{K}_L$ 是格点系统的耦合参数矢量 $\boldsymbol{K}$ 的函数，

$$\boldsymbol{K}_L=R_L(\boldsymbol{K}). \tag{8.67}$$

式 (8.67) 称为重整化群变换。

在临界温度 $T=T_{\mathrm{c}}$ 附近，在不同的标度下，元胞系统的相关长度 $\xi(\boldsymbol{K}_L)$ 与格点系统的相关长度 $\xi(\boldsymbol{K})$ 的数值之间满足比例关系：

$$\xi(\boldsymbol{K}_L)=\frac{1}{L}\xi(\boldsymbol{K}), \tag{8.68}$$

或者写为

$$\xi(R_L(\boldsymbol{K}))=\frac{1}{L}\xi(\boldsymbol{K}). \tag{8.69}$$

当系统处于临界温度时，$T = T_{\rm c}$，相关长度变为无穷大，假定耦合参数矢量 $\boldsymbol{K} = \boldsymbol{K}_{\rm c}$，那么，$\xi(\boldsymbol{K}_{\rm c}) = \infty$。由式 (8.69) 可得

$$\xi(R_L(\boldsymbol{K}_{\rm c})) = \frac{1}{L}\xi(\boldsymbol{K}_{\rm c}) = \infty, \tag{8.70}$$

所以，

$$R_L(\boldsymbol{K}_{\rm c}) = \boldsymbol{K}_{\rm c}. \tag{8.71}$$

显然，相变的临界点对应着重整化群变换的不动点。在临界点处，标度变换不改变系统的相关长度的数值。

在耦合参数 K_1、K_2 为坐标的空间中，重整化群变换

$$\boldsymbol{K}_L = R_L(\boldsymbol{K})$$

使点 $\boldsymbol{K}(K_1, K_2)$ 变换到参数空间中的另外一点 $\boldsymbol{K}_L(K_{1L}, K_{2L})$，如果

$$\boldsymbol{K}_L(K_{1L}, K_{2L}) = \boldsymbol{K}(K_1, K_2), \tag{8.72}$$

那么，点 $\boldsymbol{K}_L(K_{1L}, K_{2L})$ 为参数空间中的不动点，对应系统相变的临界点。

在相变的临界点附近，在式 (8.67) 表示的重整化群变换下，系统的相关长度 $\xi(\boldsymbol{K})$ 变小，如下式所示：

$$\xi(R_L(\boldsymbol{K})) = \frac{1}{L}\xi(\boldsymbol{K}),$$

对应参数空间中重整化群变换以后依次得到的点 $\boldsymbol{K}'$、$\boldsymbol{K}''$、$\boldsymbol{K}'''$ 等距离不动点 $\boldsymbol{K}_{\rm c}$ 越来越远。可见，物理系统相变的临界点对应耦合参数空间中重整化群变换的不稳定不动点。

变换 R_L 的集合构成一个群，称为重整化群 (renormalization group，RG)，重整化群具有群的性质：

A. 封闭性。如果 $R_L \in RG$，$R_{L'} \in RG$，那么 $R_L \cdot R_{L'} \in RG$。

B. 结合律。$(R_L \cdot R_{L'}) \cdot R_{L''} = R_L \cdot (R_{L'} \cdot R_{L''})$。

C. 交换律。$R_L \cdot R_{L'} = R_{L'} \cdot R_L$。

D. 存在单位元素。$I = R_1$。

重整化群变换不存在逆变换，因此，重整化群是半群。另外，必须结合具体的参数空间，才能讨论重整化群变换的物理意义。

2. 由重整化群理论计算相变的临界指数

重整化群理论建立以后，研究物理系统的相变的问题转变成在参数空间中寻找重整化群变换的不动点的问题。如果 $\boldsymbol{K}_{\rm c}$ 是参数空间中的不动点，那么 $\boldsymbol{K}_{\rm c}$ 满足式 (8.71)，即

$$R_L(\boldsymbol{K}_{\rm c}) = \boldsymbol{K}_{\rm c}.$$

取耦合参数矢量 $\boldsymbol{K}$ 为 2 维矢量，$\boldsymbol{K}=(K_1,K_2)$，可以在不动点 $\boldsymbol{K}_\mathrm{c}$ 附近把重整化群变换 $R_L(\boldsymbol{K})$ 展开为泰勒级数的形式，在一级近似下，

$$R_L(\boldsymbol{K})=R_L(\boldsymbol{K}_\mathrm{c})+A(\boldsymbol{K}-\boldsymbol{K}_\mathrm{c}), \tag{8.73}$$

即

$$\boldsymbol{K}_L-\boldsymbol{K}_\mathrm{c}=A(\boldsymbol{K}-\boldsymbol{K}_\mathrm{c}), \tag{8.74}$$

或者写为

$$\delta\boldsymbol{K}_L=A\delta K, \tag{8.75}$$

其中，A 表示线性化的重整化群变换矩阵，

$$A=\begin{pmatrix} \dfrac{\partial K_{1L}}{\partial K_1} & \dfrac{\partial K_{1L}}{\partial K_2} \\ \dfrac{\partial K_{2L}}{\partial K_1} & \dfrac{\partial K_{2L}}{\partial K_2} \end{pmatrix}_{K_1=K_{\mathrm{c}1},K_2=K_{\mathrm{c}2}}, \tag{8.76}$$

式 (8.76) 中的矩阵 A 可以通过幺正变换写成对角矩阵的形式

$$A=\begin{pmatrix} \lambda_1 & 0 \\ 0 & \lambda_2 \end{pmatrix}, \tag{8.77}$$

其中，λ_1、λ_2 分别为矩阵 A 的本征值，对应的本征矢量分别为

$$\boldsymbol{e}_1=\begin{pmatrix} 1 \\ 0 \end{pmatrix}, \quad \boldsymbol{e}_2=\begin{pmatrix} 0 \\ 1 \end{pmatrix}, \tag{8.78}$$

即

$$A\boldsymbol{e}_1=\lambda_1\boldsymbol{e}_1, \quad A\boldsymbol{e}_2=\lambda_2\boldsymbol{e}_2. \tag{8.79}$$

本征矢量 $\boldsymbol{e}_1$ 和 $\boldsymbol{e}_2$ 构成参数空间中的正交完备系，矢量 $\delta\boldsymbol{K}$ 和 $\delta\boldsymbol{K}_L$ 可以对 $\boldsymbol{e}_1$ 和 $\boldsymbol{e}_2$ 展开，

$$\delta\boldsymbol{K}=\delta u_1\boldsymbol{e}_1+\delta u_2\boldsymbol{e}_2, \quad \delta\boldsymbol{K}_L=\delta u_{1L}\boldsymbol{e}_1+\delta u_{2L}\boldsymbol{e}_2. \tag{8.80}$$

于是，式 (8.75) 可以表示为

$$\begin{pmatrix} \delta u_{1L} \\ \delta u_{2L} \end{pmatrix}=\begin{pmatrix} \lambda_1 & 0 \\ 0 & \lambda_2 \end{pmatrix}\cdot\begin{pmatrix} \delta u_1 \\ \delta u_2 \end{pmatrix}, \tag{8.81}$$

即 $\delta u_{1L}=\lambda_1\delta u_1$，$\delta u_{2L}=\lambda_2\delta u_2$，其中 δu_1 和 δu_2 分别表示参数 K_1 和 K_2 离开不动点 $K_{\mathrm{c}1}$ 和 $K_{\mathrm{c}2}$ 的距离。

连续进行多次重整化群的变换，那么

$$\begin{cases} \delta u_1 \to \lambda_1 \delta u_1 \to \lambda_1^2 \delta u_1 \to \cdots, \\ \delta u_2 \to \lambda_2 \delta u_2 \to \lambda_2^2 \delta u_2 \to \cdots. \end{cases} \tag{8.82}$$

由式 (8.82) 可知，如果矩阵 A 的本征值 $\lambda > 1$，经过多次重整化群变换以后，参数空间中矢量 $\boldsymbol{K}$ 的位置距离不动点 $\boldsymbol{K}_c$ 越来越远，说明 $\boldsymbol{K}_c$ 是不稳定不动点，此时，我们称该本征值 λ 是有关本征值；否则，如果矩阵 A 的本征值 $\lambda < 1$，那么经过多次重整化群变换以后，参数空间中矢量 $\boldsymbol{K}$ 的位置距离不动点 $\boldsymbol{K}_c$ 越来越近，本征值 λ 称为无关本征值。

如果用 δu_1 和 δu_2 作变量，式 (8.66) 可以表示为

$$f(\delta u_1, \delta u_2) = L^{-d} f(\lambda_1 \delta u_1, \lambda_2 \delta u_2), \tag{8.83}$$

令

$$\begin{cases} \delta u_1 = t, \\ \delta u_2 = B, \\ \lambda = L^d, \\ \lambda_1 = (L^d)^a, \\ \lambda_2 = (L^d)^b, \end{cases} \tag{8.84}$$

那么式 (8.83) 可以写为

$$\lambda f(t, B) = f(\lambda^a t, \lambda^b B), \tag{8.85}$$

可见，自由能是关于温度 t 和磁场 B 的广义齐次函数，由重整化群变换可以证明 Widom 标度假设的正确性。另外，由式 (8.84) 可得，

$$a = \frac{\ln \lambda_1}{d \ln L}, \quad b = \frac{\ln \lambda_2}{d \ln L}, \tag{8.86}$$

所以，可以由本征值 λ_1 和 λ_2 计算标度参量 a 和 b 的值，从而得到全部临界指数的值。

第九章　相对论平均场理论

自 1935 年汤川秀树提出介子交换理论以来，人们开始从一个崭新的角度研究核子之间相互作用及其对核物理研究的影响。1951 年，Schiff 等提出了以重子和经典标量介子为基础的核多体系统的相对论场论 [1,2,3]。20 世纪 70 年代，Walecka 等进一步提出相对论平均场近似的处理方法 [4,5,6,7]。经过几十年的发展，相对论平均场方法逐步形成一套能比较完善的研究无限大核物质与有限大小原子核的性质的有效理论，被广泛用于原子核结构、核天体物理、放射性核束物理等领域。本章中，我们将介绍相对论平均场理论的理论框架。

9.1　对称的均匀核物质

Walecka 最初假定核子之间通过交换标量 σ 介子，实现核子间的中程吸引，交换矢量 ω 介子提供核子间的排斥力，从而核物质有可能形成一个稳定的系统。因此，Walecka-I 模型也称为 σ-ω 模型。假定核子与介子之间为线性耦合，并且考虑 σ 介子的非线性相互作用项，则拉格朗日密度为

$$\begin{aligned}\mathcal{L}=&\bar{\psi}\left(\mathrm{i}\gamma_\mu\partial^\mu-M_{\mathrm{N}}\right)\psi\\&+\frac{1}{2}\partial_\mu\sigma\partial^\mu\sigma-U(\sigma)-\frac{1}{4}\omega_{\mu\nu}\omega^{\mu\nu}+\frac{1}{2}m_\omega^2\omega_\mu\omega^\mu\\&-g_\sigma\bar{\psi}\psi\sigma-g_\omega\bar{\psi}\gamma_\mu\psi\omega^\mu,\end{aligned}\tag{9.1}$$

其中，ψ 表示核子场算符；σ 表示标量介子场；ω 表示矢量介子场；M_{N} 为核子质量；m_σ 和 m_ω 分别为标量介子和矢量介子的质量；g_σ 和 g_ω 分别为核子的标量介子耦合常数和矢量介子耦合常数。在式 (9.1) 中，

$$\omega_{\mu\nu}=\partial_\mu\omega_\nu-\partial_\nu\omega_\mu,\tag{9.2}$$

$$U(\sigma)=\frac{1}{2}m_\sigma^2\sigma^2+\frac{1}{3}g_2\sigma^3+\frac{1}{4}g_3\sigma^4.\tag{9.3}$$

[1] Schiff L I. Phys. Rev., 1951, 84: 10.
[2] Johnson M H, Teller E. Phys. Rev., 1955, 98: 783.
[3] Duerr H P, Teller E. Phys. Rev., 1956, 101: 494.
[4] Walecka J D. Ann. Phys. (N.Y.), 1974, 83: 491.
[5] Chin S A, Walecka J D. Phys. Lett. B, 1974, 52: 24.
[6] Chin S A. Ann. Phys.(N.Y.), 1977, 108: 301.
[7] Serot B D, Walecka J D. Adv. Nucl. Phys., 1986, 16: 1.

由欧拉–拉格朗日方程

$$\partial^\mu \left(\frac{\partial \mathcal{L}}{\partial(\partial q/\partial x_\mu)} \right) - \frac{\partial \mathcal{L}}{\partial q} = 0, \tag{9.4}$$

可得核子、σ 介子及 ω 介子的运动方程分别为

$$(\mathrm{i}\gamma_\mu \partial^\mu - M_\mathrm{N})\psi = g_\sigma \psi \sigma + g_\omega \gamma_\mu \psi \omega^\mu, \tag{9.5}$$

$$\partial^\mu \partial_\mu \sigma + m_\sigma^2 \sigma + g_2 \sigma^2 + g_3 \sigma^3 = -g_\sigma \bar{\psi}\psi, \tag{9.6}$$

$$\frac{\partial \omega_{\mu\nu}}{\partial x_\nu} - m_\omega^2 \omega_\mu + g_\omega \bar{\psi}\gamma_\mu \psi = 0. \tag{9.7}$$

对于任何核子系统，这一组含有协变微商的场方程都很难求解，在处理具体问题时必须做一定近似。在均匀的、各向同性的核物质基态中，假定所有核子依次填满费米海，核物质中无反核子，无空穴且质子数与中子数相等，则介子场算符可以用它们的基态期待值代替。这就是相对论平均场近似。

$$\omega_\mu \to \langle \omega_\mu \rangle = \omega_0 \delta_\mu^0, \tag{9.8}$$

$$\sigma \to \langle \sigma \rangle = \sigma_0. \tag{9.9}$$

由于均匀核物质满足空间旋转不变性，所以对于矢量介子场只有时间分量的基态期待值不为零。在相对论平均场近似下，

$$m_\sigma^2 \sigma_0 + g_2 \sigma_0^2 + g_3 \sigma_0^3 = -g_\sigma \rho_s(N), \tag{9.10}$$

$$m_\omega^2 \omega_0 = g_\omega \rho_v(N). \tag{9.11}$$

其中，$\rho_s(N) = \langle \bar{\psi}\psi \rangle$ 和 $\rho_v(N) = \langle \bar{\psi}\gamma_0 \psi \rangle$ 分别表示核子的标量密度和矢量密度。

假定核子的有效质量为

$$M_\mathrm{N}^* = M_\mathrm{N} + g_\sigma \sigma_0, \tag{9.12}$$

则可自洽求解 M_N^*:

$$\begin{aligned} M_\mathrm{N}^* = {} & M_\mathrm{N} - \left(\frac{g_\sigma}{m_\sigma} \right)^2 \rho_s(N) \\ & - \left(\frac{g_2}{g_\sigma m_\sigma^2} \right) (M_\mathrm{N}^* - M_\mathrm{N})^2 - \left(\frac{g_3}{g_\sigma^2 m_\sigma^2} \right) (M_\mathrm{N}^* - M_\mathrm{N})^3 . \end{aligned} \tag{9.13}$$

由核子的运动方程可得核子在核物质内的正、负能解分别为

$$\psi^+(x,\lambda) = U(k,\lambda) \exp\left[\mathrm{i}\boldsymbol{k} \cdot \boldsymbol{x} - \mathrm{i}\varepsilon^{(+)}(k)t \right], \tag{9.14}$$

$$\psi^-(x,\lambda) = V(k,\lambda) \exp\left[-\mathrm{i}\boldsymbol{k} \cdot \boldsymbol{x} - \mathrm{i}\varepsilon^{(-)}(k)t \right], \tag{9.15}$$

其中

$$\varepsilon^{(\pm)} = \pm\sqrt{\boldsymbol{k}^2 + M_{\mathrm{N}}^{*\,2}} + g_\omega \omega_0. \tag{9.16}$$

显然

$$(\boldsymbol{\alpha}\cdot\boldsymbol{k} + \beta M_{\mathrm{N}}^*)\, U(k,\lambda) = E^*(k) U(k,\lambda), \tag{9.17}$$

$$(\boldsymbol{\alpha}\cdot\boldsymbol{k} - \beta M_{\mathrm{N}}^*)\, V(k,\lambda) = E^*(k) V(k,\lambda), \tag{9.18}$$

其中

$$E^*(k) = \sqrt{\boldsymbol{k}^2 + M_{\mathrm{N}}^{*\,2}}. \tag{9.19}$$

不考虑同位旋，将 $\psi(\boldsymbol{x},t)$ 与 $\bar{\psi}(\boldsymbol{x},t)$ 按动量展开

$$\begin{aligned}\psi(\boldsymbol{x},t) = \sum_{\lambda=1,2}\int & \frac{\mathrm{d}^3 k}{(2\pi)^{\frac{3}{2}}}\sqrt{\frac{M_{\mathrm{N}}^*}{E^*(k)}} \\ & A_{k\lambda} U(k,\lambda) \exp\left[\mathrm{i}\boldsymbol{k}\cdot\boldsymbol{x} - \mathrm{i}\varepsilon^{(+)}(k)t\right] \\ & + B_{k\lambda}^\dagger V(k,\lambda) \exp\left[-\mathrm{i}\boldsymbol{k}\cdot\boldsymbol{x} - \mathrm{i}\varepsilon^{(-)}(k)t\right],\end{aligned} \tag{9.20}$$

$$\begin{aligned}\bar{\psi}(\boldsymbol{x},t) = \sum_{\lambda=1,2}\int & \frac{\mathrm{d}^3 k}{(2\pi)^{3/2}}\sqrt{\frac{M_{\mathrm{N}}^*}{E^*(k)}} \\ & A_{k\lambda}^\dagger \bar{U}(k,\lambda) \exp\left[-\mathrm{i}\boldsymbol{k}\cdot\boldsymbol{x} + \mathrm{i}\varepsilon^{(+)}(k)t\right] \\ & + B_{k\lambda} \bar{V}(k,\lambda) \exp\left[\mathrm{i}\boldsymbol{k}\cdot\boldsymbol{x} + \mathrm{i}\varepsilon^{(+)}(k)t\right],\end{aligned} \tag{9.21}$$

其中“$\sum\limits_{\lambda=1,2}$”表示对核子的自旋取向求和。

核子在动量空间内的波函数满足以下关系：

$$\begin{cases} \bar{U}(k,\alpha)U(k,\beta) = \delta_{\alpha\beta}, \\ \bar{U}(k,\alpha)V(k,\beta) = 0, \\ \bar{V}(k,\alpha)V(k,\beta) = -\delta_{\alpha\beta}, \\ \bar{V}(k,\alpha)U(k,\beta) = 0. \end{cases} \tag{9.22}$$

$$\begin{cases} \bar{U}(k,\alpha)\gamma^0 U(k,\beta) = \dfrac{E^*(k)}{M_{\mathrm{N}}^*}\delta_{\alpha\beta}, \\ \bar{V}(k,\alpha)\gamma^0 V(k,\beta) = \dfrac{E^*(k)}{M_{\mathrm{N}}^*}\delta_{\alpha\beta}. \end{cases} \tag{9.23}$$

核子与反核子的产生算符和湮灭算符满足的反对易关系为

$$\{A_{k\lambda}, A_{k'\lambda'}^\dagger\} = \{B_{k\lambda}, B_{k'\lambda'}^\dagger\} = \delta_{\lambda'\lambda}\delta^3(\boldsymbol{k},\boldsymbol{k}'), \tag{9.24}$$

其余反对易关系均为零。

核子粒子数算符 $\hat{B}$ 为

$$\begin{aligned}\hat{B} &= \int \mathrm{d}^3x \bar{\psi}(\boldsymbol{x},t)\gamma_0\psi(\boldsymbol{x},t) \\ &= \sum_{\lambda=1,2}\int \mathrm{d}^3k \left(A_{k\lambda}^{\dagger}A_{k\lambda} + B_{k\lambda}B_{k\lambda}^{\dagger}\right).\end{aligned} \tag{9.25}$$

将算符 $\hat{B}$ 写成正规乘积的形式

$$\hat{B} = \sum_{\lambda=1,2}\int \mathrm{d}^3k \left(A_{k\lambda}^{\dagger}A_{k\lambda} - B_{k\lambda}^{\dagger}B_{k\lambda}\right). \tag{9.26}$$

对于核物质基态 $|\ \rangle$:

$$A_{k\lambda}^{\dagger}A_{k\lambda}|\ \rangle = \begin{cases} 0|\ \rangle, & |k| > k_{\mathrm{F}}, \\ 1|\ \rangle, & |k| \leqslant k_{\mathrm{F}}. \end{cases} \tag{9.27}$$

$$B_{k\lambda}^{\dagger}B_{k\lambda}|\ \rangle = 0|\ \rangle. \tag{9.28}$$

所以考虑同位旋简并后，核子数 B 为

$$B = 4\int_0^{k_{\mathrm{F}}} \mathrm{d}^3k. \tag{9.29}$$

核子数密度为

$$\rho_V(N) = \frac{B}{V} = \frac{4}{(2\pi)^3}\int_0^{k_{\mathrm{F}}} \mathrm{d}^3k = \frac{4}{(2\pi)^3}\cdot\frac{4\pi}{3}k_{\mathrm{F}}^3, \tag{9.30}$$

同理可得核子的标量密度为

$$\rho_s = \frac{4}{(2\pi)^3}\int_0^{k_{\mathrm{F}}} \mathrm{d}^3k \frac{M_{\mathrm{N}}^*}{\sqrt{\boldsymbol{k}^2 + (M_{\mathrm{N}}^*)^2}}. \tag{9.31}$$

9.2　非对称的均匀核物质

对于质子和中子数密度不相等的非对称性均匀核物质，还需要考虑同位旋的 SU(2) 对称性的破缺。同位旋守恒流为 $\bar{\psi}\frac{\boldsymbol{\tau}}{2}\gamma_\mu\psi$，与 $\boldsymbol{\rho}$ 介子线性耦合。与 $\boldsymbol{\rho}$ 介子相关的拉格朗日密度为

$$\mathcal{L} = -\frac{1}{4}\boldsymbol{R}_{\mu\nu}\boldsymbol{R}^{\mu\nu} + \frac{1}{2}m_\rho^2\rho_\mu\rho^\mu - g_\rho\bar{\psi}\gamma^\mu\frac{\boldsymbol{\tau}}{2}\cdot\boldsymbol{\rho}_\mu\psi,$$

其中 $\boldsymbol{\tau}$ 为 Pauli 矩阵，$\boldsymbol{R}_{\mu\nu} = \partial_\mu\boldsymbol{\rho}_\nu - \partial_\nu\boldsymbol{\rho}_\mu$.

在相对论平均场近似下，只有 $\boldsymbol{\rho}_0$ 介子的时间分量 ρ_{03} 的基态期待值可能不为零。由 $\boldsymbol{\rho}_0$ 介子的运动方程可得

$$m_\rho^2\rho_{03} = \frac{1}{2}g_\rho\left[\rho_v(p) - \rho_v(n)\right]. \tag{9.32}$$

取相对论平均场近似后，拉格朗日密度变为

$$\begin{aligned}\mathcal{L}_{\mathrm{RMF}} =& \bar{\psi}\left(\mathrm{i}\gamma_\mu\partial^\mu - M_{\mathrm{N}}^*\right)\psi - g_\sigma\bar{\psi}\psi\sigma_0 - g_\omega\bar{\psi}\gamma^0\psi\omega_0 - g_\rho\bar{\psi}\gamma^0 t_3\rho_{03}\psi\\&-\frac{1}{2}m_\sigma^2\sigma_0^2 + \frac{1}{3}g_2\sigma_0^3 + \frac{1}{4}g_3\sigma_0^4 + \frac{1}{2}m_\omega^2\omega_0^2 + \frac{1}{2}m_\rho^2\rho_{03}^2.\end{aligned} \tag{9.33}$$

能量动量张量为

$$\begin{aligned}(\hat{T_{\mu\nu}})_{\mathrm{RMF}} =& -g_{\mu\nu}\mathcal{L}_{\mathrm{RMF}} + \frac{\partial 4}{\partial x^\nu}\frac{\partial\mathcal{L}_{\mathrm{RMF}}}{\partial(\partial\psi/\partial x_\mu)}\\=&\mathrm{i}\bar{\psi}\gamma_\mu\partial_\nu\psi\\&-g_{\mu\nu}\left(\frac{1}{2}m_\omega^2\omega_0 + \frac{1}{2}m_\rho^2\rho_{03}^2 - \frac{1}{2}m_\sigma^2\sigma_0^2 - \frac{1}{3}g_2\sigma_0^3 - \frac{1}{4}g_3\sigma_0^4\right).\end{aligned} \tag{9.34}$$

对于均匀的、静止的平衡体系，能量动量张量有以下形式：

$$T_{\mu\gamma} = (p+\varepsilon)u_\mu u_\nu + pg_{\mu\nu}, \tag{9.35}$$

其中，u_μ 为闵可夫斯基空间四维速度；ε 为能量密度；p 为压强。对于静止体系，$u_\mu = (1,0)$，可得

$$\langle\hat{T_{\mu\gamma}}\rangle = \begin{pmatrix}\varepsilon & 0 & 0 & 0\\0 & p & 0 & 0\\0 & 0 & p & 0\\0 & 0 & 0 & p\end{pmatrix}, \tag{9.36}$$

即 $p = \frac{1}{3}\langle T_{ii}\rangle$, $\varepsilon = \langle T_{00}\rangle$.

核物质的能量密度算符为

$$\begin{aligned}\hat{\varepsilon} =& \hat{T_{00}}\\=&\psi^\dagger\left(-\mathrm{i}\boldsymbol{\alpha}\cdot\boldsymbol{\nabla} + \beta M^* + g_\omega\omega_0 + g_\rho\frac{\tau_3}{2}\rho_{03}\right)\psi\\&-\left(\frac{1}{2}m_\omega^2\omega_0^2 + \frac{1}{2}m_\rho^2\rho_{03}^2 - \frac{1}{2}m_\sigma^2\sigma_0^2 - \frac{1}{3}g_2\sigma_0^3 - \frac{1}{4}g_3\gamma_0^4\right),\end{aligned} \tag{9.37}$$

压强算符为

$$\begin{aligned}\hat{p} =& \frac{1}{3}\psi^\dagger(-\mathrm{i}\boldsymbol{\alpha}\cdot\boldsymbol{\nabla})\psi + \frac{1}{2}m_\omega^2\omega_0^2 + \frac{1}{2}m_\rho^2\rho_{03}^2\\&-\frac{1}{2}m_\sigma^2\sigma_0^2 - \frac{1}{3}g_2\gamma_0^3 - \frac{1}{4}g_3\sigma_0^4.\end{aligned} \tag{9.38}$$

将能量密度算符与压强算符作用于核物质基态 $|\ \rangle$，可得

$$\hat{\varepsilon}|\ \rangle = \varepsilon|\ \rangle, \quad \hat{p}|\ \rangle = p|\ \rangle, \tag{9.39}$$

其中，ε，p 分别表示核物质基态的能量密度和压强。可以求得核物质的能量密度为

$$\varepsilon = \varepsilon_{\rm p} + \varepsilon_{\rm n} + \frac{1}{2}m_\sigma^2\sigma_0^2 + \frac{1}{3}g_2\sigma_0^3 + \frac{1}{4}g_3\sigma_0^4 - \frac{1}{2}m_\omega^2\omega_0^2 - \frac{1}{2}m_\rho^2\rho_{03}^2, \tag{9.40}$$

其中

$$\varepsilon_{\rm p} = \frac{2}{(2\pi)^3}\int_0^{k_{\rm F}(p)} \mathrm{d}\boldsymbol{k}\left[\left(\boldsymbol{k}^2 + M_{\rm N}^{*2}\right)^{\frac{1}{2}} + \left(g_\omega\omega_0 + \frac{1}{2}g_\rho\rho_{03}\right)\right] \tag{9.41}$$

和

$$\varepsilon_{\rm n} = \frac{2}{(2\pi)^3}\int_0^{k_{\rm F}(n)} \mathrm{d}\boldsymbol{k}\left[\left(\boldsymbol{k}^2 + M_{\rm N}^{*2}\right)^{\frac{1}{2}} + \left(g_\omega\omega_0 - \frac{1}{2}g_\rho\rho_{03}\right)\right]. \tag{9.42}$$

核物质的压强为

$$\begin{aligned} p = & \frac{-1}{3}\left[-\varepsilon_{\rm p} + M_{\rm N}^*\rho_S(p) + g_\omega\omega_0\rho_V(p) + \frac{1}{2}g_\rho\rho_{03}\rho_V(p)\right] \\ & + \frac{-1}{3}\left[-\varepsilon_{\rm n} + M_{\rm N}^*\rho_S(n) + g_\omega\omega_0\rho_V(n) - \frac{1}{2}g_\rho\rho_{03}\rho_V(n)\right] \\ & - \frac{1}{2}m_\sigma^2\sigma_0^2 - \frac{1}{3}g_2\sigma_0^3 - \frac{1}{4}g_3\sigma_0^4 + \frac{1}{2}m_\omega^2\omega_0^2 + \frac{1}{2}m_\rho^2\rho_{03}^2. \end{aligned} \tag{9.43}$$

核物质在饱和密度 ρ_0 处的压缩系数可由状态方程求得

$$K = 9\rho_B^2\frac{\partial^2(\varepsilon/\rho_B)}{\partial\rho_B^2}|_{\rho_B=\rho_0}. \tag{9.44}$$

核物质的对称能为

$$a_{\rm sym} = \frac{k_{\rm F}^2}{6\sqrt{k_{\rm F}^2 + M_{\rm N}^{*2}}} + \frac{1}{2}\ \frac{g_\rho^2}{m_\rho^2}\ \frac{\rho_V(B)}{4}. \tag{9.45}$$

表 9.1 列出了相对论平均场计算中常用的几套参数及其对应的核物质饱和密度 ρ_0，以及核物质处于饱和密度时单个核子的平均能量 E/A、压缩系数 K、对称能 $a_{\rm sym}$ 和核子的有效质量 $M_{\rm N}^*$。其中参数 HS [8] 在计算中不包含标量介子 σ 的自相互作用，相应的核物质的压缩系数比较大，$K=545\text{MeV}$。其他几组参数都考虑了标量介子 σ 的自相互作用项的贡献，其中参数 $NL1$、$NL3$ 和 NL-SH [9] 都是通过拟合有限大小原子核的性质得到的。参数 $GL3$ [10] 是通过拟合中子星的性质得到的。

[8] Horowitz C J, Serot B D. Nucl. Phys. A, 1981, 368: 503.

[9] Lalazissis G A, Koenig J, Ring P. Phys. Rev. C, 1997, 55: 540.

[10] Glendenning N K, Moszkowski S A. Phys. Rev. Lett., 1991, 67: 2414.

表 9.1 在相对论平均场计算中的常用参数及相应的对称性核物质的性质

	HS	$NL1$	$NL3$	$NL\text{-}SH$	$GL3$
M/MeV	939	938	939	939	939
m_σ/MeV	520	492.250	508.194	526.059	500.0
m_ω/MeV	783	795.359	782.501	783	782.0
m_ρ/MeV	770	763.0	763.0	763	770.0
g_σ	10.47	10.1377	10.217	10.444	7.664
g_ω	13.80	13.2846	12.868	12.945	8.7005
g_ρ	4.035	4.9757	4.474	4.383	8.5412
g_2/fm^{-1}	0	−12.1724	−10.431	−6.9099	7.4499
g_3	0	−36.2646	−28.885	−15.8337	45.8125
ρ_0/fm^{-3}	0.148	0.153	0.148	0.146	0.153
E/A/MeV	15.75	16.488	16.299	16.346	−16.3
K/MeV	545	211.29	271.76	355.36	300
a_{sym}/MeV	35	43.7	37.4	36.1	32.5
$M_{\text{N}}^*/M_{\text{N}}$	0.541	0.57	0.60	0.597	0.78

在对称性核物质内，单个核子的平均能量 E/A 随核物质密度 ρ_{N} 的变化见图 9.1，其中 $E/A = \dfrac{\varepsilon}{\rho_{\text{N}}} - M_{\text{N}}$。可以看出，考虑标量介子 σ 的非线性自相互作用项以后，在高密度处，随着核物质密度的增加，对称性核物质内单个核子的平均能量的增加变缓，表明核物质的压缩系数 K 变小，核物质变“软”了。图中还画出了中子物质在相应参数下的状态方程。其中在饱和密度 ρ_0 处，中子物质中单核子平均能量和对称性核物质中单核子平均能量的差为饱和密度处的对称能 a_{sym}。

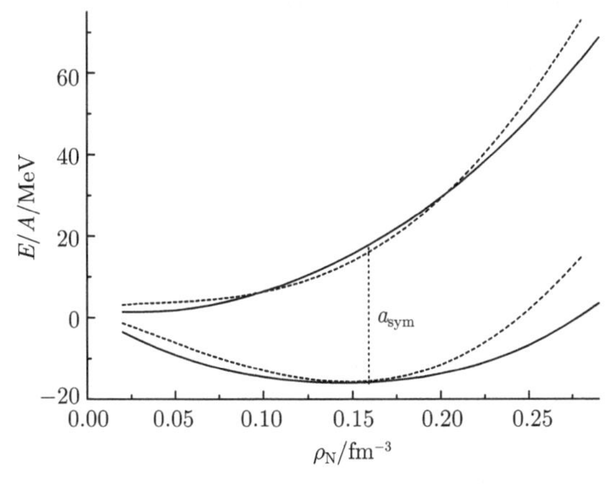

图 9.1 相对论平均场近似下对称性核物质内单个核子的平均能量 E/A 随核物质密度 ρ_{N} 的变化

实线表示参数 $NL3$ 的计算结果 (包含标量介子的非线性项)，虚线表示参数 HS 的计算结果 (不含标量介子的非线性项)。下方两条曲线表示对称性核物质的状态方程，上方两条曲线表示纯中子物质的状态方程

第十章　超子-超子相互作用对中子星性质的影响

一般认为，当质量大于 8 倍太阳质量 $M_\odot$ 的恒星在其演化的末期，内部的热核反应使恒星核心的元素大部分变成 Fe-56，从而形成一个不再放出能量的铁核时，就不能再支持巨大的引力，而被压缩，致使铁核的元素蜕变成质子、中子、电子，电子与质子结合在一起变成中子，同时迸发出巨大的反中微子流。这时，远离恒星核心的物质在引力的作用下坍塌，撞击到恒星核心的表面向四面八方反弹开去，从而发生超新星爆发，留下的核心残骸通常会形成中子星或黑洞。如果超新星爆发的结果是形成中子星，经过一定时间后，释放的中微子和光子带走大部分能量，中子星的核心温度会降至 1MeV 以下，用核多体理论求解其状态方程时，可以近似认为温度为零。

大致看来，中子星内部可以分为几个区域。中子星的最外层是厚度约为 1km 的铁壳，密度为 $2.0 \times 10^3 \sim 1.0 \times 10^{11}\mathrm{g/cm^3}$；往下是“幔层”，主要由自由中子、电子和原子核组成，密度为 $1.0 \times 10^{11} \sim 2.0 \times 10^{13}\mathrm{g/cm^3}$；最内层核心部分，密度为 $2.0 \times 10^{13} \sim 5.0 \times 10^{15}\mathrm{g/cm^3}$，由高度简并的相对论性的中子、质子和轻子组成[1]。

关于中子星的内部结构，尤其是中子星核心的物质的组成，至今仍然众说纷纭。有人认为中子星的核心由包含超子的奇异强子物质组成，因为奇异强子物质比纯中子物质“软”[2]；还有人认为中子星的核心区域处存在 K^- 凝聚[3]；另外，还有关于中子星内部存在大尺度的奇异夸克物质的假说[4,5,6]。所有这些假说都是为了降低中子星内部核心物质的压缩系数，从而得到与实际观测值相近的中子星最大质量极限和半径等性质。

在中子星内部，最靠近中心的区域密度很大，这一区域物质的研究可能会检验现有的核多体理论能否适用于描述高能标、高密度物质的状态方程，还有可能会揭示新的物质形态，因此引起核理论家的浓厚兴趣。在中子星的核心区域，可能发生以下反应：

---

[1] Glendenning N K. Astrophys. J, 1985, 293: 470.

[2] Glendenning N K. Compact Star: Nuclear Physics, Particle Physics, and General Relativity. New York: Springer-Verlag, 1997.

[3] Brown G E, Bethe H A. Astrophys. J, 1994, 423: 659.

[4] Cheng K S, Dai Z G, Wei D M, et al. Science, 1998, 280: 407.

[5] Peng G X, Chiang H C, Zou B S, et al. Phys. Rev. C, 2000, 62: 025801.

[6] Bombaci I, Thampan A V, Datta B. Astrophys. J, 2000, 541: L71.

$$
\begin{cases}
\mathrm{N}+\mathrm{N} \longrightarrow \mathrm{N}+\Lambda+\mathrm{K}, \\
\mathrm{K}^0 \longrightarrow 2\gamma, \\
\mathrm{K}^- \longrightarrow \mu^- + \nu, \\
\mu^- + \mathrm{K}^+ \longrightarrow \mu^- + \mu^+ + \nu \to 2\gamma + \nu,
\end{cases} \tag{10.1}
$$

从而生成奇异数 $S \neq 0$ 的 Λ 超子。同样, 其他的超子 (如 Σ 超子、Ξ 超子) 也有可能生成。本章将假定中子星内核由包含超子的奇异强子物质组成，用相对论平均场理论计算其状态方程，然后通过求解 Oppenheimer-Volkoff 方程，来研究中子星的内部结构。

10.1 中子星核心物质——β 稳定物质

自从 1967 年发现脉冲星以来，中子星研究逐渐成为连接核物理与天体物理两个领域的纽带之一。中子星内部的高密度环境可以检验现行的核多体理论是否能正确描述高密物质的状态。由天文观测很难确定中子星内部物质的成分，但是很多研究表明，中子星内部可能存在奇异粒子，因为奇异强子物质比纯中子物质“软”得多。由于十重态重子的质量较大，最轻的 Δ 粒子的质量为 1232MeV，故十重态重子对中子星核心物质的状态方程影响很小。我们假定中子星内核由重子八重态组成的奇异强子物质构成, 然后在相对论平均场框架内讨论超子–超子相互作用对中子星性质的影响。

中子星内重子数守恒，整体呈电中性，且组成中子星物质的各种成分由 β 衰变实现平衡，因此中子星内部物质也称为 β 稳定物质。一般来说，带电粒子之间的静电排斥力远远强于其间的万有引力，但是中子星能够靠引力束缚在一起，表明中子星内部的净电荷总量必然很小。由

$$
\frac{G(Am)m}{R} \geqslant \frac{Ze^2}{R}, \tag{10.2}
$$

可知

$$
\frac{Z}{A} \leqslant \frac{Gm^2}{e^2} \sim \begin{cases} 10^{-36}, & \mathrm{p}, \\ 10^{-39}, & \mathrm{e}. \end{cases} \tag{10.3}
$$

从而可以近似认为在中子星核心物质内部电荷平均密度为零，即

$$
\rho_Q = \sum_B Q_\mathrm{B}\rho_v(B) + \sum_\lambda Q_\lambda \rho_v(\lambda) = 0, \tag{10.4}
$$

其中，B 表示对所有重子求和；λ 表示对所有轻子求和。

中子星内重子数守恒，即组成中子星的重子总数不变：

$$A=\int_V \mathrm{d}V\rho_{\mathrm{B}}(\boldsymbol{x}), \tag{10.5}$$

然而中子星内所包含的重子总数并没有确切的观测值。也就是说，重子总数 A 是未知的。在用相对论平均场理论计算中子星物质的状态方程中，上式所能提供的唯一约束条件是在中子星内部各处的重子数密度等于该处各种重子数密度之和，即

$$\rho_{\mathrm{B}}=\sum_B \rho_v(B). \tag{10.6}$$

组成中子星的各种重子之间由于弱衰变而最终实现化学平衡。每种粒子 (包括重子和轻子) 的化学势与中子化学势和电子化学势之间有如下关系：

$$\mu_{\mathrm{b}}=q_{\mathrm{b}}\mu_{\mathrm{n}}-q_{\mathrm{e}}\mu_{\mathrm{e}}, \tag{10.7}$$

其中，μ_{n} 和 μ_{e} 表示中子星物质内的中子化学势和电子化学势；q_{b} 和 q_{e} 分别是相应粒子的重子荷与电荷。当中子星物质密度增高时，电子、μ^- 子、Σ^-、Λ、Ξ^-、Σ^0 超子等将依次产生。

10.2　用相对论平均场理论研究中子星核心物质的状态方程

拉格朗日密度为

$$\begin{aligned}\mathcal{L}=&\sum_B \bar{\psi}_{\mathrm{B}}\left[\mathrm{i}\gamma_\mu\partial^\mu-M_{\mathrm{B}}-g_\sigma(B)\sigma-g_\omega(B)\gamma_\mu\omega^\mu-g_\rho(B)\gamma_\mu\boldsymbol{T}\cdot\rho^\mu\right]\psi_{\mathrm{B}}\\&+\frac{1}{2}(\partial_\mu\sigma\partial^\mu\sigma-m_\sigma^2\sigma^2)-\frac{1}{3}g_3\sigma^3-\frac{1}{4}g_4\sigma^4\\&-\frac{1}{4}\Omega_{\mu\nu}\Omega^{\mu\nu}+\frac{1}{2}m_\omega^2\omega_\mu\omega^\mu-\frac{1}{4}\boldsymbol{R}_{\mu\nu}\cdot\boldsymbol{R}^{\mu\nu}+\frac{1}{2}m_\rho^2\rho_\mu\cdot\rho^\mu\\&+\sum_{\mathrm{e}^-,\mu^-}\bar{\psi}_\lambda\left(\mathrm{i}\gamma_\mu\partial^\mu-M_\lambda\right)\psi_\lambda,\end{aligned} \tag{10.8}$$

其中，B 代表对所有八重态重子求和；$\boldsymbol{T}$ 表示相应重子的同位旋算符。在相对论平均场近似下，假定重子之间通过 σ、ω、ρ 介子发生相互作用。式 (10.8) 中的最后一项对应自由轻子的拉格朗日密度。

在相对论平均场近似下，动量空间中核物质内核子的运动方程为

$$\left[\gamma_\mu k^\mu-M_{\mathrm{B}}-g_\sigma(B)\sigma_0-g_\omega(B)\gamma_0\omega^0-g_\rho(B)\gamma_0T_3\rho^{03}\right]\psi_{\mathrm{B}}(k,\lambda)=0, \tag{10.9}$$

由此可得重子的能量本征值为

$$\varepsilon_{\mathrm{B}}(k)=\sqrt{\boldsymbol{k}^2+M_{\mathrm{B}}^{*2}}+g_\omega(B)\omega_0+g_\rho(B)T_3\rho_{03}. \tag{10.10}$$

介子场的基态期待值满足以下方程：

$$\begin{aligned} m_\sigma^2\sigma_0 + g_2\sigma_0^2 + g_3\sigma_0^3 &= -\sum_B g_\sigma(B)\rho_s(B), \\ m_\omega^2\omega_0 &= \sum_B g_\omega(B)\rho_v(B), \\ m_\rho^2\rho_{03} &= \sum_B g_\rho(B)T_3\rho_v(B), \end{aligned} \tag{10.11}$$

其中，$\rho_s(B) = \langle\bar{\psi}_{\mathrm{B}}\psi_{\mathrm{B}}\rangle$ 和 $\rho_v(B) = \langle\bar{\psi}_{\mathrm{B}}\gamma_0\psi_{\mathrm{B}}\rangle$ 分别表示相应重子的标量密度和矢量密度。

核子的有效质量定义为

$$M_{\mathrm{N}}^* = M_{\mathrm{N}} + g_\sigma\sigma_0, \tag{10.12}$$

于是，可自洽求解核子的有效质量 M_{N}^* 和重子的有效质量 M_{B}^*:

$$\begin{aligned} M_{\mathrm{N}}^* = M_{\mathrm{N}} - &\frac{g_\sigma(N)}{m_\sigma^2} \\ &\left[\sum_B g_\sigma(B)\rho_s(B) + \frac{g_2}{g_\sigma^2(N)}\left(M_{\mathrm{N}}^* - M_{\mathrm{N}}\right)^2 + \left(\frac{g_3}{g_\sigma^3(N)}\right)\left(M_{\mathrm{N}}^* - M_{\mathrm{N}}\right)^3\right] \end{aligned} \tag{10.13}$$

和

$$M_{\mathrm{B}}^* = M_{\mathrm{B}} + \frac{g_\sigma(B)}{g_\sigma(N)}\left(M_{\mathrm{N}}^* - M_{\mathrm{N}}\right). \tag{10.14}$$

中子星物质的能量密度为

$$\varepsilon = \frac{1}{2}m_\sigma^2\sigma_0^2 + \frac{1}{3}g_2\sigma_0^3 + \frac{1}{4}g_3\sigma_0^4 - \frac{1}{2}m_\omega^2\omega_0^2 - \frac{1}{2}m_\rho^2\rho_{03}^2\sum_B\varepsilon_{\mathrm{B}} + \sum_{\lambda=\mathrm{e},\mu^-}\varepsilon_\lambda, \tag{10.15}$$

其中

$$\varepsilon_{\mathrm{B}} = \frac{2}{(2\pi)^3}\int_0^{k_{\mathrm{F}}(B)}\mathrm{d}\boldsymbol{k}\left\{\left(\boldsymbol{k}^2 + {M_{\mathrm{B}}^*}^2\right)^{\frac{1}{2}} + \left[g_\omega(B)\omega_0 + g_\rho(B)T_3\rho_{03}\right]\right\}, \tag{10.16}$$

$$\varepsilon_\lambda = \frac{2}{(2\pi)^3}\int_0^{k_{\mathrm{F}}(\lambda)}\mathrm{d}\boldsymbol{k}\left(\boldsymbol{k}^2 + {M_\lambda}^2\right)^{\frac{1}{2}}. \tag{10.17}$$

中子星内部物质的压强为

$$\begin{aligned} p = &\frac{-1}{3}\sum_B\left[-\varepsilon_{\mathrm{B}} + M_{\mathrm{B}}^*\rho_S(B) + g_\omega(B)\omega_0\rho_V(B) + g_\rho(B)T_3\rho_{03}\rho_V(B)\right] \\ &\frac{-1}{3}\sum_\lambda\left[-\varepsilon_\lambda + M_\lambda\rho_s(\lambda)\right] \\ &-\frac{1}{2}m_\sigma^2\sigma_0^2 - \frac{1}{3}g_2\sigma_0^3 - \frac{1}{4}g_3\sigma_0^4 + \frac{1}{2}m_\omega^2\omega_0^2 + \frac{1}{2}m_\rho^2\rho_{03}^2. \end{aligned} \tag{10.18}$$

在零温近似下，核物质内重子的化学势等于重子的费米能量，即

$$\mu_{\mathrm{B}}=\varepsilon_{\mathrm{B}}(k_{\mathrm{F}})=\sqrt{k_{\mathrm{F}}(\boldsymbol{B})^2+M_{\mathrm{B}}^{*2}}+g_{\omega}(B)\omega_0+g_{\rho}(B)T_3\rho_{03}. \tag{10.19}$$

其中，T_3 表示相应重子的同位旋的 z 分量的本征值。

电子和 μ^- 子的化学势分别为

$$\mu_{\mathrm{e}}=\varepsilon_{\mathrm{e}}(k_{\mathrm{F}})=\sqrt{k_{\mathrm{F}}(\boldsymbol{e})^2+M_{\mathrm{e}}{}^2}, \tag{10.20}$$

$$\mu_{\mu^-}=\varepsilon_{\mu^-}(k_{\mathrm{F}})=\sqrt{k_{\mathrm{F}}(\mu^-)^2+M_{\mu^-}{}^2}. \tag{10.21}$$

重子与轻子之间满足式 (10.7) 中的平衡条件。

核子的耦合常数由正常核物质的饱和性质确定。本章中，我们采用表 9.1 中的 $GL3$ 参数。令

$$x_{\sigma}=\frac{g_{\sigma}(H)}{g_{\sigma}(N)},\ x_{\omega}=\frac{g_{\omega}(H)}{g_{\omega}(N)},\ x_{\rho}=\frac{g_{\rho}(H)}{g_{\rho}(N)},$$

为超子耦合常数与核子耦合常数的比，假定 $x=x_{\sigma}=x_{\omega}=x_{\rho}$，下面讨论 x 变化时中子星的性质的改变。

我们把高密度、电中性、β 平衡的核物质称为中子星物质。图 10.1 给出了 $x=0.7$ 时，中子星物质中平均场 σ_0、ω_0、ρ_{03}，以及中子化学势 μ_{n} 和电子化学势 μ_{e} 随重子数密度 ρ_{B} 变化的情况。可以看出，标量场 σ_0 和矢量场 ω_0 随着 ρ_{B} 的增大显著增强，与同位旋对称性相关的平均场 ρ_{03} 却并无显著变化。可见，在中子星物质中，同位旋效应对状态方程的影响并不显著。

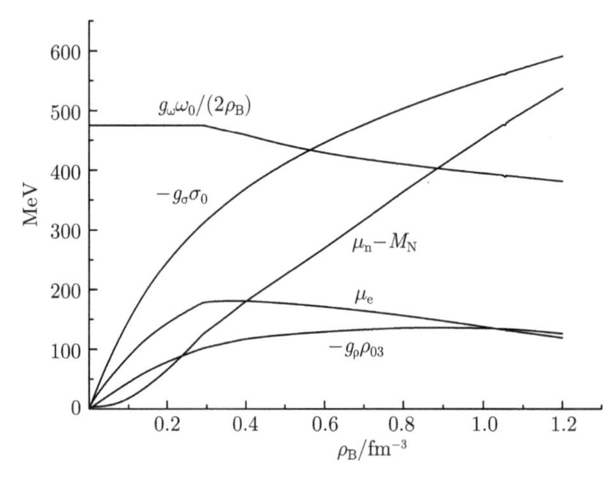

图 10.1　$x=0.7$ 时，中子星物质中平均场 σ_0、ω_0、ρ_{03}，以及中子化学势 μ_{n} 和电子化学势 μ_{e} 随重子数密度 ρ_{B} 变化的情况

图 10.2 给出 $x=0.7$ 时，中子星物质中各种粒子所占的比例随重子数密度 ρ_{B} 的变化。当重子数密度较小时，中子星物质主要由中子组成。当 $\rho_{\mathrm{B}}\approx 2\rho_0$ 时，一些

核子开始转化为超子。随着密度的增加，Σ^- 超子、Λ 超子、Σ^0 超子等相继出现。随着带负电荷超子的增加，中子星物质中电子、μ^- 子等轻子所占的比例不断减小。当 $\rho_B > 8\rho_0$ 时，μ^- 子在中子星物质中基本消失。随着重子数密度 ρ_B 的增加，电子所占的比例不断减小，这也可以由图 10.1 中电子化学势 μ_e 的减小看出。显然，在高密度的中子星物质中，带负电荷的 Σ^- 超子、Ξ^- 超子、代替电子与 μ^- 子维持了中子星物质的电中性。

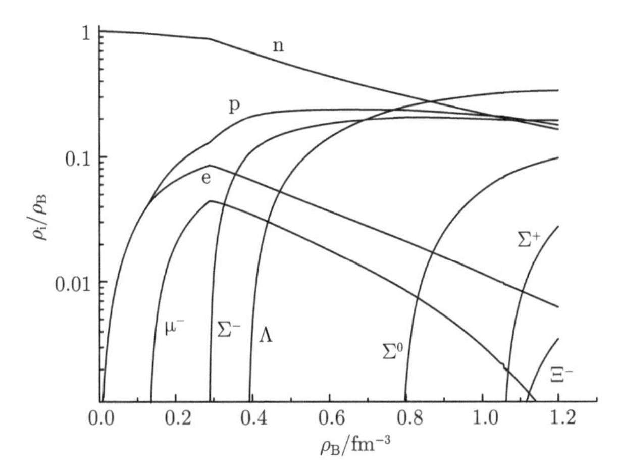

图 10.2　$x = 0.7$ 时，中子星物质中各种粒子所占的比例随重子数密度 ρ_B 的变化

图 10.3 给出了 $x = 0.7$ 时中子星物质的状态方程。图中还给出了极端相对论极限 $p = \frac{1}{3}\varepsilon$ 的情景和因果关系极限 $p = \varepsilon$。由图 10.3 可以看出，由于相对论多体理论本身就包含了因果关系，所以由相对论平均场理论得到的中子星物质的状态方程都不违反因果关系，即在中子星内部，声速 $c_s = c\left(\frac{\mathrm{d}P}{\mathrm{d}\varepsilon}\right)^{\frac{1}{2}}$ 总是低于真空中的光速 c。由于在中子星物质中，随密度的增加，中子会不断转化为超子，所以中子的费米动量不易迅速增高。在高密度极限下，使中子星物质的状态方程趋向于极端相对论极限 $p = \frac{1}{3}\varepsilon$。考虑中子星物质中存在超子成分后，在高密度区域，中子星物质明显变软。

x 变化时，中子星物质中单位重子平均能量随重子数密度的变化见图 10.4。可以看出，当 x 增大时，中子星物质的状态曲线变陡，表明超子之间相互作用增强，中子星物质变“硬”。当重子密度 ρ_B 超过 $4\rho_0$ 时，$\varepsilon/\rho_B - M_N$ 与 ρ_B 近似呈线性关系。

中子星内核物质由高度简并的重子与轻子组成，其状态方程可以在相对论平均场框架下求得。远离中子星核心的壳层物质，其平均密度远低于正常核物质的饱和密度，我们采用 Bethe-Baym-Pethick-Sutherland-Siemens(BPS) 的计算结果来描述其状态方程 [7]，见表 10.1，然后求解 Oppenheimer-Volkoff 方程

$$\frac{\mathrm{d}m}{\mathrm{d}r}=4\pi r^2\varepsilon, \tag{10.22}$$

$$\frac{\mathrm{d}p}{\mathrm{d}r}=-\frac{G\varepsilon m}{r^2}\left(1+\frac{p}{\varepsilon}\right)\left(1+\frac{4\pi pr^3}{m}\right)\left(1-\frac{2Gm}{r}\right)^{-1}, \tag{10.23}$$

计算中子星的各种性质。

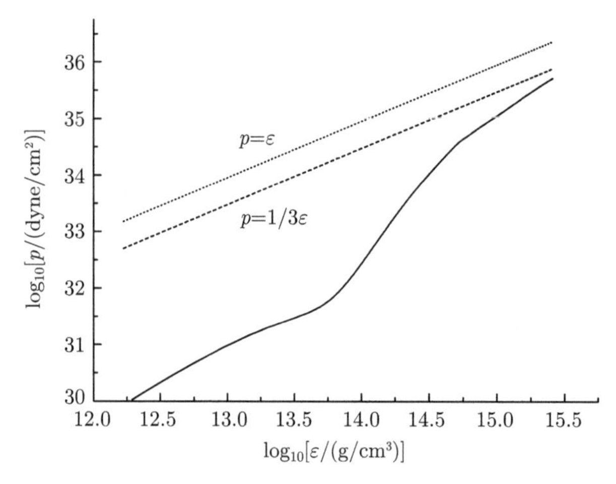

图 10.3 $x=0.7$ 时，中子星物质的压强 p 随能量密度 ε 的变化 (实线)

虚线表示极端相对论极限 $p=\frac{1}{3}\varepsilon$ 的情景，点线表示因果关系极限 $p=\varepsilon$ 的情景

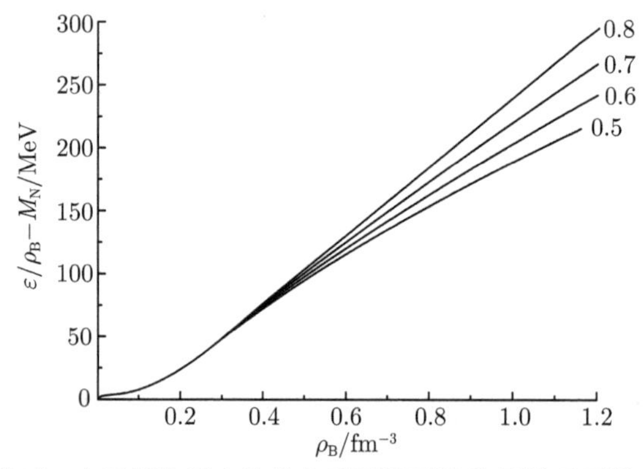

图 10.4 x 变化时，中子星物质中的单个重子的平均能量随重子数密度 ρ_B 的变化

[7] Glendenning N K. Compact Star: Nuclear Physics, Particle Physics, and General Relativity. New York: Springer-Verlag, 1997.

表 10.1 中子星内部靠近表层的低密度物质的状态方程

$\varepsilon/(\mathrm{kg/m^3})$	p/Pa	$\varepsilon/(\mathrm{kg/m^3})$	p/Pa	$\varepsilon/(\mathrm{kg/m^3})$	p/Pa
0	0	3.304D+11	8.738D+24	1.844D+14	2.892D+28
7.861D+3	1.010D+8	5.237D+11	1.629D+25	2.096D+14	3.290D+28
7.900D+3	1.010D+9	8.301D+11	3.029D+25	2.640D+14	4.473D+28
8.150D+3	1.010D+10	1.045D+12	4.129D+25	3.325D+14	5.816D+28
1.160D+4	1.210D+11	1.316D+12	5.036D+25	4.188D+14	7.538D+28
1.640D+4	1.400D+12	1.657D+12	6.860D+25	4.299D+14	7.805D+28
4.510D+4	1.700D+13	2.626D+12	1.272D+26	4.460D+14	7.890D+28
2.120D+5	5.820D+14	4.164D+12	2.356D+26	5.228D+14	8.352D+28
1.150D+6	1.900D+16	6.602D+12	4.362D+26	6.610D+14	9.098D+28
1.0440D+7	9.744D+17	8.313D+12	5.662D+26	7.964D+14	9.831D+28
2.622D+7	4.968D+18	1.046D+13	7.702D+26	9.728D+14	1.083D+29
6.587D+7	2.431D+19	1.318D+13	1.048D+27	1.196D+15	1.218D+29
1.654D+8	1.151D+20	1.659D+13	1.425D+27	1.471D+15	1.399D+29
4.156D+8	5.266D+20	2.090D+13	1.938D+27	1.805D+15	1.638D+29
1.044D+9	2.318D+21	2.631D+13	2.503D+27	2.202D+15	1.950D+29
2.622D+9	9.755D+21	3.313D+13	3.404D+27	2.930D+15	2.592D+29
6.588D+9	3.911D+22	4.172D+13	4.628D+27	3.833D+15	3.506D+29
8.294D+9	5.259D+22	5.254D+13	5.949D+27	4.933D+15	4.771D+29
1.655D+10	1.435D+23	6.617D+13	8.089D+27	6.248D+15	6.481D+29
3.302D+10	3.833D+23	8.333D+13	1.100D+28	7.801D+15	8.748D+29
6.590D+10	1.006D+24	1.049D+14	1.495D+28	9.612D+15	1.170D+30
1.315D+11	2.604D+24	1.322D+14	2.033D+28	1.246D+16	1.695D+30
2.624D+11	6.676D+24	1.664D+14	2.597D+28	1.496D+16	2.209D+30

x 不同时，中子星质量 M 随中心密度 ε_c 的变化见图 10.5。当 x 由 0.5 增至 0.8 时，中子星的最大质量极限由 $1.43M_\odot$ 增至 $1.74M_\odot$，其中 $M_\odot$ 表示太阳质量。中子星的中心密度在 $2.1\times10^{15}\sim2.5\times10^{15}\mathrm{g/cm^3}$ 之间浮动，为 8 ~10 倍正常核物质密度。当 x 增大时，中子星的引力红移量与转动惯量增大。中子星的引力红移量为

$$z=\frac{1}{\sqrt{1-\dfrac{2GM}{Rc^2}}}-1. \tag{10.24}$$

显然，中子星物质越“硬”，就能支付更强的引力，从而中子星的质量会更大。表 10.2 列出了不同 x 时中子星中心密度 ε_c、最大质量极限 $M_{\max}$、处于最大质量极限时的中子星的半径 R、转动惯量 I、引力红移 z 以及相应的 Schwarzschild 半径 R_{Sch} 等性质。

图 10.6 给出了不同 x 时中子星半径随其质量的变化。当中子星质量大于 $0.2M_\odot$ 时，半径为 $15\sim11\mathrm{km}$，远大于相应的 Schwarzschild 半径 $R_{\mathrm{Sch}}=2GM/c^2$，致密星

体是中子星，而不是黑洞。当中子星质量增加时，半径略微减小，直到中子星达到其最大质量极限。

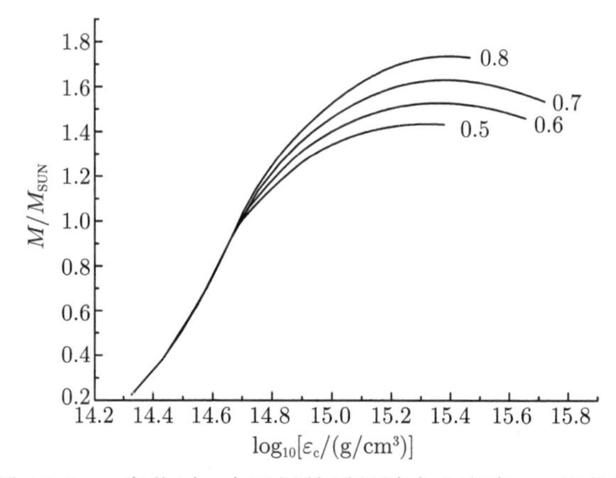

图 10.5　x 变化时，中子星的质量随中心密度 $\varepsilon_{\rm c}$ 的变化

表 10.2　中子星的性质随 x 的变化

x	$\varepsilon_{\rm c}/({\rm g/cm^3})$	$M_{\rm max}/{\rm M}_\odot$	R/km	$I/({\rm g{\cdot}km^2})$	z	$R_{\rm Sch}$/km
0.5	2.089×10^{15}	1.4347	11.558	1.4246×10^{35}	0.2563	4.235
0.6	2.293×10^{15}	1.5275	11.297	1.4486×10^{35}	0.2901	4.509
0.7	2.397×10^{15}	1.6304	11.152	1.5225×10^{35}	0.3264	4.813
0.8	2.478×10^{15}	1.7362	11.044	1.6118×10^{35}	0.3660	5.125

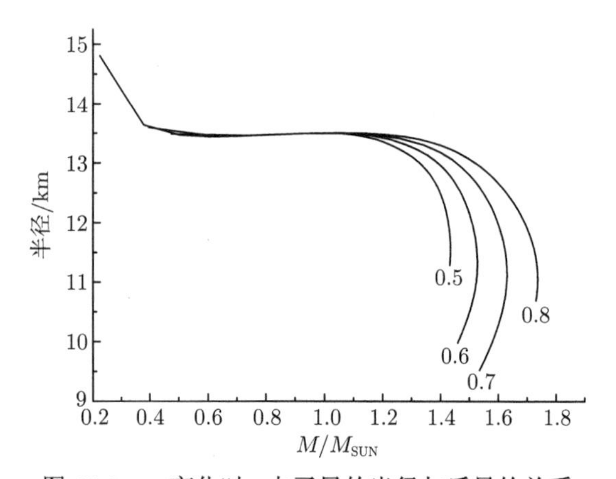

图 10.6　x 变化时，中子星的半径与质量的关系

在我们的模型框架下，中子星最小质量约为 $0.069M_\odot$，对应中心密度 $1.354\times10^{14}{\rm g\cdot cm^{-3}}$, 约 $0.546\rho_0$。当中子星质量接近最小质量时，其半径迅速增大；质量高于最小质量时，中子星主要是由简并重子气体组成。

在相对论平均场框架下，我们计算了不同超了耦合常数下中子星物质的状态方程，并进一步计算了中子星的最大质量极限、半径、转动惯量、引力红移等性质，发现超子之间的相互作用对中子星的性质影响很大。

10.3 关于 Dirac 海的一些看法

自 20 世纪 70 年代以来，原子核物理学与量子场论相结合，逐步形成了新兴的研究领域 —— 中高能核物理。而相对论平均场理论的提出，正是人们试图用量子场论的方法解决核多体问题的初步尝试，这一尝试获得了很大成功。

由非相对论到相对论，由量子力学到量子场论，是人们对核多体系统认识的一次飞跃，研究和创立描述强子体系的相对论核多体理论，是中高能核物理的重要组成部分。

一般认为，相对论平均场理论以无 Dirac 海近似 (no Dirac sea approximation) 为前提。我们认为，Dirac 海是一个过时的量子力学概念。粒子的负能级全部填满，是 20 世纪前期 Dirac 为了解决 Dirac 方程的负能解问题而引入的。Dirac 海的提出预示着反粒子的存在。当反粒子的概念引入物理学之后，Dirac 海概念继续存在只会引起理解上的混乱。Dirac 海的引入，人为地在原子核结构的研究中加入了大量处于负能态的核子，增加了物理系统的复杂程度，提高了问题的难度。举例来说，如果空间中只有一个核子，当考虑 Dirac 海的贡献以后，除了这一个核子，空间中还存在着大量的处于负能态的核子，一个简单的单体问题就变成了复杂的多体问题。显然，在原子核的多体问题的研究中，重新复活 Dirac 海的概念是没有道理的。本章关于相对论平均场理论框架的阐述中，我们认为相对论平均场理论主要是用来处理没有反核子，核子按泡利不相容原理填满费米海的核物质基态的问题，并没有引入 Dirac 海的概念。

第十一章　核物质内粒子的运动

在传统的原子核理论中，原子核通常被看成由若干个相互作用的核子组成的多体系统。当核子之间的距离较短时，核子与核子之间的相互作用表现为极强的短程排斥力。因此，传统的非相对论的核多体理论认为，微扰论的方法和平均场近似的方法，都无法用来描述原子核的结构。于是，人们提出一种后来被称为 Brueckner G 矩阵的有效理论，来描述原子核的结构和性质。

尽管人们能够用 Brueckner G 矩阵的方法来描述原子核的结构和性质，但是，当这一理论方法被用于计算无限大的核物质的性质时，却不能给出恰当的核物质的饱和性质。即当核物质处于饱和密度 ρ_0 时，无法得到正确的单个核子的平均束缚能 $E/A \approx -16\text{MeV}$。于是，人们不得不在 Brueckner G 矩阵的计算中引入核子之间的“三体力”，即假定核子之间不仅存在两体相互作用，还存在三个核子之间的相互作用。

量子场论在粒子物理的研究中取得了很大的成功，人们尝试把量子场论的方法用来描述有限大小的原子核和无限大的核物质的性质，但是又遇到了新的问题。首先，量子场论的微扰真空不存在微观的粒子，但是，核物质的基态由相互作用的大量核子组成；其次，核子之间的相互作用力属于强相互作用，其耦合系数远大于电磁相互作用的精细结构常数，所以，量子场论的微扰方法不能够很好地用来研究原子核的结构；另外，由夸克和胶子构成的核子与介子有自身的内部结构，不能够被看成“基本粒子”。因此，用量子场论的微扰方法研究核多体问题，只能看成是近似的、有效的方法。

11.1　量子强子动力学

在 Walecka 模型中，假定核子之间通过交换标量介子 σ 传递中程吸引相互作用，通过交换矢量介子 ω 实现短程排斥相互作用。标量介子 σ 和矢量介子 ω 与核子场 ψ 线性耦合，于是，相互作用的拉格朗日密度可以写为

$$\begin{aligned}\mathcal{L}=&\bar{\psi}\left(\mathrm{i}\gamma_\mu\partial^\mu-M_{\mathrm{N}}\right)\psi+\frac{1}{2}\partial_\mu\sigma\partial^\mu\sigma-\frac{1}{2}m_\sigma^2\sigma^2-\frac{1}{4}\omega_{\mu\nu}\omega^{\mu\nu}+\frac{1}{2}m_\omega^2\omega_\mu\omega^\mu\\&-g_\sigma\bar{\psi}\sigma\psi-g_\omega\bar{\psi}\gamma_\mu\omega^\mu\psi,\end{aligned}\tag{11.1}$$

其中，M_{N}，m_σ 和 m_ω 分别表示核子、标量介子 σ 和矢量介子 ω 的质量，矢量介子的张量为 $\omega_{\mu\nu}=\partial_\mu\omega_\nu-\partial_\nu\omega_\mu$。

在相对论平均场近似下，介子场算符可以分别由它们在核物质中的期待值代替，即

$$\sigma \rightarrow \langle\sigma\rangle = \sigma_0, \tag{11.2}$$

$$\omega_\mu \rightarrow \langle\omega_\mu\rangle = \omega_0\delta_\mu^0. \tag{11.3}$$

对于静止的、均匀的核物质，介子场算符的期待值 σ_0 和 ω_0 是和位置无关的常量。旋转不变性能够保证矢量介子场在核物质中的期待值的空间部分为零。于是，在相对论平均场近似下，有效的相互作用拉格朗日密度表示为

$$\mathcal{L}_{\mathrm{RMF}} = \bar{\psi}\left(\mathrm{i}\gamma_\mu\partial^\mu - M_{\mathrm{N}}^*\right)\psi - \frac{1}{2}m_\sigma{}^2\sigma_0^2 + \frac{1}{2}m_\omega{}^2\omega_0^2 - g_\omega\bar{\psi}\gamma^0\psi\omega_0, \tag{11.4}$$

其中，$M_{\mathrm{N}}^* = M_{\mathrm{N}} + g_\sigma\sigma_0$ 是核子的有效质量。在相对论平均场近似下，核物质内单个核子的能量为

$$E(p) = \sqrt{\boldsymbol{p}^2 + M_{\mathrm{N}}^*} + g_\omega\omega_0, \tag{11.5}$$

其中，$\boldsymbol{p}$ 表示核子的动量。

标量介子 σ、矢量介子 ω 和核子 ψ 的传播子分别定义为

$$\begin{aligned}\Delta'(x'-x) &= \langle\, G \mid T[\sigma(x')\sigma(x)] \mid G\,\rangle \\ &= \int \frac{\mathrm{d}^4p}{(2\pi)^4}\exp\left[-\mathrm{i}p\cdot(x'-x)\right]\Delta'(p),\end{aligned} \tag{11.6}$$

$$\begin{aligned}D'_{\mu\nu}(x'-x) &= \langle\, G \mid T[\omega_\mu(x')\omega_\nu(x)] \mid G\,\rangle \\ &= \int \frac{\mathrm{d}^4p}{(2\pi)^4}\exp\left[-\mathrm{i}p\cdot(x'-x)\right]D'_{\mu\nu}(p),\end{aligned} \tag{11.7}$$

$$\begin{aligned}G'_{\alpha\beta}(x'-x) &= \langle\, G \mid T[\psi_\alpha(x')\bar{\psi}_\beta(x)] \mid G\,\rangle \\ &= \int \frac{\mathrm{d}^4p}{(2\pi)^4}\exp\left[-\mathrm{i}p\cdot(x'-x)\right]G'_{\alpha\beta}(p),\end{aligned} \tag{11.8}$$

其中，$T[\ ]$ 表示算符的编时乘积；$|G\rangle$ 表示核物质的基态，其中核子的最大动量称为费米动量 p_{F}，低于费米动量 p_{F} 的单核子态全部被核子填满，形成“费米海”。当核物质处于基态时，“费米海”中只有核子，没有“空穴”，也没有反核子。

在动量空间内，标量介子 σ 和矢量介子 ω 的传播子可以分别写为

$$\mathrm{i}\Delta'(p) = \frac{-1}{p^2 - m_\sigma^2 + \mathrm{i}\varepsilon} \tag{11.9}$$

和

$$\mathrm{i}D'_{\mu\nu}(p) = \frac{g_{\mu\nu}}{p^2 - m_\omega^2 + \mathrm{i}\varepsilon}. \tag{11.10}$$

由于在核物质中，核子数守恒，因此，在式 (11.10) 中，忽略了矢量介子的传播子的纵向部分，只保留了矢量介子的传播子的横向部分。

动量空间内核物质内核子的传播子可以写为

$$\mathrm{i}G'_{\alpha\beta}(p)=\mathrm{i}G'_{F\,\alpha\beta}(p)+\mathrm{i}G'_{D\,\alpha\beta}(p), \tag{11.11}$$

其中，第一项 $\mathrm{i}G'_{\mathrm{F}\alpha\beta}(p)$ 表示核子的费曼传播子，

$$\mathrm{i}G'_{\mathrm{F}\,\alpha\beta}(p)=(\gamma_\mu\bar{p}^\mu+M_\mathrm{N}^*)_{\alpha\beta}\left(\frac{-1}{\bar{p}^2-{M_\mathrm{N}^*}^2+\mathrm{i}\varepsilon}\right), \tag{11.12}$$

考虑了平均场 σ_0 和 ω_0 的修正；第二项 $\mathrm{i}G'_{\mathrm{D}\alpha\beta}(p)$ 是在壳项，与核物质的密度有关，

$$\mathrm{i}G'_{\mathrm{D}\,\alpha\beta}(p)=(\gamma_\mu\bar{p}^\mu+M_\mathrm{N}^*)_{\alpha\beta}\left\{-\frac{\mathrm{i}\pi}{E^*(p)}\delta[p^0-E(p)]\theta(p_\mathrm{F}-|\boldsymbol{p}|)\right\}, \tag{11.13}$$

其中

$$\bar{p}_\mu=p_\mu-g_\omega\omega_0\delta^0_\mu=(E^*(p),\boldsymbol{p}), \tag{11.14}$$

$E^*(p)=\sqrt{\boldsymbol{p}^2+M_\mathrm{N}^*}$，$p_\mathrm{F}$ 表示核子的费米动量。在接下来的讨论中，为了简便起见，我们将忽略 $\bar{p}_\mu$ 上的横线。

根据图 11.1 和图 11.2 中的费曼图，利用式 (11.9) ~ 式 (11.11) 中的传播子，可以计算核子、标量介子 σ 和矢量介子 ω 在核物质内的自能。由于考虑了平均场 σ_0 和 ω_0 对核子传播子的修正，求解自能的过程中保持了计算的自洽性。

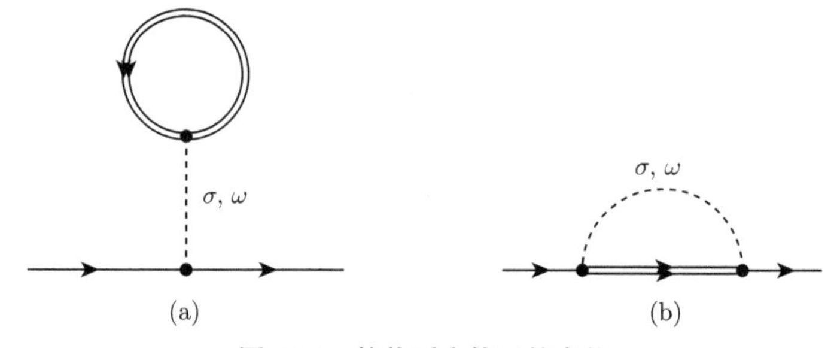

图 11.1　核物质内核子的自能

虚线表示标量介子或者矢量介子的传播子，双实线表示式 (11.11) 中的核物质内的核子传播子

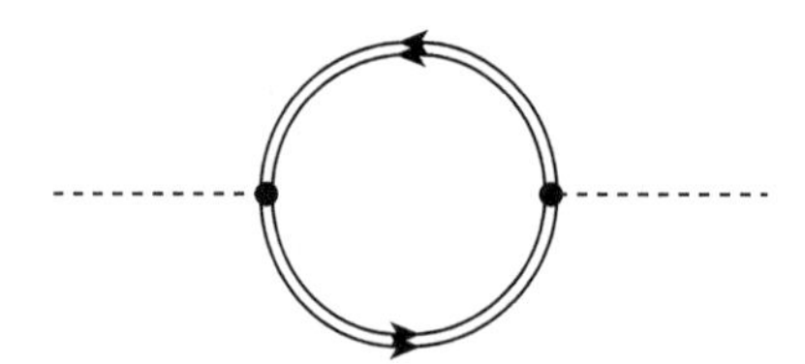

图 11.2　核物质内介子的自能

虚线表示标量介子或者矢量介子的传播子，双实线表示式 (11.11) 中的核物质内的核子传播子

11.1.1 核物质中核子的传播子

核子的拉格朗日密度可以写为

$$\mathcal{L}=\bar{\psi}\left(\mathrm{i}\gamma_{\mu}\partial^{\mu}-M_{\mathrm{N}}\right)\psi, \tag{11.15}$$

其中，ψ 表示核子场算符；M_{N} 表示核子的质量。

核子的场算符及其 Dirac 伴随算符可以分别按动量的本征波函数展开为

$$\psi_{\alpha}(x)=\sum_{\lambda=1,2}\int\frac{\mathrm{d}^{3}p}{(2\pi)^{3/2}}\sqrt{\frac{M_{\mathrm{N}}}{E(\boldsymbol{p})}}\left[A_{p,\lambda}U_{\alpha}(p,\lambda)\exp(-\mathrm{i}p\cdot x)+B_{p,\lambda}^{\dagger}V_{\alpha}(p,\lambda)\exp(\mathrm{i}p\cdot x)\right] \tag{11.16}$$

和

$$\bar{\psi}_{\alpha}(x)=\sum_{\lambda=1,2}\int\frac{\mathrm{d}^{3}p}{(2\pi)^{3/2}}\sqrt{\frac{M_{\mathrm{N}}}{E(\boldsymbol{p})}}\left[A_{p,\lambda}^{\dagger}\bar{U}_{\alpha}(p,\lambda)\exp(\mathrm{i}p\cdot x)+B_{p,\lambda}\bar{V}_{\alpha}(p,\lambda)\exp(-\mathrm{i}p\cdot x)\right]. \tag{11.17}$$

真空中核子的传播子为

$$\begin{aligned}G_{\alpha\beta}^{0}(x'-x)&=\langle 0|T\left[\psi_{\alpha}(x')\bar{\psi}_{\beta}(x)\right]|0\rangle\\&=\int\frac{\mathrm{d}^{4}p}{(2\pi)^{4}}G_{\alpha\beta}^{0}(p)\exp(-\mathrm{i}p\cdot(x'-x)),\end{aligned} \tag{11.18}$$

其中 $T[\ ]$ 表示算符的编时乘积，

$$G_{\alpha\beta}^{0}(p)=\left(\frac{\mathrm{i}}{\gamma_{\mu}p^{\mu}-M_{\mathrm{N}}+\mathrm{i}\varepsilon}\right)_{\alpha\beta}. \tag{11.19}$$

在核物质中，如果核物质基态用 $|G\rangle$ 表示，那么核子的传播子可以表示为

$$\langle G|T\left[\psi_{\alpha}(x')\bar{\psi}_{\beta}(x)\right]|G\rangle=G_{\alpha\beta}^{0}(x'-x)+\langle G|N\left[\psi_{\alpha}(x')\bar{\psi}_{\beta}(x)\right]|G\rangle, \tag{11.20}$$

其中，$N[\ ]$ 表示算符的正规乘积。

在式 (11.20) 中，核子场算符的正规乘积可以展开为

$$\begin{aligned}N\left[\psi_{\alpha}(x')\bar{\psi}_{\beta}(x)\right]=&-\sum_{\lambda,\lambda'=1,2}\int\frac{\mathrm{d}^{3}p}{(2\pi)^{3/2}}\int\frac{\mathrm{d}^{3}p'}{(2\pi)^{3/2}}\sqrt{\frac{M_{\mathrm{N}}}{E(\boldsymbol{p})}}\sqrt{\frac{M_{\mathrm{N}}}{E(\boldsymbol{p}')}}\\&\exp\left(-\mathrm{i}p'\cdot x'+\mathrm{i}p\cdot x\right)U_{\alpha}(p',\lambda')\bar{U}_{\beta}(p,\lambda)A_{p,\lambda}^{\dagger}A_{p',\lambda'}+\cdots,\end{aligned} \tag{11.21}$$

其中，$\cdots$ 表示包含反核子的产生算符或者湮灭算符的项。由于在核物质的基态内不存在反核子，这些项对于核物质中核子的传播子没有贡献，所以

$$\begin{aligned}\langle G|N\left[\psi_\alpha(x')\bar{\psi}_\beta(x)\right]|G\rangle =& -\sum_{\lambda,\lambda'=1,2}\int\frac{\mathrm{d}^3p}{(2\pi)^{3/2}}\int\frac{\mathrm{d}^3p'}{(2\pi)^{3/2}}\sqrt{\frac{M_\mathrm{N}}{E(\boldsymbol{p})}}\sqrt{\frac{M_\mathrm{N}}{E(\boldsymbol{p}')}}\\&\exp\left(-\mathrm{i}p'\cdot x'+\mathrm{i}p\cdot x\right)U_\alpha(p',\lambda')\bar{U}_\beta(p,\lambda)\langle G|A^\dagger_{p,\lambda}A_{p',\lambda'}|G\rangle\\=& -\sum_{\lambda=1,2}\int\frac{\mathrm{d}^3p}{(2\pi)^3}\frac{M_\mathrm{N}}{E(\boldsymbol{p})}\\&\exp\left[-\mathrm{i}p\cdot(x'-x)\right]U_\alpha(p,\lambda)\bar{U}_\beta(p,\lambda)\theta(p_\mathrm{F}-|\boldsymbol{p}|)\\=& -\int\frac{\mathrm{d}^3p}{(2\pi)^3}\frac{M_\mathrm{N}}{E(\boldsymbol{p})}\\&\exp\left[-\mathrm{i}p\cdot(x'-x)\right]\left(\frac{\gamma_\mu p^\mu+M}{2M}\right)_{\alpha\beta}\theta(p_\mathrm{F}-|\boldsymbol{p}|),\end{aligned}\tag{11.22}$$

在式 (11.22) 的推导中，我们用到了

$$\langle G|A^\dagger_{p,\lambda}A_{p',\lambda'}|G\rangle=\theta(p_\mathrm{F}-|\boldsymbol{p}|)\delta^{(3)}(p'-p)\delta_{\lambda',\lambda}$$

和

$$\sum_{\lambda=1,2}U_\alpha(p,\lambda)\bar{U}_\beta(p,\lambda)=\left(\frac{\gamma_\mu p^\mu+M}{2M}\right)_{\alpha\beta}.$$

考虑到核物质内的核子满足在壳条件，在式 (11.22) 两侧乘以

$$2\pi\int\frac{\mathrm{d}p_0}{(2\pi)}\delta[p_0-E(p)],$$

于是得到

$$\begin{aligned}\langle G|N\left[\psi_\alpha(x')\bar{\psi}_\beta(x)\right]|G\rangle =& -\int\frac{\mathrm{d}^4p}{(2\pi)^4}\frac{\pi}{E(\boldsymbol{p})}\\&\exp\left[-\mathrm{i}p\cdot(x'-x)\right](\gamma_\mu p^\mu+M)_{\alpha\beta}\theta(p_\mathrm{F}-|\boldsymbol{p}|)\delta[p_0-E(p)],\end{aligned}\tag{11.23}$$

所以，核物质中核子的传播子可以写为

$$\begin{aligned}G_{\alpha\beta}(p)=&G^0_{\alpha\beta}(p)-\frac{\pi}{E(\boldsymbol{p})}(\gamma_\mu p^\mu+M)_{\alpha\beta}\theta(p_\mathrm{F}-|\boldsymbol{p}|)\delta[p_0-E(p)]\\=&(\gamma_\mu p^\mu+M)_{\alpha\beta}\left\{\frac{\mathrm{i}}{p^2-M^2+\mathrm{i}\varepsilon}-\frac{\pi}{E(\boldsymbol{p})}\theta(p_\mathrm{F}-|\boldsymbol{p}|)\delta[p_0-E(p)]\right\}.\end{aligned}\tag{11.24}$$

如果考虑相对论平均场近似下标量介子 σ 和矢量介子 ω 的影响，式 (11.24) 中的核子传播子就转化为式 (11.11) 的形式。

11.1.2 核物质内核子的自能

1. Hartree 近似

在 Hartree 近似下，核子在核物质中的传播子的二级修正由图 11.1(a) 中的费曼图给出，人们通常把这种费曼图称为“蝌蚪图”(tadpole diagram)。此时，核子在核物质中的传播子可以表示为

$$G''(k) = G'(k) - G'(k)\mathrm{i}\varSigma' G'(k), \tag{11.25}$$

其中，$\varSigma'$ 表示核子在核物质内的自能。在 Hartree 近似下，核子在核物质内的自能 $\varSigma'$ 与核子的四维动量 k 无关。在 Walecka-1 模型中，核子的自能 $\varSigma'$ 可以写为

$$\varSigma'_{\mathrm{H}} = \varSigma^{\sigma}_{\mathrm{H}} + \varSigma^{\omega}_{\mathrm{H}}, \tag{11.26}$$

其中，自能 $\varSigma^{\sigma}_{\mathrm{H}}$ 表示由于核子之间交换标量介子 σ 产生的核子自能；$\varSigma^{\omega}_{\mathrm{H}}$ 表示由于核子之间交换矢量介子 ω 产生的核子自能，其中

$$\varSigma^{\sigma}_{\mathrm{H}} = \mathrm{i}g^2_{\sigma}\Delta'(0)\int \frac{\mathrm{d}^4 p}{(2\pi)^4}\mathrm{Tr}\left[G'(p)\right], \tag{11.27}$$

$$\varSigma^{\omega}_{\mathrm{H}} = \mathrm{i}g^2_{\omega}\gamma_{\mu}D'^{\mu\nu}(0)\int \frac{\mathrm{d}^4 p}{(2\pi)^4}\mathrm{Tr}\left[G'(p)\gamma_{\nu}\right]. \tag{11.28}$$

把式 (11.9) ~ 式 (11.11) 中的传播子代入式 (11.27) 和式 (11.28)，可以得到核子在核物质中的自能为

$$\begin{aligned}\varSigma^{\sigma}_{\mathrm{H}} &= \frac{g^2_{\sigma}}{m^2_{\sigma}}\int \frac{\mathrm{d}^4 p}{(2\pi)^4}\mathrm{Tr}\left[G'(p)\right]\\ &= \frac{g^2_{\sigma}}{m^2_{\sigma}}\int \frac{\mathrm{d}^4 p}{(2\pi)^4}\mathrm{Tr}\left[G'_{\mathrm{F}}(p) + G'_{\mathrm{D}}(p)\right]\end{aligned} \tag{11.29}$$

和

$$\begin{aligned}\varSigma^{\omega}_{\mathrm{H}} &= -\gamma_{\mu}\frac{g^2_{\omega}}{m^2_{\omega}}\int \frac{\mathrm{d}^4 p}{(2\pi)^4}\mathrm{Tr}\left[\gamma^{\mu}G'(p)\right]\\ &= -\gamma_{\mu}\frac{g^2_{\omega}}{m^2_{\omega}}\int \frac{\mathrm{d}^4 p}{(2\pi)^4}\mathrm{Tr}\left[\gamma^{\mu}G'_{\mathrm{F}}(p) + \gamma^{\mu}G'_{\mathrm{D}}(p)\right].\end{aligned} \tag{11.30}$$

在式 (11.29) 和式 (11.30) 中，对核子的费曼传播子的积分发散。如果在计算中采用核子的物理质量，可以认为这种发散已经通过质量重整化的手续消掉了，这些发散项对于核子在核物质中的自能没有贡献。式 (11.29) 和式 (11.30) 中的第二项都与核物质的密度有关，或者说，是核子的“费米海”对于核子自能的贡献。在原子

核物理中，我们只考虑“费米海”对核物质内的粒子的自能的贡献。于是，在相对论平均场近似下，

$$\begin{aligned}\Sigma_{\rm H}^{\sigma}&=\frac{g_{\sigma}^{2}}{m_{\sigma}^{2}}\int\frac{{\rm d}^{4}p}{(2\pi)^{4}}{\rm Tr}\left[G_{\rm D}'(p)\right]\\&=-\frac{g_{\sigma}^{2}}{m_{\sigma}^{2}}\rho_{\rm S},\end{aligned}\tag{11.31}$$

其中，$\rho_{\rm S}$ 表示核物质内质子或者中子的标量密度，

$$\rho_{\rm S}=\sum_{\lambda=1,2}\int\frac{{\rm d}^{3}p}{(2\pi)^{3}}\frac{M_{\rm N}^{*}}{E^{*}(p)}\theta(p_{\rm F}-|\boldsymbol{p}|).\tag{11.32}$$

$$\begin{aligned}\Sigma_{\rm H}^{\omega}&=-\gamma_{\mu}\frac{g_{\omega}^{2}}{m_{\omega}^{2}}\int\frac{{\rm d}^{4}p}{(2\pi)^{4}}{\rm Tr}\left[\gamma^{\mu}G_{\rm D}'(p)\right]\\&=\gamma_{0}\frac{g_{\omega}^{2}}{m_{\omega}^{2}}\rho_{V},\end{aligned}\tag{11.33}$$

其中，ρ_{V} 表示核物质内质子或者中子的矢量密度，

$$\rho_{V}=\sum_{\lambda=1,2}\int\frac{{\rm d}^{3}p}{(2\pi)^{3}}\theta(p_{\rm F}-|\boldsymbol{p}|).\tag{11.34}$$

显然，核子的矢量密度就是核子的数密度。

2. 交换项

由于核子是一种全同粒子，核子之间的交换相互作用会影响核子在核物质中的自能，可以由图 11.1(b) 中的费曼图求得核子自能的交换项部分。核子自能的交换项部分可以写为

$$\Sigma_{\rm F}=\Sigma_{\rm F}^{\sigma}+\Sigma_{\rm F}^{\omega},\tag{11.35}$$

其中与交换标量介子 σ 有关的部分为

$$\begin{aligned}\Sigma_{\rm F}^{\sigma}&=-{\rm i}g_{\sigma}^{2}\int\frac{{\rm d}^{4}p}{(2\pi)^{4}}\Delta'(k-p)G'(p)\\&=-{\rm i}g_{\sigma}^{2}\int\frac{{\rm d}^{4}p}{(2\pi)^{4}}\left[\Delta'(k-p)G_{\rm F}'(p)+\Delta'(k-p)G_{\rm D}'(p)\right],\end{aligned}\tag{11.36}$$

与交换矢量介子 ω 有关的部分为

$$\begin{aligned}\Sigma_{\rm F}^{\omega}&=-{\rm i}g_{\omega}^{2}\int\frac{{\rm d}^{4}p}{(2\pi)^{4}}\gamma_{\mu}D'^{\mu\nu}(k-p)G'(p)\gamma_{\nu}\\&=-{\rm i}g_{\omega}^{2}\int\frac{{\rm d}^{4}p}{(2\pi)^{4}}\gamma_{\mu}\left[D'^{\mu\nu}(k-p)G_{\rm F}'(p)+D'^{\mu\nu}(k-p)G_{\rm D}'(p)\right]\gamma_{\nu}.\end{aligned}\tag{11.37}$$

在式 (11.36) 和式 (11.37) 的计算中，包含核子的费曼传播子 $\mathrm{i}G'_{\mathrm{F}}(p)$ 的项为积分发散项，可以通过重整化的程序把发散项的贡献吸收到相应的物理常数中去。因此，在计算核子的自能时，人们只考虑包含核子传播子的密度相关部分 $\mathrm{i}G'_{\mathrm{D}}(p)$ 的项，这些项是和核子“费米海”有关的。因此，

$$\begin{aligned}\Sigma_{\mathrm{F}}^{\sigma} &= -\mathrm{i}g_{\sigma}^{2}\int\frac{\mathrm{d}^{4}p}{(2\pi)^{4}}\Delta'(k-p)G'_{\mathrm{D}}(p) \\ &= -g_{\sigma}^{2}\int\frac{\mathrm{d}^{3}p}{(2\pi)^{3}}\frac{M_{\mathrm{N}}^{*}}{E^{*}(p)}\theta(p_{\mathrm{F}}-|\boldsymbol{p}|)\left[\frac{\not{p}+M_{\mathrm{N}}^{*}}{2M_{\mathrm{N}}^{*}}\frac{1}{(k-p)^{2}-m_{\sigma}^{2}}\right]\end{aligned} \tag{11.38}$$

和

$$\begin{aligned}\Sigma_{\mathrm{F}}^{\omega} &= -\mathrm{i}g_{\omega}^{2}\int\frac{\mathrm{d}^{4}p}{(2\pi)^{4}}\gamma_{\mu}D'^{\mu\nu}(k-p)G'_{\mathrm{D}}(p)\gamma_{\nu} \\ &= g_{\omega}^{2}\int\frac{\mathrm{d}^{3}p}{(2\pi)^{3}}\frac{M_{\mathrm{N}}^{*}}{E^{*}(p)}\theta(p_{\mathrm{F}}-|\boldsymbol{p}|)\left[\gamma_{\mu}\frac{\not{p}+M_{\mathrm{N}}^{*}}{2M_{\mathrm{N}}^{*}}\gamma_{\nu}\frac{g^{\mu\nu}}{(k-p)^{2}-m_{\omega}^{2}}\right].\end{aligned} \tag{11.39}$$

11.1.3 标量介子和矢量介子在核物质中的自能

由图 11.2 中的费曼图可以计算得到标量介子 σ 和矢量介子 ω 在核物质中的自能。在 Walecka-1 模型中，σ 标量介子和 ω 矢量介子在核物质中的自能分别写为

$$\Sigma_{\sigma} = \mathrm{i}g_{\sigma}^{2}\int\frac{\mathrm{d}^{4}p}{(2\pi)^{4}}\mathrm{Tr}\left[G'(p)G'(k+p)\right] \tag{11.40}$$

和

$$\Sigma_{\omega} = \mathrm{i}g_{\omega}^{2}\int\frac{\mathrm{d}^{4}p}{(2\pi)^{4}}\mathrm{Tr}\left[\gamma^{\mu}G'(p)\gamma^{\nu}G'(k+p)\right]. \tag{11.41}$$

除掉式 (11.40) 和式 (11.41) 中的发散项，与核物质密度相关的标量介子和矢量介子的自能可以写为

$$\begin{aligned}\Sigma_{\sigma} &= \mathrm{i}g_{\sigma}^{2}\int\frac{\mathrm{d}^{4}p}{(2\pi)^{4}}\mathrm{Tr}\left[G'_{\mathrm{F}}(p)G'_{\mathrm{D}}(k+p)+G'_{\mathrm{D}}(p)G'_{\mathrm{F}}(k+p)\right] \\ &= g_{\sigma}^{2}\int\frac{\mathrm{d}^{3}p}{(2\pi)^{3}}\frac{M_{\mathrm{N}}^{*}}{E^{*}(p)}\theta(p_{\mathrm{F}}-|\boldsymbol{p}|)\frac{1}{2M_{\mathrm{N}}^{*}}\left\{\mathrm{Tr}\left[\frac{1}{\not{p}-\not{k}-M_{\mathrm{N}}^{*}}(\not{p}+M_{\mathrm{N}}^{*})\right]\right. \\ &\quad \left.+\mathrm{Tr}\left[(\not{p}+M_{\mathrm{N}}^{*})\frac{1}{\not{p}+\not{k}-M_{\mathrm{N}}^{*}}\right]\right\}\end{aligned} \tag{11.42}$$

和

$$\begin{aligned}\Sigma_{\omega} &= \mathrm{i}g_{\omega}^{2}\int\frac{\mathrm{d}^{4}p}{(2\pi)^{4}}\mathrm{Tr}\left[\gamma^{\mu}G'_{\mathrm{F}}(p)\gamma^{\nu}G'_{\mathrm{D}}(k+p)+\gamma^{\mu}G'_{\mathrm{D}}(p)\gamma^{\nu}G'_{\mathrm{F}}(k+p)\right] \\ &= g_{\omega}^{2}\int\frac{\mathrm{d}^{3}p}{(2\pi)^{3}}\frac{M_{\mathrm{N}}^{*}}{E^{*}(p)}\theta(p_{\mathrm{F}}-|\boldsymbol{p}|)\frac{1}{2M_{\mathrm{N}}^{*}}\left\{\mathrm{Tr}\left[\gamma^{\mu}\frac{1}{\not{p}-\not{k}-M_{\mathrm{N}}^{*}}\gamma^{\nu}(\not{p}+M_{\mathrm{N}}^{*})\right]\right. \\ &\quad \left.+\mathrm{Tr}\left[\gamma^{\mu}(\not{p}+M_{\mathrm{N}}^{*})\gamma^{\nu}\frac{1}{\not{p}+\not{k}-M_{\mathrm{N}}^{*}}\right]\right\}.\end{aligned} \tag{11.43}$$

通过以上的分析可以看出，尽管描述粒子在核物质中的自能的费曼图与粒子在微扰真空中的费曼图完全一致，但是物理意义并不相同。

11.2　由 Wick 定理计算粒子在核物质中的自能

本节中，我们讨论如何由 Wick 定理计算粒子在核物质中的自能。

核子的场算符 $\psi(x)$ 及其共轭场算符 $\bar{\psi}(x)$ 可以展开为

$$\psi(x)=\sum_{\lambda=1,2}\int\frac{\mathrm{d}^3p}{(2\pi)^{\frac{3}{2}}}\sqrt{\frac{M_{\mathrm{N}}^*}{E^*(p)}}\left[A_{p\lambda}U(p,\lambda)\exp\left(-\mathrm{i}p\cdot x\right)+B_{p\lambda}^{\dagger}V(p,\lambda)\exp\left(\mathrm{i}p\cdot x\right)\right] \tag{11.44}$$

和

$$\bar{\psi}(x)=\sum_{\lambda=1,2}\int\frac{\mathrm{d}^3p}{(2\pi)^{3/2}}\sqrt{\frac{M_{\mathrm{N}}^*}{E^*(p)}}\left[A_{p\lambda}^{\dagger}\bar{U}(p,\lambda)\exp\left(\mathrm{i}p\cdot x\right)+B_{p\lambda}\bar{V}(p,\lambda)\exp\left(-\mathrm{i}p\cdot x\right)\right], \tag{11.45}$$

其中，$p=(E^*(p),\boldsymbol{p})$ 表示核子在核物质中的四维动量；λ 表示核子的自旋。

产生算符和湮灭算符之间的反对易关系为

$$\{A_{p\lambda},A_{p'\lambda'}^{\dagger}\}=\{B_{p\lambda},B_{p'\lambda'}^{\dagger}\}=\delta^3(\boldsymbol{p}'-\boldsymbol{p})\delta_{\lambda'\lambda}, \tag{11.46}$$

此外，其他的反对易关系全部为零。

标量场算符 $\sigma(x)$ 可以写为

$$\sigma(x)=\int\frac{\mathrm{d}^3k}{\sqrt{(2\pi)^3 2\Omega_\sigma}}\left[a_k\exp(-\mathrm{i}k\cdot x)+a_k^{\dagger}\exp(\mathrm{i}k\cdot x)\right], \tag{11.47}$$

其中，$\Omega_\sigma=\sqrt{\boldsymbol{k}^2+m_\sigma^2}$。标量场的产生算符和湮灭算符之间的对易关系为

$$[\,a_k,a_{k'}^{\dagger}\,]=\delta^3(\boldsymbol{k}'-\boldsymbol{k}), \tag{11.48}$$

$$[\,a_k,a_{k'}\,]=[\,a_k^{\dagger},a_{k'}^{\dagger}\,]=0. \tag{11.49}$$

矢量场算符可以展开为

$$\omega_\mu(x)=\sum_{\delta=1,2,3}\int\frac{\mathrm{d}^3k}{\sqrt{(2\pi)^3 2\Omega_\omega}}\left[b_{k\delta}\varepsilon_\mu(k,\delta)\exp(-\mathrm{i}k\cdot x)+b_{k\delta}^{\dagger}\varepsilon_\mu(k,\delta)\exp(\mathrm{i}k\cdot x)\right], \tag{11.50}$$

其中，$\Omega_\omega=\sqrt{\boldsymbol{k}^2+m_\omega^2}$。矢量场的产生算符和湮灭算符之间的对易关系为

$$[b_{k\delta},b_{k'\delta'}^{\dagger}]=\delta^3(\boldsymbol{k}'-\boldsymbol{k})\delta_{\delta'\delta}, \tag{11.51}$$

$$[b_{k\delta}, b_{k'\delta'}] = [b^{\dagger}_{k\delta}, b^{\dagger}_{k'\delta'}] = 0. \tag{11.52}$$

核物质的基态可以看成由微扰真空中存在着大量相互作用的核子，我们将会采用平均场近似下的传播子来计算粒子在核物质中的自能。

在相对论平均场近似下，标量介子、矢量介子和核子的传播子分别表示为

$$\begin{aligned}\Delta(x'-x) &= \langle\ 0\mid T[\sigma(x')\sigma(x)]\mid 0\ \rangle\\&= \int \frac{\mathrm{d}^4 p}{(2\pi)^4}\exp\left[-\mathrm{i}p\cdot(x'-x)\right]\Delta(p),\end{aligned} \tag{11.53}$$

$$\begin{aligned}D_{\mu\nu}(x'-x) &= \langle\ 0\mid T[\omega_{\mu}(x')\omega_{\nu}(x)]\mid 0\ \rangle\\&= \int \frac{\mathrm{d}^4 p}{(2\pi)^4}\exp\left[-\mathrm{i}p\cdot(x'-x)\right]D_{\mu\nu}(p),\end{aligned} \tag{11.54}$$

$$\begin{aligned}G_{\alpha\beta}(x'-x) &= \langle\ 0\mid T[\psi_{\alpha}(x')\bar{\psi}_{\beta}(x)]\mid 0\ \rangle\\&= \int \frac{\mathrm{d}^4 p}{(2\pi)^4}\exp\left[-\mathrm{i}p\cdot(x'-x)\right]G_{\alpha\beta}(p).\end{aligned} \tag{11.55}$$

在动量空间中，这些传播子可以表示为

$$\mathrm{i}\Delta(p) = \frac{-1}{p^2 - m_{\sigma}^2 + \mathrm{i}\varepsilon}, \tag{11.56}$$

$$\mathrm{i}D_{\mu\nu}(p) = \frac{g_{\mu\nu}}{p^2 - m_{\omega}^2 + \mathrm{i}\varepsilon}, \tag{11.57}$$

$$\mathrm{i}G_{\alpha\beta}(p) = \frac{-1}{\gamma_{\mu}p^{\mu} - M_{\mathrm{N}} + \mathrm{i}\varepsilon}. \tag{11.58}$$

在式 (11.58) 中，没有考虑核子的费米海对于核子传播子的影响。显然，式 (11.58) 中的核子传播子非常类似于真空中无相互作用的费米子的传播子。

如果核子之间的相互作用可以视为微扰，那么，在相互作用绘景中，微扰哈密顿量可以表示为

$$\mathcal{H}_{\mathrm{I}} = g_{\sigma}\bar{\psi}\sigma\psi + g_{\omega}\bar{\psi}\gamma_{\mu}\omega^{\mu}\psi, \tag{11.59}$$

S 矩阵可以写为

$$\hat{S} = \hat{S}_0 + \hat{S}_1 + \hat{S}_2 + \cdots, \tag{11.60}$$

其中

$$\hat{S}_n = \frac{(-\mathrm{i})^n}{n!}\int \mathrm{d}^4 x_1 \int \mathrm{d}^4 x_2 \cdots \int \mathrm{d}^4 x_n T\left[\mathcal{H}_{\mathrm{I}}(x_1)\mathcal{H}_{\mathrm{I}}(x_2)\cdots\mathcal{H}_{\mathrm{I}}(x_n)\right]. \tag{11.61}$$

在二级近似下，

$$\hat{S}_2 = \frac{(-\mathrm{i})^2}{2!}\int \mathrm{d}^4 x_1 \int \mathrm{d}^4 x_2 T\left[\mathcal{H}_{\mathrm{I}}(x_1)\mathcal{H}_{\mathrm{I}}(x_2)\right]. \tag{11.62}$$

首先，我们暂时不考虑矢量场的影响，只研究标量场对核物质内核子自能的影响。

根据 Wick 定理，在标量耦合下，式 (11.62) 中的编时乘积 $T\left[\mathcal{H}_{\mathrm{I}}(x_1)\mathcal{H}_{\mathrm{I}}(x_2)\right]$ 可以展开为场算符的正规乘积的形式，

$$
\begin{aligned}
&g_\sigma^{-2}T\left[\mathcal{H}_{\mathrm{I}}(x_1)\mathcal{H}_{\mathrm{I}}(x_2)\right]=T\left[\bar\psi(x_1)\sigma(x_1)\psi(x_1)\bar\psi(x_2)\sigma(x_2)\psi(x_2)\right]\\
&=N\left[\bar\psi(x_1)\sigma(x_1)\psi(x_1)\bar\psi(x_2)\sigma(x_2)\psi(x_2)\right]+N\left[\bar\psi\overbrace{(x_1)\sigma(x_1)\psi}(x_1)\bar\psi(x_2)\sigma(x_2)\psi(x_2)\right]\\
&\quad+N\left[\bar\psi(x_1)\sigma(x_1)\psi(x_1)\bar\psi\overbrace{(x_2)\sigma(x_2)\psi}(x_2)\right]+N\left[\bar\psi(x_1)\sigma\overbrace{(x_1)\psi(x_1)\bar\psi(x_2)\sigma}(x_2)\psi(x_2)\right]\\
&\quad+N\left[\bar\psi\overbrace{(x_1)\sigma(x_1)\psi(x_1)\bar\psi(x_2)\sigma(x_2)\psi}(x_2)\right]+N\left[\bar\psi(x_1)\sigma(x_1)\psi\overbrace{(x_1)\bar\psi}(x_2)\sigma(x_2)\psi(x_2)\right]\\
&\quad+N\left[\bar\psi\overbrace{(x_1)\sigma\overbrace{(x_1)\psi(x_1)\bar\psi(x_2)\sigma}(x_2)\psi}(x_2)\right]+N\left[\bar\psi\overbrace{(x_1)\sigma(x_1)\psi\overbrace{(x_1)\bar\psi}(x_2)\sigma(x_2)\psi}(x_2)\right]\\
&\quad+N\left[\bar\psi(x_1)\sigma\overbrace{(x_1)\psi\overbrace{(x_1)\bar\psi}(x_2)\sigma}(x_2)\psi(x_2)\right]+N\left[\bar\psi(x_1)\psi(x_1)\sigma\overbrace{(x_1)\sigma}(x_2)\bar\psi\overbrace{(x_2)\psi}(x_2)\right]\\
&\quad+N\left[\bar\psi\overbrace{(x_1)\psi}(x_1)\sigma(x_1)\sigma(x_2)\bar\psi\overbrace{(x_2)\psi}(x_2)\right]+N\left[\bar\psi\overbrace{(x_1)\psi}(x_1)\sigma\overbrace{(x_1)\sigma}(x_2)\bar\psi(x_2)\psi(x_2)\right]\\
&\quad+N\left[\bar\psi\overbrace{(x_1)\psi}(x_1)\sigma\overbrace{(x_1)\sigma}(x_2)\bar\psi\overbrace{(x_2)\psi}(x_2)\right]\\
&\quad+N\left[\bar\psi\overbrace{(x_1)\sigma\overbrace{(x_1)\psi\overbrace{(x_1)\bar\psi}(x_2)\sigma}(x_2)\psi}(x_2)\right],
\end{aligned}
\tag{11.63}
$$

其中，$N[\,]$ 表示场算符的正规乘积, 符号“$\frown$”表示缩并一对场算符。

11.2.1　核物质中核子的自能

假定核物质基态中只存在核子，核子之间通过交换虚介子实现核子之间的相互作用，核物质内不存在实介子，那么，在式 (11.63) 中，只有第四项、第七项、第九项、第十项和第十二项有可能对核物质内核子的自能有贡献。如果采用物理的核子质量和核子与介子的耦合常数，可以不必考虑式 (11.63) 中的第七项、第九项、第十项和第十二项的圈图发散对于核子在核物质内的自能的影响。或者说，这些圈图对于核子的自能的贡献已经通过重整化的过程解决了。真正对于核子在核物质内的自能产生影响的只剩下式 (11.63) 中的第四项。

具有动量 k 和自旋分量 δ 的核子场算符 $\psi(k,\delta,x)$ 可以写为

$$\psi(k,\delta,x)=A_{k\delta}U(k,\delta)\exp\left(-\mathrm{i}k\cdot x\right)+B_{k\delta}^{\dagger}V(k,\delta)\exp\left(\mathrm{i}k\cdot x\right), \tag{11.64}$$

其共轭场算符 $\bar{\psi}(k,\delta,x)$ 写为

$$\bar{\psi}(k,\delta,x)=A_{k\delta}^{\dagger}\bar{U}(k,\delta)\exp\left(\mathrm{i}k\cdot x\right)+B_{k\delta}\bar{V}(k,\delta)\exp\left(-\mathrm{i}k\cdot x\right). \tag{11.65}$$

当计算一个动量为 k、自旋分量为 δ 的核子在核物质内的自能时，式 (11.63) 的等号右边的第四项中的一对核子场算符 ψ 和 $\bar{\psi}$ 将由式 (11.64) 和式 (11.65) 中的形式代替，另外一对核子场算符表示费米海中的核子，则分别由式 (11.44) 和式 (11.45) 中的展开形式代替。

$$\begin{aligned}
&N\left[\bar{\psi}(x_1)\sigma\overbrace{(x_1)\psi(x_1)\bar{\psi}(x_2)\sigma}(x_2)\psi(x_2)\right]\\
&=\sigma\overbrace{(x_1)\sigma}(x_2)N\left[\bar{\psi}(x_1)\psi(x_1)\bar{\psi}(x_2)\psi(x_2)\right]\\
&\to\sigma\overbrace{(x_1)\sigma}(x_2)\left\{N\left[\bar{\psi}\underbrace{(x_1)\psi}(x_1)\bar{\psi}(k,\delta,x_2)\psi(k,\delta,x_2)\right]\right.\\
&\quad+N\left[\bar{\psi}(k,\delta,x_1)\psi(k,\delta,x_1)\bar{\psi}\underbrace{(x_2)\psi}(x_2)\right]\\
&\quad\left.+N\left[\bar{\psi}\underbrace{(x_1)\psi(k,\delta,x_1)\bar{\psi}(k,\delta,x_2)\psi}(x_2)\right]+N\left[\bar{\psi}(k,\delta,x_1)\psi\underbrace{(x_1)\bar{\psi}}(x_2)\psi(k,\delta,x_2)\right]\right\}.
\end{aligned} \tag{11.66}$$

在上式中，符号“$\underbrace{\quad\quad}$”表示费米海中的一对核子场算符，将分别由式 (11.44) 和式 (11.45) 中的展开形式代替。由于散射矩阵 $\hat{S}_2$ 在核物质内的期待值与位置坐标 x_1 和 x_2 无关，所以式 (11.66) 可以重新写为

$$\begin{aligned}
&N\left[\bar{\psi}(x_1)\sigma\overbrace{(x_1)\psi(x_1)\bar{\psi}(x_2)\sigma}(x_2)\psi(x_2)\right]\\
&\to 2\,\sigma\overbrace{(x_1)\sigma}(x_2)\left\{N\left[\bar{\psi}(k,\delta,x_1)\psi(k,\delta,x_1)\bar{\psi}\underbrace{(x_2)\psi}(x_2)\right]\right.\\
&\quad\left.+N\left[\bar{\psi}(k,\delta,x_1)\psi\underbrace{(x_1)\bar{\psi}}(x_2)\psi(k,\delta,x_2)\right]\right\}.
\end{aligned} \tag{11.67}$$

假定核物质基态中没有反核子，费米海由相互作用的核子构成，那么，当计算核子在核物质内的自能时，只需要考虑核子场算符的展开式 (11.44)、式 (11.45)、式 (11.64) 和式 (11.65) 中的正能量部分。

式 (11.67) 中的第一项对应的核物质内散射矩阵 $\hat{S}_2$ 的期待值可以写为

$$
\begin{aligned}
&\langle\ G \mid \hat{S}_2 \mid G\ \rangle = \mathrm{i}g_\sigma^2(2\pi)^4\delta^4(p_1+k_1-p_2-k_2)\\
&\sum_{\lambda=1,2}\int\frac{\mathrm{d}^3p}{(2\pi)^3}\frac{M_\mathrm{N}^*}{E^*(p)}\theta(p_\mathrm{F}-|\boldsymbol{p}|)\bar{U}(k,\delta)U(k,\delta)\mathrm{i}\Delta(0)\bar{U}(p,\lambda)U(p,\lambda)\\
=&\mathrm{i}\frac{g_\sigma^2}{m_\sigma^2}(2\pi)^4\delta^4(p_1+k_1-p_2-k_2)\\
&\sum_{\lambda=1,2}\int\frac{\mathrm{d}^3p}{(2\pi)^3}\frac{M_\mathrm{N}^*}{E^*(p)}\theta(p_\mathrm{F}-|\boldsymbol{p}|)\bar{U}(k,\delta)U(k,\delta)\bar{U}(p,\lambda)U(p,\lambda),
\end{aligned}
$$

其中，$k_1=k_2=k$，$p_1=p_2=p=(E^*(p),\boldsymbol{p})$，$\theta(x)$ 表示阶跃函数。

由式 (11.25) 中的戴森 (Dyson) 方程可知，核物质内核子的传播子 $G(k)$ 可以展开为

$$
\begin{aligned}
&\frac{\mathrm{i}}{\not{k}-M_\mathrm{N}^*-\Sigma_1^\sigma+\mathrm{i}\varepsilon}=\frac{\mathrm{i}}{\not{k}-M_\mathrm{N}^*+\mathrm{i}\varepsilon}+\frac{\mathrm{i}}{\not{k}-M_\mathrm{N}^*+\mathrm{i}\varepsilon}\\
&\mathrm{i}\frac{g_\sigma^2}{m_\sigma^2}\sum_{\lambda=1,2}\int\frac{\mathrm{d}^3p}{(2\pi)^3}\frac{M_\mathrm{N}^*}{E^*(p)}\theta(p_\mathrm{F}-|\boldsymbol{p}|)\bar{U}(p,\lambda)U(p,\lambda)\frac{\mathrm{i}}{\not{k}-M_\mathrm{N}^*+\mathrm{i}\varepsilon},
\end{aligned}
\tag{11.68}
$$

于是，得到核物质内核子的自能

$$
\begin{aligned}
\Sigma_1^\sigma=&-\frac{g_\sigma^2}{m_\sigma^2}\sum_{\lambda=1,2}\int\frac{\mathrm{d}^3p}{(2\pi)^3}\frac{M_\mathrm{N}^*}{E^*(p)}\theta(p_\mathrm{F}-|\boldsymbol{p}|)\bar{U}(p,\lambda)U(p,\lambda)\\
=&-\frac{g_\sigma^2}{m_\sigma^2}\sum_{\lambda=1,2}\int\frac{\mathrm{d}^3p}{(2\pi)^3}\frac{M_\mathrm{N}^*}{E^*(p)}\theta(p_\mathrm{F}-|\boldsymbol{p}|)\\
=&-\frac{g_\sigma^2}{m_\sigma^2}\rho_\mathrm{S},
\end{aligned}
\tag{11.69}
$$

其中，ρ_S 表示核物质内质子或者中子的标量密度，其数值可以由式 (11.32) 计算得到。在式 (11.69) 的计算中，用到了归一化条件 $\bar{U}(p,\lambda)U(p,\lambda)=1$。

用类似的方法，可以得到式 (11.67) 中的第二项对应的核子的自能。

$$
\begin{aligned}
\Sigma_2^\sigma=&g_\sigma^2\sum_{\lambda=1,2}\int\frac{\mathrm{d}^3p}{(2\pi)^3}\frac{M_\mathrm{N}^*}{E^*(p)}\theta(p_\mathrm{F}-|\boldsymbol{p}|)\left[U(p,\lambda)\mathrm{i}\Delta_0(k-p)\ \bar{U}(p,\lambda)\right]\\
=&-g_\sigma^2\int\frac{\mathrm{d}^3p}{(2\pi)^3}\frac{M_\mathrm{N}^*}{E^*(p)}\theta(p_\mathrm{F}-|\boldsymbol{p}|)\left[\frac{\not{p}+M_\mathrm{N}^*}{2M_\mathrm{N}^*}\frac{1}{(k-p)^2-m_\sigma^2}\right],
\end{aligned}
\tag{11.70}
$$

其中用到了公式

$$
\sum_{\lambda=1,2}U(p,\lambda)\bar{U}(p,\lambda)=\frac{\not{p}+M_\mathrm{N}^*}{2M_\mathrm{N}^*}.
\tag{11.71}
$$

核子之间的矢量耦合对于核子在核物质内的自能的贡献，也可以通过计算散射矩阵 $\hat{S}_2$ 对核物质基态的期待值得到。与其相关的正规乘积可以写为

$$
\begin{aligned}
& N\left[\bar{\psi}(x_1)\gamma_\mu\omega^\mu\overbrace{(x_1)\psi(x_1)\bar{\psi}(x_2)\gamma_\nu\omega^\nu}(x_2)\psi(x_2)\right] \\
& \to 2\omega^\mu\overbrace{(x_1)\omega^\nu}(x_2) \\
& \left\{N\left[\bar{\psi}(k,\delta,x_1)\gamma_\mu\psi(k,\delta,x_1)\bar{\psi}\underbrace{(x_2)\gamma_\nu\psi}(x_2)\right]\right. \\
& \left.+N\left[\bar{\psi}(k,\delta,x_1)\gamma_\mu\psi\underbrace{(x_1)\bar{\psi}}(x_2)\gamma_\nu\psi(k,\delta,x_2)\right]\right\}.
\end{aligned} \tag{11.72}
$$

于是，由式 (11.72) 中的第一项和第二项，可以得到核子之间的矢量耦合对核物质内核子自能的贡献，

$$
\begin{aligned}
\Sigma_1^\omega = & (-\mathrm{i}g_\omega)^2\sum_{\lambda=1,2}\int\frac{\mathrm{d}^3p}{(2\pi)^3}\frac{M_\mathrm{N}^*}{E^*(p)}\theta(p_\mathrm{F}-|\boldsymbol{p}|) \\
& \gamma_\mu\ \mathrm{i}D_0^{\mu\nu}(0)\left[\bar{U}(p,\lambda)\gamma_\nu U(p,\lambda)\right] \\
= & \gamma_0\frac{g_\omega^2}{m_\omega^2}\rho_V,
\end{aligned} \tag{11.73}
$$

其中，ρ_V 表示质子或者中子的矢量密度，其数值可以由式 (11.34) 求得。核子的矢量密度就是核子的数密度。

$$
\begin{aligned}
\Sigma_2^\omega = & g_\omega^2\sum_{\lambda=1,2}\int\frac{\mathrm{d}^3p}{(2\pi)^3}\frac{M_\mathrm{N}^*}{E^*(p)}\theta(p_\mathrm{F}-|\boldsymbol{p}|)\left[\gamma_\mu U(p,\lambda)\ \mathrm{i}D_0^{\mu\nu}(k-p)\ \bar{U}(p,\lambda)\gamma_\nu\right] \\
= & g_\omega^2\int\frac{\mathrm{d}^3p}{(2\pi)^3}\frac{M_\mathrm{N}^*}{E^*(p)}\theta(p_\mathrm{F}-|\boldsymbol{p}|)\left[\gamma_\mu\frac{\not{p}+M_\mathrm{N}^*}{2M_\mathrm{N}^*}\gamma_\nu\frac{g^{\mu\nu}}{(k-p)^2-m_\omega^2}\right] \\
= & g_\omega^2\int\frac{\mathrm{d}^3p}{(2\pi)^3}\frac{1}{(\boldsymbol{p}^2+M_\mathrm{N}^{*2})^{\frac{1}{2}}}\frac{-\gamma_\mu p^\mu+2M_\mathrm{N}^*}{(k-p)^2-m_\omega^2}.
\end{aligned} \tag{11.74}
$$

核子在核物质内的自能可以表示为

$$
\Sigma = \beta\left(\Sigma_1^\sigma+\Sigma_2^\sigma+\Sigma_1^\omega+\Sigma_2^\omega\right), \tag{11.75}
$$

其中，β 表示同位旋简并度，对于纯中子物质，$\beta=1$；对于对称的核物质，$\beta=2$。显然，由 Wick 展开计算得到的核子在核物质内的自能 Σ_1^σ、Σ_2^σ、Σ_1^ω、Σ_2^ω，分别与第 11.1 节得到的核子在核物质内的自能 Σ_H^σ、Σ_F^σ、Σ_H^ω、Σ_F^ω 相同。

11.2.2 标量介子和矢量介子在核物质内的自能

为了求得标量介子在核物质内的自能，我们必须重新研究式 (11.63) 中的 Wick 展开。在式 (11.63) 中，展开式的右边第五项、第六项、第八项和第十一项与标量

介子的传播子有关，其中第八项和第十一项的圈图发散可以由重整化的方法处理，或者说，只要通过拟合物理观测量来确定耦合系数的值，可以不必考虑第八项和第十一项的对于标量介子自能的贡献。因此，只有第五项和第六项真正对于介子在核物质内的自能有贡献。

假定核物质内的一个标量介子具有确定的动量 k，其场算符 $\sigma(k,x)$ 可以表示为

$$\sigma(k,x)=a_k\exp(-\mathrm{i}k\cdot x)+a_k^{\dagger}\exp(\mathrm{i}k\cdot x). \tag{11.76}$$

为了计算标量介子在核物质内的自能，式 (11.63) 中等号右边的第五项和第六项中的标量场算符 $\sigma(x_1)$ 和 $\sigma(x_2)$ 将按照式 (11.76) 的形式展开，

$$\begin{aligned}
&N\left[\overbrace{\bar{\psi}(x_1)\sigma(x_1)\psi(x_1)\bar{\psi}(x_2)\sigma(x_2)\psi}(x_2)\right]+N\left[\bar{\psi}(x_1)\sigma(x_1)\psi\overbrace{(x_1)\bar{\psi}}(x_2)\sigma(x_2)\psi(x_2)\right]\\
&\rightarrow 2\psi\overbrace{(x_1)\bar{\psi}}(x_2)N\left[\bar{\psi}(x_1)\sigma(x_1)\sigma(x_2)\psi(x_2)\right]\\
&\rightarrow 2\psi\overbrace{(x_1)\bar{\psi}}(x_2)N\left[\bar{\psi}\underbrace{(x_1)\sigma(k,x_1)\sigma(k,x_2)\psi}(x_2)\right].
\end{aligned} \tag{11.77}$$

式 (11.77) 中的正规乘积 $N\left[\bar{\psi}\underbrace{(x_1)\sigma(k,x_1)\sigma(k,x_2)\psi}(x_2)\right]$ 中的核子场算符 $\psi(x)$ 与其共轭场算符 $\bar{\psi}(x)$ 分别按照式 (11.44) 和式 (11.45) 展开。于是，可以得到标量介子在核物质内的自能为

$$\begin{aligned}
\Sigma_\sigma=&(-\mathrm{i}g_\sigma)^2\sum_{\lambda=1,2}\int\frac{\mathrm{d}^3p}{(2\pi)^3}\frac{M_{\mathrm{N}}^*}{E^*(p)}\theta(p_{\mathrm{F}}-|\boldsymbol{p}|)\\
&\left\{\bar{U}(p,\lambda)\left[\mathrm{i}G(p-k)+\mathrm{i}G(p+k)\right]U(p,\lambda)\right\}\\
=&g_\sigma^2\sum_{\lambda=1,2}\int\frac{\mathrm{d}^3p}{(2\pi)^3}\frac{M_{\mathrm{N}}^*}{E^*(p)}\theta(p_{\mathrm{F}}-|\boldsymbol{p}|)\\
&\left[\bar{U}(p,\lambda)\left(\frac{1}{\not{p}-\not{k}-M_{\mathrm{N}}^*}+\frac{1}{\not{p}+\not{k}-M_{\mathrm{N}}^*}\right)U(p,\lambda)\right]\\
=&g_\sigma^2\int\frac{\mathrm{d}^3p}{(2\pi)^3}\frac{M_{\mathrm{N}}^*}{E^*(p)}\theta(p_{\mathrm{F}}-|\boldsymbol{p}|)\left[\mathrm{Tr}\left(\frac{1}{\not{p}-\not{k}-M_{\mathrm{N}}^*}\frac{\not{p}+M_{\mathrm{N}}^*}{2M_{\mathrm{N}}^*}\right)\right.\\
&\left.+\mathrm{Tr}\left(\frac{\not{p}+M_{\mathrm{N}}^*}{2M_{\mathrm{N}}^*}\frac{1}{\not{p}+\not{k}-M_{\mathrm{N}}^*}\right)\right].
\end{aligned} \tag{11.78}$$

类似地，与矢量介子的自能相关的正规乘积可以写为

$$\begin{aligned}
&N\left[\overbrace{\bar{\psi}(x_1)\gamma_\mu\omega^\mu(x_1)\psi(x_1)\bar{\psi}(x_2)\gamma_\nu\omega^\nu(x_2)\psi}(x_2)\right]\\
&+N\left[\bar{\psi}(x_1)\gamma_\mu\omega^\mu(x_1)\psi\overbrace{(x_1)\bar{\psi}}(x_2)\gamma_\nu\omega^\nu(x_2)\psi(x_2)\right]
\end{aligned}$$

$$
\begin{aligned}
&\to 2\overbrace{\psi(x_1)\bar{\psi}}(x_2) N\left[\bar{\psi}(x_1)\gamma_\mu\omega^\mu(x_1)\gamma_\nu\omega^\nu(x_2)\psi(x_2)\right] \\
&\to 2\overbrace{\psi(x_1)\bar{\psi}}(x_2) N\left[\bar{\psi}\underbrace{(x_1)\gamma_\mu\omega^\mu(k,\delta,x_1)\gamma_\nu\omega^\nu(k,\delta,x_2)\psi}(x_2)\right],
\end{aligned}
\tag{11.79}
$$

其中

$$
\omega_\mu(k,\delta,x) = b_{k\delta}\varepsilon_\mu(k,\delta)\exp(-\mathrm{i}k\cdot x) + b^\dagger_{k\delta}\varepsilon_\mu(k,\delta)\exp(\mathrm{i}k\cdot x). \tag{11.80}
$$

由此可以得到矢量介子在核物质内的自能为

$$
\begin{aligned}
-g_{\mu\nu}\Sigma_\omega =& (-\mathrm{i}g_\omega)^2 \sum_{\lambda=1,2}\int \frac{\mathrm{d}^3p}{(2\pi)^3}\frac{M^*_\mathrm{N}}{E^*(p)}\theta(p_\mathrm{F}-|\boldsymbol{p}|) \\
&\left[\bar{U}(p,\lambda)\left(\gamma_\nu \mathrm{i}G(p-k)\gamma_\mu + \gamma_\mu \mathrm{i}G(p+k)\gamma_\nu\right)U(p,\lambda)\right] \\
=& {g_\omega}^2 \sum_{\lambda=1,2}\int \frac{\mathrm{d}^3p}{(2\pi)^3}\frac{M^*_\mathrm{N}}{E^*(p)}\theta(p_\mathrm{F}-|\boldsymbol{p}|) \\
&\left[\bar{U}(p,\lambda)\left(\gamma_\nu\frac{1}{\not{p}-\not{k}-M^*_\mathrm{N}}\gamma_\mu + \gamma_\mu\frac{1}{\not{p}+\not{k}-M^*_\mathrm{N}}\gamma_\nu\right)U(p,\lambda)\right] \\
=& g_\omega^2 \int \frac{\mathrm{d}^3p}{(2\pi)^3}\frac{M^*_\mathrm{N}}{E^*(p)}\theta(p_\mathrm{F}-|\boldsymbol{p}|)\left[\mathrm{Tr}\left(\gamma_\nu\frac{1}{\not{p}-\not{k}-M^*_\mathrm{N}}\gamma_\mu\frac{\not{p}+M^*_\mathrm{N}}{2M^*_\mathrm{N}}\right)\right. \\
&\left.+\mathrm{Tr}\left(\gamma_\nu\frac{\not{p}+M^*_\mathrm{N}}{2M^*_\mathrm{N}}\gamma_\mu\frac{1}{\not{p}+\not{k}-M^*_\mathrm{N}}\right)\right].
\end{aligned}
\tag{11.81}
$$

分别对比式 (11.78) 与式 (11.42)，以及式 (11.81) 与式 (11.43)，可以发现由散射矩阵元 $\hat{S}$ 计算得到的标量介子和矢量介子在核物质内的自能与第 11.1.3 节中由格林函数方法计算得到的标量介子和矢量介子在核物质内的自能完全一致。

11.2.3 费曼规则

在第 11.2 节中，通过分析散射矩阵元对核物质基态的期待值，我们可以由真空中核子与介子的传播子，计算得到粒子在核物质内的自能，其结果与第 11.1 节中通过引进核子在核物质内的格林函数的计算结果完全一致。因此，我们可以归纳出由散射矩阵元的 Wick 展开计算粒子在核物质内的自能的费曼规则。

为了计算粒子在核物质内的自能修正，首先，我们必须画出粒子与核子相互作用的散射费曼图。比如，为了计算介子在核物质内的自能，我们必须画出介子与核子的散射费曼图，如图 11.3 所示。然后，假定核子为核物质基态内的核子，费曼图中的一对核子外线，对应积分

$$
\sum_{\lambda=1,2}\int \frac{\mathrm{d}^3p}{(2\pi)^3}\frac{M^*_\mathrm{N}}{E^*(p)}\theta(p_\mathrm{F}-|\boldsymbol{p}|),
$$

其中，p_{F} 表示核物质内的质子或者中子的费米动量。显然，费曼图中的传播子采用真空中的传播子形式。另外，对于交换项对应的费曼图，计算得到的介子的自能必须乘以 -1，见图 11.3(b)。

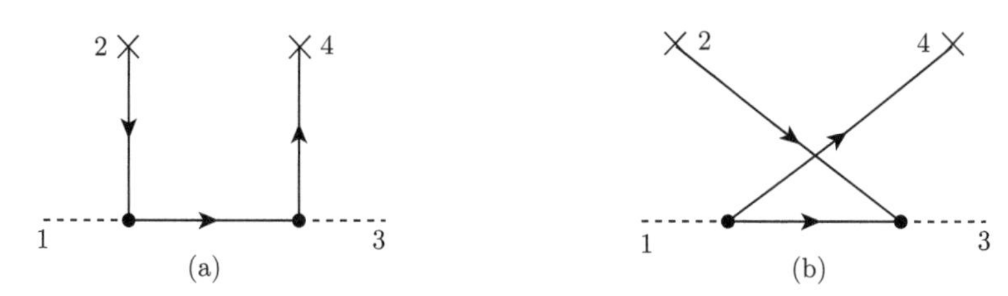

图 11.3 由散射矩阵元计算核物质内介子的自能

其中 1、2 表示初态粒子，3、4 表示末态粒子，“×”表示核物质内的核子

用同样的费曼规则，可以通过计算图 11.4 中的费曼图得到核子在核物质内的自能。

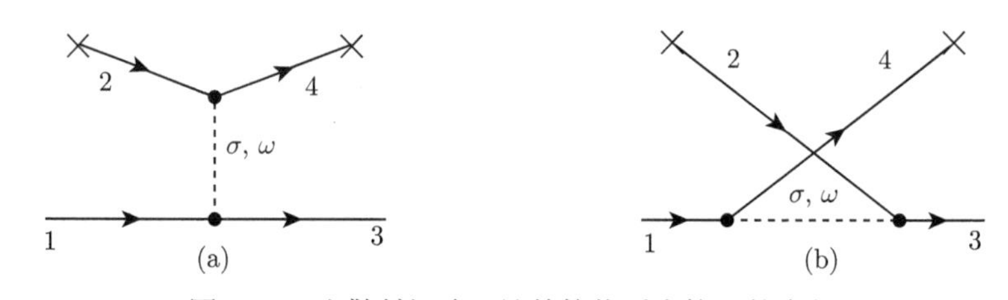

图 11.4 由散射矩阵元计算核物质内核子的自能

其中 1、2 表示初态粒子，3、4 表示末态粒子，“×”表示核物质内的核子

尽管我们通过计算散射矩阵元的 Wick 展开得到的粒子在核物质内的自能与格林函数方法得到的相应的粒子自能完全一致，但是，两种方法存在着不同。在 11.1.1 节中，核子在核物质内的传播子定义为核子场算符的编时乘积对核物质基态的期待值。除了费曼传播子之外，还包括一个在壳的核子传播子部分。核物质对于粒子自能的影响，全部体现在核子的在壳传播子部分。在 11.1.2 节中，利用包含在壳部分的核子传播子计算粒子的自能圈图，得到粒子在核物质内的自能。由于重新定义了核子的传播子，所以圈图的含义与真空中的情景并不相同。通过重新定义核子的传播子，来计算核物质内粒子的自能，实质是核子的“费米海”影响了所谓的“真空”，因此，必须重新定义核子在“新的真空”中的传播子。

我们通过散射矩阵元来计算粒子在核物质内的自能，所用的仍然是核子在微扰真空中的传播子。为了得到粒子在核物质内的自能，只需要计算与粒子和核子的散射对应的树图，然后对核物质内的核子的动量进行积分。我们通过散射矩阵元计算粒子在核物质内的自能，自始至终是在微扰真空内进行的，核物质被看成由大量核子在微扰真空内组成的核子集团。

11.2.4 光子在核物质内的有效质量

由于质子带一个单位的正电荷，在核物质中，电荷密度不为零，电荷的 $U(1)$ 定域规范对称性自发破缺，核物质内的光子将会带有质量。我们可以通过计算光子的自能，求得光子在核物质内的有效质量的大小。

在相互作用绘景中，质子和光子的相互作用哈密顿量可以写为

$$\mathcal{H}_{\mathrm{I}} = e\bar{\psi}_p(x)\gamma^\mu\psi_p(x)A_\mu(x), \tag{11.82}$$

其中，ψ_p 表示质子的场算符；A_μ 表示电磁场的场算符。

光子与质子的散射矩阵可以写为

$$\hat{S} = \hat{S}_0 + \hat{S}_1 + \hat{S}_2 + \cdots \tag{11.83}$$

其中

$$\hat{S}_n = \frac{(-\mathrm{i})^n}{n!}\int \mathrm{d}^4x_1\int \mathrm{d}^4x_2\cdots\int \mathrm{d}^4x_n T\left[\mathcal{H}_{\mathrm{I}}(x_1)\mathcal{H}_{\mathrm{I}}(x_2)\cdots\mathcal{H}_{\mathrm{I}}(x_n)\right]. \tag{11.84}$$

为了得到光子在核物质内的自能，我们需要计算 $\hat{S}_2$ 在核物质内的期待值，

$$\hat{S}_2 = \frac{(-\mathrm{i})^2}{2!}\int \mathrm{d}^4x_1\int \mathrm{d}^4x_2 T\left[\mathcal{H}_{\mathrm{I}}(x_1)\mathcal{H}_{\mathrm{I}}(x_2)\right]. \tag{11.85}$$

质子场算符 $\psi_p(x)$ 及其共轭场算符 $\bar{\psi}_p(x)$ 可以展开为

$$\psi_p(x) = \sum_{\lambda=1,2}\int \frac{\mathrm{d}^3p}{(2\pi)^{\frac{3}{2}}}\sqrt{\frac{m}{E(p)}}A_{p,\lambda}U(p,\lambda)\exp(-\mathrm{i}p_\mu x^\mu) \tag{11.86}$$

和

$$\bar{\psi}_p(x) = \sum_{\lambda=1,2}\int \frac{\mathrm{d}^3p}{(2\pi)^{\frac{3}{2}}}\sqrt{\frac{m}{E(p)}}A^\dagger_{p,\lambda}\bar{U}(p,\lambda)\exp(\mathrm{i}p_\mu x^\mu), \tag{11.87}$$

其中，$E(p) = \sqrt{\boldsymbol{p}^2 + m^2}$；$\lambda$ 表示质子的自旋取向；$A_{p,\lambda}$ 和 $A^\dagger_{p,\lambda}$ 分别表示质子的湮灭算符和产生算符。

我们假定在核物质基态内不存在反质子，所以在式 (11.86) 和式 (11.87) 中，只包含与质子的产生算符和湮灭算符有关的部分，省略了与反质子的产生算符和湮灭算符有关的部分。

具有确定四动量 k 和极化方向 δ 的光子的场算符 $A_\mu(k,\delta,x)$ 可以表示为

$$A_\mu(k,\delta,x) = a(k,\delta)\varepsilon_\mu(k,\delta)\exp(-\mathrm{i}k\cdot x) + a^\dagger(k,\delta)\varepsilon_\mu(k,\delta)\exp(\mathrm{i}k\cdot x). \tag{11.88}$$

散射矩阵元 $\hat{S}_2$ 的期待值可以写为

$$\langle\, k_2,\varepsilon_\mu(k_2,\delta_2)\mid \hat{S}_2 \mid k_1,\varepsilon_\nu(k_1,\delta_1)\,\rangle$$

$$
\begin{aligned}
&= -\mathrm{i}e^2(2\pi)^4\delta^4(p_1+k_1-p_2-k_2)\varepsilon_\mu(k,\delta)\ \varepsilon_\nu(k,\delta) \\
&\quad \sum_{\lambda=1,2}\int \frac{\mathrm{d}^3p}{(2\pi)^3}\frac{m}{E(p)}\theta(p_{\mathrm{F}}-|\boldsymbol{p}|) \\
&\quad \bar{U}(p,\lambda)\left(\gamma^\nu\frac{1}{\not{p}-\not{k}-m}\gamma^\mu+\gamma^\mu\frac{1}{\not{p}+\not{k}-m}\gamma^\nu\right)U(p,\lambda),
\end{aligned} \tag{11.89}
$$

其中，$k_1=k_2=k$，$p_1=p_2=p$，$\theta(x)$ 表示阶跃函数。与式 (11.89) 中的散射矩阵元相应的费曼图见图 11.5。

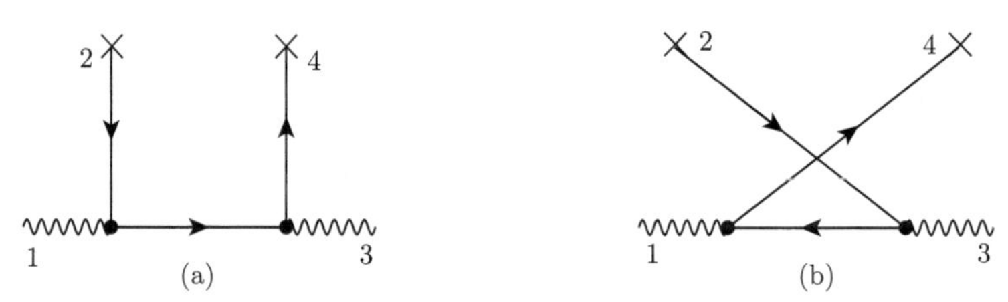

图 11.5　由散射矩阵元计算核物质内光子的有效质量

其中 1、2 表示初态粒子，3、4 表示末态粒子，“×”表示核物质内的核子

由式 (11.89)，我们可以得到核物质内光子的传播子为

$$
\begin{aligned}
G(k) &= \frac{-\mathrm{i}g_{\mu\nu}}{k^2+\mathrm{i}\varepsilon}+\frac{-\mathrm{i}g_{\mu\alpha}}{k^2+\mathrm{i}\varepsilon}\sum_{\lambda=1,2}(-\mathrm{i}e^2)\int\frac{\mathrm{d}^3p}{(2\pi)^3}\frac{m}{E(p)}\theta(p_{\mathrm{F}}-|\boldsymbol{p}|) \\
&\quad \bar{U}(p,\lambda)\left(\gamma^\beta\frac{1}{\not{p}-\not{k}-m}\gamma^\alpha+\gamma^\alpha\frac{1}{\not{p}+\not{k}-m}\gamma^\beta\right)U(p,\lambda)\frac{-\mathrm{i}g_{\beta\nu}}{k^2+\mathrm{i}\varepsilon} \\
&= \frac{-\mathrm{i}g_{\mu\nu}}{k^2+\mathrm{i}\varepsilon}+\frac{\mathrm{i}e^2}{k^2+\mathrm{i}\varepsilon}\sum_{\lambda=1,2}\int\frac{\mathrm{d}^3p}{(2\pi)^3}\frac{m}{E(p)}\theta(p_{\mathrm{F}}-|\boldsymbol{p}|) \\
&\quad \bar{U}(p,\lambda)\left(\gamma_\nu\frac{1}{\not{p}-\not{k}-m}\gamma_\mu+\gamma_\mu\frac{1}{\not{p}+\not{k}-m}\gamma_\nu\right)U(p,\lambda)\frac{1}{k^2+\mathrm{i}\varepsilon}.
\end{aligned} \tag{11.90}
$$

由戴森方程

$$
\frac{-\mathrm{i}g_{\mu\nu}}{k^2-\mu^2+\mathrm{i}\varepsilon}=\frac{-\mathrm{i}g_{\mu\nu}}{k^2+\mathrm{i}\varepsilon}+\frac{-\mathrm{i}}{k^2+\mathrm{i}\varepsilon}\ g_{\mu\nu}\mu^2\ \frac{1}{k^2+\mathrm{i}\varepsilon}, \tag{11.91}
$$

可得

$$
\begin{aligned}
g_{\mu\nu}\ \mu^2 &= -e^2\sum_{\lambda=1,2}\int\frac{\mathrm{d}^3p}{(2\pi)^3}\frac{m}{E(p)}\theta(p_{\mathrm{F}}-|\boldsymbol{p}|) \\
&\quad \bar{U}(p,\lambda)\left(\gamma_\nu\frac{1}{\not{p}-\not{k}-m}\gamma_\mu+\gamma_\mu\frac{1}{\not{p}+\not{k}-m}\gamma_\nu\right)U(p,\lambda).
\end{aligned} \tag{11.92}
$$

考虑到

$$
\sum_{\lambda=1,2}U(p,\lambda)\bar{U}(p,\lambda)=\frac{\not{p}+m}{2m}, \tag{11.93}
$$

可得

$$
\begin{aligned}
&\sum_{\lambda=1,2}\bar{U}(p,\lambda)\left(\gamma_\nu\frac{1}{\not p-\not k-m}\gamma_\mu+\gamma_\mu\frac{1}{\not p+\not k-m}\gamma_\nu\right)U(p,\lambda)\\
&=\sum_{\lambda=1,2}\mathrm{Tr}\left[\bar{U}(p,\lambda)\left(\gamma_\nu\frac{\not p-\not k+m}{(p-k)^2-m^2}\gamma_\mu+\gamma_\mu\frac{\not p+\not k+m}{(p+k)^2-m^2}\gamma_\nu\right)U(p,\lambda)\right]\\
&=\mathrm{Tr}\left[\left(\gamma_\nu\frac{\not p-\not k+m}{(p-k)^2-m^2}\gamma_\mu+\gamma_\mu\frac{\not p+\not k+m}{(p+k)^2-m^2}\gamma_\nu\right)\sum_{\lambda=1,2}U(p,\lambda)\bar{U}(p,\lambda)\right]\\
&=\mathrm{Tr}\left[\left(\gamma_\nu\frac{\not p-\not k+m}{(p-k)^2-m^2}\gamma_\mu+\gamma_\mu\frac{\not p+\not k+m}{(p+k)^2-m^2}\gamma_\nu\right)\frac{\not p+m}{2m}\right]\\
&=\frac{1}{2m}\ \frac{1}{(p-k)^2-m^2}\left[\mathrm{Tr}[\gamma_\nu\gamma_\alpha\gamma_\mu\gamma_\beta](p^\alpha-k^\alpha)p^\beta+\mathrm{Tr}[\gamma_\nu\gamma_\mu]m^2\right]\\
&\quad+\frac{1}{2m}\ \frac{1}{(p+k)^2-m^2}\left[\mathrm{Tr}[\gamma_\mu\gamma_\alpha\gamma_\nu\gamma_\beta](p^\alpha+k^\alpha)p^\beta+\mathrm{Tr}[\gamma_\mu\gamma_\nu]m^2\right],
\end{aligned}
\tag{11.94}
$$

由于 $\mathrm{Tr}[\gamma_\nu\gamma_\alpha\gamma_\mu\gamma_\beta]=4(g_{\nu\alpha}g_{\mu\beta}-g_{\nu\mu}g_{\alpha\beta}+g_{\nu\beta}g_{\mu\alpha})$，$\mathrm{Tr}[\gamma_\mu\gamma_\nu]=4$，并且考虑到核物质内的质子和光子分别满足在壳条件

$$
p^2-m^2\ \approx\ 0,\qquad k^2=0,
\tag{11.95}
$$

可得

$$
\begin{aligned}
&\sum_{\lambda=1,2}\bar{U}(p,\lambda)\left(\gamma_\nu\frac{1}{\not p-\not k-m}\gamma_\mu+\gamma_\mu\frac{1}{\not p+\not k-m}\gamma_\nu\right)U(p,\lambda)\\
&=\frac{2}{m}\ \frac{1}{p\cdot k}\ (p_\mu k_\nu+p_\nu k_\mu-p\cdot k g_{\mu\nu}),
\end{aligned}
\tag{11.96}
$$

于是，核物质内光子的自能可以写为

$$
g_{\mu\nu}\mu^2=-e^2\int\frac{\mathrm{d}^3p}{(2\pi)^3}\frac{m}{E(p)}\theta(p_\mathrm{F}-|\boldsymbol{p}|)\frac{2}{m}\ \frac{1}{p\cdot k}\ (p_\mu k_\nu+p_\nu k_\mu-p\cdot k g_{\mu\nu}),
\tag{11.97}
$$

式 (11.97) 两边同乘以 $g^{\mu\nu}$，可得

$$
\begin{aligned}
4\mu^2&=-e^2\int\frac{\mathrm{d}^3p}{(2\pi)^3}\frac{m}{E(p)}\theta(p_\mathrm{F}-|\boldsymbol{p}|)\frac{2}{m}\ \frac{1}{p\cdot k}\ (p\cdot k+p\cdot k-4p\cdot k)\\
&=\frac{4e^2}{m}\int\frac{\mathrm{d}^3p}{(2\pi)^3}\frac{m}{E(p)}\theta(p_\mathrm{F}-|\boldsymbol{p}|),
\end{aligned}
\tag{11.98}
$$

于是，核物质内实光子的自能为

$$
\mu^2=\frac{e^2}{m}\int\frac{\mathrm{d}^3p}{(2\pi)^3}\frac{m}{E(p)}\theta(p_\mathrm{F}-|\boldsymbol{p}|)
$$

$$= \frac{e^2 \rho_{\mathrm{S}}^p}{2m}, \tag{11.99}$$

其中，$e^2 = 4\pi\alpha$，$\alpha \approx \dfrac{1}{137}$ 是精细结构常数，m 表示质子的质量，ρ_{S}^p 是核物质内质子的标量密度。

$$\rho_{\mathrm{S}}^p = 2\int_p \frac{\mathrm{d}^3 p}{(2\pi)^3} \frac{m}{(\boldsymbol{p}^2 + m^2)^{\frac{1}{2}}}. \tag{11.100}$$

于是，核物质内光子的有效质量可以写为

$$\mu = \sqrt{\frac{e^2 \rho_{\mathrm{S}}^p}{2m}}. \tag{11.101}$$

由式 (11.101) 可知，核物质内光子的有效质量只与质子的标量密度 ρ_{S}^p 有关，与光子的四动量 k 无关。在对称性核物质中，质子数密度与中子数密度相等，如果核物质的密度为 $0.16\mathrm{fm}^{-3}$，那么核物质内光子的有效质量约为 5.42MeV。

11.2.5　由格林函数方法计算核物质内光子的有效质量

核物质内光子的有效质量也可以由核子在核物质内的格林函数求得，如图 11.6 所示。

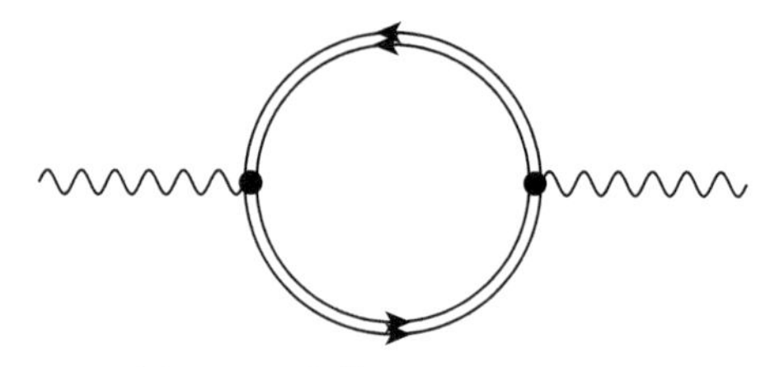

图 11.6　核物质内光子的自能

曲线表示光子，双实线表示式 (11.11) 中的核物质内的核子传播子

由式 (11.11)~ 式 (11.13) 可得，核物质内光子的自能可以表示为

$$\varSigma_\gamma = \mathrm{i}e^2 \int \frac{\mathrm{d}^4 p}{(2\pi)^4} \mathrm{Tr}\left[\gamma^\mu G'(p) \gamma^\nu G'(k+p)\right]. \tag{11.102}$$

去掉式 (11.102) 中的发散项，与核物质密度相关的光子的自能可以写为

$$\begin{aligned}
\varSigma_\gamma &= \mathrm{i}e^2 \int \frac{\mathrm{d}^4 p}{(2\pi)^4} \mathrm{Tr}\left[\gamma^\mu G_{\mathrm{F}}'(p) \gamma^\nu G_{\mathrm{D}}'(k+p) + \gamma^\mu G_{\mathrm{D}}'(p) \gamma^\nu G_{\mathrm{F}}'(k+p)\right] \\
&= \mathrm{i}e^2 \int \frac{\mathrm{d}^4 p}{(2\pi)^4} \mathrm{Tr}\left[\gamma^\mu G_{\mathrm{F}}'(p) \gamma^\nu G_{\mathrm{D}}'(k+p)\right] + \mathrm{i}e^2 \int \frac{\mathrm{d}^4 p}{(2\pi)^4} \mathrm{Tr}\left[\gamma^\mu G_{\mathrm{D}}'(p) \gamma^\nu G_{\mathrm{F}}'(k+p)\right] \\
&= \mathrm{i}e^2 \int \frac{\mathrm{d}^4 p}{(2\pi)^4} \mathrm{Tr}\Bigg[\gamma^\mu \frac{\mathrm{i}}{\not p - M_{\mathrm{N}}^*} \gamma^\nu \left(\not p + \not k + M_{\mathrm{N}}^*\right)
\end{aligned}$$

$$\left(\frac{-\pi}{E^*(p+k)}\right)\theta(p_{\rm F}-|\boldsymbol{p}+\boldsymbol{k}|)\delta(p^0+k^0-E^*(p+k))\Big]$$
$$+{\rm i}e^2\int\frac{{\rm d}^4p}{(2\pi)^4}{\rm Tr}\left[\gamma^\mu(\not{p}+M_{\rm N}^*)\left(\frac{-\pi}{E^*(p)}\right)\theta(p_{\rm F}-|\boldsymbol{p}|)\delta(p^0-E^*(p))\gamma^\nu\frac{\rm i}{\not{p}+\not{k}-M_{\rm N}^*}\right]$$
$$=e^2\int\frac{{\rm d}^4p}{(2\pi)^4}{\rm Tr}\Big[\gamma^\mu\frac{1}{\not{p}-M_{\rm N}^*}\gamma^\nu(\not{p}+\not{k}+M_{\rm N}^*)$$
$$\left(\frac{\pi}{E^*(p+k)}\right)\theta(p_{\rm F}-|\boldsymbol{p}+\boldsymbol{k}|)\delta(p^0+k^0-E^*(p+k))\Big]$$
$$+e^2\int\frac{{\rm d}^4p}{(2\pi)^4}{\rm Tr}\left[\gamma^\mu(\not{p}+M_{\rm N}^*)\left(\frac{\pi}{E^*(p)}\right)\theta(p_{\rm F}-|\boldsymbol{p}|)\delta(p^0-E^*(p))\gamma^\nu\frac{1}{\not{p}+\not{k}-M_{\rm N}^*}\right] \tag{11.103}$$

对式 (11.103) 中的第一项作积分变换，设 $p+k=p'$，于是，$p=p'-k$，${\rm d}^4p={\rm d}^4p'$。式 (11.103) 变为

$$\Sigma_\gamma=e^2\int\frac{{\rm d}^4p'}{(2\pi)^4}{\rm Tr}\Big[\gamma^\mu\frac{1}{\not{p}'-\not{k}-M_{\rm N}^*}\gamma^\nu$$
$$(\not{p}'+M_{\rm N}^*)\left(\frac{\pi}{E^*(p')}\right)\theta(p_{\rm F}-|\boldsymbol{p}'|)\delta(p'^0-E^*(p'))\Big]$$
$$+e^2\int\frac{{\rm d}^4p}{(2\pi)^4}{\rm Tr}\Big[\gamma^\mu(\not{p}+M_{\rm N}^*)\left(\frac{\pi}{E^*(p)}\right)$$
$$\theta(p_{\rm F}-|\boldsymbol{p}|)\delta(p^0-E^*(p))\gamma^\nu\frac{1}{\not{p}+\not{k}-M_{\rm N}^*}\Big]. \tag{11.104}$$

合并式 (11.104) 等号右边第一项和第二项，可得

$$\Sigma_\gamma=e^2\int\frac{{\rm d}^3p}{(2\pi)^3}\frac{M_{\rm N}^*}{E^*(p)}\theta(p_{\rm F}-|\boldsymbol{p}|)\frac{1}{2M_{\rm N}^*}\left\{{\rm Tr}\left[\gamma^\mu\frac{1}{\not{p}-\not{k}-M_{\rm N}^*}\gamma^\nu(\not{p}+M_{\rm N}^*)\right]\right.$$
$$\left.+\,{\rm Tr}\left(\gamma^\mu(\not{p}+M_{\rm N}^*)\gamma^\nu\frac{1}{\not{p}+\not{k}-M_{\rm N}^*}\right)\right\}. \tag{11.105}$$

式 (11.105) 与式 (11.92) 完全一致，因此，用格林函数的方法和散射矩阵元的方法都能计算光子在核物质内的自能，所得结果完全一致。

第十二章　有限温度的核物质内粒子的性质

在过去的几十年中，人们运用量子场论的知识和方法研究有限温度下处于平衡态和非平衡态的物理系统，取得了很大的进展。但是，所有这些工作都假定在介质中运动的粒子的传播子不同于微扰真空中粒子的传播子，而是与介质的温度和密度有关。当人们得到了粒子在有限温度和有限密度的介质中的传播子以后，就可以求得粒子在介质内的自能，进一步研究有限温度和有限密度的介质的状态方程等性质。有限温度和有限密度的介质中的粒子的传播子不同于粒子在微扰真空中的传播子，意味着人们把有限温度和有限密度的介质定义成了新的“真空”。这一新的“真空”不同于量子场论中的微扰真空，其中含有大量粒子，并且与介质的温度和密度有关。

在第 11.2 节中，从散射矩阵元的微扰展开出发，我们利用微扰真空中粒子的费曼传播子，计算了核物质基态中核子和介子的自能，研究了核物质内光子的有效质量。我们还证明了这一方法和由核子在核物质基态中的传播子计算粒子自能的方法的一致性。在这一方法中，粒子之间的相互作用和介质中核子的分布被区分为相互无关的两个部分。因此，这一方法可以更容易地被推广到有限温度和有限密度介质的情景。

12.1　粒子在有限温度和有限密度核物质内的自能

我们还是以 Walecka 模型为例，研究有限温度和有限密度核物质中粒子的自能。

在 Walecka 模型中，核物质的拉格朗日密度写为

$$\mathcal{L}=\bar{\psi}\left(\mathrm{i}\gamma_\mu\partial^\mu-M_{\mathrm{N}}\right)\psi+\frac{1}{2}\partial_\mu\sigma\partial^\mu\sigma-\frac{1}{2}m_\sigma^2\sigma^2-\frac{1}{4}\omega_{\mu\nu}\omega^{\mu\nu}+\frac{1}{2}m_\omega^2\omega_\mu\omega^\mu \\ -g_\sigma\bar{\psi}\sigma\psi-g_\omega\bar{\psi}\gamma_\mu\omega^\mu\psi, \tag{12.1}$$

其中，ψ 是核子场算符；M_{N} 表示核子的质量；矢量介子的场张量算符为

$$\omega_{\mu\nu}=\partial_\mu\omega_\nu-\partial_\nu\omega_\mu. \tag{12.2}$$

如果把核子之间的相互作用看成微扰，那么在相互作用绘景中，微扰哈密顿量可以写为

$$\mathcal{H}_{\mathrm{I}}=g_\sigma\bar{\psi}\sigma\psi+g_\omega\bar{\psi}\gamma_\mu\omega^\mu\psi. \tag{12.3}$$

核子场算符 $\psi(x)$ 及其狄拉克共轭算符 $\bar{\psi}(x)$ 可以分别展开为

$$\psi(x)=\sum_{\lambda=1,2}\int\frac{\mathrm{d}^3p}{(2\pi)^{3/2}}\sqrt{\frac{M_{\mathrm{N}}}{E(p)}}\left[A_{p\lambda}U(p,\lambda)\exp\left(-\mathrm{i}p\cdot x\right)+B_{p\lambda}^{\dagger}V(p,\lambda)\exp\left(\mathrm{i}p\cdot x\right)\right]\tag{12.4}$$

和

$$\bar{\psi}(x)=\sum_{\lambda=1,2}\int\frac{\mathrm{d}^3p}{(2\pi)^{3/2}}\sqrt{\frac{M_{\mathrm{N}}}{E(p)}}\left[A_{p\lambda}^{\dagger}\bar{U}(p,\lambda)\exp\left(\mathrm{i}p\cdot x\right)+B_{p\lambda}\bar{V}(p,\lambda)\exp\left(-\mathrm{i}p\cdot x\right)\right],\tag{12.5}$$

其中，$E(p)=\sqrt{\boldsymbol{p}^2+M_{\mathrm{N}}^2}$；$\lambda$ 表示核子的自旋。核子与反核子的产生算符和湮灭算符之间的反对易关系可以写为

$$\{A_{p\lambda},A_{p'\lambda'}^{\dagger}\}=\{B_{p\lambda},B_{p'\lambda'}^{\dagger}\}=\delta^3(\boldsymbol{p}'-\boldsymbol{p})\delta_{\lambda'\lambda},\tag{12.6}$$

其他的反对易关系均为零。

标量介子场算符可以写为

$$\sigma(x)=\int\frac{\mathrm{d}^3k}{\sqrt{(2\pi)^3 2\varOmega_\sigma}}\left[a_k\exp(-\mathrm{i}k\cdot x)+a_k^{\dagger}\exp(\mathrm{i}k\cdot x)\right],\tag{12.7}$$

其中 $\varOmega_\sigma=\sqrt{\boldsymbol{k}^2+m_\sigma^2}$。

标量介子场的产生算符和湮灭算符之间的对易关系可以写为

$$[\ a_k,a_{k'}^{\dagger}\ ]=\delta^3(\boldsymbol{k}'-\boldsymbol{k}),\tag{12.8}$$

$$[\ a_k,a_{k'}\ ]=[\ a_k^{\dagger},a_{k'}^{\dagger}\ ]=0.\tag{12.9}$$

矢量介子场算符可以展开为

$$\omega_\mu(x)=\sum_{\delta=1,2,3}\int\frac{\mathrm{d}^3k}{\sqrt{(2\pi)^3 2\varOmega_\omega}}\left[b_{k\delta}\varepsilon_\mu(k,\delta)\exp(-\mathrm{i}k\cdot x)+b_{k\delta}^{\dagger}\varepsilon_\mu(k,\delta)\exp(\mathrm{i}k\cdot x)\right],\tag{12.10}$$

其中 $\varOmega_\omega=\sqrt{\boldsymbol{k}^2+m_\omega^2}$。矢量介子场的产生算符和湮灭算符之间的对易关系可以写为

$$[\ b_{k\delta},b_{k'\delta'}^{\dagger}\ ]=\delta^3(\boldsymbol{k}'-\boldsymbol{k})\delta_{\delta'\delta},\tag{12.11}$$

$$[\ b_{k\delta},b_{k'\delta'}\ ]=[\ b_{k\delta}^{\dagger},b_{k'\delta'}^{\dagger}\ ]=0.\tag{12.12}$$

在有限温度的核物质中，核子与反核子的产生算符和相应的湮灭算符的正规乘积的期待值分别对应着相应粒子的分布函数，即

$$\langle\ N,\beta\ |A_{p'\lambda'}^{\dagger}A_{p\lambda}|\ N,\beta\ \rangle=n_{\mathrm{F}}\delta^3(\boldsymbol{p}'-\boldsymbol{p})\delta_{\lambda'\lambda},\tag{12.13}$$

$$\langle\, N,\beta\ |B^{\dagger}_{p'\lambda'}B_{p\lambda}|\ N,\beta\ \rangle = \bar{n}_{\rm F}\delta^3(\boldsymbol{p'}-\boldsymbol{p})\delta_{\lambda'\lambda}, \tag{12.14}$$

其中，$n_{\rm F}$ 和 $\bar{n}_{\rm F}$ 分别表示核子和反核子的分布函数，

$$n_{\rm F} = \frac{1}{\exp\left[(p_0-\mu)/T\right]+1}, \tag{12.15}$$

$$\bar{n}_{\rm F} = \frac{1}{\exp\left[(p_0+\mu)/T\right]+1}, \tag{12.16}$$

其中，μ 表示核子的化学势。另外，我们假定玻尔兹曼常量 $k_{\rm B}=1$。

在有限温度的核物质中，核子的矢量密度 ρ_V 与核子和反核子的分布函数有关，

$$\rho_V = \frac{1}{(2\pi)^3}\sum_{\lambda=1,2}\int {\rm d}^3p\left[n_{\rm F}-\bar{n}_{\rm F}\right]. \tag{12.17}$$

标量介子与矢量介子的产生算符和湮灭算符的正规乘积的期待值分别对应着相应介子的分布函数，

$$\langle\, N,\beta\ |a^{\dagger}_{k'}a_k|\ N,\beta\ \rangle = n_\sigma\delta^3(\boldsymbol{k'}-\boldsymbol{k}), \tag{12.18}$$

$$\langle\, N,\beta\ |b^{\dagger}_{k'\delta'}b_{k\delta}|\ N,\beta\ \rangle = n_\omega\delta^3(\boldsymbol{k'}-\boldsymbol{k})\delta_{\delta'\delta}, \tag{12.19}$$

其中，n_σ 和 n_ω 分别是标量介子和矢量介子的分布函数。

$$n_\alpha = \frac{1}{\exp\left[|k_0|/T-1\right]},\quad \alpha=\sigma,\ \ \omega. \tag{12.20}$$

由于核物质内的介子数目不守恒，所以在式 (12.20) 中，介子的分布函数式中没有介子的化学势。

有限温度的核物质可以看成微扰真空中存在着大量的相互作用的核子、反核子、标量介子和矢量介子。接下来，我们利用微扰真空中的粒子的传播子，计算核物质内粒子的自能。

如果不考虑平均场对于核子的传播子的修正，那么微扰真空中标量介子、矢量介子和核子的传播子可以分别写为

$$\begin{aligned}\Delta_0(x'-x) &= \langle\, 0\mid T[\sigma(x')\sigma(x)]\mid 0\,\rangle\\ &= \int\frac{{\rm d}^4p}{(2\pi)^4}\exp\left[-{\rm i}p\cdot(x'-x)\right]\Delta_0(p),\end{aligned} \tag{12.21}$$

$$\begin{aligned}D_0^{\mu\nu}(x'-x) &= \langle\, 0\mid T[\omega^\mu(x')\omega^\nu(x)]\mid 0\,\rangle\\ &= \int\frac{{\rm d}^4p}{(2\pi)^4}\exp\left[-{\rm i}p\cdot(x'-x)\right]D_0^{\mu\nu}(p),\end{aligned} \tag{12.22}$$

$$G_0^{\alpha\beta}(x'-x) = \langle\, 0\mid T[\psi^\alpha(x')\bar{\psi}^\beta(x)]\mid 0\,\rangle$$

$$=\int\frac{\mathrm{d}^4p}{(2\pi)^4}\exp\left[-\mathrm{i}p\cdot(x'-x)\right]G_0^{\alpha\beta}(p). \tag{12.23}$$

其中

$$\mathrm{i}\Delta_0(p)=\frac{-1}{p^2-m_\sigma^2+\mathrm{i}\varepsilon}, \tag{12.24}$$

$$\mathrm{i}D_0^{\mu\nu}(p)=\frac{g^{\mu\nu}}{p^2-m_\omega^2+\mathrm{i}\varepsilon}, \tag{12.25}$$

$$\mathrm{i}G_0^{\alpha\beta}(p)=\frac{-1}{\gamma_\mu p^\mu-M_N+\mathrm{i}\varepsilon}. \tag{12.26}$$

在式 (12.25) 中，矢量介子的传播子取费曼规范下的形式，计算结果与规范的选取无关。感兴趣的同学可以参考 C. Itzykson 和 J. B. Zuber 编著的《量子场论》的相关章节 [1]。

核子与介子相互作用的散射矩阵可以展开为

$$\hat{S}=\hat{S}_0+\hat{S}_1+\hat{S}_2+\cdots, \tag{12.27}$$

其中

$$\hat{S}_n=\frac{(-\mathrm{i})^n}{n!}\int\mathrm{d}^4x_1\int\mathrm{d}^4x_2\cdots\int\mathrm{d}^4x_nT\left[\mathcal{H}_\mathrm{I}(x_1)\mathcal{H}_\mathrm{I}(x_2)\cdots\mathcal{H}_\mathrm{I}(x_n)\right]. \tag{12.28}$$

在二级近似下，为了得到核子和介子在有限温度的核物质内的自能，只需要计算 $\hat{S}_2$，

$$\hat{S}_2=\frac{(-\mathrm{i})^2}{2!}\int\mathrm{d}^4x_1\int\mathrm{d}^4x_2T\left[\mathcal{H}_\mathrm{I}(x_1)\mathcal{H}_\mathrm{I}(x_2)\right]. \tag{12.29}$$

假定标量介子与核子的耦合常数 g_σ，矢量介子与核子的耦合常数 g_ω，标量介子的质量 m_σ，矢量介子的质量 m_ω 和核子的质量 M_N 都取物理的量，我们不必考虑微扰真空中圈图的贡献。于是，在式 (11.65) 的 Wick 展开中，为了得到粒子在核物质内的自能，只需要考虑仅有一对场算符缩并的正规乘积。

运用与第 11.2 节类似的方法，可以分别得到有限温度的核物质中标量介子的自能 Σ_σ，矢量介子的自能 Σ_ω，以及核子与反核子的自能 Σ^+ 和 Σ^-。

在有限温度的核物质内，标量介子的自能可以写为

$$\begin{aligned}\Sigma_\sigma=(-\mathrm{i}g_\sigma)^2&\sum_{\lambda=1,2}\int\frac{\mathrm{d}^3p}{(2\pi)^3}\frac{M_\mathrm{N}}{E(p)}\\&\left\{n_\mathrm{F}\bar{U}(p,\lambda)\left[\mathrm{i}G_0(p-k)+\mathrm{i}G_0(p+k)\right]U(p,\lambda)\right.\\&\left.-\bar{n}_\mathrm{F}\bar{V}(p,\lambda)\left[\mathrm{i}G_0(-p-k)+\mathrm{i}G_0(-p+k)\right]V(p,\lambda)\right\}\end{aligned}$$

[1] Itzykson C, Zuber J B. Quantum Field Theory. McGraw-Hill Inc., 1980: 134.

$$
\begin{aligned}
&= g_\sigma^2 \sum_{\lambda=1,2} \int \frac{\mathrm{d}^3 p}{(2\pi)^3} \frac{M_\mathrm{N}}{E(p)} \\
&\left[n_\mathrm{F} \bar{U}(p,\lambda) \left(\frac{1}{\not{p} - \not{k} - M_\mathrm{N}} + \frac{1}{\not{p} + \not{k} - M_\mathrm{N}} \right) U(p,\lambda) \right. \\
&\left. - \bar{n}_\mathrm{F} \bar{V}(p,\lambda) \left(\frac{1}{-\not{p} - \not{k} - M_\mathrm{N}} + \frac{1}{-\not{p} + \not{k} - M_\mathrm{N}} \right) V(p,\lambda) \right].
\end{aligned} \tag{12.30}
$$

有限温度的核物质内矢量介子的自能为

$$
\begin{aligned}
-g_{\mu\nu}\ \Sigma_\omega &= (-\mathrm{i} g_\omega)^2 \sum_{\lambda=1,2} \int \frac{\mathrm{d}^3 p}{(2\pi)^3} \frac{M_\mathrm{N}}{E(p)} \\
&\quad \{ n_\mathrm{F} \bar{U}(p,\lambda) \left[\gamma_\nu \mathrm{i} G_0(p-k)\gamma_\mu + \gamma_\mu \mathrm{i} G_0(p+k)\gamma_\nu \right] U(p,\lambda) \\
&\quad - \bar{n}_\mathrm{F} \bar{V}(p,\lambda) \left[\gamma_\nu \mathrm{i} G_0(-p-k)\gamma_\mu + \gamma_\mu \mathrm{i} G_0(-p+k)\gamma_\nu \right] V(p,\lambda) \} \\
&= {g_\omega}^2 \sum_{\lambda=1,2} \int \frac{\mathrm{d}^3 p}{(2\pi)^3} \frac{M_\mathrm{N}}{E(p)} \\
&\quad \left[n_\mathrm{F} \bar{U}(p,\lambda) \left(\gamma_\nu \frac{1}{\not{p} - \not{k} - M_\mathrm{N}} \gamma_\mu + \gamma_\mu \frac{1}{\not{p} + \not{k} - M_\mathrm{N}} \gamma_\nu \right) U(p,\lambda) \right. \\
&\quad \left. - \bar{n}_\mathrm{F} \bar{V}(p,\lambda) \left(\gamma_\nu \frac{1}{-\not{p} - \not{k} - M_\mathrm{N}} \gamma_\mu + \gamma_\mu \frac{1}{-\not{p} + \not{k} - M_\mathrm{N}} \gamma_\nu \right) V(p,\lambda) \right].
\end{aligned} \tag{12.31}
$$

在有限温度的核物质内，核子的自能为

$$
\Sigma^+ = \sum_{s=\sigma,\omega} \left(\Sigma_{s,1}^+ + \Sigma_{s,2}^+ + \Sigma_{s,3}^+ \right), \tag{12.32}
$$

其中

$$
\begin{aligned}
\Sigma_{\sigma,1}^+ &= (-\mathrm{i} g_\sigma)^2 \sum_{\lambda=1,2} \int \frac{\mathrm{d}^3 p}{(2\pi)^3} \frac{M_\mathrm{N}}{E(p)} \mathrm{i}\Delta_0(0) \\
&\quad \left[n_\mathrm{F} \bar{U}(p,\lambda) U(p,\lambda) - \bar{n}_\mathrm{F} \bar{V}(p,\lambda) V(p,\lambda) \right] \\
&= -\frac{g_\sigma^2}{m_\sigma^2} \rho_S,
\end{aligned} \tag{12.33}
$$

其中 ρ_S 表示质子或者中子的标量密度，

$$
\rho_\mathrm{S} = \frac{1}{(2\pi)^3} \sum_{\lambda=1,2} \int \mathrm{d}^3 p \frac{M_\mathrm{N}}{\sqrt{p^2 + {M_\mathrm{N}}^2}} \left(n_\mathrm{F} + \bar{n}_\mathrm{F} \right), \tag{12.34}
$$

$$
\Sigma_{\sigma,2}^+ = g_\sigma^2 \sum_{\lambda=1,2} \int \frac{\mathrm{d}^3 p}{(2\pi)^3} \frac{M_\mathrm{N}}{E(p)}
$$

$$\left[n_{\mathrm{F}}U(p,\lambda)\mathrm{i}\Delta_0(k-p)\bar{U}(p,\lambda)-\bar{n}_{\mathrm{F}}V(p,\lambda)\mathrm{i}\Delta_0(k+p)\,\bar{V}(p,\lambda)\right] \tag{12.35}$$
$$=-g_\sigma^2\int\frac{\mathrm{d}^3p}{(2\pi)^3}\frac{M_{\mathrm{N}}}{E(p)}\left[n_{\mathrm{F}}\frac{\not{p}+M_{\mathrm{N}}}{2M_{\mathrm{N}}}\frac{1}{(k-p)^2-m_\sigma^2}-\bar{n}_{\mathrm{F}}\frac{\not{p}-M_{\mathrm{N}}}{2M_{\mathrm{N}}}\frac{1}{(k+p)^2-m_\sigma^2}\right],$$

$$\begin{aligned}\Sigma_{\sigma,3}^{+}&=(-\mathrm{i}g_\sigma)^2\int\frac{\mathrm{d}^3k}{2\Omega_\sigma(2\pi)^3}\,n_\sigma\left[\mathrm{i}G_0(p-k)+\mathrm{i}G_0(p+k)\right]\\&=g_\sigma^2\int\frac{\mathrm{d}^3k}{2\Omega_\sigma(2\pi)^3}\,n_\sigma\left(\frac{1}{\not{p}-\not{k}-M_{\mathrm{N}}}+\frac{1}{\not{p}+\not{k}-M_{\mathrm{N}}}\right),\end{aligned} \tag{12.36}$$

$$\begin{aligned}\Sigma_{\omega,1}^{+}&=(-\mathrm{i}g_\omega)^2\sum_{\lambda=1,2}\int\frac{\mathrm{d}^3p}{(2\pi)^3}\frac{M_{\mathrm{N}}}{E(p)}\gamma_\mu\mathrm{i}D_0^{\mu\nu}(0)\\&\quad\left[n_{\mathrm{F}}\bar{U}(p,\lambda)\gamma_\nu U(p,\lambda)-\bar{n}_{\mathrm{F}}\bar{V}(p,\lambda)\gamma_\nu V(p,\lambda)\right]\\&=\gamma_0\frac{g_\omega^2}{m_\omega^2}\rho_V,\end{aligned} \tag{12.37}$$

其中 ρ_V 由式 (12.17) 给出，表示质子或者中子的矢量密度，

$$\begin{aligned}\Sigma_{\omega,2}^{+}&=g_\omega^2\sum_{\lambda=1,2}\int\frac{\mathrm{d}^3p}{(2\pi)^3}\frac{M_{\mathrm{N}}}{E(p)}\\&\quad\left[n_{\mathrm{F}}\gamma_\mu U(p,\lambda)\mathrm{i}D_0^{\mu\nu}(k-p)\,\bar{U}(p,\lambda)\gamma_\nu-\bar{n}_{\mathrm{F}}\gamma_\mu V(p,\lambda)\mathrm{i}D_0^{\mu\nu}(k+p)\,\bar{V}(p,\lambda)\gamma_\nu\right]\\&=g_\omega^2\int\frac{\mathrm{d}^3p}{(2\pi)^3}\frac{M_{\mathrm{N}}}{E(p)}\\&\quad\left[n_{\mathrm{F}}\gamma_\mu\frac{\not{p}+M_{\mathrm{N}}}{2M_N}\gamma_\nu\frac{g^{\mu\nu}}{(k-p)^2-m_\omega^2}-\bar{n}_{\mathrm{F}}\gamma_\mu\frac{\not{p}-M_{\mathrm{N}}}{2M_{\mathrm{N}}}\gamma_\nu\frac{g^{\mu\nu}}{(k+p)^2-m_\omega^2}\right],\end{aligned} \tag{12.38}$$

$$\begin{aligned}\Sigma_{\omega,3}^{+}&=(-\mathrm{i}g_\omega)^2\sum_{\delta=1,2,3}\int\frac{\mathrm{d}^3k}{2\Omega_\omega(2\pi)^3}n_\omega\gamma^\mu\varepsilon_\mu(k,\delta)\left[\mathrm{i}G_0(p-k)+\mathrm{i}G_0(p+k)\right]\gamma^\nu\varepsilon_\nu(k,\delta)\\&=g_\omega^2\sum_{\delta=1,2,3}\int\frac{\mathrm{d}^3k}{2\Omega_\omega(2\pi)^3}n_\omega\gamma^\mu\varepsilon_\mu(k,\delta)\left(\frac{1}{\not{p}-\not{k}-M_{\mathrm{N}}}+\frac{1}{\not{p}+\not{k}-M_{\mathrm{N}}}\right)\gamma^\nu\varepsilon_\nu(k,\delta).\end{aligned} \tag{12.39}$$

有限温度的核物质中反核子的自能写为

$$\Sigma^{-}=\sum_{s=\sigma,\omega}\left(\Sigma_{s,1}^{-}+\Sigma_{s,2}^{-}+\Sigma_{s,3}^{-}\right), \tag{12.40}$$

其中

$$\Sigma_{\sigma,1}^{-}=-\Sigma_{\sigma,1}^{+}=\frac{g_\sigma^2}{m_\sigma^2}\rho_{\mathrm{S}}, \tag{12.41}$$

$$
\begin{aligned}
\Sigma^-_{\sigma,2} =& -g^2_\sigma \sum_{\lambda=1,2} \int \frac{\mathrm{d}^3 p}{(2\pi)^3} \frac{M_\mathrm{N}}{E(p)} \\
& \left[n_\mathrm{F} U(p,\lambda) \mathrm{i}\Delta_0(-k-p)\, \bar{U}(p,\lambda) - \bar{n}_\mathrm{F} V(p,\lambda) \mathrm{i}\Delta_0(-k+p)\, \bar{V}(p,\lambda) \right] \\
=& g^2_\sigma \int \frac{\mathrm{d}^3 p}{(2\pi)^3} \frac{M_\mathrm{N}}{E(p)} \left[n_\mathrm{F} \frac{\not{p} + M_\mathrm{N}}{2M_\mathrm{N}} \frac{1}{(-k-p)^2 - m^2_\sigma} - \bar{n}_\mathrm{F} \frac{\not{p} - M_\mathrm{N}}{2M_\mathrm{N}} \frac{1}{(-k+p)^2 - m^2_\sigma} \right],
\end{aligned}
\tag{12.42}
$$

$$
\begin{aligned}
\Sigma^-_{\sigma,3} =& -(-\mathrm{i}g_\sigma)^2 \int \frac{\mathrm{d}^3 k}{2\Omega_\sigma (2\pi)^3}\ n_\sigma \left[\mathrm{i}G_0(-p-k) + \mathrm{i}G_0(-p+k) \right] \\
=& -g^2_\sigma \int \frac{\mathrm{d}^3 k}{2\Omega_\sigma (2\pi)^3}\ n_\sigma \left(\frac{1}{-\not{p} - \not{k} - M_\mathrm{N}} + \frac{1}{-\not{p} + \not{k} - M_\mathrm{N}} \right),
\end{aligned}
\tag{12.43}
$$

$$
\Sigma^-_{\omega,1} = -\Sigma^+_{\omega,1} = -\gamma_0 \frac{g^2_\omega}{m^2_\omega} \rho_V,
\tag{12.44}
$$

$$
\begin{aligned}
\Sigma^-_{\omega,2} =& -g^2_\omega \sum_{\lambda=1,2} \int \frac{\mathrm{d}^3 p}{(2\pi)^3} \frac{M_\mathrm{N}}{E(p)} \\
& \left[n_\mathrm{F} \gamma_\mu U(p,\lambda) \mathrm{i}D^{\mu\nu}_0(-k-p) \bar{U}(p,\lambda) \gamma_\nu - \bar{n}_\mathrm{F} \gamma_\mu V(p,\lambda) \mathrm{i}D^{\mu\nu}_0(-k+p)\, \bar{V}(p,\lambda) \gamma_\nu \right] \\
=& -g^2_\omega \int \frac{\mathrm{d}^3 p}{(2\pi)^3} \frac{M_\mathrm{N}}{E(p)} \\
& \left[n_\mathrm{F} \gamma_\mu \frac{\not{p} + M_\mathrm{N}}{2M_\mathrm{N}} \gamma_\nu \frac{g^{\mu\nu}}{(-k-p)^2 - m^2_\omega} - \bar{n}_\mathrm{F} \gamma_\mu \frac{\not{p} - M_\mathrm{N}}{2M_\mathrm{N}} \gamma_\nu \frac{g^{\mu\nu}}{(-k+p)^2 - m^2_\omega} \right],
\end{aligned}
\tag{12.45}
$$

$$
\begin{aligned}
\Sigma^-_{\omega,3} =& -(-\mathrm{i}g_\omega)^2 \sum_{\delta=1,2,3} \int \frac{\mathrm{d}^3 k}{2\Omega_\omega (2\pi)^3} n_\omega \gamma^\mu \varepsilon_\mu(k,\delta) \\
& \left[\mathrm{i}G_0(-p-k) + \mathrm{i}G_0(-p+k) \right] \gamma^\nu \varepsilon_\nu(k,\delta) \\
=& -g^2_\omega \sum_{\delta=1,2,3} \int \frac{\mathrm{d}^3 k}{2\Omega_\omega (2\pi)^3} n_\omega \gamma^\mu \varepsilon_\mu(k,\delta) \\
& \left(\frac{1}{-\not{p} - \not{k} - M_\mathrm{N}} + \frac{1}{-\not{p} + \not{k} - M_\mathrm{N}} \right) \gamma^\nu \varepsilon_\nu(k,\delta).
\end{aligned}
\tag{12.46}
$$

12.2 费曼规则

由式 (12.24) ~ 式 (12.26) 中的粒子在微扰真空中的传播子，可以得到有限温度核物质内粒子的自能。我们可以归纳出相应的费曼规则，进一步简化与粒子的场算符的编时乘积相关的物理量的计算。

为了得到对于有限温度的核物质内粒子的格林函数 $G(k)$ 的第 n 阶修正，需要以下步骤：

(1) 画出所有的连接的费曼图。

(2) 对于标量介子、矢量介子与核子耦合的相互作用顶角，分别加入因子 $-\mathrm{i}g_\sigma$ 或者 $-\mathrm{i}g_\omega\gamma_\mu$。

(3) 标量介子、矢量介子和核子的传播子，分别采用式 (12.24) ~ 式 (12.26) 中的微扰真空中的传播子形式。

(4) 在每一个相互作用顶角处，四动量守恒，即每个顶角对应因子 $(2\pi)^4\delta(\sum p)$。

(5) 有限温度的核物质内的核子，满足费米–狄拉克分布 n_F。在费曼图中，我们用一对"×"符号表示有限温度的核物质内的核子，计算中对核子的三动量积分，对核子的自旋求和，

$$\sum_{\lambda=1,2}\int\frac{\mathrm{d}^3p}{(2\pi)^3}\frac{M_\mathrm{N}}{E(p)}n_\mathrm{F}.$$

(6) 有限温度的核物质内的反核子，满足费米–狄拉克分布 $\bar{n}_\mathrm{F}$。在费曼图中，我们用一对"×"符号表示有限温度的核物质内的反核子，计算中对反核子的三动量积分，对反核子的自旋求和，

$$\sum_{\lambda=1,2}\int\frac{\mathrm{d}^3p}{(2\pi)^3}\frac{M_\mathrm{N}}{E(p)}(-1)\bar{n}_\mathrm{F}.$$

(7) 有限温度的核物质内的标量介子和矢量介子，满足玻色–爱因斯坦分布，在费曼图中，我们用一对"×"符号表示有限温度的核物质内的标量介子或者矢量介子，计算中对标量介子或者矢量介子的三动量积分，对矢量介子的自旋求和，

$$\int\mathrm{d}^3\tilde{k}\ n_\alpha=\begin{cases}\displaystyle\int\frac{\mathrm{d}^3k}{2\Omega_\alpha(2\pi)^3}n_\sigma, & \alpha=\sigma,\\ \displaystyle\sum_{\delta=1,2,3}\int\frac{\mathrm{d}^3k}{2\Omega_\alpha(2\pi)^3}n_\omega, & \alpha=\omega,\end{cases}$$

其中，$\Omega_\alpha=\sqrt{\boldsymbol{k}^2+m_\alpha^2}$。

(8) 把外线核子对应的动量 p 变为 $(-p)$，初、末态的外线核子的波函数 $U(p,\lambda)$ 和 $\bar{U}(p,\lambda)$ 分别替换为反核子的波函数 $V(p,\lambda)$ 和 $\bar{V}(p,\lambda)$，

$$p\to-p, \tag{12.47}$$

$$U(p,\lambda)\to V(p,\lambda), \tag{12.48}$$

$$\bar{U}(p,\lambda)\to\bar{V}(p,\lambda), \tag{12.49}$$

其中

$$\sum_{\lambda=1,2} U(p,\lambda)\bar{U}(p,\lambda) = \frac{\not{p}+M_{\rm N}}{2M_{\rm N}}, \tag{12.50}$$

$$\sum_{\lambda=1,2} -V(p,\lambda)\bar{V}(p,\lambda) = \frac{-\not{p}+M_{\rm N}}{2M_{\rm N}}. \tag{12.51}$$

就可以得到相应的反核子为外线的费曼图的计算结果。

(9) 对于有限温度的核物质内反核子的自能，乘以一个 (−1) 因子。

(10) 对于交换项 (u 道) 对应的费曼图，乘以一个 (−1) 因子。

因为圈图的计算与有限温度的核物质无关，如果标量介子、矢量介子和核子的质量，以及它们的耦合常数都取实验值，那么，只需要考虑包含“×”的树图对于粒子在有限温度的核物质中的自能的贡献，不需要计算圈图。

图 12.1(a) 和 (b) 中费曼图给出了有限温度的核物质内的核子分布对介子自能的贡献。如果改变费曼图中所用费米子线的方向，就可以得到有限温度的核物质内反核子分布对介子自能有贡献的费曼图，见图 12.1(c) 和 (d)。

计算有限温度的核物质内核子的自能的费曼图见图 12.2，根据式 (12.47) ~ 式 (12.49)，可以求得有限温度的核物质内反核子的自能。考虑到费米子的产生、湮灭算符满足反对易关系，计算反核子的自能时必须乘以一个 (−1) 因子。

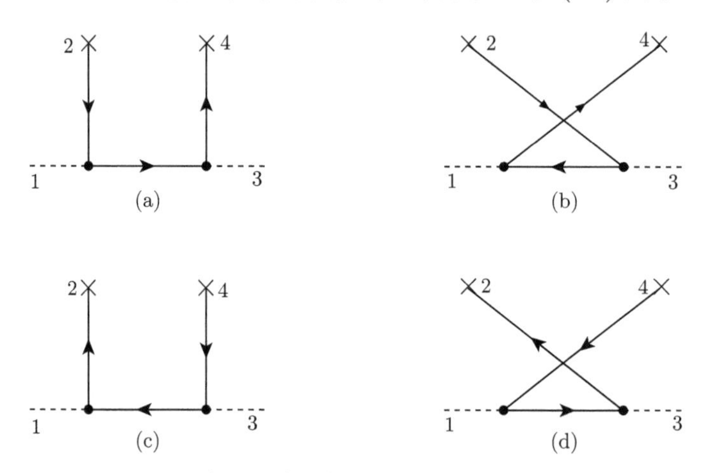

图 12.1　有限温度的核物质中介子自能的费曼图

(a) 和 (b) 表示有限温度核物质内的核子分布对介子自能的贡献；(c) 和 (d) 表示有限温度核物质内的反核子分布对介子自能的贡献。图中的虚线表示标量介子或者矢量介子，实线表示核子或者反核子。标号“1”和“2”表示相互作用的初态，标号“3”和“4”表示相互作用的末态

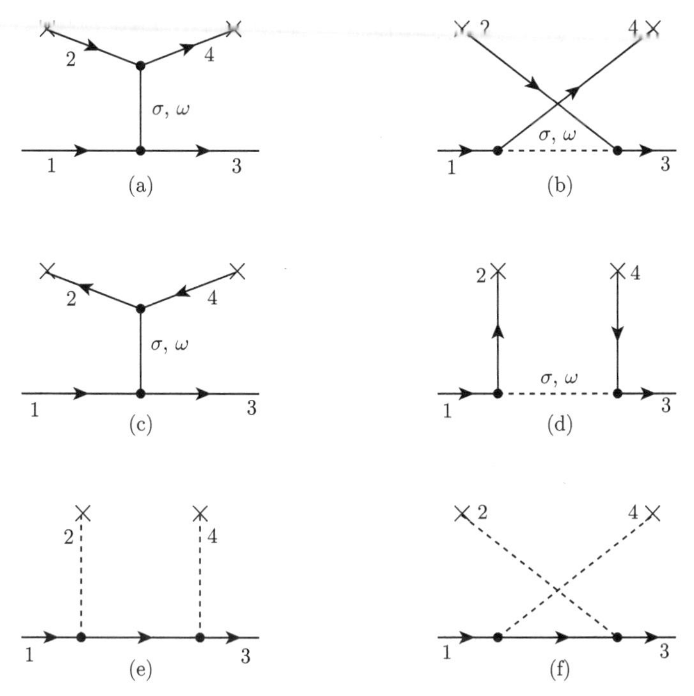

图 12.2 有限温度的核物质中核子自能的费曼图

(a) 和 (b) 表示有限温度核物质内的核子分布对核子自能的贡献；(c) 和 (d) 表示有限温度核物质内的反核子分布对核子自能的贡献；(e) 和 (f) 表示有限温度核物质内的介子分布对核子自能的贡献。图中的虚线表示标量介子或者矢量介子，实线表示核子或者反核子。标号“1”和“2”表示相互作用的初态，标号“3”和“4”表示相互作用的末态

12.3 计算的自洽性的实现

由于强相互作用的耦合常数远大于电磁相互作用的精细结构常数，核子之间的、核子与介子之间的散射振幅的微扰计算并不收敛。如果只计算到某一特定阶的自能修正，那么计算结果并不是自洽的。但是，如果考虑到核子之间的相互作用，用考虑核子之间的相互作用的核子传播子计算标量介子、矢量介子和核子在有限温度的核物质内的自能，在数值计算过程中，循环迭代，直至收敛，就可以实现计算的自洽性。

在相对论平均场近似下，标量介子与矢量介子的场算符分别被它们在核物质内的期待值取代，

$$\sigma \to \langle\sigma\rangle = \sigma_0, \tag{12.52}$$

$$\omega_\mu \to \langle \omega_\mu \rangle = \omega_0 \delta^0_\mu. \tag{12.53}$$

于是，核子的费曼传播子可以写为

$$G^H_{\alpha\beta}(p) = \frac{\mathrm{i}}{\gamma_\mu p^\mu - M^*_\mathrm{N} + \mathrm{i}\varepsilon}, \tag{12.54}$$

其中，$p = (E^*(p), \boldsymbol{p})$，$E^*(p) = \sqrt{\boldsymbol{p}^2 + M^{*2}_\mathrm{N}}$，核子的有效质量为 $M^*_\mathrm{N} = M_\mathrm{N} + g_\sigma \sigma_0$。

由式 (12.54) 中的核子的传播子，可以计算核物质内粒子的自能，所得计算结果相当于第 12.1 节中粒子的自能的表达式作以下替换，

$$E(p) \to E^*(p), \qquad M_\mathrm{N} \to M^*_\mathrm{N}. \tag{12.55}$$

于是，就实现了计算的自洽性。

12.4　有限温度的核物质的 Debye 屏蔽效应

核子之间通过交换介子实现相互作用。在有限温度的核物质中，介子的 Debye 屏蔽质量定义为

$$m^*_\alpha = \sqrt{m^2_\alpha + \Sigma_\alpha(k_0 = 0, \boldsymbol{k} \to 0)}, \qquad \alpha = \sigma, \omega. \tag{12.56}$$

介子的 Debye 屏蔽质量与核子之间相互作用的 Debye 屏蔽长度成反比，反映了核物质内核子之间相互作用的范围的变化。于是，如果不考虑核子之间交换相互作用的贡献，只考虑核子之间的直接相互作用，那么，核物质内核子之间的相互作用势可以表示为

$$V_\mathrm{eff}(r) = \frac{g^2_\omega}{4\pi} \frac{\exp(-m^*_\omega r)}{r} - \frac{g^2_\sigma}{4\pi} \frac{\exp(-m^*_\sigma r)}{r}, \tag{12.57}$$

其中，m^*_ω 和 m^*_σ 分别表示标量介子和矢量介子在核物质内的 Debye 屏蔽质量。

假定介子的动量为零，即 $k_0 = 0, \boldsymbol{k} \to 0$，可以由式 (12.30) 和式 (12.31) 中的自能获得标量介子和矢量介子在核物质内的 Debye 屏蔽质量。

$$m^*_\sigma = \sqrt{m^2_\sigma + \Sigma'_\sigma}, \tag{12.58}$$

$$m^*_\omega = \sqrt{m^2_\omega + \Sigma'_\omega}. \tag{12.59}$$

其中

$$\Sigma'_\sigma = \frac{g^2_\sigma(\rho^\mathrm{p}_\mathrm{S} + \rho^\mathrm{n}_\mathrm{S})}{M^*_\mathrm{N}}, \tag{12.60}$$

$$\Sigma'_\omega = \frac{g_\omega^2(\rho_S^p + \rho_S^n)}{2M_N^*}. \tag{12.61}$$

在第 12.5 节中，我们将会详细讨论介子自能 Σ'_σ 和 Σ'_ω 的计算。在式 (12.60) 和式 (12.61) 中，ρ_S^p 和 ρ_S^n 分别表示核物质内质子和中子的标量密度，

$$\rho_S^B = 2\int \frac{d^3p}{(2\pi)^3}\frac{M_N^*}{E^*(p)}\left[n_F^*(B) + \bar{n}_F^*(B)\right], \qquad B = p,\ n, \tag{12.62}$$

其中，M_N^* 为核子的有效质量，$M_N^* = M_N - \frac{g_\sigma^2}{m_\sigma^{*2}}\left[\rho_S^p + \rho_S^n\right]$；$n_F^*$ 和 $\bar{n}_F^*$ 分别是相对论平均场近似下核物质内核子与反核子的分布函数，

$$n_F^* = \frac{1}{\exp\left[(E^*(k) - \nu)/T\right] + 1}, \tag{12.63}$$

$$\bar{n}_F^* = \frac{1}{\exp\left[(E^*(k) + \nu)/T\right] + 1}, \tag{12.64}$$

其中，$\nu = \mu - \frac{g_\omega^2}{m_\omega^{*2}}(\rho_p + \rho_n)$，$\mu$ 是核物质内质子或者中子的化学势。有限温度的核物质内质子和中子的数密度分别为

$$\rho_B = 2\int \frac{d^3p}{(2\pi)^3}\left[n_F^*(B) - \bar{n}_F^*(B)\right], \qquad B = p, n. \tag{12.65}$$

当标量介子和矢量介子与核子的耦合参数确定以后，就可以计算不同温度、不同密度下核物质内介子的 Debye 屏蔽质量。取

$$\frac{g_\sigma^2}{m_\sigma^2} = 8.297\text{fm}^2, \qquad \frac{g_\omega^2}{m_\omega^2} = 3.683\text{fm}^2, \tag{12.66}$$

$$m_\sigma = 550\text{MeV}, \qquad m_\omega = 783\text{MeV}, \tag{12.67}$$

表 12.1 列出了当核物质的温度 $T = 10.0$MeV 时，标量介子的 Debye 屏蔽质量 m_σ^*，矢量介子的 Debye 屏蔽质量 m_ω^*，核子的有效质量 M_N^*，以及每个核子的平均能量 E/A，光子的有效质量 m_γ 随核物质的密度 ρ_N 的变化。结果发现，随着核物质密度的增加，标量介子与矢量介子的 Debye 屏蔽质量均增加，然而，核子的有效质量 M_N^* 随着核物质密度的增加而减小。这表明，核物质的密度越大，Debye 屏蔽效应就越强。

表 12.2 列出了在饱和密度下，$\rho_N = \rho_0 = 0.149\text{fm}^{-3}$，粒子的性质随核物质的温度的变化。其中 ρ_0 表示零温下核物质的饱和密度。结果发现，当核物质的密度确定时，随着核物质温度的增加，核子的有效质量 M_N^* 缓慢增加，标量介子和矢量介子的 Debye 屏蔽质量缓慢减小。

表 12.1 温度 $T = 10\text{MeV}$ 的核物质内标量介子的 Debye 屏蔽质量 m_σ^*，矢量介子的 Debye 屏蔽质量 m_ω^*，核子的有效质量 M_N^*，每个核子的平均能量 E/A，光子的有效质量 m_γ 随核物质密度 ρ_N 的变化。其中 ρ_N 以核物质饱和密度 ρ_0 为单位，$\rho_0 = 0.149\text{fm}^{-3}$。其他的物理量以 MeV 为单位

ρ_N	m_σ^*	m_ω^*	M_N^*	E/A	m_γ
0.300	572.12	790.10	872.82	1.57	2.97
0.600	595.90	797.97	817.85	−6.88	4.33
0.900	620.75	806.44	772.86	−10.92	5.43
1.200	646.11	815.35	736.26	−11.46	6.39
1.500	671.52	824.54	706.46	−9.35	7.27
1.800	696.66	833.87	682.06	−5.28	8.06
2.100	721.34	843.25	661.90	0.17	8.80
2.400	745.43	852.63	645.09	6.62	9.49
2.700	768.86	861.93	630.93	13.86	10.13
3.000	791.59	871.14	618.89	21.62	10.74

由式 (12.57) 可知，当温度增加时，介子的 Debye 屏蔽质量减小，说明核子之间的相互作用加强了。我们的计算结果与热场动力学 (thermo-field dynamics) 的计算结果不同 [2]，也不同于 Brown-Rho 标度关系对于核物质内介子的质量变化的预言 [3]。

表 12.2 有限温度的核物质内标量介子的 Debye 屏蔽质量 m_σ^*，矢量介子的 Debye 屏蔽质量 m_ω^*，核子的有效质量 M_N^*，每个核子的平均能量 E/A，光子的有效质量 m_γ 随温度的变化。其中核物质的密度为 $\rho_0 = 0.149\text{fm}^{-3}$。所有物理量的单位均为 MeV

T	m_σ^*	m_ω^*	M_N^*	E/A	m_γ
0.00	629.69	809.55	759.05	−16.67	5.78
10.00	629.18	809.37	759.80	−11.44	5.76
20.00	627.98	808.96	761.60	0.09	5.72
30.00	626.63	808.48	763.65	13.96	5.66
40.00	625.24	808.00	765.78	29.05	5.61
50.00	623.86	807.52	767.93	45.00	5.55
60.00	622.51	807.05	770.06	61.61	5.50
70.00	621.19	806.59	772.16	78.78	5.45
80.00	619.91	806.15	774.22	96.46	5.39
90.00	618.67	805.72	776.25	114.59	5.34
100.00	617.46	805.30	778.24	133.14	5.29
110.00	616.29	804.90	780.18	152.14	5.24
120.00	615.18	804.52	782.06	171.65	5.20

[2] Gao S, Zhang Y J, Su R K. Phys. Rev. C, 1995, 52: 380.
[3] Brown G E, Rho M. Phys. Rev. Lett., 1991, 66: 2720.

12.5 有限温度的核物质内矢量介子的 Debye 屏蔽质量的计算

由式 (12.31)、式 (12.54)、式 (12.55)、式 (12.63) 和式 (12.64)，可以自洽地得到矢量介子在有限温度的核物质内的自能，

$$
\begin{aligned}
-g_{\mu\nu}\ \Sigma'_{\omega} =& (-\mathrm{i}g_{\omega})^2 \sum_{\lambda=1,2} \int \frac{\mathrm{d}^3 p}{(2\pi)^3} \frac{M_{\mathrm{N}}^*}{E^*(p)} \\
& \left\{ n_{\mathrm{F}}^* \bar{U}(p,\lambda) \left[\gamma_\nu \mathrm{i} G^H(p-k)\gamma_\mu + \gamma_\mu \mathrm{i} G^H(p+k)\gamma_\nu\right] U(p,\lambda) \right. \\
& \left. - \bar{n}_{\mathrm{F}}^* \bar{V}(p,\lambda) \left[\gamma_\nu \mathrm{i} G^H(-p-k)\gamma_\mu + \gamma_\mu \mathrm{i} G^H(-p+k)\gamma_\nu\right] V(p,\lambda) \right\} \\
=& {g_\omega}^2 \sum_{\lambda=1,2} \int \frac{\mathrm{d}^3 p}{(2\pi)^3} \frac{M_{\mathrm{N}}^*}{E^*(p)} \\
& \left[n_{\mathrm{F}}^* \bar{U}(p,\lambda) \left(\gamma_\nu \frac{1}{\not{p} - \not{k} - M_{\mathrm{N}}^*}\gamma_\mu + \gamma_\mu \frac{1}{\not{p} + \not{k} - M_{\mathrm{N}}^*}\gamma_\nu\right) U(p,\lambda) \right. \\
& \left. - \bar{n}_{\mathrm{F}}^* \bar{V}(p,\lambda) \left(\gamma_\nu \frac{1}{-\not{p} - \not{k} - M_{\mathrm{N}}^*}\gamma_\mu + \gamma_\mu \frac{1}{-\not{p} + \not{k} - M_{\mathrm{N}}^*}\gamma_\nu\right) V(p,\lambda) \right],
\end{aligned}
\tag{12.68}
$$

其中

$$
\begin{aligned}
& \sum_{\lambda=1,2} \bar{U}(p,\lambda) \left(\gamma_\nu \frac{1}{\not{p} - \not{k} - M_{\mathrm{N}}^*}\gamma_\mu + \gamma_\mu \frac{1}{\not{p} + \not{k} - M_{\mathrm{N}}^*}\gamma_\nu\right) U(p,\lambda) \\
=& \sum_{\lambda=1,2} \mathrm{Tr}\left[\left(\gamma_\nu \frac{1}{\not{p} - \not{k} - M_{\mathrm{N}}^*}\gamma_\mu + \gamma_\mu \frac{1}{\not{p} + \not{k} - M_{\mathrm{N}}^*}\gamma_\nu\right) U(p,\lambda)\bar{U}(p,\lambda) \right] \\
=& \mathrm{Tr}\left[\left(\gamma_\nu \frac{\not{p} - \not{k} + M_{\mathrm{N}}^*}{(p-k)^2 - {M_{\mathrm{N}}^*}^2}\gamma_\mu + \gamma_\mu \frac{\not{p} + \not{k} + M_{\mathrm{N}}^*}{(p+k)^2 - {M_{\mathrm{N}}^*}^2}\gamma_\nu\right) \frac{\not{p} + M_{\mathrm{N}}^*}{2M_{\mathrm{N}}^*} \right]
\end{aligned}
\tag{12.69}
$$

和

$$
\begin{aligned}
& -\sum_{\lambda=1,2} \bar{V}(p,\lambda) \left(\gamma_\nu \frac{1}{-\not{p} - \not{k} - M_{\mathrm{N}}^*}\gamma_\mu + \gamma_\mu \frac{1}{-\not{p} + \not{k} - M_{\mathrm{N}}^*}\gamma_\nu\right) V(p,\lambda) \\
=& -\sum_{\lambda=1,2} \mathrm{Tr}\left[\left(\gamma_\nu \frac{1}{-\not{p} - \not{k} - M_{\mathrm{N}}^*}\gamma_\mu + \gamma_\mu \frac{1}{-\not{p} + \not{k} - M_{\mathrm{N}}^*}\gamma_\nu\right) V(p,\lambda)\bar{V}(p,\lambda) \right] \\
=& \mathrm{Tr}\left[\left(\gamma_\nu \frac{\not{p} + \not{k} - M_{\mathrm{N}}^*}{(p+k)^2 - {M_{\mathrm{N}}^*}^2}\gamma_\mu + \gamma_\mu \frac{\not{p} - \not{k} - M_{\mathrm{N}}^*}{(p-k)^2 - {M_{\mathrm{N}}^*}^2}\gamma_\nu\right) \frac{\not{p} - M_{\mathrm{N}}^*}{2M_{\mathrm{N}}^*} \right].
\end{aligned}
\tag{12.70}
$$

在以上的推导过程中，用到了式 (12.50) 和式 (12.51)。

为了得到矢量介子的 Debye 屏蔽质量，我们在 $k^0=0$，$\boldsymbol{k}\to 0$ 的极限下，研究矢量介子在有限温度的核物质内的自能。此时，矢量介子的动量近似满足 $k=0$，所以 $k^2=0$。考虑到核物质内的核子满足在壳条件，$p^2={M_{\rm N}^*}^2$，于是，虚矢量介子的自能可以表示为

$$
\begin{aligned}
-g_{\mu\nu}\ \Sigma'_\omega = & {g_\omega}^2\int\frac{\mathrm{d}^3p}{(2\pi)^3}\frac{M_{\rm N}^*}{E^*(p)} \\
&\left\{n_{\rm F}^*\mathrm{Tr}\left[\left(\gamma_\nu\frac{\not p-\not k+M_{\rm N}^*}{-2p\cdot k}\gamma_\mu+\gamma_\mu\frac{\not p+\not k+M_{\rm N}^*}{2p\cdot k}\gamma_\nu\right)\frac{\not p+M_{\rm N}^*}{2M_{\rm N}^*}\right]\right. \\
&\left.+\bar n_{\rm F}^*\mathrm{Tr}\left[\left(\gamma_\nu\frac{\not p+\not k-M_{\rm N}^*}{2p\cdot k}\gamma_\mu+\gamma_\mu\frac{\not p-\not k-M_{\rm N}^*}{-2p\cdot k}\gamma_\nu\right)\frac{\not p-M_{\rm N}^*}{2M_{\rm N}^*}\right]\right\}. \qquad (12.71)
\end{aligned}
$$

$$
\begin{aligned}
-g^{\mu\nu}g_{\mu\nu}\ \Sigma'_\omega = & {g_\omega}^2\int\frac{\mathrm{d}^3p}{(2\pi)^3}\frac{M_{\rm N}^*}{E^*(p)} \\
&\left\{n_{\rm F}^*\mathrm{Tr}\left[\gamma^\mu\left(\frac{\not p-\not k+M_{\rm N}^*}{-2p\cdot k}+\frac{\not p+\not k+M_{\rm N}^*}{2p\cdot k}\right)\gamma_\mu\frac{\not p+M_{\rm N}^*}{2M_{\rm N}^*}\right]\right. \\
&\left.+\bar n_{\rm F}^*\mathrm{Tr}\left[\gamma^\mu\left(\frac{\not p+\not k-M_{\rm N}^*}{2p\cdot k}+\frac{\not p-\not k-M_{\rm N}^*}{-2p\cdot k}\right)\gamma_\mu\frac{\not p-M_{\rm N}^*}{2M_{\rm N}^*}\right]\right\}, \qquad (12.72)
\end{aligned}
$$

$$
\begin{aligned}
-4\Sigma'_\omega = & {g_\omega}^2\int\frac{\mathrm{d}^3p}{(2\pi)^3}\frac{M_{\rm N}^*}{E^*(p)} \\
&\left[n_{\rm F}^*\mathrm{Tr}\left(\gamma^\mu\frac{\not k}{p\cdot k}\gamma_\mu\frac{\not p+M_{\rm N}^*}{2M_{\rm N}^*}\right)+\bar n_{\rm F}^*\mathrm{Tr}\left(\gamma^\mu\frac{\not k}{p\cdot k}\gamma_\mu\frac{\not p-M_{\rm N}^*}{2M_{\rm N}^*}\right)\right] \\
= & {g_\omega}^2\int\frac{\mathrm{d}^3p}{(2\pi)^3}\frac{M_{\rm N}^*}{E^*(p)}\left(n_{\rm F}^*+\bar n_{\rm F}^*\right)\frac{1}{2M_{\rm N}^*}\frac{1}{p\cdot k}\mathrm{Tr}\left(\gamma^\mu\not k\gamma_\mu\not p\right). \qquad (12.73)
\end{aligned}
$$

由于 $\mathrm{Tr}\left(\gamma^\mu\not k\gamma_\mu\not p\right)=-8k\cdot p$，

$$
\Sigma'_\omega=\frac{{g_\omega}^2}{M_{\rm N}^*}\int\frac{\mathrm{d}^3p}{(2\pi)^3}\frac{M_{\rm N}^*}{E^*(p)}\left(n_{\rm F}^*+\bar n_{\rm F}^*\right). \qquad (12.74)
$$

考虑到矢量介子的自能与核物质内的质子和中子都有关系，可得

$$
\Sigma'_\omega=\frac{{g_\omega}^2}{2M_{\rm N}^*}\left(\rho_S^p+\rho_S^n\right), \qquad (12.75)
$$

其中质子和中子的标量密度 $\rho_{\rm S}^{\rm p}$ 和 $\rho_{\rm S}^{\rm n}$ 分别取式 (12.62) 的形式。

由 Dyson 方程

$$
\frac{-\mathrm{i}g_{\mu\nu}}{k^2-m_\omega^2-\Sigma'_\omega+\mathrm{i}\varepsilon}=\frac{-\mathrm{i}g_{\mu\nu}}{k^2-m_\omega^2+\mathrm{i}\varepsilon}+\frac{-\mathrm{i}g_{\mu\nu}}{k^2-m_\omega^2+\mathrm{i}\varepsilon}\ \Sigma'_\omega\frac{1}{k^2-m_\omega^2+\mathrm{i}\varepsilon}, \qquad (12.76)
$$

可以得到式 (12.59) 中有限温度的核物质内矢量介子的 Debye 屏蔽质量的形式。类似地，可以得到式 (12.58) 中标量介子的屏蔽质量。

12.6 有限温度的核物质内光子的有效质量

核物质内质子之间存在电磁相互作用，相应的拉格朗日密度可以写为

$$\mathcal{L}_{\text{Int}}^{\gamma} = -e\bar{\psi}\frac{1+\tau_3}{2}\gamma_\mu A^\mu \psi, \tag{12.77}$$

其中 τ_3 为泡利矩阵，

$$\tau_3 = \begin{pmatrix} 1 & 0 \\ 0 & -1 \end{pmatrix}. \tag{12.78}$$

实光子的四动量满足在壳关系 $k^2 = 0$，与第 12.5 节类似，可以得到有限温度的核物质内光子的有效质量为

$$m_\gamma^* = \sqrt{\frac{e^2 \rho_{\text{S}}^{\text{p}}}{2M_{\text{N}}^*}}, \tag{12.79}$$

其中 $e^2 = 4\pi\alpha$，α 是精细结构常数。显然，有限温度的核物质内光子的有效质量在形式上与零温度的核物质内光子的有效质量一致，但是，此时的质子标量密度取有限温度下的形式，

$$\rho_S^p = 2\int \frac{\mathrm{d}^3 k}{(2\pi)^3}\frac{M_{\text{N}}^*}{E^*(k)}\left[n_{\text{F}}^*(p) + \bar{n}_{\text{F}}^*(p)\right]. \tag{12.80}$$

有限温度的核物质内光子的 Debye 屏蔽质量等于光子的有效质量。表 12.1 列出了温度 $T = 10\text{MeV}$ 的对称核物质内不同密度下光子的有效质量，结果表明，核物质密度越大，光子的有效质量越大。表 12.2 列出了在饱和核物质中，不同温度下光子的有效质量的数值。可以看出，随着温度的升高，光子的有效质量逐渐变小。在温度为零的核物质中，核子的标量密度近似等于核子的矢量密度 (数密度)，即 $\rho_{\text{S}}^{\text{B}} \approx \rho_{\text{B}}$。但是，在有限温度的核物质内分布着一定数量的反核子，由式 (12.62) 和式 (12.65) 可知，核子的标量密度和矢量密度之间存在着较大的差别。

12.7 总　　结

本章中，根据 Wick 定理，我们计算了有限温度的核物质内粒子的自能，总结了计算有限温度的核物质内粒子的自能的费曼规则；在相对论平均场近似下，讨论了计算过程中自洽性的实现。

我们计算了有限温度的核物质内介子的 Debye 屏蔽质量，研究了核物质对于核子之间相互作用的屏蔽作用。结果发现，核物质的密度越大，温度越低，介子的 Debye 屏蔽质量越大，核物质对于核子之间相互作用的屏蔽作用越强。另外，我们还研究了核物质内光子的有效质量随着核物质温度和密度的变化。

第十三章 朗道费米液体理论

朗道的费米液体理论其实是一种准粒子方法。也就是说，这种理论中讨论的粒子并不是“真实”的粒子。朗道把多个费米子组成的系统的基态看成“真空”。一个费米子受到激发，有可能跃迁到费米面以上，此时，费米面以下留下一个空位。朗道说，在他的“真空”中激发了粒子 - 空穴对。这看起来有点儿像液体的蒸发。在朗道的费米液体理论中，把这些跃迁到费米面以上的粒子称为“准粒子”。当大量的粒子跃迁到费米面以上的时候，整个系统就处于集体激发的状态。朗道的费米液体理论，就是用来研究多个费米子组成的系统的集体运动的低激发态的能谱的。自从朗道提出这一理论以来，在传统的凝聚态物理领域，这一理论被广泛用来描述金属中多电子系统的集体激发，取得了非常大的成功。

文小刚教授研究了二维费米液体中准粒子的运动满足的玻尔兹曼方程，在忽略外场对准粒子的作用的前提下，假定弛豫时间无限长，即假定准粒子的寿命无限长，通过对准粒子动量的积分，建立了费米液体中准粒子运动满足的流体力学方程 [1]。多个费米子组成的系统的集体激发，演变成动量空间中大量准粒子的“涌动”。

为了研究原子核物质的集体激发，孙宝玺把文小刚建立的朗道费米液体理论的流体力学模式推广到三维空间费米子系统，并且考虑了费米子的自旋 [2,3]。孙宝玺在 Walecka 模型框架内构建核子之间的相互作用，其中没有考虑标量介子 σ 的自相互作用项对核物质性质的影响。在计算过程中，不得不把核物质内核子的有效质量作为一个可调参数，从而破坏了整个理论的自洽性。

本章中我们首先介绍朗道的费米液体理论的基本思想，接着介绍文小刚对二维费米液体的流体力学约化描述，然后讨论三维空间内考虑自旋的费米子系统的流体力学运动方程，用来研究无限大核物质的集体激发。我们由考虑标量介子 σ 自相互作用项的拉格朗日密度出发，研究了核子之间的相互作用，用能够描述核物质基态的饱和性质的相对论平均场参数计算了核物质集体激发的能谱，得到了符合实验值的计算结果。在计算过程中，保持了理论的自洽性。

---

[1] 文小刚. 量子多体理论. 胡滨译. 北京: 高等教育出版社，2004.

[2] Sun B X. arXiv:1003.1683[nucl-th].

[3] Sun B X. Nuclear Structure in China 2010, Proceedings of the 13th National Conference on Nuclear Structure in China, 25-31 July, 2010, Chifeng, China, p181-186, arXiv:1201.5723[nucl-th].

13.1 朗道费米液体理论的基本思想

在粒子的占有数表象中，相互作用费米子系统的基态和低能激发态可以由一组单粒子状态上的费米子数量 $n_{\boldsymbol{k},\alpha}=0,1$ 描述，其中 $\boldsymbol{k}$ 表示费米子的动量，α 表示费米子的自旋取向。相互作用费米子系统的低能激发态的能量是 $n_{\boldsymbol{k},\alpha}$ 的函数，可以在相互作用费米子系统的基态占有数 $n_{0\boldsymbol{k},\alpha}$ 附近展开，

$$E_{n_{\boldsymbol{k},\alpha}}=E_{\mathrm{g}}+\sum_{\boldsymbol{k},\alpha}\xi^*_{\boldsymbol{k},\alpha}\delta n_{\boldsymbol{k},\alpha}+\frac{1}{2V}\sum_{\boldsymbol{k},\alpha;\boldsymbol{k}',\beta}f(\boldsymbol{k},\alpha;\boldsymbol{k}',\beta)\delta n_{\boldsymbol{k},\alpha}\delta n_{\boldsymbol{k}',\beta}, \tag{13.1}$$

其中，E_{g} 表示相互作用费米子系统的基态能量；$\delta n_{\boldsymbol{k},\alpha}=n_{\boldsymbol{k},\alpha}-n_{0\boldsymbol{k},\alpha}=-1,0,1$ 表示动量为 $\boldsymbol{k}$，自旋取向为 α 的准粒子的数量。在式 (13.1) 中，$\xi^*_{\boldsymbol{k},\alpha}$ 表示单个准粒子的动能，$f(\boldsymbol{k},\alpha;\boldsymbol{k}',\beta)$ 表示准粒子之间的相互作用，称为费米液体函数。

相互作用费米子系统的集体激发态的准粒子能量为

$$\tilde{\varepsilon}_{\boldsymbol{k}\alpha}(\boldsymbol{x},t)=\xi^*_{\boldsymbol{k}\alpha}+\frac{1}{V}\sum_{\boldsymbol{k}',\beta}f(\boldsymbol{k},\alpha;\boldsymbol{k}',\beta)\delta n_{\boldsymbol{k}',\beta}(\boldsymbol{x},t), \tag{13.2}$$

考虑一个自旋为 1/2 的费米子系统，其基态由占有数 $n_{0,\boldsymbol{k}\alpha}$ 描述，费米子系统的集体激发态由占有数 $n=n_{\boldsymbol{k}\alpha}(\boldsymbol{x},t)$ 描述，那么，在费米子系统的集体激发态中，准粒子对应的占有数可以表示为

$$\delta n_{\boldsymbol{k}\alpha}(\boldsymbol{x},t)=n_{\boldsymbol{k}\alpha}(\boldsymbol{x},t)-n_{0,\boldsymbol{k}\alpha}. \tag{13.3}$$

我们假定 $\delta n_{\boldsymbol{k}\alpha}(\boldsymbol{x},t)$ 是位置 $\boldsymbol{x}$ 和时间 t 的光滑函数。在局部区域内，假定 $\delta n_{\boldsymbol{k}\alpha}(\boldsymbol{x},t)$ 是常数，不随 $\boldsymbol{x}$ 和 t 变化。

根据哈密顿原理，准粒子的位置和动量对时间的变化率分别表示为

$$\frac{\partial\boldsymbol{x}}{\partial t}=\frac{\partial}{\partial\boldsymbol{k}}\tilde{\varepsilon}_{\boldsymbol{k}\alpha}(\boldsymbol{x},t) \tag{13.4}$$

和

$$\frac{\partial\boldsymbol{k}}{\partial t}=-\frac{\partial}{\partial\boldsymbol{x}}\tilde{\varepsilon}_{\boldsymbol{k}\alpha}(\boldsymbol{x},t). \tag{13.5}$$

通过计算 $\mathrm{d}n/\mathrm{d}t$，可以得到

$$\begin{aligned}\frac{\mathrm{d}n}{\mathrm{d}t}&=\frac{\partial n}{\partial t}+\frac{\partial n}{\partial\boldsymbol{x}}\cdot\frac{\partial\boldsymbol{x}}{\partial t}+\frac{\partial n}{\partial\boldsymbol{k}}\cdot\frac{\partial\boldsymbol{k}}{\partial t}\\&=\frac{\partial n}{\partial t}+\frac{\partial n}{\partial\boldsymbol{x}}\cdot\frac{\partial}{\partial\boldsymbol{k}}\tilde{\varepsilon}_{\boldsymbol{k}\alpha}(\boldsymbol{x},t)-\frac{\partial n}{\partial\boldsymbol{k}}\cdot\frac{\partial}{\partial\boldsymbol{x}}\tilde{\varepsilon}_{\boldsymbol{k}\alpha}(\boldsymbol{x},t).\end{aligned} \tag{13.6}$$

在式 (13.6) 中加入外力项，玻尔兹曼方程可以写为

$$\frac{\partial n}{\partial t}+\frac{\partial n}{\partial \boldsymbol{x}}\cdot\frac{\partial}{\partial \boldsymbol{k}}\tilde{\varepsilon}_{\boldsymbol{k}\alpha}(\boldsymbol{x},t)+\frac{\partial n}{\partial \boldsymbol{k}}\cdot\left(\boldsymbol{F}-\frac{\partial}{\partial \boldsymbol{x}}\tilde{\varepsilon}_{\boldsymbol{k}\alpha}(\boldsymbol{x},t)\right)=I[n], \tag{13.7}$$

其中 $I[n]$ 表示碰撞项。

玻尔兹曼方程描述了集体激发的动态性质，在弛豫时间近似中，碰撞项 $I[n]\approx-\tau^{-1}\delta n$，其中 τ 表示准粒子的寿命。如果假定准粒子寿命为无限长，即准粒子不会衰变到其他状态，那么在朗道费米液体理论中，碰撞项 $I[n]$ 近似为零。在实际的相互作用费米子系统中，碰撞项 $I[n]\sim|k_{\mathrm{F}}-k|^2\delta n$，如果只考虑费米面附近的准粒子激发，可以忽略碰撞项 $I[n]$ 的贡献。

13.2 二维空间内费米液体的流体力学方程

由于准粒子数目 $\delta n_{\boldsymbol{k}\alpha}(\boldsymbol{x},t)$ 是位置的函数，如果用单粒子状态的准粒子数目 $\delta n_{\boldsymbol{k}\alpha}(\boldsymbol{x},t)$ 描述相互作用的费米系统的性质，将会过于完备，很难得到物理的结果。本节中我们将尝试利用费米面位移 h 描述相互作用费米子系统的集体激发，从而得到约化的玻尔兹曼方程，这一方程是费米液体流体力学方法的经典运动方程。

13.2.1 二维系统

首先，为了简单起见，我们讨论二维空间的情况，并且忽略费米子的自旋。定义二维空间准粒子的密度为

$$\tilde{\rho}(\theta)=\int\frac{k\mathrm{d}k}{(2\pi)^2}\delta n_{\boldsymbol{k}}, \tag{13.8}$$

式 (13.8) 中定义的准粒子密度 $\tilde{\rho}(\theta)$ 表示在动量空间中 θ 方向的准粒子密度分布，在二维动量空间中只对 $\mathrm{d}^2k=k\mathrm{d}k\mathrm{d}\theta$ 中的 $\mathrm{d}k$ 积分。$\tilde{\rho}(\theta)\mathrm{d}\theta$ 表示 $\theta\to\theta+\mathrm{d}\theta$ 之间的准粒子个数。

如果不考虑费米子的自旋，单粒子状态的准粒子占有数 $\delta n_{\boldsymbol{k}}$ 可以分别等于 1, 0 或者 -1，$(2\pi)^2\tilde{\rho}(\theta)\mathrm{d}\theta=\mathrm{d}\theta\int k\mathrm{d}k$ 表示二维动量空间内费米子系统的集体激发偏离基态费米球 (费米动量为 k_{F}) 的“面积”，这一“面积”可以取正值，也可以取负值，表示费米子总密度的涨落，如图 13.1 所示。

假定 θ 方向上偏离费米球的“面积”的厚度为 $h(\theta)$，那么

$$(2\pi)^2\tilde{\rho}(\theta)\mathrm{d}\theta=h(\theta)k_{\mathrm{F}}\mathrm{d}\theta, \tag{13.9}$$

即

$$h(\theta)=(2\pi)^2\tilde{\rho}(\theta)/k_{\mathrm{F}}. \tag{13.10}$$

对于较小的密度涨落，$h(\theta)$ 接近为零。

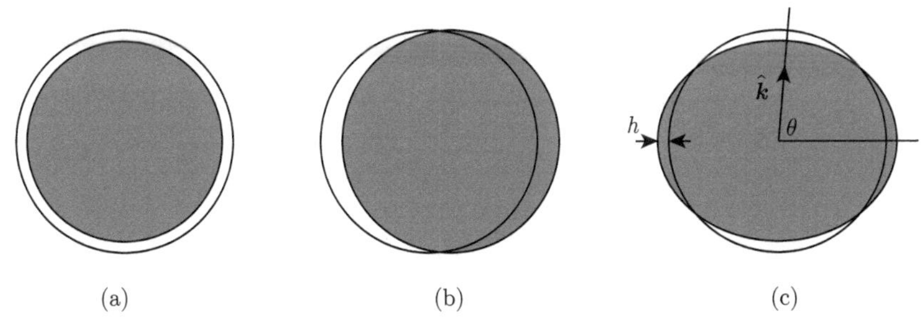

图 13.1　费米液体的集体激发可以由动量空间内费米面的位移描述

(a) $l=0$ 的巨单极共振；(b) $l=1$ 的巨偶极共振；(c) $l=2$ 的巨四极共振

式 (13.2) 中的准粒子能量 $\tilde{\varepsilon}_{\boldsymbol{k}\alpha}(\boldsymbol{x},t)$ 可以简化为

$$
\begin{aligned}
\tilde{\varepsilon}_{\boldsymbol{k}}(\boldsymbol{x},t) &= \xi_{\boldsymbol{k}}^{*} + \frac{1}{(2\pi)^2}\int k'\mathrm{d}k'\int \mathrm{d}\theta' f(\theta,\theta')\delta n_{\boldsymbol{k}'}(\boldsymbol{x},t) \\
&= \xi_{\boldsymbol{k}}^{*} + \int \mathrm{d}\theta' f(\theta,\theta')\tilde{\rho}(\theta',\boldsymbol{x},t),
\end{aligned} \tag{13.11}
$$

其中，θ 和 θ' 分别表示极坐标系中动量 $\boldsymbol{k}$ 和 $\boldsymbol{k}'$ 的方向；$f(\theta,\theta')=f(k_{\mathrm{F}}\hat{\boldsymbol{k}},k_{\mathrm{F}}\hat{\boldsymbol{k}}')$ 表示费米面上两个具有不同动量方向的准粒子之间的费米液体函数；$\hat{\boldsymbol{k}}$ 和 $\hat{\boldsymbol{k}}'$ 分别表示动量 $\boldsymbol{k}$ 和 $\boldsymbol{k}'$ 方向的单位矢量。

费米液体的玻尔兹曼方程由式 (13.7) 给出，即

$$
\frac{\partial n}{\partial t} + \frac{\partial n}{\partial \boldsymbol{x}}\cdot\frac{\partial}{\partial \boldsymbol{k}}\tilde{\varepsilon}_{\boldsymbol{k}\alpha}(\boldsymbol{x},t) + \frac{\partial n}{\partial \boldsymbol{k}}\cdot\left(\boldsymbol{F} - \frac{\partial}{\partial \boldsymbol{x}}\tilde{\varepsilon}_{\boldsymbol{k}\alpha}(\boldsymbol{x},t)\right) = -\tau^{-1}\delta n, \tag{13.12}
$$

其中假定碰撞项 $I[n]=-\tau^{-1}\delta n$，$\boldsymbol{F}$ 表示系统受到的外力。由于

$$
n_{\boldsymbol{k}\alpha}(\boldsymbol{x},t) = n_{0,\boldsymbol{k}\alpha} + \delta n_{\boldsymbol{k}\alpha}(\boldsymbol{x},t), \tag{13.13}
$$

所以 $\dfrac{\partial n}{\partial t}=\dfrac{\partial}{\partial t}\delta n$，$\dfrac{\partial n}{\partial \boldsymbol{x}}=\dfrac{\partial}{\partial \boldsymbol{x}}\delta n$，由式 (13.12) 可得

$$
\frac{\partial \delta n}{\partial t} + \frac{\partial \delta n}{\partial \boldsymbol{x}}\cdot\frac{\partial}{\partial \boldsymbol{k}}\tilde{\varepsilon}_{\boldsymbol{k}\alpha}(\boldsymbol{x},t) + \frac{\partial n}{\partial \boldsymbol{k}}\cdot\left(\boldsymbol{F} - \frac{\partial}{\partial \boldsymbol{x}}\tilde{\varepsilon}_{\boldsymbol{k}\alpha}(\boldsymbol{x},t)\right) = -\tau^{-1}\delta n. \tag{13.14}
$$

假定在费米面附近，准粒子能量对动量的导数是一个常数，即

$$
\frac{\partial}{\partial \boldsymbol{k}}\tilde{\varepsilon}_{\boldsymbol{k}\alpha}(\boldsymbol{x},t) = v_{\mathrm{F}}^{*}\hat{\boldsymbol{k}}, \tag{13.15}
$$

其中，$\hat{\boldsymbol{k}}$ 表示动量 $\boldsymbol{k}$ 方向的单位矢量，显然，$\dfrac{\partial}{\partial \boldsymbol{k}}\tilde{\varepsilon}_{\boldsymbol{k}\alpha}(\boldsymbol{x},t)$ 是一个与积分 $\displaystyle\int\frac{k\mathrm{d}k}{(2\pi)^2}$ 无关的矢量。

由式 (13.5) 可知，

$$\dot{\boldsymbol{k}} = \frac{\partial \boldsymbol{k}}{\partial t} = -\frac{\partial}{\partial \boldsymbol{x}} \tilde{\varepsilon}_{\boldsymbol{k}\alpha}(\boldsymbol{x}, t). \tag{13.16}$$

在动量空间内，$\dot{\boldsymbol{k}}$ 与 $\boldsymbol{k}$ 是相互独立的变量，所以，$\dfrac{\partial}{\partial \boldsymbol{x}} \tilde{\varepsilon}_{\boldsymbol{k}\alpha}(\boldsymbol{x}, t)$ 与积分 $\displaystyle\int \frac{k\mathrm{d}k}{(2\pi)^2}$ 无关。

由式 (13.13) 可得，

$$\begin{aligned} \frac{\partial n}{\partial \boldsymbol{k}} &= \frac{\partial n_0}{\partial \boldsymbol{k}} + \frac{\partial \delta n}{\partial \boldsymbol{k}} \\ &= -\hat{\boldsymbol{k}} \delta\left(|\boldsymbol{k}| - k_{\mathrm{F}}\right) + \frac{\partial \delta n}{\partial \boldsymbol{k}}. \end{aligned} \tag{13.17}$$

在极坐标系内，

$$\frac{\partial \delta n}{\partial \boldsymbol{k}} = \hat{\boldsymbol{k}} \frac{\partial}{\partial k} \delta n + \hat{\boldsymbol{\theta}}_{\perp} \frac{1}{k} \frac{\partial}{\partial \theta} \delta n, \tag{13.18}$$

其中，$\hat{\boldsymbol{k}}$ 和 $\hat{\boldsymbol{\theta}}_{\perp}$ 表示动量空间极坐标系的基矢量。

由于费米子系统的集体激发主要发生在费米面附近，所以式 (13.18) 中的第二项可以近似写为

$$\hat{\boldsymbol{\theta}}_{\perp} \frac{1}{k} \frac{\partial}{\partial \theta} \delta n = \hat{\boldsymbol{\theta}}_{\perp} \frac{1}{k_{\mathrm{F}}} \frac{\partial}{\partial \theta} \delta n. \tag{13.19}$$

实际上，在式 (13.17) 中，等号右侧第二项 $\dfrac{\partial \delta n}{\partial \boldsymbol{k}}$ 与玻尔兹曼方程中 $\rho(\tilde{\theta})$ 的非线性项相关。如果只考虑线性项的贡献，可以忽略式 (13.17) 中的等号右侧第二项 $\dfrac{\partial \delta n}{\partial \boldsymbol{k}}$ 的影响。因此，

$$\int \frac{k\mathrm{d}k}{(2\pi)^2} \frac{\partial n}{\partial \boldsymbol{k}} \approx \int \frac{k\mathrm{d}k}{(2\pi)^2} \left[-\hat{\boldsymbol{k}} \delta\left(|\boldsymbol{k}| - k_{\mathrm{F}}\right)\right] \approx -\frac{k_{\mathrm{F}} \hat{\boldsymbol{k}}}{(2\pi)^2}. \tag{13.20}$$

由式 (13.11) 和式 (13.14) 可得，线性化以后的玻尔兹曼方程可以写为

$$\frac{\partial \tilde{\rho}}{\partial t} + v_{\mathrm{F}}^* \hat{\boldsymbol{k}} \cdot \frac{\partial \tilde{\rho}}{\partial \boldsymbol{x}} - \frac{k_{\mathrm{F}} \hat{\boldsymbol{k}}}{(2\pi)^2} \left[\boldsymbol{F} - \int \mathrm{d}\theta' f(\theta, \theta') \frac{\partial}{\partial \boldsymbol{x}} \tilde{\rho}(\theta', \boldsymbol{x}, t)\right] = -\tau^{-1} \tilde{\rho}. \tag{13.21}$$

当外力 $\boldsymbol{F} = 0$ 时，假定准粒子的寿命无限长，准粒子不会衰变为其他状态，即 $\tau^{-1} = 0$，可以得到费米液体的运动方程为

$$\frac{\partial \tilde{\rho}}{\partial t} + v_{\mathrm{F}}^* \hat{\boldsymbol{k}} \cdot \frac{\partial \tilde{\rho}}{\partial \boldsymbol{x}} + \frac{k_{\mathrm{F}}}{(2\pi)^2} \left[\int \mathrm{d}\theta' f(\theta, \theta') \hat{\boldsymbol{k}} \cdot \frac{\partial}{\partial \boldsymbol{x}} \tilde{\rho}(\theta', \boldsymbol{x}, t)\right] = 0. \tag{13.22}$$

相应的费米液体的能量写为

$$E_{\{n_{\boldsymbol{k}}\}} = E_{\mathrm{g}} + \sum_{\boldsymbol{k}} \xi_{\boldsymbol{k}}^* \delta n_{\boldsymbol{k}} + \frac{1}{2V} \sum_{\boldsymbol{k}, \boldsymbol{k}'} f(\boldsymbol{k}, \boldsymbol{k}') \delta n_{\boldsymbol{k}} \delta n_{\boldsymbol{k}'}. \tag{13.23}$$

式 (13.23) 中的费米液体的能量还可以用 $\tilde{\rho}(\theta)$ 表示为

$$
\begin{aligned}
E_{\{n_{\boldsymbol{k}}\}} &= E_{\mathrm{g}} + \int k\mathrm{d}k \int_0^{2\pi} \mathrm{d}\theta \xi_{\boldsymbol{k}}^* \delta n_{\boldsymbol{k}} + \frac{1}{2}\ \frac{1}{(2\pi)^2}\ \int \mathrm{d}\boldsymbol{k} \int \boldsymbol{k}' f(\boldsymbol{k},\boldsymbol{k}')\delta n_{\boldsymbol{k}} \delta n_{\boldsymbol{k}'} \\
&= E_{\mathrm{g}} + (2\pi)^2 \int \frac{k\mathrm{d}k}{(2\pi)^2} \int_0^{2\pi} d\theta \xi_{\boldsymbol{k}}^* \delta n_{\boldsymbol{k}} \\
&\quad + \frac{1}{2}\ (2\pi)^2\ \int \frac{k\mathrm{d}k}{(2\pi)^2} \int \frac{k'\mathrm{d}k'}{(2\pi)^2} \int_0^{2\pi} \mathrm{d}\theta \int_0^{2\pi} \mathrm{d}\theta' f(\theta,\theta')\delta n_{\boldsymbol{k}} \delta n_{\boldsymbol{k}'} \\
&= E_{\mathrm{g}} + (2\pi)^2 \int \frac{k\mathrm{d}k}{(2\pi)^2} \int_0^{2\pi} \mathrm{d}\theta \xi_{\boldsymbol{k}}^* \delta n_{\boldsymbol{k}} + \frac{1}{2}(2\pi)^2 \int_0^{2\pi} \mathrm{d}\theta \int_0^{2\pi} \mathrm{d}\theta' f(\theta,\theta')\tilde{\rho}(\theta)\tilde{\rho}(\theta').
\end{aligned}
\tag{13.24}
$$

13.2.2　动量空间内的费米液体运动方程

在动量空间内，取 $\hbar = 1$，动量算符 $\boldsymbol{q} = \dfrac{1}{\mathrm{i}} \dfrac{\partial}{\partial \boldsymbol{x}}$，那么式 (13.22) 可以写为

$$
\mathrm{i}\frac{\partial \tilde{\rho}}{\partial t} - v_{\mathrm{F}}^* \hat{\boldsymbol{k}} \cdot \boldsymbol{q}\tilde{\rho} - \frac{k_{\mathrm{F}}}{(2\pi)^2} \int \mathrm{d}\theta' f(\theta,\theta')\hat{\boldsymbol{k}} \cdot \boldsymbol{q}\tilde{\rho} = 0, \tag{13.25}
$$

即

$$
\mathrm{i}\frac{\partial \tilde{\rho}}{\partial t} = v_{\mathrm{F}}^* q \cos(\theta_q - \theta)\tilde{\rho} + \frac{k_{\mathrm{F}}}{(2\pi)^2} \int \mathrm{d}\theta' f(\theta,\theta') q \cos(\theta_q - \theta)\tilde{\rho}, \tag{13.26}
$$

或者写为

$$
\mathrm{i}\frac{\partial \tilde{\rho}}{\partial t} = q\cos(\theta_q - \theta) \int \mathrm{d}\theta' \{v_{\mathrm{F}}^* \delta(\theta - \theta') + \frac{k_F}{(2\pi)^2} f(\theta,\theta')\}\tilde{\rho}, \tag{13.27}
$$

其中，θ_q 表示动量空间极坐标系中 $\boldsymbol{q}$ 对应的角；θ 表示 $\hat{\boldsymbol{k}}$ 对应的角。如图 13.2 所示，在动量空间内，$\tilde{\rho} = \tilde{\rho}(\theta', \boldsymbol{q}, t)$。

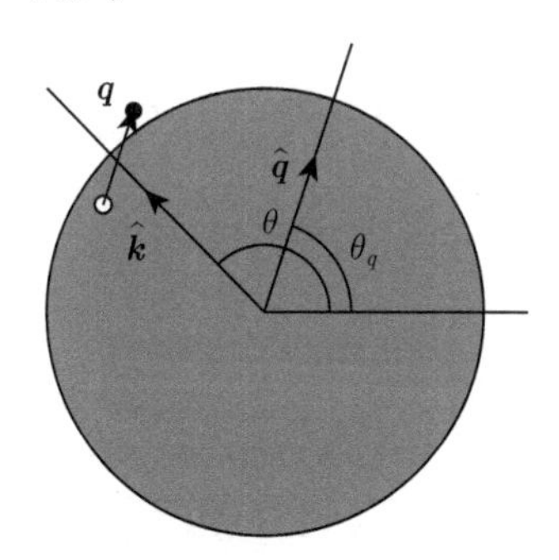

图 13.2　角度为 θ 处动量为 $\boldsymbol{q}$ 的粒子 —— 空穴激发

如果费米液体函数 $f(\theta,\theta') = 0$，即忽略准粒子之间的相互作用，那么式 (13.27) 简化为

$$
\mathrm{i}\frac{\partial \tilde{\rho}}{\partial t} = v_{\mathrm{F}}^* q \cos(\theta_q - \theta)\tilde{\rho}, \tag{13.28}
$$

式 (13.28) 的解为

$$\tilde{\rho}(\theta', \boldsymbol{q}, t) = C \exp\left[-\mathrm{i} v_{\mathrm{F}}^* q \cos(\theta_q - \theta) t\right], \tag{13.29}$$

或者写为

$$\tilde{\rho}(\theta', \boldsymbol{q}, t) = \delta(\theta - \theta_0)\delta(\boldsymbol{q} - \boldsymbol{q}_0) \exp\left[-\mathrm{i}\omega(\boldsymbol{q}_0, \theta_0) t\right], \tag{13.30}$$

其中准粒子的能量为 $\omega(\boldsymbol{q}_0, \theta_0) = v_{\mathrm{F}}^* q_0 \cos(\theta_{\boldsymbol{q}_0} - \theta_0)$，能量变化的范围为 $[-v_{\mathrm{F}}^* q_0, v_{\mathrm{F}}^* q_0]$。显然，当忽略准粒子之间的相互作用以后，式 (13.28) 反映了费米系统中的粒子——空穴激发。

如果考虑准粒子之间的相互作用，此时费米液体函数 $f(\theta, \theta') \neq 0$，那么式 (13.27) 可以写为

$$\begin{aligned}
\mathrm{i}\frac{\partial}{\partial t}\tilde{\rho}(\theta, \boldsymbol{q}, t) &= q \int \mathrm{d}\theta' \cos(\theta_q - \theta)\{v_{\mathrm{F}}^* \delta(\theta - \theta') + \frac{k_F}{(2\pi)^2} f(\theta, \theta')\}\tilde{\rho}(\theta', \boldsymbol{q}, t) \\
&= q \int \mathrm{d}\theta' \int \mathrm{d}\theta'' \cos(\theta_q - \theta)\delta(\theta - \theta'')\{v_{\mathrm{F}}^* \delta(\theta - \theta') \\
&\quad + \frac{k_F}{(2\pi)^2} f(\theta', \theta'')\}\tilde{\rho}(\theta', \boldsymbol{q}, t),
\end{aligned} \tag{13.31}$$

取 K 为 θ 空间内的对角矩阵，其中矩阵元为

$$K(\theta, \theta') = \cos(\theta_q - \theta)\delta(\theta - \theta'), \tag{13.32}$$

另外，取矩阵 M 的矩阵元为

$$M(\theta, \theta') = v_{\mathrm{F}}^* \delta(\theta - \theta') + \frac{k_{\mathrm{F}}}{(2\pi)^2} f(\theta, \theta'), \tag{13.33}$$

那么式 (13.31) 可以表示为

$$\mathrm{i}\frac{\partial}{\partial t}\tilde{\rho}(\theta, \boldsymbol{q}, t) = q \int \mathrm{d}\theta' \int \mathrm{d}\theta'' K(\theta, \theta'') M(\theta', \theta'')\tilde{\rho}(\theta', \boldsymbol{q}, t), \tag{13.34}$$

也就是说，费米液体的运动方程可以写成矩阵相乘的形式

$$\mathrm{i}\frac{\partial}{\partial t}\tilde{\rho}(\theta, \boldsymbol{q}, t) = qKM\tilde{\rho}, \tag{13.35}$$

其中，$\tilde{\rho}$ 表示 θ 空间内的列矩阵，矩阵元为 $\tilde{\rho}(\theta, \boldsymbol{q}, t)$。

如果 M 是正定矩阵，那么矩阵 M 可以写成 $M = \tilde{M}\tilde{M}^T$，其中 $\tilde{M}^{\mathrm{T}}$ 是 $\tilde{M}$ 的转置矩阵。证明如下：

首先证明：如果 $M = \tilde{M}\tilde{M}^{\mathrm{T}}$，那么 M 是正定矩阵。

设 $f(x_1, x_2, \cdots, x_n)$ 是对应矩阵 M 的二次齐式，

$$f = X^{\mathrm{T}} M X, \tag{13.36}$$

如果 $M=\tilde{M}\tilde{M}^{\mathrm{T}}$，那么

$$f=X^{\mathrm{T}}\tilde{M}\tilde{M}^{\mathrm{T}}X=\left(\tilde{M}^{\mathrm{T}}X\right)^{\mathrm{T}}\tilde{M}^{\mathrm{T}}X. \tag{13.37}$$

取 $Y=\tilde{M}^{\mathrm{T}}X$，那么 $f=Y^{\mathrm{T}}Y$. 由此可知，$f(x_1,x_2,\cdots,x_n)$ 是正定二次齐式，矩阵 M 是正定矩阵。

反之，如果 M 是正定矩阵，那么 $f(x_1,x_2,\cdots,x_n)$ 是正定二次齐式，也就是说，$f(x_1,x_2,\cdots,x_n)$ 一定可以通过线性变换变为平方和的形式，即 $f=Y^{\mathrm{T}}Y$。设 $Y=\tilde{M}^{\mathrm{T}}X$，那么 $Y^{\mathrm{T}}=\left(\tilde{M}^{\mathrm{T}}X\right)^{\mathrm{T}}=X^{\mathrm{T}}\tilde{M}$，于是

$$f=Y^{\mathrm{T}}Y=X^{\mathrm{T}}\tilde{M}\tilde{M}^{\mathrm{T}}X, \tag{13.38}$$

所以 $M=\tilde{M}\tilde{M}^{\mathrm{T}}$ 得证。

M 是正定矩阵，是费米液体稳定性的必然要求。因此，费米液体的流体力学方程可以写为

$$\mathrm{i}\frac{\partial\tilde{\rho}}{\partial t}=qK\tilde{M}\tilde{M}^{\mathrm{T}}\tilde{\rho}, \tag{13.39}$$

即

$$\mathrm{i}\frac{\partial(M^{\mathrm{T}}\tilde{\rho})}{\partial t}=q\tilde{M}^{\mathrm{T}}K\tilde{M}\tilde{M}^{\mathrm{T}}\tilde{\rho}, \tag{13.40}$$

取 $u=\tilde{M}^{\mathrm{T}}\tilde{\rho}$，可得

$$\mathrm{i}\frac{\partial u}{\partial t}=q\tilde{M}^{\mathrm{T}}K\tilde{M}u. \tag{13.41}$$

显然，式 (13.41) 就是描述费米液体集体激发的薛定谔方程，对于确定的动量 $\boldsymbol{q}$，费米液体集体激发的能谱对应算符 $q\tilde{M}^{\mathrm{T}}K\tilde{M}$ 的本征值。

在动量空间内，考虑到费米液体具有旋转对称性，费米液体函数 $f(\theta,\theta')=f(\theta-\theta')$，周期为 2π。另外，由于费米液体集体激发的能谱与动量 $\boldsymbol{q}$ 的方向无关，可以设 $\theta_{\boldsymbol{q}}=0$。根据傅里叶级数的复数展开形式，费米液体函数 $f(\theta-\theta')$ 可以展开为

$$f(\theta-\theta')=\sum_{l=-\infty}^{+\infty}f_l\exp[\mathrm{i}l(\theta-\theta')], \tag{13.42}$$

其中

$$f_l=\frac{1}{2\pi}\int_0^{2\pi}\mathrm{d}\theta f(\theta-\theta')\exp(-\mathrm{i}l\theta). \tag{13.43}$$

同理，准粒子的密度可以写为

$$\tilde{\rho}_l(\boldsymbol{q},t)=\frac{1}{2\pi}\int_0^{2\pi}\mathrm{d}\theta\tilde{\rho}(\theta,\boldsymbol{q},t)\exp(-\mathrm{i}l\theta), \tag{13.44}$$

于是，式 (13.35) 可以写为

$$\mathrm{i}\frac{\partial}{\partial t}\tilde{\rho}_l(\boldsymbol{q},t)=q\,(KM)_{l,l'}\,\tilde{\rho}_{l'}(\boldsymbol{q},t). \tag{13.45}$$

根据式 (13.42) 和式 (13.43)，函数 $K(\theta,\theta')$ 和 $M(\theta,\theta')$ 可以写成矩阵的形式，相应的矩阵元分别为

$$K_{l,l'}=\frac{1}{2}\left(\delta_{l,l'+1}+\delta_{l,l'-1}\right), \tag{13.46}$$

和

$$M_{l,l'}=\left(v_{\mathrm{F}}^*+\frac{k_{\mathrm{F}}f_l}{2\pi}\right)\delta_{l,l'}. \tag{13.47}$$

费米液体的稳定性要求矩阵 M 必须是正定的。在 M 的自身表象中，矩阵 M 写成对角矩阵的形式，对角矩阵元都是正数，$v_{\mathrm{F}}^*+\dfrac{k_{\mathrm{F}}f_l}{2\pi}>0$，即 $f_l>-\dfrac{2\pi v_{\mathrm{F}}^*}{k_{\mathrm{F}}}$。否则，费米液体就不再是稳定的。

由式 (13.47) 可以得到

$$\tilde{M}=\tilde{M}^{\mathrm{T}}=\sqrt{v_{\mathrm{F}}^*+\frac{k_{\mathrm{F}}f_l}{2\pi}}\delta_{l,l'}, \tag{13.48}$$

费米液体集体激发的哈密顿量可以写为

$$\begin{aligned}\tilde{H}_{l,l'}&=q\left(\tilde{M}^{\mathrm{T}}K\tilde{M}\right)_{l,l'}\\&=q\sum_{k,n}\sqrt{v_{\mathrm{F}}^*+\frac{k_{\mathrm{F}}f_l}{2\pi}}\delta_{l,k}\,K_{k,n}\,\sqrt{v_{\mathrm{F}}^*+\frac{k_{\mathrm{F}}f_{l'}}{2\pi}}\delta_{n,l'}\\&=\frac{q}{2}\left(\delta_{l,l'+1}+\delta_{l,l'-1}\right)\sqrt{v_{\mathrm{F}}^*+\frac{k_{\mathrm{F}}f_l}{2\pi}}\sqrt{v_{\mathrm{F}}^*+\frac{k_{\mathrm{F}}f_{l'}}{2\pi}}.\end{aligned} \tag{13.49}$$

显然，通过求解哈密顿量 $\tilde{H}_{l,l'}$ 的本征值，可以得到费米液体集体激发的能量。当费米液体函数 $f_l=0$ 时，式 (13.49) 中的哈密顿量 $\tilde{H}$ 具有从 $-v_{\mathrm{F}}^*q$ 到 v_{F}^*q 的连续谱，对应着粒子–空穴激发，如图 13.3(a) 所示。当费米液体函数 $f_l>0$ 时，除了对应粒子–空穴激发的连续谱以外，还存在着能量分别为 $\pm E_l$ 的两条分立谱，其中能量为正的分立谱对应着费米液体集体激发模式的产生，能量为负的分立谱对应着费米液体集体激发模式的湮灭，如图 13.3(b) 所示。

式 (13.49) 中的哈密顿量 $\tilde{H}_{l,l'}$ 也描述了一维晶格上粒子的跃迁，格点 l 和格点 $l+1$ 之间最近邻的跃迁振幅为

$$\frac{q}{2}\sqrt{v_{\mathrm{F}}^*+\frac{k_{\mathrm{F}}f_l}{2\pi}}\sqrt{v_{\mathrm{F}}^*+\frac{k_{\mathrm{F}}f_{l+1}}{2\pi}}. \tag{13.50}$$

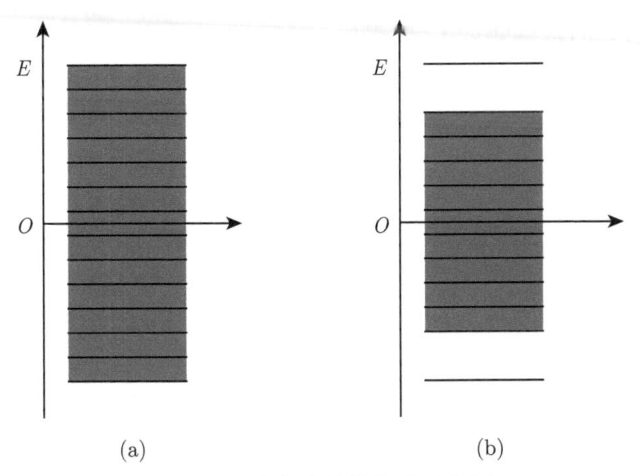

图 13.3 费米液体的能谱示意图

(a) 费米液体函数 $f_l=0$ 的情景，只有粒子–空穴激发的连续谱；(b) 费米液体函数 $f_l>0$ 的情景，除了粒子–空穴激发的连续谱之外，还存在着能量为 $\pm E_l$ 的两条分立谱，分别对应着费米液体集体激发模式的产生和湮灭

13.3 三维空间内考虑自旋的费米液体的流体力学方程

13.3.1 由二次量子化的知识推导核子之间的相互作用势

根据式 (2.135)，在位置表象内，粒子之间二体相互作用算符可以写为

$$\hat{G}^{(2)}=\sum_{\alpha,\alpha',\beta,\beta'}\int \mathrm{d}^3r\int \mathrm{d}^3r'\psi^\dagger_\alpha(\boldsymbol{r})\psi^\dagger_{\alpha'}(\boldsymbol{r}')g^{(2)}_{\alpha\alpha',\beta\beta'}(\boldsymbol{r},\boldsymbol{r}')\,\psi_{\beta'}(\boldsymbol{r}')\psi_\beta(\boldsymbol{r}),\tag{13.51}$$

其中 $g^{(2)}_{\alpha\alpha',\beta\beta'}(\boldsymbol{r},\boldsymbol{r}')=\langle\alpha|\langle\alpha'|g^{(2)}(\boldsymbol{r},\boldsymbol{r}')\,|\beta'\rangle|\beta\rangle$，

$$\left\{\begin{aligned}\psi^\dagger_\lambda(\boldsymbol{r})&=\frac{1}{(2\pi)^{3/2}}\int \mathrm{d}^3pb^\dagger(p,\lambda)\bar{U}(p,\lambda)\gamma_0\exp(\mathrm{i}p\cdot r),\\ \psi_\lambda(\boldsymbol{r})&=\frac{1}{(2\pi)^{3/2}}\int \mathrm{d}^3pb(p,\lambda)\bar{U}(p,\lambda)\exp(-\mathrm{i}p\cdot r),\end{aligned}\right.\tag{13.52}$$

p 表示闵可夫斯基空间的四维动量。假定在核物质内不存在反核子，因此，在式 (13.52) 中忽略了与反核子的产生算符和湮灭算符有关的部分。

如果两个核子之间的有效相互作用势为 $V_{\mathrm{eff}}(\boldsymbol{r}'-\boldsymbol{r})$，那么

$$\hat{G}^{(2)}=\sum_{\alpha,\alpha',\beta,\beta'}\int \mathrm{d}^3r\int \mathrm{d}^3r'\psi^\dagger_\alpha(\boldsymbol{r})\psi^\dagger_{\alpha'}(\boldsymbol{r}')V^{\alpha\alpha',\beta\beta'}_{\mathrm{eff}}(\boldsymbol{r}'-\boldsymbol{r})\,\psi_{\beta'}(\boldsymbol{r}')\psi_\beta(\boldsymbol{r}),\tag{13.53}$$

其中 $V^{\alpha\alpha',\beta\beta'}_{\mathrm{eff}}(\boldsymbol{r}'-\boldsymbol{r})=\langle\alpha|\langle\alpha'|V_{\mathrm{eff}}(\boldsymbol{r}'-\boldsymbol{r})|\beta'\rangle|\beta\rangle$。

两个核子之间的散射矩阵元表示为

$$S_{fi}^{(2)} = \langle f|S^{(2)}|i\rangle = \langle p'\lambda', k'\delta'|S^{(2)}|p\lambda, k\delta\rangle, \tag{13.54}$$

其中

$$S^{(2)} = -\mathrm{i}\int \mathrm{d}^4 y H_I(y) = -\mathrm{i}\int \mathrm{d}t \int \mathrm{d}^3 y H_I(y) = -\mathrm{i}\int \mathrm{d}t G^{(2)}, \tag{13.55}$$

反对称化的两核子波函数为

$$|p\lambda, k\delta\rangle = \frac{1}{\sqrt{2}}\left[|p\lambda\rangle_1 |k\delta\rangle_2 - |k\delta\rangle_1 |p\lambda\rangle_2\right] \tag{13.56}$$

和

$$\langle p'\lambda', k'\delta'| = \frac{1}{\sqrt{2}}\left[{}_2\langle k'\delta'|_1\langle p'\lambda'| - {}_2\langle p'\lambda'|_1\langle k'\delta'|\right], \tag{13.57}$$

其中下标“1”和“2”分别表示第一个核子和第二个核子，在接下来的推导中，我们将会忽略这两个下标。

于是，

$$\begin{aligned}
S_{fi}^{(2)} =& -\mathrm{i}\int \mathrm{d}t \sum_{\alpha,\alpha',\beta,\beta'} \int \mathrm{d}^3 r \int \mathrm{d}^3 r' \left(\frac{1}{(2\pi)^{3/2}}\right)^4 \\
& \int \mathrm{d}^3 p_1 \int \mathrm{d}^3 p_2 \int \mathrm{d}^3 p_3 \int \mathrm{d}^3 p_4 V_{\mathrm{eff}}^{\alpha\alpha',\beta\beta'}(\boldsymbol{r}' - \boldsymbol{r}) \\
& \langle p'\lambda', k'\delta'|b^\dagger(p_1,\alpha) b^\dagger(p_2,\alpha') b(p_3,\beta') b(p_4,\beta)|p\lambda, k\delta\rangle \\
& \bar{U}(p_1,\alpha)\gamma_0 \left[\bar{U}(p_2,\alpha')\gamma_0 U(p_3,\beta')\right] U(p_4,\beta) \\
& \exp\left[\mathrm{i}(p_1\cdot r + p_2\cdot r' - p_3\cdot r' - p_4\cdot r)\right],
\end{aligned} \tag{13.58}$$

我们将首先计算矩阵元 $\langle p'\lambda', k'\delta'|b^\dagger(p_1,\alpha) b^\dagger(p_2,\alpha') b(p_3,\beta') b(p_4,\beta)|p\lambda, k\delta\rangle$ 的值。代入式 (13.56) 和式 (13.57) 中的两个核子的反对称波函数可得

$$\begin{aligned}
& \langle p'\lambda', k'\delta'|b^\dagger(p_1,\alpha) b^\dagger(p_2,\alpha') b(p_3,\beta') b(p_4,\beta)|p\lambda, k\delta\rangle \\
=& \frac{1}{2}\left[\langle k'\delta'|\langle p'\lambda'|b^\dagger(p_1,\alpha) b^\dagger(p_2,\alpha') b(p_3,\beta') b(p_4,\beta)|p\lambda\rangle|k\delta\rangle\right. \\
& -\langle k'\delta'|\langle p'\lambda'|b^\dagger(p_1,\alpha) b^\dagger(p_2,\alpha') b(p_3,\beta') b(p_4,\beta)|k\delta\rangle|p\lambda\rangle \\
& -\langle p'\lambda'|\langle k'\delta'|b^\dagger(p_1,\alpha) b^\dagger(p_2,\alpha') b(p_3,\beta') b(p_4,\beta)|p\lambda\rangle|k\delta\rangle \\
& \left.+\langle p'\lambda'|\langle k'\delta'|b^\dagger(p_1,\alpha) b^\dagger(p_2,\alpha') b(p_3,\beta') b(p_4,\beta)|k\delta\rangle|p\lambda\rangle\right] \\
=& \frac{1}{2}\left[\delta(p_1 - p')\delta_{\alpha,\lambda'}\delta(p_2 - k')\delta_{\alpha',\delta'}\delta(p_3 - k)\delta_{\beta',\delta}\delta(p_4 - p)\delta_{\beta\lambda}\right. \\
& -\delta(p_1 - p')\delta_{\alpha,\lambda'}\delta(p_2 - k')\delta_{\alpha',\delta'}\delta(p_3 - p)\delta_{\beta',\lambda}\delta(p_4 - k)\delta_{\beta\delta}
\end{aligned}$$

$$
\begin{aligned}
&-\delta(p_1-k')\delta_{\alpha,\delta'}\delta(p_2-p')\delta_{\alpha',\lambda'}\delta(p_3-k)\delta_{\beta',\delta}\delta(p_4-p)\delta_{\beta\lambda}\\
&+\delta(p_1-k')\delta_{\alpha,\delta'}\delta(p_2-p')\delta_{\alpha',\lambda'}\delta(p_3-p)\delta_{\beta',\lambda}\delta(p_4-k)\delta_{\beta\delta}],
\end{aligned}
\tag{13.59}
$$

因此，两个核子之间的散射矩阵元 $S_{fi}^{(2)}$ 可以写为

$$
\begin{aligned}
S_{fi}^{(2)}=&-\mathrm{i}\int\mathrm{d}t\int\mathrm{d}^3r\int\mathrm{d}^3r'\left(\frac{1}{(2\pi)^{3/2}}\right)^4\frac{1}{2}\int\frac{\mathrm{d}^3q}{(2\pi)^3}\exp[\mathrm{i}\boldsymbol{q}\cdot(\boldsymbol{r}-\boldsymbol{r}')]\\
&\Big\{\bar{U}(p',\lambda')\gamma_0\left[\bar{U}(k',\delta')\gamma_0U(k,\delta)\right]U(p,\lambda)V_{\text{eff}}^{\lambda'\delta',\lambda\delta}(\boldsymbol{q})\\
&\exp\left[\mathrm{i}(p'\cdot r+k'\cdot r'-k\cdot r'-p\cdot r)\right]\\
&-\bar{U}(p',\lambda')\gamma_0\left[\bar{U}(k',\delta')\gamma_0U(p,\lambda)\right]U(k,\delta)V_{\text{eff}}^{\lambda'\delta',\delta\lambda}(\boldsymbol{q})\\
&\exp\left[\mathrm{i}(p'\cdot r+k'\cdot r'-p\cdot r'-k\cdot r)\right]\\
&-\bar{U}(k',\delta')\gamma_0\left[\bar{U}(p',\lambda')\gamma_0U(k,\delta)\right]U(p,\lambda)V_{\text{eff}}^{\delta'\lambda',\lambda\delta}(\boldsymbol{q})\\
&\exp\left[\mathrm{i}(k'\cdot r+p'\cdot r'-k\cdot r'-p\cdot r)\right]\\
&+\bar{U}(k',\delta')\gamma_0\left[\bar{U}(p',\lambda')\gamma_0U(p,\lambda)\right]U(k,\delta)V_{\text{eff}}^{\delta'\lambda',\delta\lambda}(\boldsymbol{q})\\
&\exp\left[\mathrm{i}(k'\cdot r+p'\cdot r'-p\cdot r'-k\cdot r)\right]\Big\}.
\end{aligned}
\tag{13.60}
$$

在非相对论近似下，假定核子之间的相互作用是瞬时实现的，即假定核子之间的相互作用是超距作用，那么，在式 (13.60) 的计算中，可以取等时近似，即 $r'^0=r^0\to t$，可得

$$
\begin{aligned}
S_{fi}^{(2)}=&-\mathrm{i}\frac{1}{2}\int\frac{\mathrm{d}^3q}{(2\pi)^3}(2\pi)\delta(k^0+p^0-k'^0-p'^0)\\
&\Big[\bar{U}(p',\lambda')\gamma_0\left[\bar{U}(k',\delta')\gamma_0U(k,\delta)\right]U(p,\lambda)V_{\text{eff}}^{\lambda'\delta',\lambda\delta}(\boldsymbol{q})\\
&\delta^{(3)}(\boldsymbol{q}+\boldsymbol{p}-\boldsymbol{p}')\delta^{(3)}(-\boldsymbol{q}+\boldsymbol{k}-\boldsymbol{k}')\\
&-\bar{U}(p',\lambda')\gamma_0\left[\bar{U}(k',\delta')\gamma_0U(p,\lambda)\right]U(k,\delta)V_{\text{eff}}^{\lambda'\delta',\delta\lambda}(\boldsymbol{q})\\
&\delta^{(3)}(\boldsymbol{q}+\boldsymbol{k}-\boldsymbol{p}')\delta^{(3)}(-\boldsymbol{q}+\boldsymbol{p}-\boldsymbol{k}')\\
&-\bar{U}(k',\delta')\gamma_0\left[\bar{U}(p',\lambda')\gamma_0U(k,\delta)\right]U(p,\lambda)V_{\text{eff}}^{\delta'\lambda',\lambda\delta}(\boldsymbol{q})\\
&\delta^{(3)}(\boldsymbol{q}+\boldsymbol{p}-\boldsymbol{k}')\delta^{(3)}(-\boldsymbol{q}+\boldsymbol{k}-\boldsymbol{p}')\\
&+\bar{U}(k',\delta')\gamma_0\left[\bar{U}(p',\lambda')\gamma_0U(p,\lambda)\right]U(k,\delta)V_{\text{eff}}^{\delta'\lambda',\delta\lambda}(\boldsymbol{q})\\
&\delta^{(3)}(\boldsymbol{q}+\boldsymbol{k}-\boldsymbol{k}')\delta^{(3)}(-\boldsymbol{q}+\boldsymbol{p}-\boldsymbol{p}')\Big].
\end{aligned}
\tag{13.61}
$$

由傅里叶变换

$$
\frac{1}{2\pi}\int\mathrm{d}t\exp[-\mathrm{i}(k^0+p^0-k'^0-p'^0)t]=\delta(k^0+p^0-k'^0-p'^0),
\tag{13.62}
$$

可得

$$\begin{aligned}S_{fi}^{(2)}=&-\mathrm{i}\frac{1}{2}\frac{1}{(2\pi)^2}\ \delta^{(4)}(k+p-k'-p')\\&\Big[\bar{U}(p',\lambda')\gamma_0\left[\bar{U}(k',\delta')\gamma_0U(k,\delta)\right]U(p,\lambda)V_{\mathrm{eff}}^{\lambda'\delta',\lambda\delta}\left(\boldsymbol{k}-\boldsymbol{k}'\right)\\&-\bar{U}(p',\lambda')\gamma_0\left[\bar{U}(k',\delta')\gamma_0U(p,\lambda)\right]U(k,\delta)V_{\mathrm{eff}}^{\lambda'\delta',\delta\lambda}\left(\boldsymbol{p}-\boldsymbol{k}'\right)\\&-\bar{U}(k',\delta')\gamma_0\left[\bar{U}(p',\lambda')\gamma_0U(k,\delta)\right]U(p,\lambda)V_{\mathrm{eff}}^{\delta'\lambda',\lambda\delta}\left(\boldsymbol{k}-\boldsymbol{p}'\right)\\&+\bar{U}(k',\delta')\gamma_0\left[\bar{U}(p',\lambda')\gamma_0U(p,\lambda)\right]U(k,\delta)V_{\mathrm{eff}}^{\delta'\lambda',\delta\lambda}\left(\boldsymbol{p}-\boldsymbol{p}'\right)\Big].\end{aligned}\tag{13.63}$$

另外，在非相对论极限下，核子在动量空间内的波函数只与核子的自旋有关，与核子的动量无关，即

$$U(p,1)=U(1)=\begin{pmatrix}1\\0\\0\\0\end{pmatrix}=\begin{pmatrix}\phi_+\\\boldsymbol{0}\end{pmatrix},\tag{13.64}$$

$$U(p,2)=U(2)=\begin{pmatrix}0\\1\\0\\0\end{pmatrix}=\begin{pmatrix}\phi_-\\\boldsymbol{0}\end{pmatrix},\tag{13.65}$$

其中

$$\phi_+=\begin{pmatrix}1\\0\end{pmatrix},\qquad\phi_-=\begin{pmatrix}0\\1\end{pmatrix},\qquad\boldsymbol{0}=\begin{pmatrix}0\\0\end{pmatrix}.\tag{13.66}$$

在狄拉克–泡利表象中，

$$\gamma_0=\begin{pmatrix}I&O\\O&I\end{pmatrix},\qquad\boldsymbol{\gamma}=\begin{pmatrix}O&\boldsymbol{\sigma}\\-\boldsymbol{\sigma}&O\end{pmatrix},\tag{13.67}$$

其中 $\boldsymbol{\sigma}$ 为泡利矩阵，另外，

$$I=\begin{pmatrix}1&0\\0&1\end{pmatrix},\qquad O=\begin{pmatrix}0&0\\0&0\end{pmatrix},\tag{13.68}$$

于是，可以得出

$$\bar{U}(k',\delta')U(k,\delta)=\bar{U}(\delta')U(\delta)=\delta_{\delta',\delta},\tag{13.69}$$

同理可得

$$\bar{U}(k',\delta')\gamma_\mu U(k,\delta)$$

$$
\begin{aligned}
&= \bar{U}(\delta')\gamma_\mu U(\delta) \\
&= \begin{cases} \delta_{\delta',\delta}, & \mu = 0, \\ 0, & \mu = 1,2,3. \end{cases}
\end{aligned} \tag{13.70}
$$

所以，核子之间的散射矩阵元可以写为

$$
\begin{aligned}
S_{fi}^{(2)} =& -\mathrm{i}\frac{1}{2}\frac{1}{(2\pi)^2}\delta^{(4)}(k+p-k'-p') \\
&\Big[V_{\text{eff}}^{\lambda'\delta',\lambda\delta}\left(\boldsymbol{k}-\boldsymbol{k}'\right)\delta_{\delta',\delta}\,\delta_{\lambda,\lambda'} - V_{\text{eff}}^{\lambda'\delta',\delta\lambda}\left(\boldsymbol{p}-\boldsymbol{k}'\right)\delta_{\delta',\lambda}\delta_{\lambda',\delta} \\
&- V_{\text{eff}}^{\delta'\lambda',\lambda\delta}\left(\boldsymbol{k}-\boldsymbol{p}'\right)\delta_{\lambda',\delta}\delta_{\delta',\lambda} + V_{\text{eff}}^{\delta'\lambda',\delta\lambda}\left(\boldsymbol{p}-\boldsymbol{p}'\right)\delta_{\lambda',\lambda}\delta_{\delta',\delta}\Big].
\end{aligned} \tag{13.71}
$$

如果核子之间的有效相互作用势 $V_{\text{eff}}(\boldsymbol{q})$ 只与相互之间交换的三维动量的平方 $\boldsymbol{q}^2$ 有关，并且与初态和末态核子的自旋无关，那么，式 (13.71) 可以写为

$$
\begin{aligned}
S_{fi}^{(2)} =& -\mathrm{i}\frac{1}{(2\pi)^2}\delta^{(4)}(k+p-k'-p') \\
&\left[V_{\text{eff}}\left(\boldsymbol{k}-\boldsymbol{k}'\right)\delta_{\delta',\delta}\,\delta_{\lambda,\lambda'} - V_{\text{eff}}\left(\boldsymbol{p}-\boldsymbol{k}'\right)\delta_{\delta',\lambda}\delta_{\lambda',\delta}\right].
\end{aligned} \tag{13.72}
$$

13.3.2 费米液体函数

由式 (9.1) 可知，Walecka 模型的拉格朗日密度为

$$
\begin{aligned}
\mathcal{L} =& \bar{\psi}\left(\mathrm{i}\gamma_\mu\partial^\mu - M_N\right)\psi \\
&+\frac{1}{2}\partial_\mu\sigma\partial^\mu\sigma - U(\sigma) - \frac{1}{4}\omega_{\mu\nu}\omega^{\mu\nu} + \frac{1}{2}m_\omega^2\omega_\mu\omega^\mu \\
&-g_\sigma\bar{\psi}\psi\sigma - g_\omega\bar{\psi}\gamma_\mu\psi\omega^\mu,
\end{aligned} \tag{13.73}
$$

其中 $U(\sigma) = \frac{1}{2}m_\sigma^2\sigma^2 + \frac{1}{3}g_2\sigma^3 + \frac{1}{4}g_3\sigma^4$, 矢量介子的张量为 $\omega_{\mu\nu} = \partial_\mu\omega_\nu - \partial_\nu\omega_\mu$。在式 (13.73) 中，$M_{\mathrm{N}}$、$m_\sigma$ 和 m_ω 分别表示核子、标量介子 σ 和矢量介子 ω 的质量；g_σ 和 g_ω 分别表示核子的标量耦合常数和矢量耦合常数；g_2 和 g_3 分别是标量介子 σ 的非线性自相互作用项的系数。

根据式 (13.73)，相互作用哈密顿量可以写为

$$
H_{\mathrm{I}} = g_\sigma\bar{\psi}\sigma\psi + g_\omega\bar{\psi}\gamma_\mu\omega^\mu\psi, \tag{13.74}
$$

于是，在二级近似下，散射矩阵元写为

$$
\hat{S}_2 = \frac{(-\mathrm{i})^2}{2!}\int \mathrm{d}^4x_1\int \mathrm{d}^4x_2 T\left[\mathcal{H}_{\mathrm{I}}(x_1)\mathcal{H}_{\mathrm{I}}(x_2)\right]. \tag{13.75}
$$

为了得到核子之间的散射振幅，我们需要计算图 13.4 中的费曼图。

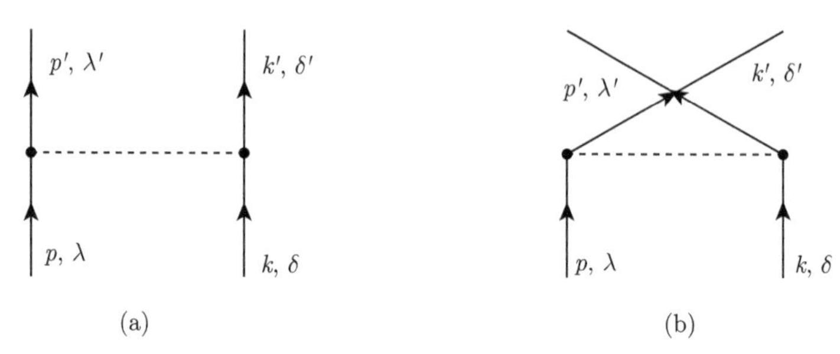

图 13.4　核子与核子的相互作用

(a) 核子之间的直接相互作用；(b) 核子之间的交换相互作用。虚线表示标量介子 σ 或者矢量介子 ω；p,λ 和 k,δ 分别表示初态核子的动量和自旋取向；p',λ' 和 k',δ' 分别表示末态核子的动量和自旋取向

首先，我们来讨论核子之间交换矢量介子的情况。此时，核子之间的散射矩阵元可以写为

$$\begin{aligned} S_{fi}^{(2)}(\omega) = & -g_\omega^2(2\pi)^4\delta^4(p'+k'-p-k)\left(\frac{1}{(2\pi)^{3/2}}\right)^4 \\ & \left[\bar{U}(k',\delta')\gamma_\mu U(k,\delta)\frac{-\mathrm{i}g^{\mu\nu}}{(k'-k)^2-m_\omega^2+\mathrm{i}\varepsilon}\bar{U}(p',\lambda')\gamma_\nu U(p,\lambda)\right. \\ & \left. -\bar{U}(k',\delta')\gamma_\nu U(p,\lambda)\frac{-\mathrm{i}g^{\mu\nu}}{(k'-p)^2-m_\omega^2+\mathrm{i}\varepsilon}\bar{U}(p',\lambda')\gamma_\mu U(k,\delta)\right]. \end{aligned} \tag{13.76}$$

按照费曼规则计算图 13.4 中的费曼图时，图 13.4(b) 中的交换相互作用散射振幅和图 13.4(a) 中的直接相互作用之间相差一个负号[4]。

在非相对论极限下，核子的速度远远低于光速，那么，核子的三维动量远远小于核子的质量，即 $|\boldsymbol{k}| << M_\mathrm{N}$，$|\boldsymbol{k}'| << M_\mathrm{N}$，$|\boldsymbol{p}| << M_\mathrm{N}$，$|\boldsymbol{p}'| << M_\mathrm{N}$，相当于核子的质量 $M_\mathrm{N} \to +\infty$。此时，核子之间直接相互作用交换的介子动量 q 的零分量 q_0 可以表示为

$$\begin{aligned} q_0 &= k_0' - k_0 \\ &= \sqrt{\boldsymbol{k}'^2 + M_\mathrm{N}^2} - \sqrt{\boldsymbol{k}^2 + M_\mathrm{N}^2} \\ &\approx M_\mathrm{N}\left(1+\frac{\boldsymbol{k}'^2}{2M_\mathrm{N}^2}\right) - M_\mathrm{N}\left(1+\frac{\boldsymbol{k}^2}{2M_\mathrm{N}^2}\right) \\ &= \frac{\boldsymbol{k}'^2}{2M_\mathrm{N}} - \frac{\boldsymbol{k}^2}{2M_\mathrm{N}} \\ &\to 0. \end{aligned} \tag{13.77}$$

同理可以证明，在非相对论极限下，在核子之间的交换相互作用中，交换的介子动量 $q' = k' - p$ 的也趋向于零。由式 (13.70) 中的近似关系，式 (13.76) 中的散射矩

[4] Itzykson C, Zuber J B. Quantum Field Theory. McGraw-Hill Inc., 1980: 277.

阵元可以简化为

$$
\begin{aligned}
S_{fi}^{(2)}(\omega) = & -g_{\omega}^{2}(2\pi)^{4}\delta^{4}(p'+k'-p-k)\left(\frac{1}{(2\pi)^{3/2}}\right)^{4} \\
& \left[\delta_{\delta',\delta}\delta_{\mu,0}\frac{-\mathrm{i}g^{\mu\nu}}{(k'-k)^{2}-m_{\omega}^{2}+\mathrm{i}\varepsilon}\delta_{\lambda',\lambda}\delta_{\nu,0}\right. \\
& \left.-\delta_{\delta',\lambda}\delta_{\nu,0}\frac{-\mathrm{i}g^{\mu\nu}}{(k'-p)^{2}-m_{\omega}^{2}+\mathrm{i}\varepsilon}\delta_{\lambda',\delta}\delta_{\mu,0}\right]. \\
= & -g_{\omega}^{2}\frac{\mathrm{i}}{(2\pi)^{2}}\delta^{4}(p'+k'-p-k) \\
& \left[\frac{1}{(\boldsymbol{k}'-\boldsymbol{k})^{2}+m_{\omega}^{2}+\mathrm{i}\varepsilon}\delta_{\delta',\delta}\delta_{\lambda',\lambda}\right. \\
& \left.-\frac{1}{(\boldsymbol{k}'-\boldsymbol{p})^{2}+m_{\omega}^{2}+\mathrm{i}\varepsilon}\delta_{\delta',\lambda}\delta_{\lambda',\delta}\right].
\end{aligned}
\tag{13.78}
$$

对比式 (13.72) 和式 (13.78)，可以得到动量空间内两个核子之间交换矢量介子 ω 的有效相互作用势为

$$
V_{\mathrm{eff}}^{\omega}(\boldsymbol{q}) = \frac{g_{\omega}^{2}}{\boldsymbol{q}^{2}+m_{\omega}^{2}}. \tag{13.79}
$$

下面讨论核子之间交换标量介子的情景。

如果考虑两个核子之间交换 σ 标量介子，那么，根据量子场论的知识，核子之间的散射矩阵元为

$$
\begin{aligned}
S_{fi}^{(2)}(\sigma) = & -g_{\sigma}^{2}(2\pi)^{4}\delta^{4}(p'+k'-p-k)\left(\frac{1}{(2\pi)^{3/2}}\right)^{4} \\
& \left[\bar{U}(k',\delta')U(k,\delta)\frac{\mathrm{i}}{(k'-k)^{2}-m_{\sigma}^{2}+\mathrm{i}\varepsilon}\bar{U}(p',\lambda')U(p,\lambda)\right. \\
& \left.-\bar{U}(k',\delta')U(p,\lambda)\frac{\mathrm{i}}{(k'-p)^{2}-m_{\sigma}^{2}+\mathrm{i}\varepsilon}\bar{U}(p',\lambda')U(k,\delta)\right].
\end{aligned}
\tag{13.80}
$$

由式 (13.69) 可得，

$$
\begin{aligned}
S_{fi}^{(2)}(\sigma) = & -\mathrm{i}g_{\sigma}^{2}\frac{1}{(2\pi)^{2}}\delta^{4}(p'+k'-p-k) \\
& \left[\frac{-1}{(\boldsymbol{k}'-\boldsymbol{k})^{2}+m_{\sigma}^{2}+\mathrm{i}\varepsilon}\delta_{\delta',\delta}\delta_{\lambda',\lambda}-\frac{-1}{(\boldsymbol{k}'-\boldsymbol{p})^{2}+m_{\sigma}^{2}+\mathrm{i}\varepsilon}\delta_{\delta',\lambda}\delta_{\lambda',\delta}\right].
\end{aligned}
\tag{13.81}
$$

对比式 (13.72) 和式 (13.81)，可以得到动量空间内核子之间交换标量介子 σ 的相互作用势为

$$
V_{\mathrm{eff}}^{\sigma}(\boldsymbol{q}) = \frac{-g_{\sigma}^{2}}{\boldsymbol{q}^{2}+m_{\sigma}^{2}}. \tag{13.82}
$$

因此，由式 (13.79) 和式 (13.82)，可以得到 Walecka 模型的框架内核子之间的总相互作用势为

$$V_{\mathrm{eff}}(\boldsymbol{q})=\frac{-g_\sigma^2}{\boldsymbol{q}^2+m_\sigma^2}+\frac{g_\omega^2}{\boldsymbol{q}^2+m_\omega^2}. \tag{13.83}$$

在位置表象内，核子之间的相互作用势取汤川势的形式，可以由式 (13.83) 中的 $V_{\mathrm{eff}}(\boldsymbol{q})$ 通过傅里叶变换求得，

$$\begin{aligned}\tilde{V}_{\mathrm{eff}}(r)&=\frac{1}{(2\pi)^3}\int \mathrm{d}^3q V_{\mathrm{eff}}(\boldsymbol{q})\exp(\mathrm{i}\boldsymbol{q}\cdot\boldsymbol{r})\\&=-\frac{g_\sigma^2}{4\pi}\frac{\exp(-m_\sigma r)}{r}+\frac{g_\omega^2}{4\pi}\frac{\exp(-m_\omega r)}{r}.\end{aligned} \tag{13.84}$$

在费米液体理论中，假定在费米面附近有两个动量和自旋取向分别为 $(\boldsymbol{p},\lambda)$ 和 $(\boldsymbol{k},\delta)$ 的费米子，它们相互作用以后，末态两个费米子的动量和自旋取向仍然分别为 $(\boldsymbol{p},\lambda)$ 和 $(\boldsymbol{k},\delta)$，那么，费米液体函数定义为这两个费米子之间的直接相互作用势和交换相互作用势的和。由式 (13.83) 中的核子之间的有效相互作用势，可以得到核物质内核子之间的费米液体函数为

$$f(\boldsymbol{p},\lambda;\boldsymbol{k},\delta)=V_{\mathrm{eff}}(0)-V_{\mathrm{eff}}(\boldsymbol{p}-\boldsymbol{k})\delta_{\lambda,\delta}. \tag{13.85}$$

在式 (13.72) 中，如果取限制条件

$$p'=p,\ k'=k,\ \lambda'=\lambda,\ \delta'=\delta, \tag{13.86}$$

那么，式 (13.85) 中的费米液体函数与式 (13.72) 中所示的核子之间的散射矩阵元一致。

13.3.3 原子核物质的流体力学方程

在原子核物理中，人们用曾经原子核的宏观微观模型研究原子核的集体激发 —— 原子核的巨共振 [5]。现在，这一问题仍然是核物理的研究热点之一。运用无规相位近似的方法，人们研究了原子核巨共振的中心能量和强度分布，并且和实验结果做了对比 [6,7,8]。

朗道的费米液体理论在凝聚态物理领域获得了巨大的成功。本节中我们尝试运用这一理论研究无限大核物质的集体激发，希望提供一个更加直观的核物质的集体激发的图像，并且预言一些新的、可能的激发模式。

[5] Greiner W, Maruhn J A. Nuclear Models. Berlin: Springer-Verlag, 1996.

[6] Hamamoto I, Sagawa H, Zhang X Z. Phys. Rev. C, 1998, 57: R1064.

[7] Ma Z Y, Wandelt A, Van Giai N, Vretenar D, Ring P, Cao L G. Nucl. Phys. A, 2002, 703: 222.

[8] Daoutidis J, Ring P. Phys. Rev. C, 2009, 80: 024309.

我们由费米液体理论出发，在考虑费米子自旋的情况下，研究三维空间内多个费米子组成的系统的集体激发。

在三维球坐标系内，式 (13.2) 中的相互作用费米子系统的准粒子能量

$$\tilde{\varepsilon}_{\boldsymbol{k}\alpha}(\boldsymbol{x},t)=\xi^*_{\boldsymbol{k}\alpha}+\frac{1}{V}\sum_{\boldsymbol{k}',\beta}f(\boldsymbol{k},\alpha;\boldsymbol{k}',\beta)\delta n_{\boldsymbol{k}',\beta}(\boldsymbol{x},t)$$

可以写为

$$\begin{aligned}\tilde{\varepsilon}_{\boldsymbol{k}\alpha}(\boldsymbol{x},t)=&\xi^*_{\boldsymbol{k}\alpha}+\frac{1}{(2\pi)^3}\sum_{\beta}\int k'^2\mathrm{d}k'\int\sin\theta'\mathrm{d}\theta'\int\mathrm{d}\phi'\\&f(k,\theta,\phi,\alpha;k',\theta',\phi',\beta)\delta n_{\boldsymbol{k}',\beta}(\boldsymbol{x},t),\end{aligned}\tag{13.87}$$

准粒子能量对坐标的微商为

$$\frac{\partial\tilde{\varepsilon}_{\boldsymbol{k}\alpha}(\boldsymbol{x},t)}{\partial\boldsymbol{x}}=\frac{1}{(2\pi)^3}\sum_{\beta}\int k'^2\mathrm{d}k'\int\sin\theta'\mathrm{d}\theta'\int\mathrm{d}\phi'f(k,\theta,\phi,\alpha;k',\theta',\phi',\beta)\frac{\partial\delta n_{\boldsymbol{k}',\beta}(\boldsymbol{x},t)}{\partial\boldsymbol{x}},\tag{13.88}$$

在费米面附近，

$$\begin{cases}\dfrac{\partial\tilde{\varepsilon}_{\boldsymbol{k}\alpha}}{\partial\boldsymbol{k}}=v^*_{\mathrm{F}}\hat{\boldsymbol{k}},\\[2mm]\dfrac{\partial n_{\boldsymbol{k}\alpha}}{\partial\boldsymbol{k}}=\dfrac{\partial n_{0\boldsymbol{k}\alpha}}{\partial\boldsymbol{k}}+\dfrac{\partial\delta n_{\boldsymbol{k}\alpha}}{\partial\boldsymbol{k}}\approx\dfrac{\partial n_{0\boldsymbol{k}\alpha}}{\partial\boldsymbol{k}}=-\hat{\boldsymbol{k}}\delta(|\boldsymbol{k}|-k_{\mathrm{F}}),\end{cases}\tag{13.89}$$

其中，v^*_{F} 表示费米速度，$\hat{\boldsymbol{k}}=\boldsymbol{k}/|k|$ 表示动量 $\boldsymbol{k}$ 方向的单位矢量。由式 (13.14) 可得

$$\frac{\partial\delta n_{\boldsymbol{k}\alpha}}{\partial t}+\frac{\partial\delta n_{\boldsymbol{k}\alpha}}{\partial\boldsymbol{x}}\cdot\frac{\partial}{\partial\boldsymbol{k}}\tilde{\varepsilon}_{\boldsymbol{k}\alpha}(\boldsymbol{x},t)+\frac{\partial n_{\boldsymbol{k}\alpha}}{\partial\boldsymbol{k}}\cdot\left(\boldsymbol{F}-\frac{\partial}{\partial\boldsymbol{x}}\tilde{\varepsilon}_{\boldsymbol{k}\alpha}(\boldsymbol{x},t)\right)=-\tau^{-1}\delta n_{\boldsymbol{k}\alpha},\tag{13.90}$$

如果取 $\boldsymbol{F}=0$，$\tau^{-1}=0$，把式 (13.88) 和式 (13.89) 代入式 (13.90)，可得

$$\begin{aligned}&\frac{\partial}{\partial t}\delta n_{\boldsymbol{k}\alpha}(\boldsymbol{x},t)+\frac{\partial\delta n_{\boldsymbol{k}\alpha}(\boldsymbol{x},t)}{\partial\boldsymbol{x}}\cdot v^*_{\mathrm{F}}\hat{\boldsymbol{k}}\\&+\hat{\boldsymbol{k}}\delta(|\boldsymbol{k}|-k_{\mathrm{F}})\cdot\left[\frac{1}{(2\pi)^3}\sum_{\beta}\int k'^2\mathrm{d}k'\int\sin\theta'\mathrm{d}\theta'\int\mathrm{d}\phi'\right.\\&\left.f(k,\theta,\phi,\alpha;k',\theta',\phi',\beta)\frac{\partial}{\partial\boldsymbol{x}}\delta n_{\boldsymbol{k}',\beta}(\boldsymbol{x},t)\right]\\=&0.\end{aligned}\tag{13.91}$$

在动量空间内，$\dfrac{1}{\mathrm{i}}\dfrac{\partial}{\partial\boldsymbol{x}}\to\boldsymbol{q}$，式 (13.91) 变为

$$\mathrm{i}\frac{\partial}{\partial t}\delta n_{\boldsymbol{k}\alpha}(\boldsymbol{q},t)=\left(\hat{\boldsymbol{k}}\cdot\boldsymbol{q}\right)\left(v^*_{\mathrm{F}}\delta n_{\boldsymbol{k}\alpha}(\boldsymbol{q},t)\right.$$

$$+\delta(|\boldsymbol{k}|-k_{\mathrm{F}})\frac{1}{(2\pi)^3}\sum_{\beta}\int k'^2\mathrm{d}k'\int\sin\theta'\mathrm{d}\theta'\int\mathrm{d}\phi' f(k,\theta,\phi,\alpha;k',\theta',\phi',\beta)\delta n_{\boldsymbol{k}',\beta}(\boldsymbol{q},t)\Big).\tag{13.92}$$

考虑费米子的自旋，准粒子的密度定义为

$$\tilde{\rho}_{\alpha}(\theta,\phi)=\int\frac{k^2\mathrm{d}k}{(2\pi)^3}\delta n_{\boldsymbol{k}\alpha},\tag{13.93}$$

其中

$$\delta n_{\boldsymbol{k}\alpha}=\begin{cases}1,\\0,\\-1,\end{cases}\tag{13.94}$$

于是，式 (13.92) 的等号两边同时对 k 积分，可得

$$\begin{aligned}&\mathrm{i}\frac{\partial}{\partial t}\tilde{\rho}_{\alpha}(\theta,\phi;\boldsymbol{q},t)=\left(\hat{\boldsymbol{k}}\cdot\boldsymbol{q}\right)\Big(v_{\mathrm{F}}^{*}\tilde{\rho}_{\alpha}(\theta,\phi;\boldsymbol{q},t)\\&\quad+\int\frac{k^2\mathrm{d}k}{(2\pi)^3}\delta(|\boldsymbol{k}|-k_{\mathrm{F}})\frac{1}{(2\pi)^3}\sum_{\beta}\int k'^2\mathrm{d}k'\int\sin\theta'\mathrm{d}\theta'\int\mathrm{d}\phi'\\&\quad f(k,\theta,\phi,\alpha;k',\theta',\phi',\beta)\delta n_{\boldsymbol{k}',\beta}(\boldsymbol{q},t)\Big)\\&=\left(\hat{\boldsymbol{k}}\cdot\boldsymbol{q}\right)\Big(v_{\mathrm{F}}^{*}\tilde{\rho}_{\alpha}(\theta,\phi;\boldsymbol{q},t)\\&\quad+\frac{k_{\mathrm{F}}^2}{(2\pi)^6}\sum_{\beta}\int k'^2\mathrm{d}k'\int\sin\theta'\mathrm{d}\theta'\int\mathrm{d}\phi' f(k_{\mathrm{F}},\theta,\phi,\alpha;k',\theta',\phi',\beta)\delta n_{\boldsymbol{k}',\beta}(\boldsymbol{q},t)\Big).\end{aligned}\tag{13.95}$$

对于无限大的核物质，如果只考虑费米面附近的核子之间的相互作用对核物质集体激发的影响，那么，在式 (13.95) 中，费米液体函数 $f(k_{\mathrm{F}},\theta,\phi,\alpha;k',\theta',\phi',\beta)$ 中的第二个核子的动量的大小 k' 可以用费米动量的值 k_{F} 代替，于是，式 (13.95) 变为

$$\begin{aligned}&\mathrm{i}\frac{\partial}{\partial t}\tilde{\rho}_{\alpha}(\theta,\phi;\boldsymbol{q},t)=\left(\hat{\boldsymbol{k}}\cdot\boldsymbol{q}\right)\Big(v_{\mathrm{F}}^{*}\tilde{\rho}_{\alpha}(\theta,\phi;\boldsymbol{q},t)\\&\quad+\frac{k_{\mathrm{F}}^2}{(2\pi)^6}\sum_{\beta}\int k'^2\mathrm{d}k'\int\sin\theta'\mathrm{d}\theta'\int\mathrm{d}\phi' f(k_{\mathrm{F}},\theta,\phi,\alpha;k_{\mathrm{F}},\theta',\phi',\beta)\delta n_{\boldsymbol{k}',\beta}(\boldsymbol{q},t)\Big).\\&=\left(\hat{\boldsymbol{k}}\cdot\boldsymbol{q}\right)\Big(v_{\mathrm{F}}^{*}\tilde{\rho}_{\alpha}(\theta,\phi;\boldsymbol{q},t)\\&\quad+\frac{k_{\mathrm{F}}^2}{(2\pi)^3}\sum_{\beta}\int\sin\theta'\mathrm{d}\theta'\int\mathrm{d}\phi' f(k_{\mathrm{F}},\theta,\phi,\alpha;k_{\mathrm{F}},\theta',\phi',\beta)\tilde{\rho}_{\beta}(\theta',\phi';\boldsymbol{q},t)\Big).\end{aligned}\tag{13.96}$$

在动量空间中的球坐标系内，假定动量 $\boldsymbol{q}$ 的方向为 (θ_q,ϕ_q)，那么

$$\hat{\boldsymbol{k}}\cdot\boldsymbol{q}=q\ \left[\sin\theta\sin\theta_q\cos(\phi-\phi_q)\right]+\cos\theta\cos\theta_q,\tag{13.97}$$

所以，式 (13.96) 可以写为

$$
\begin{aligned}
\mathrm{i}\frac{\partial}{\partial t}\tilde{\rho}_\alpha(\theta,\phi,\boldsymbol{q},t)=&q\sum_\beta\int\mathrm{d}\Omega'\int\mathrm{d}\Omega''K(\theta,\phi;\theta',\phi')\\
&M(\theta',\phi',\alpha;\theta'',\phi'',\beta)\tilde{\rho}_\beta(\theta'',\phi'',\boldsymbol{q},t),
\end{aligned}\tag{13.98}
$$

其中

$$
K(\theta,\phi;\theta',\phi')=[\sin\theta\sin\theta_q\cos(\phi-\phi_q)+\cos\theta\cos\theta_q]\frac{1}{\sin\theta'}\delta(\theta-\theta')\delta(\phi-\phi')\tag{13.99}
$$

和

$$
M(\theta',\phi',\alpha;\theta'',\phi'',\beta)=v_{\mathrm{F}}^*\frac{1}{\sin\theta'}\delta_{\alpha\beta}\delta(\theta-\theta')\delta(\phi-\phi')+\frac{k_{\mathrm{F}}^2}{(2\pi)^3}f(k_{\mathrm{F}},\theta,\phi,\alpha;k_{\mathrm{F}},\theta',\phi',\beta).\tag{13.100}
$$

费米液体函数表示费米面附近的两个准核子之间的相互作用势，如果两个准核子的初始动量分别为 $\boldsymbol{k_1}$ 和 $\boldsymbol{k_2}$，发生相互作用以后的动量依旧为 $\boldsymbol{k_1}$ 和 $\boldsymbol{k_2}$。那么，由式 (13.85) 可知，式 (13.100) 中的费米液体函数 $f(k_{\mathrm{F}},\theta,\phi,\alpha;k_{\mathrm{F}},\theta',\phi',\beta)$ 可以写为

$$
\begin{aligned}
f(\boldsymbol{k}_1,\alpha;\boldsymbol{k}_2,\beta)=&V_{\mathrm{eff}}(0)-V_{\mathrm{eff}}(\boldsymbol{k}_1-\boldsymbol{k}_2)\ \delta_{\alpha\beta}\\
=&\left(\frac{-g_\sigma^2}{m_\sigma^2}+\frac{g_\omega^2}{m_\omega^2}\right)-\left[\frac{-g_\sigma^2}{(\boldsymbol{k_1}-\boldsymbol{k_2})^2+m_\sigma^2}+\frac{g_\omega^2}{(\boldsymbol{k_1}-\boldsymbol{k_2})^2+m_\omega^2}\right]\delta_{\alpha\beta},
\end{aligned}\tag{13.101}
$$

其中

$$
\boldsymbol{k}_1=(k_{\mathrm{F}},\theta,\phi),\qquad \boldsymbol{k}_2=(k_{\mathrm{F}},\theta',\phi'),\tag{13.102}
$$

$$
\begin{aligned}
(\boldsymbol{k_1}-\boldsymbol{k_2})^2=&2k_{\mathrm{F}}^2\left\{1-[\cos\theta\cos\theta'+\sin\theta\sin\theta'\cos(\phi-\phi')]\right\}\\
=&2k_{\mathrm{F}}^2\left(1-\hat{\boldsymbol{k}}_1\cdot\hat{\boldsymbol{k}}_2\right).
\end{aligned}\tag{13.103}
$$

在式 (13.101) 中的费米液体函数中，准核子之间的直接相互作用只会影响核物质的基态能量，并不会导致费米面附近核子–空穴对的激发。在相对论平均场框架内，核物质中核子的费米能量可以写为

$$
\varepsilon_{\mathrm{F}}^*\simeq M_{\mathrm{N}}+\frac{k_{\mathrm{F}}^2}{2M_{\mathrm{N}}^*}+\left(-\frac{g_\sigma^2}{m_\sigma^2}+\frac{g_\omega^2}{m_\omega^2}\right)\sum_\gamma\frac{k_{\mathrm{F}}^3}{6\pi^2},\tag{13.104}
$$

其中求和符号表示对核子的自旋分量和同位旋分量分别求和。在式 (13.104) 中，

$$
\sum_\gamma\frac{k_{\mathrm{F}}^3}{6\pi^2}=\frac{1}{6\pi^2}\left(k_{\mathrm{F,p}\uparrow}^3+k_{\mathrm{F,p}\downarrow}^3+k_{\mathrm{F,n}\uparrow}^3+k_{\mathrm{F,n}\downarrow}^3\right),
$$

其中，p 和 n 分别表示核物质中的质子和中子；↑ 和 ↓ 分别表示质子或者中子的两种不同的自旋取向。我们假定核物质内单个质子 (中子) 的激发与动量相等、自旋取向相反的另一个质子 (中子) 的状态无关。所以相应的核子的费米速度 v_{F}^* 可以写为

$$v_{\mathrm{F}}^* = \frac{\partial \varepsilon_{\mathrm{F}}^*}{\partial k_{\mathrm{F}}} = \frac{k_{\mathrm{F}}}{M_{\mathrm{N}}^*} + \left(-\frac{g_\sigma^2}{m_\sigma^2} + \frac{g_\omega^2}{m_\omega^2}\right)\frac{k_{\mathrm{F}}^2}{2\pi^2}, \tag{13.105}$$

其中第二项恰好来源于式 (13.101) 中的费米液体函数的直接相互作用部分。因此，在以下的计算中，只考虑核子之间的交换相互作用对费米液体函数的贡献。

式 (13.98) 中的准粒子密度函数可以按动量空间内的球谐函数展开，

$$\tilde{\rho}_\alpha(\theta,\phi,\boldsymbol{q},t) = \sum_{l,m}\tilde{\rho}_\alpha(l,m,\boldsymbol{q},t)Y_{l,m}^*(\theta,\phi). \tag{13.106}$$

同理，函数 $K(\theta,\phi;\theta',\phi')$ 和 $M(\theta',\phi',\alpha;\theta'',\phi'',\beta)$ 也可以按球谐函数分别展开为

$$K(\theta,\phi;\theta',\phi') = \sum_{l,m,l',m'} K(l,m;l',m')Y_{l,m}^*(\theta,\phi)\ Y_{l',m'}(\theta',\phi') \tag{13.107}$$

和

$$M(\theta',\phi',\alpha;\theta'',\phi'',\beta) = \sum_{l_1,m_1,l_2,m_2} M(l_1,m_1,\alpha;l_2,m_2,\beta)Y_{l_1,m_1}^*(\theta',\phi')\ Y_{l_2,m_2}(\theta'',\phi''). \tag{13.108}$$

于是，在以球谐函数为完备基组的动量空间内，费米液体的运动方程可以写为

$$\begin{aligned}\mathrm{i}\frac{\partial}{\partial t}\tilde{\rho}_\alpha(l,m,\boldsymbol{q},t) = q\sum_{\beta}\sum_{l',m'}\sum_{l'',m''}\\ \times K(l,m;l',m')M(l',m',\alpha;l'',m'',\beta)\tilde{\rho}_\beta(l'',m'',\boldsymbol{q},t).\end{aligned} \tag{13.109}$$

由于费米液体集体激发的能谱并不依赖于动量 $\boldsymbol{q}$ 的方向，可以选择 $\theta_q = 0$ 和 $\phi_q = 0$，所以函数 $K(\theta,\phi;\theta',\phi')$ 可以写为

$$K(\theta,\phi;\theta',\phi') = \frac{\cos\theta}{\sin\theta'}\delta(\theta-\theta')\delta(\phi-\phi'). \tag{13.110}$$

在以球谐函数为完备基组的动量空间内，相应的展开系数为

$$\begin{aligned}K(l,m;l',m') &= \int\frac{\cos\theta}{\sin\theta'}\delta(\theta-\theta')\delta(\phi-\phi')Y_{l,m}(\theta,\phi)\ Y_{l',m'}^*(\theta',\phi')\sin\theta'\mathrm{d}\theta'\mathrm{d}\phi'\sin\theta\mathrm{d}\theta\mathrm{d}\phi\\ &= (a_{l,m}\delta_{l+1,l'} + a_{l-1,m}\delta_{l-1,l'})\,\delta_{m,m'},\end{aligned} \tag{13.111}$$

其中

$$a_{l,m} = \sqrt{\frac{(l+1)^2-m^2}{(2l+1)(2l+3)}}. \tag{13.112}$$

在式 (13.111) 的推导中，我们用到了

$$\cos\theta Y_{l,m}(\theta,\phi)=a_{l,m}Y_{l+1,m}(\theta,\phi)+a_{l-1,m}Y_{l-1,m}(\theta,\phi).^{9} \tag{13.113}$$

另外，

$$\begin{aligned}M(l_1,m_1,\alpha;l_2,m_2,\beta)=&\int\left[v_{\mathrm{F}}^{*}\frac{1}{\sin\theta'}\delta_{\alpha\beta}\delta(\theta-\theta')\delta(\phi-\phi')\right.\\&\left.+\frac{k_{\mathrm{F}}^{2}}{(2\pi)^{3}}f(k_{\mathrm{F}},\theta,\phi,\alpha;k_{\mathrm{F}},\theta',\phi',\beta)\right]\\&Y_{l_1,m_1}(\theta,\phi)\ Y_{l_2,m_2}^{*}(\theta',\phi')\mathrm{d}\Omega\mathrm{d}\Omega'\\=&v_{\mathrm{F}}^{*}\delta_{\alpha\beta}\delta_{l_1,l_2}\delta_{m_1,m_2}-\frac{k_{\mathrm{F}}^{2}}{(2\pi)^{3}}f_{\mathrm{F}}(l_1,m_1;l_2,m_2)\delta_{\alpha,\beta},\end{aligned} \tag{13.114}$$

其中费米液体函数只与核子之间的交换相互作用有关，

$$\begin{aligned}f_F(l_1,m_1;l_2,m_2)=&\int V_{\mathrm{eff}}(\boldsymbol{k_1}-\boldsymbol{k_2})Y_{l_1,m_1}(\theta,\phi)\ Y_{l_2,m_2}^{*}(\theta',\phi')\sin\theta\mathrm{d}\theta\mathrm{d}\phi\sin\theta'\mathrm{d}\theta'\mathrm{d}\phi'\\=&\int\left[\frac{-g_{\sigma}^{2}}{(\boldsymbol{k_1}-\boldsymbol{k_2})^{2}+m_{\sigma}^{2}}+\frac{g_{\omega}^{2}}{(\boldsymbol{k_1}-\boldsymbol{k_2})^{2}+m_{\omega}^{2}}\right]\\&Y_{l_1,m_1}(\theta,\phi)\ Y_{l_2,m_2}^{*}(\theta',\phi')\sin\theta\mathrm{d}\theta\mathrm{d}\phi\sin\theta'\mathrm{d}\theta'\mathrm{d}\phi'\\=&f_{\mathrm{F}}(l_1,l_2)\delta_{l_1,l_2}\delta_{m_1,m_2}.\end{aligned} \tag{13.115}$$

显然，只有当 $l_1=l_2$ 和 $m_1=m_2$ 时，准核子之间的交换相互作用才会对核物质的集体激发产生影响 [10]。

综上所述，在费米液体理论中，核物质内的准核子满足的运动方程可以写为

$$\begin{aligned}\mathrm{i}\frac{\partial}{\partial t}\tilde{\rho}_{\alpha}(l,m,\boldsymbol{q},t)=&q\sum_{l'}(a_{lm}\delta_{l+1,l'}+a_{l-1,m}\delta_{l-1,l'})\\&\left(v_{\mathrm{F}}^{*}-\frac{k_{\mathrm{F}}^{2}}{(2\pi)^{3}}f_{\mathrm{F}}(l',l')\right)\tilde{\rho}_{\alpha}(l',m,\boldsymbol{q},t).\end{aligned} \tag{13.116}$$

式 (13.116) 还可以表示为矩阵方程的形式

$$\mathrm{i}\frac{\partial}{\partial t}\tilde{\rho}_{\alpha}(l,m,\boldsymbol{q},t)=q\tilde{K}\tilde{M}\tilde{\rho}_{\alpha}(l,m,\boldsymbol{q},t), \tag{13.117}$$

其中 $\tilde{K}$ 和 $\tilde{M}$ 的矩阵元分别为

$$\tilde{K}_{l,l'}=(a_{lm}\delta_{l+1,l'}+a_{l-1,m}\delta_{l-1,l'}) \tag{13.118}$$

[9] 曾谨言. 量子力学教程. 第三版. 北京：科学出版社，2014: 257.

[10] 式 (13.115) 最后一行的结论并非通过严格计算积分得到的解析式，而是通过计算机编写程序进行数值计算得到的结果.

和

$$\tilde{M}_{l',l}=\left(v_{\mathrm{F}}^{*}-\frac{k_{\mathrm{F}}^{2}}{(2\pi)^{3}}f_{\mathrm{F}}(l',l')\right)\delta_{l',l}. \tag{13.119}$$

费米液体的稳定性要求矩阵 $\tilde{M}$ 必须是正定的，因此，对于所有的 l'，费米液体函数必须满足

$$f_{\mathrm{F}}(l',l')<(2\pi)^{3}\frac{v_{\mathrm{F}}^{*}}{k_{\mathrm{F}}^{2}}. \tag{13.120}$$

取 $\tilde{M}=WW^{\mathrm{T}}$，并且作变量替换 $u_{\alpha}=W^{\mathrm{T}}\tilde{\rho}_{\alpha}$，于是式 (13.117) 变为

$$\mathrm{i}\frac{\partial}{\partial t}u_{\alpha}(l,m,\boldsymbol{q},t)=qW^{\mathrm{T}}\tilde{K}Wu_{\alpha}(l,m,\boldsymbol{q},t)=Hu_{\alpha}(l,m,\boldsymbol{q},t), \tag{13.121}$$

其中哈密顿量为

$$\begin{aligned}H_{l,l'}(m)&=q(W^{\mathrm{T}}\tilde{K}W)_{l,l'}\\&=q\left(a_{lm}\delta_{l+1,l'}+a_{l-1,m}\delta_{l-1,l'}\right)\left[v_{\mathrm{F}}^{*}-\frac{k_{\mathrm{F}}^{2}}{(2\pi)^{3}}f_{\mathrm{F}}(l,l)\right]^{1/2}\left[v_{\mathrm{F}}^{*}-\frac{k_{\mathrm{F}}^{2}}{(2\pi)^{3}}f_{\mathrm{F}}(l',l')\right]^{1/2}.\end{aligned} \tag{13.122}$$

显然，式 (13.122) 中的哈密顿量 H 是厄米算符，满足 $H=H^{\dagger}$。通过计算哈密顿量 H 的本征值可以得到核物质的不同的集体激发模式对应的能谱。

13.3.4 原子核物质的集体激发

我们在 Walecka 模型的框架内，计算不同角量子数 l 的费米液体函数 $f_{\mathrm{F}}(l,l)$，然后通过求解式 (13.122) 中哈密顿量对应的本征能量，求得核物质集体激发的能量随费米动量的变化。

当不考虑费米液体函数 $f_{\mathrm{F}}(l,l)$ 对于式 (13.122) 中哈密顿量的影响时，即假定 $f_{\mathrm{F}}(l,l)=0$，那么式 (13.122) 中哈密顿量具有连续变化的本征能量，对应相对论平均场近似下粒子–空穴激发的连续谱。如果费米液体函数 $f_{\mathrm{F}}(l,l)$ 的值足够大，那么除了对应粒子–空穴激发的连续谱，还会产生两条分立的正、负能级，如图 13.3 所示。分立的正能级对应核物质的集体激发模式的产生，分立的负能级对应核物质的集体激发模式的湮灭。

我们采用表 9.1 中的参数 $NL3$，即 $g_{\sigma}=10.217$，$g_{\omega}=12.868$，$g_{2}=-10.431\mathrm{fm}^{-1}$，$g_{3}=-28.885$，$m_{\sigma}=508.194\mathrm{MeV}$，$m_{\omega}=782.501\mathrm{MeV}$ 和 $M_{\mathrm{N}}=939\mathrm{MeV}$，计算费米液体函数 $f_{\mathrm{F}}(l,l)$。在相对论平均场近似下，由参数 $NL3$ 可以得到核物质的饱和性质。当我们在朗道的费米液体理论框架内研究核物质的集体激发时，取核子的有效质量 $M_{\mathrm{N}}^{*}=M_{\mathrm{N}}+g_{\sigma}\sigma_{0}$，其中 σ_{0} 表示标量介子 σ 场在核物质内的期待值。也就是说，在计算过程中保持了理论的自洽性。

靠近费米面的核子更容易激发，假定式 (13.122) 中的动量 $q \equiv k_{\mathrm{F}}$，如果核物质是饱和核物质，相应的费米动量为 $k_{\mathrm{F}} = 1.36\mathrm{fm}^{-1}$。另外，当计算核物质的集体激发能量时，假定式 (13.112) 的系数 $a_{l,m}$ 中的磁量子数 $m = 0$。

图 13.5 给出了核物质的集体激发能量 E_l 随费米动量 k_{F} 的变化。其中点线表示 $l = 0$ 的情景；虚线表示 $l = 1$ 的情景；实线表示 $l = 2$ 的情景。可以看出，随着核物质费米动量 (核子数密度) 的增加，核物质的集体激发能量不断增大。计算得到 $l = 2$ 时饱和核物质的集体激发能量为 10.58MeV，与 $^{208}\mathrm{Pb}$ 原子核的同位旋标量巨四极共振的能量中间值 (10.9 ± 0.1)MeV 一致。另外，还可以得到 $l = 0$ 和 $l = 1, 2$ 时饱和核物质的集体激发能量，见表 13.1。同时，表 13.1 还列出了 $^{208}\mathrm{Pb}$ 原子核的巨单极共振 (对应 $l = 0$) 和巨偶极共振 (对应 $l = 1$) 的能量中间值的实验值 [11,12,13]。

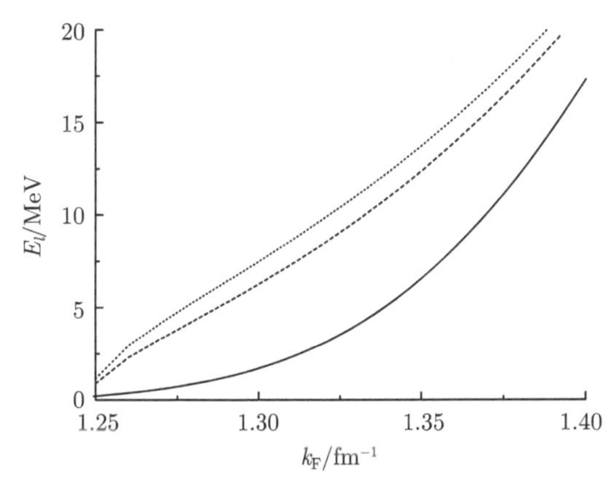

图 13.5　角量子数 l 取不同值时核物质的集体激发能量 E_l 随费米动量 k_{F} 的变化

其中点线表示 $l = 0$ 的情景，虚线表示 $l = 1$ 的情景，实线表示 $l = 2$ 的情景

表 13.1　$l = 0, 1, 2$ 时饱和核物质的集体激发能量 E_l，同时列出了 $^{208}\mathrm{Pb}$ 原子核的相应的巨共振能量实验值 E_{exp}

l	E_l/MeV	E_{exp}/MeV
0	15.20	14.17 ± 0.28
1	13.88	13.5 ± 0.2
2	10.58	10.9 ± 0.1

计算结果表明，运用包含标量介子 σ 的非线性自相互作用项的 Walecka 模型，由式 (13.121) 中约化的朗道的费米液体的运动方程出发，可以得到与实验符合的

[11] Youngblood D H, Clark H L, Lui Y W. Phys. Rev. Lett., 1999, 82: 691.

[12] Berman B L, Fultz S C. Rev. Mod. Phys., 1975, 47: 713.

[13] Van de Woude A. Prog. Part. Nucl. Phys., 1987, 18: 217.

饱和核物质的集体激发能谱。如果不考虑标量介子 σ 的非线性自相互作用项，在计算中运用表 9.1 中的参数 HS，在相对论平均场近似下，得到的饱和核物质的压缩系数太大，核物质过“硬”。在朗道的费米液体理论框架内，计算得到的饱和核物质集体激发的能量远远大于相应的实验值。

13.3.5 原子核物质的磁巨共振

式 (13.122) 中的哈密顿量不仅与集体激发的角量子数 l 有关，还与磁量子数 m 有关。如果原子核物质集体激发的磁量子数 $m \neq 0$，我们称之为原子核的磁巨共振。

表 13.2 列出了不同角量子数 l 和不同磁量子数 m 时饱和核物质集体激发的能量。此时，核物质的费米动量为 $k_\mathrm{F} = 1.36\mathrm{fm}^{-1}$。可以看出，当角量子数 l 相同时，磁量子数分别为 m 和 $-m$ 的集体激发模式具有相等的能量。磁量子数 m 的绝对值越大，相应的核物质集体激发能量越小。另外，我们发现，当磁量子数 $m \neq 0$ 时，不同的角量子数 $l(l > |m|)$ 的集体激发模式具有近似相等的激发能量。

表 13.2　不同角量子数 l 和不同磁量子数 m 时饱和核物质集体激发的能量

$E_{l,m}$/MeV	$m=-3$	$m=-2$	$m=-1$	$m=0$	$m=1$	$m=2$	$m=3$
$l=0$				15.20			
$l=1$			10.12	13.88	10.12		
$l=2$		10.09	10.11	10.58	10.11	10.09	
$l=3$	10.06	10.09	10.11	10.15	10.11	10.09	10.06

参 考 书 目

[1] Drac P A M. *The Principles of Quantum Mechanics*. 4th ed. London: Oxford University Press, 1958.

[2] Greiner W. *Quantum Mechanics: An Introduction*. 3rd ed. Berlin: Springer-Verlag, 1994.

[3] 曾谨言. 量子力学 (卷 I,II). 第三版. 北京: 科学出版社，2000.

[4] 喀兴林. 高等量子力学. 第二版. 北京: 高等教育出版社，2001.

[5] Fetter A L, Walecka J D. *Quantum Theory of Many-Particle System*. New York: Dover Publications Inc., Mineola, 2003.

[6] 北京大学物理系《量子统计物理学》编写组. 量子统计物理学. 北京: 北京大学出版社，1987.

[7] 张先蔚. 量子统计力学. 第二版. 北京: 科学出版社，2008.

[8] 杨展如. 量子统计物理学. 北京: 高等教育出版社，2007.

[9] Pathria R K, Beale P D. *Statistical Mechanics*. 3rd ed. Singapore: Elsevier, 2011.

[10] 林梦海. 量子化学计算方法与应用. 北京: 科学出版社，2004.

[11] 李中正. 固体理论. 北京: 高等教育出版社，2002.

[12] Ballentine L E. *Quantum Mechanics: A Modern Development*. Singapore: World Scientific Press, 1998.

[13] Glendenning N K. *Compact Star: Nuclear Physics, Particle Physics, and General Relativity*. New York: Springer-Verlag, 1997.

[14] Greiner W, Maruhn J A. *Nuclear Models*. Berlin: Springer-Verlag, 1996.

[15] Wen X G, *Quantum Field Theory of Many-Body Systems*. Oxford: Oxford University Press, 2004.

[16] Walecka J D. *Theoretical Nuclear and Subnuclear Physics*. 2nd ed. Singapore: World Scientific Press, 2004.

[17] 梁希侠. 高等统计力学导论. 呼和浩特：内蒙古大学出版社, 2000.

[18] 林宗涵. 热力学与统计物理学. 北京: 北京大学出版社, 2007.